面向数字化时代高等学校计算机系列教材

U0659326

操作系统设计原理

第3版

毛启容 主编

牛德姣 刘太俊 蔡涛 贾洪杰 夏德旺 副主编

清华大学出版社

北京

内 容 简 介

本书系统地介绍了操作系统的基本概念、原理和方法。全书共 10 章,第 1～8 章内容包括操作系统概述、进程与线程、互斥与同步、处理器调度、内存管理、文件管理、输入/输出管理、操作系统安全等。在操作系统各部分基本原理和方法介绍后,均以当代最流行的操作系统(UNIX、Linux、Windows,以及鸿蒙操作系统)为例,介绍先进操作系统的设计实现原理和特点。第 9 章详细介绍鸿蒙操作系统,包括系统架构、内核子系统、驱动子系统、启动流程,以及开发实践等。第 10 章介绍了操作系统设计所要考虑的各种问题。

本书根据操作系统课程教学特点,从整体到局部,分层分类介绍操作系统的基本概念、基本原理和实现方法,做到层次分明,通俗易懂;引入先进的操作系统相关技术实例介绍,力求将理论与实践相结合,反映操作系统的新进展;以问题导向的设计方法介绍有助于读者对操作系统复杂工程问题解决方案的理解。更重要的是,本书在操作系统各部分均介绍了鸿蒙操作系统的实现实例,并利用单独的一章专门介绍鸿蒙操作系统。

本书可作为高等学校计算机类专业本科生的教材,也可供从事操作系统设计和维护的科技人员阅读参考。

图书在版编目(CIP)数据

操作系统设计原理:第 3 版/毛启容主编. -- 北京:清华大学出版社,2025.6.
(面向数字化时代高等学校计算机系列教材). -- ISBN 978-7-302-69481-6

Ⅰ. TP316

中国国家版本馆 CIP 数据核字第 2025HV9817 号

责任编辑:陈景辉　薛　阳
封面设计:刘　键
责任校对:王勤勤
责任印制:杨　艳

出版发行:清华大学出版社
　　网　　址:https://www.tup.com.cn,https://www.wqxuetang.com
　　地　　址:北京清华大学学研大厦 A 座　　邮　　编:100084
　　社 总 机:010-83470000　　邮　　购:010-62786544
　　投稿与读者服务:010-62776969,c-service@tup.tsinghua.edu.cn
　　质量反馈:010-62772015,zhiliang@tup.tsinghua.edu.cn
　　课件下载:https://www.tup.com.cn,010-83470236
印 装 者:三河市铭诚印务有限公司
经　　销:全国新华书店
开　　本:185mm×260mm　　印　　张:21.25　　字　　数:544 千字
版　　次:2025 年 7 月第 1 版　　印　　次:2025 年 7 月第 1 次印刷
印　　数:1～1500
定　　价:59.90 元

产品编号:105245-01

面向数字化时代高等学校计算机系列教材

编审委员会

序

随着物联网、大数据、云计算、人工智能等新一代信息技术的突破性发展,数字经济已跃升为重组全球要素资源、重构经济格局的关键变量,成为大国博弈的战略制高点。我国数字经济规模持续攀升,对高质量发展的支撑作用愈发显著,而数字技术的迭代创新与产业场景的深度融合,对计算机人才培养提出了全新命题——打造一支既掌握核心技术能力,又具备跨界整合思维的高素质人才队伍,这也是数字中国建设的核心议题。在此背景下,教育部高等学校计算机类专业教学指导委员会立足时代前沿,策划出版了"面向数字化时代高等学校计算机系列教材"。

本系列教材以"双维驱动、三阶融合"为核心理念展开建设。其一,锚定数字产业变革与产教融合需求。教材体系全面覆盖计算机科学与技术、软件工程、物联网工程、数据科学与大数据技术等传统与新兴专业,特别关注人工智能、网络空间安全等战略领域,既回应数字产业对基础软件、工业互联网等关键技术的迫切需求,又前瞻布局量子计算、隐私计算等前沿方向,构建"基础理论-技术原理-产业应用"的完整知识链。其二,践行包括成果导向在内的工程教育专业认证倡导的基本工程教育理念和要求。严格对标工程教育专业认证标准,将计算思维、系统能力、工程伦理融入教材,引导落实培养学生解决复杂工程问题的能力,并通过模块化设计支持"课程思政"与"新工科"建设,展现数字化时代计算机课程与教学改革成果,支持本科工程教育基本毕业要求的全面达成。其三,强化实践创新与资源赋能。教材以"案例驱动、任务导向"为特色,引入智慧产业、数字孪生等新场景案例,配套电子课件、知识图谱、虚拟仿真实验等数字化资源,并融合微课、MOOC、二维码等多元形态,构建"纸质教材+数字资源+实践平台"的立体化教学生态。

为了确保系列教材规划的科学性、先进性、前瞻性和实用性,同时保证教材编写质量,严把政治关和学术关,成立了"面向数字化时代高等学校计算机系列教材"编审委员会(以下简称"编委会")。由本人担任编委会主任,吉林大学黄岚教授任秘书长,联合部分教育部高等学校计算机类专业教学指导委员会委员、院系专业负责人及企业技术专家,包括一批国家级教学名师和省市级教学名师,形成"产学研"协同的高水平编委会团队。编委会建立质量管控体系,严把政治方向与学术规范,同时设立动态更新机制,根据技术发展趋势与教学反馈,每两年启动教材修订,确保内容始终与产业前沿同频共振。

优秀教材的建设绝非一朝一夕之功,而是需要教育工作者以"十年树木"的定力持续耕耘。在数字化浪潮奔涌的今天,计算机教育的使命早已超越技术工具的传授,更在于塑造兼具创新思维、跨界视野与人文情怀的复合型人才。本系列教材的诞生,凝聚着编写团队对学科规律的深刻洞察、对教学痛点的精准解构,更承载着对教育生态优化的殷切期盼。我们期待,这套教材能成为一座"有温度的桥梁"——连接理论前沿与产业实践,融合技术理性与价值关怀,让学习者在代码与算法的探索中,既触摸到科技的温度,更肩负起时代的责任。

教材的生命力源于传承与创新。我们诚邀更多同仁加入这场"静水深流"的教育实践,以匠心雕琢知识体系，以开放姿态拥抱变革，让教材成为数字时代人才培养的"基石"与"引擎"。愿这套教材能助力青年学子以数字技术为桨、以创新梦想为帆，在时代洪流中劈波斩浪，书写属于他们的精彩篇章！

投稿邮箱：340289782@qq.com jsjjc@tup.tsinghua.edu.cn

联系电话：黄老师 18686640011，魏老师 13601331987

"面向数字化时代高等学校计算机系列教材"编审委员会　主任

前言

操作系统是计算机系统最基本的系统软件之一,是用户开发和使用应用软件不可缺少的支撑环境。随着计算机系统软硬件规模的日益扩大和性能的不断提高,用户与操作系统的联系愈加密切,操作系统课程是计算机类专业的必修课程。

本书改变了传统教材的框架,把操作系统的基本原理与设计实现方法有机地结合起来,以原理指导设计,又从设计中加深对原理的理解。在介绍操作系统基本设计原理的同时,与UNIX、Linux、Windows 以及鸿蒙操作系统等主流的操作系统的实现技术和特点相结合,有利于学生对这些常用操作系统的理解和实际设计能力的培养。

本书主要内容

全书共 10 章,内容覆盖了学习操作系统课程应掌握的基本概念、基本原理、主要技术和实现方法。

第 1 章主要介绍操作系统的基本概念,发展史以及现代操作系统概况。

第 2 章主要介绍进程和线程模型及管理实例。

第 3 章主要介绍互斥与同步的基本概念、进程互斥和同步的算法设计、进程通信、死锁及进程同步与通信实例。

第 4 章介绍处理器调度类型、单/多处理器调度、实时调度,以及处理器调度实例与新进展。

第 5 章主要介绍几种常用的内存管理方法,包括分区管理、页式存储、段式存储、段页式存储、内存管理实例和虚拟存储管理等原理和设计实现方法。

第 6 章介绍文件的概念、文件目录、文件系统的空间管理、文件系统的可靠性、虚拟文件系统、文件系统的类型和文件系统实例。

第 7 章介绍输入/输出控制方式、输入/输出缓冲、设备驱动程序、设备分配、磁盘调度、时钟管理和电源管理及输入/输出管理实例。

第 8 章介绍计算机安全评估与标准、安全机制、安全模型、安全体系结构和相关实例。

第 9 章介绍鸿蒙操作系统,包括系统架构、内核子系统、驱动子系统、启动流程,以及开发实践等。

第 10 章介绍操作系统设计问题,包括操作系统设计目标、界面设计、操作系统设计实现、性能优化、项目管理等。

本书特色

(1) 问题驱动,由浅入深。

本书通过分析问题,由浅入深、逐步地对操作系统的重要概念和知识点进行讲解与探究,引导读者更好地掌握操作系统的设计方法和实现原理。

（2）突出重点，强化理解。

本书结合作者多年的教学经验，针对应用型本科的教学要求和学生特点，突出重点、深入分析，同时在内容方面全面兼顾知识的系统化要求。

（3）注重理论，联系实际。

本书通过分析 UNIX、Linux、Windows 以及鸿蒙操作系统的实例，将理论与实际相结合，展示了不同操作系统的特点，帮助读者深入理解操作系统的设计思想。

（4）国产系统，自主可控。

本书特别介绍了国产操作系统 OpenHarmony 的最新技术，包括 OpenHarmony 的设计理念和开发方法，为读者展示了国产操作系统的创新成果和前沿技术趋势。

配套资源

为便于教与学，本书配有源代码、微课视频、教学课件、教学大纲、教学日历、习题题库。

（1）观看微课视频方法：先刮开并用手机版微信 App 扫描本书封底的文泉云盘防盗码，授权后再扫描书中的二维码，观看教学视频。

（2）其他配套资源可以扫描本书封底的"图书资源"二维码，关注后回复本书书号，即可下载。

源代码   全书网址

读者对象

本书可作为全国高等学校计算机类专业本科生的教材，也可供从事操作系统设计和维护的科技人员阅读参考。

本书由高校和企业合作编写，各章均穿插介绍流行的操作系统相关设计与实现方法，同时章前均有本章知识要点、预习准备、兴趣实践和探索思考提示，章后有小结、习题等，便于学生探索学习和教师的融会贯通与按需授课。

参加编写的人员及分工：第 1、4、7 章由毛启容编写，第 2、3 章由牛德姣编写，第 5、10 章由贾洪杰编写，第 6、8 章由蔡涛编写，第 9 章由刘太俊和夏德旺编写。全书由毛启容统一规划与统稿。

由于书中所涉及的操作系统（UNIX、Linux、Windows 和鸿蒙操作系统）是作为应用实例来介绍的，所以这些部分难免不成体系。需要系统学习这些操作系统的实现及使用方法的读者，可以进一步参阅有关资料。另外，操作系统的发展日新月异，加之编者水平有限，书中疏漏之处在所难免，敬请读者批评指正。

作　者

2025 年 3 月

目录

第3章　互斥与同步

第 4 章　处理器调度

第 5 章　内存管理

第6章 文件管理

第7章　输入/输出管理

第 8 章 / 操作系统安全

第 9 章　OpenHarmony 系统

第 10 章　操作系统设计问题

本章知识要点：包括操作系统的定义、操作系统的形成和发展、操作系统的分类、操作系统的运行环境、操作系统的结构和现代操作系统的特征。要求粗略了解支撑操作系统执行的核心硬件以及操作系统的层次结构，初步理解不同类型操作系统之间的异同，熟悉操作系统的发展概况。

预习准备：回想平时接触和使用的不同类型的操作系统，思考这些操作系统之间的共同特征与区别。

兴趣实践：收集整理所接触和了解的操作系统，在后续学习中比较这些不同类型操作系统各方面的异同。

探索思考：思考书中给出的操作系统定义、分类和结构与自己日常认识的差异，思考不同应用领域对操作系统的不同需求。

计算机系统由硬件和软件两大部分构成。硬件包括计算机的物理装置，如处理器、存储器、I/O 设备和通信装置等。软件是相对于硬件而言的，是指计算机硬件执行的程序、数据和相关文档，用于完成特定任务。操作系统是计算机系统的大脑，它管理计算机软硬件资源并为用户和其他软件提供运行环境和控制机制。

在本章中，将探讨操作系统的定义，分析其功能和类型，并介绍其形成和发展历程。同时，也会选择性地介绍操作系统在不同硬件环境下的运行情况。最后，将重点介绍 UNIX、Linux、Windows 以及 OpenHarmony 系统的特点。

1.1 操作系统的定义

▶ 1.1.1 基本概念

计算机软件是指在计算机系统中运行的程序、数据和文档等组成的集合。它是一种由计算机程序和相关数据组成的系统化的指令集合，用于告诉计算机执行特定任务或实现特定功能。计算机软件通常分成两大类，即系统软件和应用软件。

1. 系统软件

系统软件用于计算机的管理、维护、控制和运行，以及对运行的程序进行翻译、装入等服务工作。系统软件可分成三部分：操作系统、语言处理系统和常用的例行服务程序。

（1）操作系统是计算机系统的一种系统软件，它用于管理计算机的资源和控制程序的执行。一个程序只有在通过操作系统获得必需的资源后才能执行。例如，程序在执行前必须获得主存储器资源才能装入，它的执行要依靠处理器，它在执行中还可能要用外围设备输入或输出数据，或者使用计算机系统中的文件以及调用子程序等。计算机配置了操作系统后可以提高效率，便于使用。现在，操作系统已成为计算机系统中不可缺少的一种系统软件。

（2）语言处理系统是计算机编程语言的处理工具，包括各种语言的编译程序、解释程序和汇编程序，它们将程序员编写的源代码转换成计算机能够理解和执行的机器代码或中间代码，可以提高软件开发的效率和质量。

（3）常用的例行服务程序是操作系统提供给用户和开发者的辅助工具，用于提高软件的可维护性和可扩展性。它的种类很多，通常包括库管理程序、连接编辑程序、诊断排错程序等。

2．应用软件

应用软件是指那些为了某一类应用需要而设计的程序，或用户为解决某个特定问题而编制的程序或程序系统。

▶ 1.1.2　一个计算机系统的视图

一个计算机系统可以被认为是由硬件和软件按层次方式构成的。计算机系统的分层和视图如图 1-1 所示，这是一个 4 层结构，每层表示一组功能和一个接口。接口是用于在该层内实现功能的一组可见的约定，通常把接口的这些特性称为计算机系统的一个视图。

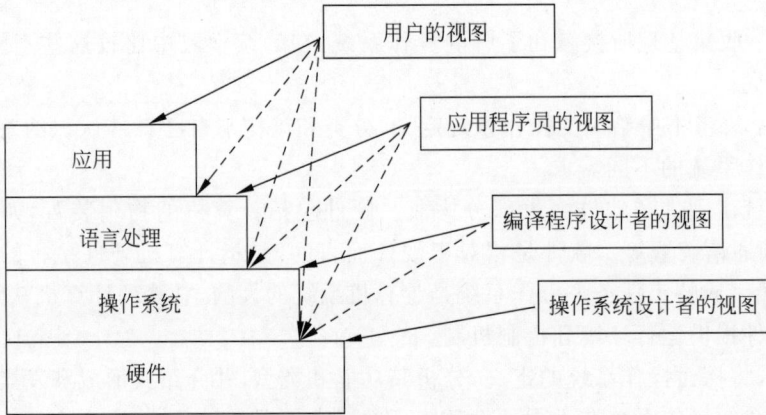

图 1-1　计算机系统的分层和视图

1．硬件

硬件是软件的建立与活动的基础，而软件是对硬件功能的扩展。操作系统是核心的系统软件，与硬件的关系尤为密切，它不仅对硬件资源直接实施控制、管理，而且很多功能的完成是与硬件动作配合实现的。所以操作系统的运行必须依靠良好的硬件支撑环境。

硬件层表示机器的可见结构，它包括可执行一组指令的处理器，若干个供程序使用的寄存器和用于访问存储器的寻址模式，还包含诸如通道、控制器、处理器和存储器之间的关系。它是操作系统工作的基础，因此，对操作系统的设计者来说，他所关注的系统视图就是硬件层。

2．操作系统

操作系统对硬件层做第一次功能扩充，以便为编译程序的设计者和应用程序员提供有效的服务。它提供接口以便容易地开发系统程序。操作系统是整个计算机系统的控制管理中心，其中也包括对其他各种软件的控制和管理，如编辑程序、编译程序、连接装配程序、数据库系统和各种软件工具等。操作系统对它们既具有支配权力，又为其运行建造环境。操作系统提供的接口并不能完全隐藏硬件特性，因此，一个编译程序的设计者可能需要某些机器特性的知识。编译工作的基础是被操作系统扩充了功能的机器，它由软件定义的操作系统接口和硬件指令集合的某些部分组成。类似地，一个使用汇编语言的程序员将利用操作系统和硬件提供的复合功能。因此，向编译程序的设计者所展示的一个系统视图除了操作系统外，还应加上操作系统未能隐藏的硬件特性，它们在图 1-1 中分别用实线箭头与虚线箭头表示。

3. 语言处理

语言处理层是计算机系统的中间层，位于操作系统之上，负责提供编程语言的编译、解释和运行时环境，使得应用程序员能够使用高级语言编写程序。这一层通过将高级语言转换为机器可执行的指令，为应用层提供支持，同时通过提供丰富的编程接口和工具，简化了软件开发过程，提高了开发效率和程序的可移植性。同样，应用程序员的视图除了语言处理层外，还有未被隐藏的部分操作系统和硬件的特性。

4. 应用

应用层是计算机系统架构的最顶层，直接面向最终用户，提供各种应用程序和服务，满足用户在工作、学习和娱乐等方面的需求。用户的视图除了应用层外，还有未被隐藏的部分语言处理层、操作系统层及硬件层的特性。它们在图 1-1 中也分别用实线箭头和虚线箭头表示。用户包括几种不同身份的人：一般用户、操作员和管理员等。一般用户是计算机系统环境中的顾客，他们利用计算机来完成各种有用的任务。操作系统对外提供的功能就是它与一般用户之间的接口。操作员是负责启动系统、监督系统状态、对设备（如磁带、打印机）实施操作的人员，他们是对系统的最终控制者。管理员负责制定系统调度政策，确立维修、改进方案。

▶ 1.1.3 操作系统的基本功能

使用计算机前，需先装入操作系统，从而提高计算机的工作效率，便于用户使用。操作系统像是计算机系统的一个聪明能干的"大管家"。下面从两方面简要介绍操作系统所需提供的基本功能。

1. 人机交互界面

操作系统通常提供人机界面，使用户能够通过键盘、命令行或图形用户界面（Graphical User Interface，GUI）与计算机交互，执行计算任务。这些界面模块解析用户指令，调用系统内部功能模块（系统调用），完成计算并将结果反馈给用户。它们与实用软件相结合，为用户提供了开发和运行应用程序的环境，体现了操作系统的基本公共服务功能。

没有操作系统的支持，即使是查看一个简单文件也会非常烦琐。例如，在 UNIX 系统中，用户只需输入 cat FILE. txt 命令即可查看文件，操作简便。若无操作系统，用户需使用难以记忆的机器代码编写多个底层程序，如输入程序、读盘和搜索文件程序、装入内存程序和驱动显示程序。这些程序还会涉及内存、外设的多个物理特性和状态参数，并且需要字符库和调试软件的支持，普通用户很难完成。现代操作系统普遍配备的图形用户界面，让计算机操作变得直观易用。微型计算机系统的普及，很大程度上得益于其配备的易用且功能强大的操作系统界面。

2. 资源管理

为确保计算机能够高效率地运转，需要合理地分配使用各种软件、硬件资源。在实际中会遇到很多问题，例如，如何使慢速的外设与高速的 CPU 相匹配；当内存空间紧张时，如何使外部存储器效率最大化；如何组织、存取诸多文件信息的问题。

从资源管理的观点来看，操作系统的功能主要包括处理器与进程管理、存储器管理、文件管理、设备管理和网络管理。

（1）**处理器与进程管理**。处理器与进程管理的功能包括调度、进程控制、进程同步与进程通信等。

调度包括作业调度和进程调度。作业调度是考虑充分利用系统资源的要求，将用户的算题按照一定的策略，为它分配资源，调入内存并创建进程，使之有机会获得系统的服务。通常在大中型操作系统中，才提供作业管理的功能。一般微型计算机操作系统以及单用户操作系统不考虑作业管理的功能。进程调度就是考虑何时为进程分配处理器并占有多长时间，让它真正占有处理器进行算题。

进程控制就是控制进程的运行状态的变化，让进程有序地时走时停。进程同步就是解决进程之间使用资源的竞争和协作问题。

进程通信就是使进程之间由于算题需要能够传输相关信息。

（2）**存储器管理**。存储器管理主要管理主存储器资源。存储器管理将根据用户程序的要求给它分配主存储器，并将程序的逻辑地址空间转换为物理地址空间，同时还要考虑内存空间的贡献和保护用户存放在主存储器中的程序和数据不被破坏，此外还要考虑如何使有限的内存能够运行更多和更大的程序，即主存扩充问题。操作系统的这一部分功能与硬件存储器的组织结构密切相关，操作系统的设计者应根据硬件情况和使用需要，采用各种相应的有效调度策略与保护措施。

（3）**文件管理**。文件管理支持对文件的存储、检索和修改等操作以及文件保护的功能。早期的管理程序仅提供一个简单的文件系统，而现代的操作系统一般都提供功能复杂的文件系统，多数还提供数据库系统来实现信息的管理工作。

（4）**设备管理**。设备管理负责管理各类外围设备，包括分配、启动和故障处理等。为了提高效率，还引入了逻辑（虚拟）设备的概念，以实现预输入和缓输出功能。

（5）**网络管理**。目前的多数系统都有联网计算要求，因此操作系统还需提供网络资源管理功能，以实现信息的网络传输、网络资源服务和网络安全防护等目的。

1.2 操作系统的形成和发展

第一代计算机运行速度较低，外围设备较少，因而，编制和运行一个程序也比较简单。那时，程序员往往直接使用机器语言来编制一个程序，这种"目标程序"被人为地穿在卡片（或纸带）上，并用一个引导程序装入主存储器。程序员通过控制台开关来调试和操作运行程序。在这期间，整个计算机都是被一个程序员所占有。因而，不需要专门的操作员，程序员身兼两职——既是操作员，也是程序员。

随着计算机的发展，协助用户使用计算机的软件——原始汇编系统产生了。在这样的系统中，数字操作码被记忆码所代替，程序按一个固定格式的汇编语言书写。程序员（或系统程序员）预先编制一个汇编解释程序，它把汇编语言书写的"源程序"解释成计算机能直接执行的机器语言表达的"目标程序"。因而，在这样的计算机系统中，首先需要把这个汇编解释程序和源程序都穿在卡片或纸带上，然后再装入和执行。原始汇编和执行过程如图 1-2 所示，整个计算分为两个阶段，共 6 个计算步，每步的功能如下。

（1）通过引导程序把汇编解释程序装入计算机中。

（2）通过汇编解释程序读入源程序，并执行汇编过程。

（3）产生一个目标程序，并输出到卡片或纸带上。

（4）通过引导程序把目标程序装入计算机。

（5）目标程序读入卡片数据或纸带数据。

（6）产生计算结果，并输出到卡片或打印纸上。

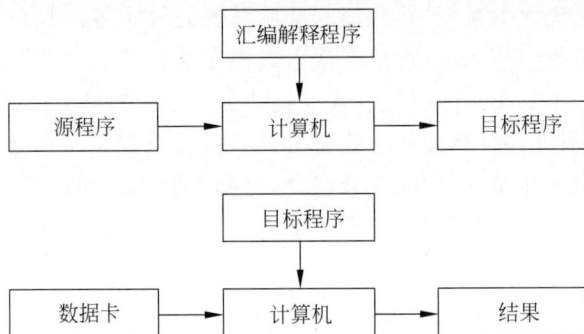

图 1-2　原始汇编和执行过程

其中,(1)～(3)的三个计算步是汇编阶段,(4)～(6)的三个计算步是执行阶段。

20 世纪 60 年代,硬件技术取得了两方面的重大进展:一是通道技术的引进;二是中断技术的发展。再加之存储容量的增长,这就给软件的发展奠定了物质基础。在这期间,先后出现了 FORTRAN 和 ALGOl 等程序设计语言与相应的编译程序以及程序库的使用等。同时,出现了对计算机硬件和软件进行管理与调度的软件,管理程序,即初级的操作系统。

管理程序的主要功能是:向用户提供多个共享资源来运行他们的程序;帮助操作员控制用户程序的执行和管理计算机的部分资源。

有了管理程序以后,用户不必亲自上机操作,而是由专业化的操作员代劳。操作员只要通过控制台打字机输入控制命令就可以操纵计算机,操作员输入的命令由管理程序来识别和执行。这样,不仅操作速度快,而且操作员可以方便地进行一些较为复杂的控制。当计算机在运行中发生错误或意外时,管理程序通过计算机从控制台打字机上输出信息向操作员报告。这种输出信息不仅比"亮灯显示"所表达的更为丰富,而且操作员也易于理解。总之,用这种半自动方式来控制计算机不仅提高了效率,而且方便了使用。

到了第二代计算机后期,特别是进入第三代以后,软件有了很大的发展,它的作用也日益显著。同时,硬件也有了很大的发展,特别是主存储器容量的增加和大容量辅助存储器"磁盘"的出现,给发展更先进的管理程序准备好了物质条件。另外,计算机应用的日益广泛和深入,也要求进一步发展和扩大功能简单的管理程序。这样,管理程序就迅速地发展成为一个主要的软件分支——操作系统。

随着大规模集成电路技术的发展,微型计算机迅速地发展起来。从 20 世纪 70 年代中期开始,出现了微型计算机操作系统。1970 年,美国 Digital Research 软件公司研制了操作系统CP/M,由于它短小、精致且适应性强,因而,此后出现的一些 8 位微型计算机操作系统多采用CP/M 的结构。

随着微型计算机及以微型计算机为其主要节点的局域网的发展,操作系统的研究、开发、生产与销售也获得了飞速的发展。微型计算机操作系统的发展大致经历了两个阶段:第一阶段(1976—1979 年)为单用户、单道作业的操作系统。继 CP/M 之后,还有 CDOS(Cromemco磁盘操作系统)、MDOS(Motorola 磁盘操作系统)、TRSDOS(TRS 磁盘操作系统)、SDOS(SD磁盘操作系统)和 MS-DOS(Microsoft 磁盘操作系统)。第二阶段(1979—1980 年)为多用户、多道作业和分时系统,如 MP/M(多用户监控程序)、AMOS 和 XENIX。20 世纪 90 年代以来,Windows、Linux、UNIX 操作系统几乎垄断了微型计算机操作系统的市场。

微型计算机和 Internet 的广泛应用催生了软件巨头 Microsoft。当今,物联网与云计算的兴起,无论何时、何地、何物,只要需要就能实现针对性计算,这给计算系统的核心软件操作系统的研究与开发带来了更大的挑战,新一代的操作系统应运而生。为了方便便携式终端、传感器和物件接入点开发各种应用系统,产生了嵌入式操作系统。

云计算是一种通过 Internet 以服务方式提供动态可伸缩的虚拟化资源的计算模式。为了实现云计算模式,必须研发云计算操作系统。云计算操作系统是指构架于服务器、存储、网络等基础硬件资源和单机操作系统、中间件、数据库等用于管理海量的基础硬件、软件之上的云平台综合管理系统,它是一个大型复杂的操作系统。由于云计算的需要,基于网络的分布式操作系统和虚拟化软件的研究开发又唤来了新的春天。可以想象,将来微型化和大型化这两大类操作系统必将成为市场的宠儿。

1.3   操作系统的分类

当前,计算机应用已广泛地深入人类生活的各个领域。在这些应用中,人们对计算机的要求不尽相同,对计算机操作系统的性能要求、使用方式也是十分不同的,因此,对操作系统的类型进行分类的方法也很多。例如,可按硬件系统的大小、系统的属性和用户的属性等来进行分类。在此,按照操作系统所提供的功能来进行分类,操作系统大致可以分成以下几类:单用户操作系统、批处理操作系统、实时操作系统、分时操作系统、网络操作系统、分布式操作系统、嵌入式操作系统。下面分别介绍这几类操作系统的特性。

▶ 1.3.1   单用户操作系统

简单地说,一个操作人员在一个终端上使用计算机就是一名用户。目前大量使用的个人微型计算机,由一个主机带一个终端,同一时间只能为一名用户服务,使用的是单用户操作系统。单用户操作系统的根本特征是,一名用户独占计算机系统资源。系统所有软、硬件资源全为一名用户服务,单独地执行该用户提交的一个任务。

例如,IBM-PC 个人微型计算机和兼容计算机配的 MS-DOS,以及 8 位计算机使用的 CP/M 操作系统均属于单用户操作系统。在使用过程中,即便多数资源是空闲的,也只能被一名用户所独占。显然,系统资源未能被充分利用。但其操作系统简单,易被人们掌握。

▶ 1.3.2   批处理操作系统

在一般计算中心(或数据中心)的小型以上的计算机上所配置的操作系统通常属于批处理操作系统。用户把要计算的问题、数据和作业说明书一起交给操作员,操作员将一批算题输入计算机,然后由操作系统来控制执行。通常,采用这种批量化处理作业技术的操作系统称为批处理操作系统。

批处理操作系统又分为单道批处理系统和多道批处理系统。这二者的区别如下。

(1)作业道数。单道批处理系统中只有一道作业在主存中运行;而多道批处理系统中同时有多道作业在主存中运行。

(2)作业处理方式。单道批处理系统是把多名用户作业形成一批,由卫星机将这些作业输入磁带中,然后主机再从该磁带中将作业一个一个地读入主存进行处理。作业完成后,将结果也都输出到另一个磁带中去。当这批作业全部完成后,再由卫星机把此磁带上的结果通过相应的输出设备输出。处理完一批作业后再处理另一批作业。而在多道批处理系统中(包括网络中的远程批处理),作业可随时(不必集中成批)被接收进入系统,并存放在磁盘输入池中形成作业队列。而后操作系统按一定原则从作业队列中调入一个或多个作业进入主存运行。所以，"批"的概念已不十分明显。这里所谓的"批处理"是指这样一种操作方式：即用户与他的作业之间没有交互作用，不能直接控制其作业的运行，一般称这种方式为批操作。

IBM DOS(磁盘操作系统)是一个典型的批处理多道系统。它是一个通用操作系统，开始是为 IBM/360 的较小型号设计的，后来扩展到 370 系统上。以后它又发展成 DOS/VS 和 DOS/VSE 运行于 IBM43 系列计算机上。

▶ 1.3.3　实时操作系统

"实时"是指对随机发生的外部事件做出及时的响应并对其进行处理。所谓外部是指来自与计算机系统相连的设备所提出的服务要求和采集数据。对于一个特殊事件的处理活动是由一串处理任务来完成的，其中每个处理任务必须在规定的时间内完成。外部事件指接收数据或请求一个联机设备服务，其中，联机设备并非由操作员来驱动，而是由系统根据外部事件的请求和联机设备当时的状态来确定该联机设备是否对该请求做出响应。

实时操作系统是较少有人为干预的监督和控制系统。仅当系统内的计算机识别到了违反系统规定的限制或者计算机本身发生故障时，系统才需要人为干预。人为干预允许重置参数和调整监督设备的任务。用于实时控制的计算机系统要确保在任何时候，甚至在满载时都能及时响应。因此，在设计实时操作系统时，首先要考虑响应及时，其次才考虑资源的利用率。

实时操作系统的软件依赖于应用的性质和实际使用的计算机类型。然而，对于实时操作系统而言，它的一个基本特征是事件驱动设计，即当接收了某种类型的外部消息后，由系统选择一个程序去执行。

实时操作系统的应用十分广泛，例如，监督产品线、流水线生产的连续过程，监督病人的脑界功能，监督和控制交通灯系统，监督和控制实验室的实验，以及监督军用飞机的状态等。

▶ 1.3.4　分时操作系统

所谓分时系统是指多名用户分享使用同一台计算机，也就是说，把计算机的系统资源(尤其是 CPU 资源)进行时间上的分割，即将 CPU 整个工作时间分成一个个的时间段，每个时间段称为一个时间片。让每名用户轮流使用这些时间片，使得每名用户均感到自己在独享 CPU。

分时操作系统的主要目的是对联机用户的服务和响应。它的主要特点如下。

(1) 同时性。若干终端用户可同时使用计算机。

(2) 独立性。用户彼此独立，互不干扰。

(3) 及时性。用户的请求能在较短时间内得到响应。

(4) 交互性。用户能进行人机对话，联机地调试程序，以交互方式工作。

分时操作系统和批处理多道操作系统的第一个差别是它们在目标上存在着基本的不同。一个批处理多道程序系统的目标是提高机器效率；而分时操作系统的目标是对用户请求的快速响应。

分时操作系统和批处理多道操作系统的第二个差别表现在提交给系统的作业性质上。对于要求在几分钟内能从终端上获得结果的短小作业来说，分时操作系统是最有效的；但是，对于需要较长时间才能完成的大型作业而言，批处理多道操作系统较为有效。

分时操作系统和批处理多道操作系统的第三个差别在于：对于充分使用系统资源而言，

批处理多道操作系统是较好的，因为它可以同时接收经过合理安排的各种不同负载的作业；对于要求执行相同功能的作业而言，分时操作系统是较好的，因为在不同的终端上同时使用同一个功能的例行子程序将减少系统调用它的开销。

▶ 1.3.5　网络操作系统

计算机网络是通过通信机构把地理上分散且独立的计算机连接起来的一种网络。有了计算机网络之后，用户可以突破地理条件的限制，方便地使用远地的计算机资源，实现资源共享。提供网络通信和网络资源共享功能的操作系统称为网络操作系统。

网络操作系统除了应具有的处理器与进程管理、存储器管理、设备管理和文件管理外，还应具有以下两大功能。

（1）提供高效、可靠的网络通信能力。

（2）提供多种网络服务功能，例如，远程作业录入并进行处理的服务功能，文件传输服务功能，电子邮件服务功能，远程打印服务功能，等等。总之，要为用户提供访问计算机网络中各种资源的服务。

▶ 1.3.6　分布式操作系统

分布式操作系统是一种特殊的网络操作系统，它是一种用于管理分布式系统资源的操作系统。它与集中式操作系统的主要区别在于资源管理、进程通信和系统结构方面。它是由多台计算机组成网络，并且满足以下条件：

（1）系统中任意两台计算机可以通过通信来交换信息。

（2）系统中各台计算机无主次之分，既没有控制整个系统的主机，也没有受控于他机的从机。

（3）系统的资源为所有用户共享。

（4）系统中若干台计算机可以互相协作来完成一个共同任务，或者说，一个程序可以分布于几台计算机上并行地运行。

▶ 1.3.7　嵌入式操作系统

嵌入式操作系统是一种支持嵌入式系统应用的操作系统，它是嵌入式系统极为重要的组成部分。嵌入式操作系统通常包括以下几个模块：与硬件相关的底层驱动软件、系统内核、设备驱动接口、通信协议、图形界面、标准化浏览器等。

嵌入式操作系统具备通用操作系统的基本特点：能够有效管理复杂的系统资源，能够对硬件进行抽象，能够提供库函数、驱动程序、开发工具箱等。

与通用操作系统相比较，嵌入式操作系统具有的特性：实时性，硬件依赖性，软件固化性，应用专用性，可裁剪性。

嵌入式操作系统的发展经历了从支持 8 位微处理器到支持 16 位、32 位甚至 64 位微处理器，从支持单一品种的微处理器芯片到支持多品种微处理器芯片，从只有内核到除了内核外还提供其他功能模块（如文件系统、TCP/IP 网络系统、窗口图形系统）等过程。

典型的嵌入式操作系统有 $\mu C/OS\text{-}II$、$\mu CLinux$、VxWorks、Windows CE、Symbian OS、Android、iOS 等。

$\mu C/OS\text{-}II$ 能管理 64 个任务，其实时性能优良，可扩展性好，可运行在航天器等对安全级别要求较高的系统上。

μCLinux 继承了 Linux 操作系统的主要特性,内核非常小,具有良好的稳定性和移植性、强大的网络功能、出色的文件系统支持、标准丰富的 API 以及 TCP/IP 网络协议等。

VxWorks 以其良好的可靠性和卓越的实时性被广泛地应用在通信、军事、航空、航天等高精尖技术及实时性要求极高的领域中。

Windows CE 是微软自行开发的嵌入式新型操作系统,具有模块化、结构化和基于 Windows 32 应用程序接口和与处理器无关等特点。

Symbian OS 是智能移动终端的专用嵌入式操作系统,它可支持 Java 语言,拥有强大的应用程序及通信处理开发能力。

Android 是谷歌开发的基于 Linux 平台的开源移动终端操作系统,它采用 WebKit 浏览器引擎,具备触摸屏、高级图形显示和上网功能。Android 应用开发是基于 Java 的,底层是基于 Linux 的。开发者在其上开发应用程序自由度大,而且系统可免费获得,已成为流行的嵌入式操作系统。

iOS 是苹果公司为 iPhone、iPad 开发的操作系统,它有很好的媒体处理与触屏交互处理功能支持。

鸿蒙操作系统(HarmonyOS)是华为公司开发的操作系统。鸿蒙是一款"面向未来"的操作系统,一款基于微内核的面向全场景的分布式操作系统。它适配于手机、平板、电视、智能汽车、可穿戴设备等多终端设备。2020 年 9 月 10 日,华为发布 HarmonyOS 2.0,并将在内存为 128KB~128MB 的轻量级设备上运行的代码捐赠给开放原子开源基金会,OpenHarmony 1.0 版本代码正式开源。

1.4　操作系统的运行环境

通常,为确保一个程序能在计算机上运行,是需要具有一定的环境的。例如,要有处理器、主存及 I/O 设备和有关系统软件等。而操作系统作为系统的管理程序,为了实现其预定的各种管理功能,需要有一定的运行环境来支持其工作。操作系统的运行环境主要包括系统的硬件环境和软件环境。这里主要讨论与操作系统的 5 个资源管理功能密切相关的硬件环境。

▶ 1.4.1　中央处理器

操作系统作为一个程序需要在某个处理器上执行。如果一个计算机系统只有一个处理器,则称为单机系统。如果有多个处理器(不包括通道),则称为多处理器系统。

▶ 1.4.2　特权指令

每个处理器都有自己的指令系统,对于微处理器来说,它的指令系统中的全部指令,一个普通的非系统用户通常也都可以使用。但是如果某微型计算机是使用于多用户或多任务的多道程序设计环境中,则它的指令系统中那些只能由操作系统使用的指令称为特权指令。这些特权指令是不允许一般用户使用的。因为这些指令(如启动某设备指令、设置时钟指令、控制中断屏蔽的某些指令、清主存指令和建立存储保护指令等)如果允许用户随便使用,就有可能使系统陷入混乱。所以,一个使用多道程序设计技术的微型计算机的指令系统必须区分为特权指令和非特权指令。用户只能使用非特权指令,只有操作系统才能使用所有的指令(包括特权指令和非特权指令）。其指令系统没有特权和非特权之分的微型计算机是难以在多道环境下运行的。那么 CPU 如何判断当前是操作系统还是一般用户在其上执行呢？这有赖于处理器状态的标识。

▶ 1.4.3　处理器的状态

处理器有时执行用户程序，有时执行操作系统程序，在执行不同程序时，根据运行程序对资源和机器指令的使用权限而将此时的处理器设置为不同的状态。有些系统将处理器工作状态划分为核心状态、管理状态和用户程序状态（又称为目标状态）三种。但多数系统将处理器工作状态较简单地划分为管态（一般指操作系统管理程序运行的状态）和目态（用户程序运行时的状态）。

当处理器处于管态时，可以执行全部指令（包括特权指令），使用所有资源，并具有改变处理器状态的能力。当处理器处于目态时，就只能执行非特权指令。

▶ 1.4.4　程序状态字

处理器当前处于什么工作状态？能否执行特权指令？以及处理器下次要执行哪条指令？为了解决这些问题，所有的计算机（不管是大型计算机还是微型计算机）都有若干的特殊寄存器。如用一个专门的寄存器来指示下一条要执行的指令称为程序计数器（Program Counter，PC）。同时，还有一个专门的寄存器来指示处理器状态的，称为程序状态字（Program Status Word，PSW）。下面将以 UNIX 操作系统运行于 PDP-11 机器上的程序状态字为例来加以说明，如图 1-3 所示。

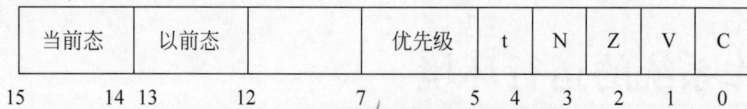

当前态	以前态		优先级	t	N	Z	V	C
15	14 13	12	7	5 4	3	2	1	0

图 1-3　PDP-11 的程序状态字格式

图中，C：进位；V：溢出位；Z：结果为零位；t：陷阱位；5～7 位：中断优先级，取值范围为 0～7；12、13 位：表示原来处理器所处的状态，00 表示核心态（管态），11 表示用户态（目态）；14、15 位：表示当前处理器所处的状态。

1.5　操作系统的结构

随着操作系统性能的增强，以及基础硬件复杂性的增加，操作系统的大小和复杂性也不断增加。CTSS 分时系统在 MIT 于 1963 年投入使用时，大约有 32 000 个 36 位字的存储容量。一年以后出现的 IBM OS/360，有超过一百万条的机器指令。1972 年年底，MIT 和贝尔实验室共同开发的 Multics 系统有超过两千万条的机器指令。

操作系统的大小及其处理任务的难度导致了许多问题。例如，系统总会有许多潜在的错误，以及性能没有达到所希望的要求。为了有效管理系统资源和控制操作系统的复杂性，人们开始重视操作系统的软件结构。

一个明显的观点是软件必须组件化，这有助于组织软件、限制诊断任务并定位错误；组件间的接口应尽可能简单，这使得系统改进更为容易。有了简洁的接口，就会将改变一个组件后对其他组件产生的影响降到最低程度。

对于大型操作系统,仅组件化编程还是不够的,现在越来越多地用到体系结构分层和信息抽象技术。现代操作系统的体系结构分层是根据其复杂性以及抽象的水平来分离功能的。可以将系统看成一个分层结构,每层完成操作系统要求的一个功能子集,每层都依赖紧挨着的较低一层的功能,并且为较高层提供服务。定义不同的层就是为了当某一组件改变时不会影响其他层的内容,将一个问题分解为许多容易解决的子问题。操作系统设计和层次结构如表1-1所示。

表 1-1 操作系统设计和层次结构

层	名 称	对 象	操作举例
13	外壳	用户程序设计环境	Shell 语言中的语句
12	用户进程	用户进程	Quit、kill、suspend、resume
11	目录	目录	Create、destroy、attach、detach、search、list
10	设备	外设:打印机、显示器等	Create、destroy、open、close、read、write
9	文件系统	文件	Create、destroy、open、close
8	通信	管道	Create、destroy、open、close、read、write
7	虚拟存储器	段、页	read、write、fetch
6	局部辅存	数据块、设备通道	read、write、allocate、free
5	进程原语	进程原语、信号量、就绪队列	suspend、resume、wait、signal
4	中断	中断处理程序	Invoke、mask、unmask、retry
3	过程	过程、调用栈、显示	Mark stack、call、return
2	指令集	演算栈、微程序解释器	Load、store、add、subtract、branch
1	电子线路	寄存器、门电路、总线等	Clear、transfer、activate、complement

第1层由电路组成,其中的对象是寄存器、门电路和总线等。对这些对象的操作是一些动作,如清除寄存器或读取内存单元等。

第2层是处理器的指令集。这一层的操作是那些机器语言指令集所允许的一些指令,如add、subtract、load 和 store 等。

第3层加入了过程的概念,包括调用返回指令等。

第4层是中断,使处理器保存当前内容并调用中断处理程序。

这4层并不是操作系统的一部分,但它们组成了处理器硬件。然而,操作系统中的一些元素,如中断处理程序,已在这一层出现。

第5层中,进程作为程序的执行在本层出现。为了支持多进程,对操作系统的基本要求包括具有挂起和重新执行进程的能力。这就要求保存寄存器的值以便从一个进程切换到另一个进程。

第6层管理计算机的辅存。这一层的主要功能有读/写扇区、进行定位以及传输数据块。第6层依靠第5层的调度动作。

第7层为进程创建逻辑空间,这一层将虚拟空间组织成块,并在主、辅存间调度。当一个所需块不在主存中时,本层将逻辑地要求第6层传输。

第8层处理进程间的信息和消息通信。其最有力的工具之一是管道。管道是进程间信息流的一个逻辑通道。它也可用来将外部设备和文件同进程连起来。

第9层支持长期存储文件。

第10层是利用标准接口,以提供对外部设备的访问。

第11层负责保存系统资源和对象的外部和内部定义间的联系。外部定义是应用程序和用户可以使用的名称。内部定义是能够被操作系统的底层部分用来控制一个对象的地址或其他指示符。

第 12 层支持所有管理进程所必需的信息。包括进程虚拟地址空间、与该进程有相互作用的进程和对象列表、创建该进程时传递的参数等。

第 13 层在操作系统同用户间提供一个界面。它被称为"外壳"，这是因为它将用户和操作系统具体实现区分开并使操作系统就像一个功能的集合,这个外壳接收用户命令,解释后根据用户需要创建并控制进程。

1.6　现代操作系统

▶ 1.6.1　现代操作系统技术特性

操作系统的发展与计算机硬件结构的发展和用户对计算机使用的要求密切相关。自 20 世纪 90 年代以来,个人计算机飞速发展,其性能已与大中型计算机相当,但价格却非常低。同时也由于网络技术发展和信息时代的到来,学习产业得到了极大发展。不但推动着硬件结构、速度和容量不断改进和提高,而且也推动着操作系统结构和能力不断革新,新的设计技术和成分不断引入。现在的操作系统在许多方面都具有全新特点,不同于以前的操作系统。在此姑且称之为现代操作系统,它具有以下特点。

1. 图形用户接口

从使用方式上来说,绝大多数是个人独占计算机,通常使用交互方式,并能联网运行。因此,传统的分时系统和批处理系统等方式已不再流行。操作系统与网络通信功能一体化。用户与系统交互时,一般使用图形用户接口(Graphic User Interface,GUI)。多媒体应用技术使用十分广泛。

2. 微内核结构

在传统操作系统中,如调度、文件系统、网络功能、设备驱动程序和存储器管理等被整合到一个庞大的内核中,形成了大内核结构。相比之下,微内核结构只将少量核心功能放入微内核中,如中断处理、进程间通信和基本调度功能。其他操作系统功能则由运行在用户态的进程(类似于以前的系统进程)提供,微内核使这些进程与其他应用程序进程等同。这种分离的好处在于微内核结构与服务器进程可以独立开发,彼此之间没有直接联系。这使得服务器可以根据特定环境或应用需求进行定制开发。通过增减服务器,可以按需扩展和修改操作系统的服务功能。微内核方法简化了操作系统的实现,提供了更大的灵活性。这种方法也非常适合于分布式应用环境,因为微内核与本地进程和远程进程的交互方式是一致的,有利于构建分布式系统。

3. 多线程机制

以前操作系统是基于进程概念,进程是基本的调度单位。现代操作系统是基于进程和线程的概念,一个进程可以有一个或多个线程,线程是调度的基本单位。提供多线程机制的好处是,当一个应用是由若干个相对独立的任务构成时特别有用,便于这些任务同时、并行运行,便于用户开发应用程序。同时,一个进程的多个线程是在相同的地址空间运行(即该进程的地址空间),而不同进程的地址空间则是不同的。所以在进程之间切换,要付出切换地址空间的开销,而在线程之间切换,无须切换地址空间,则开销很小。

4. 对称多处理器机制

随着对处理性能和能力要求的增加,以及微处理器成本的不断下降,计算机厂商正在大力推出多处理器系统，而能达到最大有效性和可靠性的对称多处理器（Symmetric Multiprocessing，SMP）被人们看好。对称多处理器具有以下特点。

（1）有两个或两个以上的处理器。

（2）所有处理器共享主存、I/O设备。这些处理器用总线或其他内部连接模式相连接。

（3）所有处理器执行同样的功能（故名为对称）。

对称多处理器的优点如下。

（1）当一个任务可分成几个独立部分时，它们可以并行运行，比单处理器具有更高的性能。

（2）在SMP模式中，所有处理器处于相同地段，执行相同的功能。这样，当一个处理器损坏时，不会引起整个系统崩溃，增加了可靠性和可使用性。

（3）当用户希望增强系统的处理能力时，可通过增加处理器来达到。

5. 分布式操作系统

分布式操作系统是有着一群分离的计算机通过网络相连接的多机系统，每个计算机有自己的主存、辅助存储器（外存或次级存储）和I/O设备。这种系统在市场上也日渐普遍了。

6. 面向对象技术

在操作系统设计中普遍采用面向对象技术，以及软件工程的其他原则，如模块独立性、信息隐藏、可修改和可维护性（包括可扩充性）等。

本书将以UNIX、Linux、Windows和OpenHarmony作为操作系统设计实例进行讲解，下面先对其特点做简要介绍。

▶ 1.6.2　UNIX技术特性

UNIX是一个历史悠久且功能强大的分时操作系统，由Dennis Ritchie和Ken Thompson在1969年于PDP-7机器上首次开发。UNIX的设计理念是提供一种稳定、可靠且高度可扩展的工作环境，它通过创新的硬件抽象、多用户支持和多任务处理能力，确立了其在操作系统发展史上的重要地位。UNIX不仅在技术上开创了多个先河，更在实际应用中展现出了卓越的性能和灵活性，使其成为从个人开发者到大型企业都青睐的操作系统。

UNIX的技术特性主要如下。

（1）硬件抽象与管理。UNIX通过将硬件设备视为文件的方式，简化了设备的管理和访问，同时通过动态加载的设备驱动程序，增强了对新硬件的快速适应能力。

（2）多用户环境。UNIX支持多个用户同时在线工作，每个用户都能获得独立的会话环境，互不干扰，同时系统通过分时机制确保了资源的公平分配。

（3）多任务与进程隔离。UNIX允许用户同时启动和运行多个进程，每个进程在内存中独立运行，互不干扰，提高了系统的并发处理能力。

（4）网络通信能力。UNIX内置了强大的网络支持，包括TCP/IP协议栈，使得UNIX系统能够轻松实现网络通信和数据共享。

（5）脚本编程与自动化。UNIX的命令行界面和脚本编程功能，为用户提供了强大的自动化工具，可以高效地执行复杂的任务序列。

（6）文件系统与存储管理。UNIX提供了一套高效的文件系统，支持文件权限管理、符号链接、管道等多种高级特性，同时通过虚拟内存技术优化了存储资源的使用。

（7）安全性与权限控制。UNIX具备细粒度的权限控制机制，允许系统管理员对用户和进程的访问权限进行严格的管理和控制。

▶ 1.6.3 Linux 技术特性

Linux 开始是基于 IBM PC(Intel 80386)结构的一个 UNIX 变种，最初的版本是由芬兰一名计算机科学专业的学生 Linus Torvalds 编写的。1991 年，Torvalds 在 Internet 上公布了最早的 Linux 版本，从那以后，很多人通过在 Internet 上的合作，为 Linux 的发展做出了贡献。由于 Linux 的源代码是公开的，因而它成为其他诸如 Sun 公司和 IBM 公司提供的 UNIX 工作站较早的替代产品。如今，Linux 的功能可与 UNIX 媲美，可以在包括 Intel Pentium 和 Itanium、Motorola/IBM PowerPC 等平台上运行。

Linux 的技术特性主要如下。

(1) 接口符合 POSIX 1003.1 标准。POSIX 1003.1 标准定义了一个最小的 UNIX 操作系统接口，Linux 完全支持 POSIX 1003.1 标准。另外，为了使 UNIX System V 和 BSD 上的程序能直接在 Linux 上运行，Linux 还增加了部分 System V 和 BSD 的系统接口，使 Linux 成为一个完善的 UNIX 程序开发系统。

(2) 支持多用户访问和多任务编程。Linux 是一个多用户操作系统，它允许多名用户同时访问系统而不会造成用户之间的相互干扰。另外，Linux 还支持真正的多用户多任务编程，一名用户可以创建多个进程，并使各个进程协同工作来满足用户的需求。

(3) 高效的存储资源管理。Linux 采用请求页式虚拟存储管理技术，页面的换入换出为用户提供了更大的存储空间，同时采用进程的交换技术，缓解了内存紧张局面，从而使它能高效地利用内存物理存储空间。

(4) 支持动态链接。用户程序的执行往往离不开标准库的支持，一般的系统往往采用静态链接方式，即在装配阶段就已将用户程序和标准库链接好，这样，当多个进程运行时，可能会出现库代码在内存中有多个副本而浪费存储空间的情况。Linux 支持动态链接方式，当运行时才进行库链接，如果所需要的库已被其他进程装入内存，则不必再装入，否则才从硬盘中将库调入。这样能保证内存中的库程序代码是唯一的，高效地使用内存空间。

(5) 支持多种文件系统。Linux 能支持多种文件系统。目前支持的文件系统有 EXT2、EXT、XIAFS、ISOFS、HPFS、MSDOS、UMSDOS、PROC、NFS、SYSV、MINIX、SMB、UFS、NCP、VFAT、AFFS。Linux 最常用的文件系统是 EXT2，它的文件名长度可达 255 字符。

(6) 支持 TCP/IP、SLIP 和 PPP。在 Linux 中，用户可以使用所有的网络服务，如网络文件系统、远程登录等。SLIP 和 PPP 能支持串行线上的 TCP/IP 的使用，这意味着用户可用一个高速 Modem 通过电话线连入 Internet 中。

▶ 1.6.4 Windows 技术特性

Windows 操作系统最初是作为 MS-DOS 系统的操作环境扩展而诞生的，由微软公司在 1985 年推出。随着 1993 年 Windows NT 的发布，微软开启了一个全新的操作系统时代，这是一款 32 位的高性能网络操作系统，它不仅保留了用户喜爱的 Windows 图形用户界面，还融入了先进的技术和架构。"NT"代表"New Technology"，标志着微软在操作系统领域的一次重大飞跃。Windows NT 系统采用了先进的客户机/服务器体系结构，提供了强大的系统功能和网络服务。经过多年的发展，微软不断推出新版本，增加新的功能和特性，以适应不断变化的硬件发展和用户需求。目前的最新版本是 Windows 11，它不仅包含之前 Windows 版本的特性,还集成了 Xbox One 系统的软件,实现了跨平台的统一体验。

Windows 的技术特性主要如下。

(1) 多窗口和图形用户界面(GUI)。Windows 采用直观的多窗口系统,提供所见即所得的 WIMP(窗口/图标/菜单/指针设备)界面,使用户能够通过鼠标等指针设备轻松地与计算机交互。

(2) 网络服务功能。Windows 提供了全面的网络服务功能,能够作为网络服务器运行,支持大量客户端连接,满足复杂的网络任务需求。

(3) 多重引导功能。Windows 支持多重引导,允许与其他操作系统共存,为用户提供了灵活的系统选择。

(4) 抢先式多任务和多线程操作。Windows 实现了高效的多任务处理能力,允许用户同时运行多个应用程序,并支持多线程,提高了程序的执行效率。

(5) 对称多处理(SMP)技术。Windows 采用 SMP 技术,支持多 CPU 系统,能够充分利用多核处理器的性能,提升系统的整体性能。

(6) 跨平台硬件支持。Windows 支持 CISC(如 Intel 系统)和 RISC(如 Power PC、R4400等)等多种硬件平台,具有很好的硬件兼容性。

(7) 网络互操作性。Windows 能够与各种网络操作系统实现互操作,提供了灵活的网络集成解决方案。

(8) 安全保障措施。Windows 具有多层次的安全机制,包括用户认证、权限控制、审计等,其安全性达到了美国国防部的 C2 标准,为用户提供了可靠的安全保障。

▶ 1.6.5　OpenHarmony 技术特性

OpenHarmony 是一款面向全场景的开源分布式操作系统,它由华为公司开发,旨在为各种设备提供统一的操作体验和强大的跨平台能力。与传统的智能手机操作系统不同,OpenHarmony 的设计初衷是实现设备间的无缝协同,无论是智能手机、智能家居设备还是个人计算机。OpenHarmony 的推出,标志着操作系统领域向更深层次的设备互联和智能生态迈出了重要一步。

OpenHarmony 的技术特性主要如下。

(1) 分布式操作系统架构。OpenHarmony 采用创新的分布式架构,通过公共通信平台、分布式数据管理、分布式能力调度和虚拟外设四大核心能力,简化了跨设备应用的开发,实现了应用的一次编写,多端部署。

(2) 分布式软总线技术。这项技术通过高效的通信机制,实现了设备间的快速连接和数据传输,为跨终端业务协同提供了强大的支持。

(3) 确定时延引擎。通过任务执行前的优先级和时限调度,确保了高优先级任务的资源分配,显著降低了应用的响应时延。

(4) 高性能进程间通信。OpenHarmony 的微内核设计大幅提高了进程间通信的效率,与传统系统相比,通信效率提升了 5 倍。

(5) 微内核设计。OpenHarmony 的微内核仅提供最基础的服务,如多进程调度和通信,简化了系统结构,提高了安全性和低时延性能。

(6) 跨平台硬件支持。OpenHarmony 支持多种硬件平台,包括 CISC 和 RISC 架构,具有广泛的硬件兼容性。

（7）统一集成开发环境(IDE)。OpenHarmony 提供了统一的 IDE，支持多语言统一编译和分布式架构 Kit，简化了多端适配和开发流程。

（8）一次开发，多端部署。开发者可以基于同一工程高效构建多端自动运行的应用程序，实现了真正的一次开发，多端部署，促进了跨设备之间的共享生态。

目前应用在手机上的操作系统还有 Android(谷歌)、iOS(苹果)、Windows Phone(微软)、Symbian(诺基亚)、BlackBerry OS(黑莓)等。智能终端操作系统已经不是简简单单做内存管理、技术调度、设备管理等，也不再专指桌面操作系统或手机操作系统。事实上，谷歌一直在维护整个 Android 版本的演进，而随着这种版本演进的趋势，目前越来越多的处理已经不在手机本地上做了，而是通过基于后台的云服务、大数据来给用户提供很多服务，于是本地操作系统的作用逐步在弱化。从更高的角度来看，操作系统实际上已经变成一种服务，一些超级应用本身就已经是操作系统了。例如，我们常用的微信就是一个操作系统，提供通信、支付、电商、游戏等各种各样的服务。

小 结

本章内容可归纳为以下几方面。

（1）操作系统的概念。操作系统是方便用户、管理系统资源的系统软件。有了操作系统的支持，用户可以自如地使用操作命令，方便地运行自己的程序。否则，用户面对"死"的硬件则难以将它运转起来。通过操作系统可以自动调动系统的软硬件资源，使它们高效协调地运转。同时，操作系统又是系统软件，处于软件系统三个层次的最下层，其他程序只有在它的支持下才能完成自己的操作。

（2）操作系统的分类。通过本章的学习，要能正确理解单用户与多用户系统的区别；单道批处理系统和多道批处理系统以及批处理系统、分时系统、实时系统、网络操作系统、分布式操作系统和嵌入式操作系统各有什么区别和特点。

（3）操作系统的功能。操作系统的资源管理有 4 项功能：处理器管理、存储器(内存)管理、设备管理和文件管理。前两者主要表现在多用户操作系统中，系统为多名用户动态地分配 CPU 和内存，使之高效协调地运转。设备管理主要是解决外部设备的驱动和分配问题，系统为用户提供简便有效的操作手段。文件管理就是系统把庞杂繁多的文件有组织地存放在外存空间内，使得用户方便地按文件名实行存取。此外，文件管理还提供文件保护和共享的能力。

（4）操作系统的运行环境。操作系统作为系统的管理程序，为了实现其预定的各种管理功能，需要有一定的运行环境，主要包括系统的硬件环境和由其他的系统软件形成的软件环境。

（5）现代操作系统设计特点。现代操作系统设计的特点主要体现在图形用户界面的交互技术、对称多处理器的支持、微内核结构、多线程机制、分布式操作系统的实现和面向对象技术的采用等方面。

习题

1. 什么是系统软件？它起什么作用？
2. 什么是操作系统？它在计算机系统中起什么作用？

3. 简述操作系统的发展历程。

4. 什么是单用户操作系统? 什么是多用户操作系统? 二者的本质区别是什么?

5. 操作系统的功能有哪几项? 扼要地说明之。

6. 为什么对作业进行批处理可以提高系统效率?

7. 操作系统有哪些分类方法?

8. 何谓批处理操作系统? 它有哪些类型? 各有什么特征?

9. 批处理系统、分时系统和实时系统各有什么特点? 各适用于哪些方面?

10. 当今流行的嵌入式操作系统有哪些?

11. 简述 OpenHarmony 的发展史。

12. OpenHarmony 操作系统根据系统资源的不同,主要分为哪三类系统?

第 2 章　进程与线程

本章知识要点：本章知识要点包括多道程序设计与并发执行、进程和线程的概念；同时包括 UNIX、Linux、Windows 和 OpenHarmony 的进程和线程实例概况。

预习准备：了解中断处理程序执行过程，回顾程序设计中单道程序顺序执行的过程和特点，接着可预览进程概念的提出，思考进程和程序概念的异同，进一步介绍线程的概念。

兴趣实践：调查几种商用操作系统的线程实现模型，并予以论述。

探索思考：为何说"程序"这一静态概念无法准确描述系统动态并发执行的新特点？现代计算机普遍使用多核、多线程技术，这些新概念是如何从原有的进程发展而来的？

为了提高计算机系统的效率，现代操作系统已经不再采用单道程序顺序执行的模式，取而代之的是多道程序并发执行的设计思想。并发执行的实现模式使得"程序"这一静态概念无法更准确地描述系统的运行。在现代计算机系统中，一般以进程作为资源分配的基本单位和基本实体，因此，进程是计算机系统执行时的一个重要实体。只有深刻地理解了进程的概念，才能很好地理解操作系统各个部分的功能和工作。本章首先引入进程的概念，重点介绍进程的状态和控制，然后在此基础上介绍线程的概念和线程的实现，最后简要地介绍 UNIX、Linux、Windows 和 OpenHarmony 系统中进程和线程的实现技术。

2.1　多道程序与并发执行

▶ 2.1.1　单道程序的顺序执行

计算机上运行的是程序，在计算机科学中，"程序"是指令的有序集合，由它规定计算机完成某一任务时所需做的各种操作及操作顺序。这个读者十分熟悉的概念，是在早期单道程序系统里产生的。早期的计算机系统，只有单道程序执行功能，因此称为单道程序系统。在这种系统中，每一次只允许一道程序运行，在这个程序运行时，它将独占一切系统资源（处理器、主存、辅存、外设、软件），而且系统按照程序的步骤顺序地执行。前一步操作完成后，才能进入下一步操作，而且在该程序执行完之前，其他程序只能等待。这种程序的执行方式，称为程序的顺序执行。下面介绍顺序程序执行的模式及特点。

一个较大的程序通常由若干程序段组成。用户在要求计算机完成一道程序的运行时，总是先输入用户的程序和数据，然后由计算机处理，处理完成后再将结果打印出来。我们用节点代表各程序段的操作，其中，节点 I 代表输入，用 C 代表计算，P 代表打印。另外，用箭头指示操作的先后顺序，现假定有程序 1、2 都要执行，则程序顺序执行如图 2-1 所示。

综上所述，可得出程序的顺序执行具有如下特点。

（1）程序执行的顺序性。处理器的操作严格按照程序所规定的顺序执行，即前一步操作完成后，才能进入下一步操作。

程序1　　　　　　　　　　程序2

I1 ——→ C1 ——→ P1 ——→ I2 ——→ C2 ——→ P2

图 2-1　程序顺序执行

（2）程序运行时对资源的独占性。程序运行时,运行程序独占系统全部资源,没有其他程序与之争夺,只有程序本身的动作才能改变资源的状态。

（3）程序结果的可再现性。当对某一程序重复执行时,只要初始条件相同,必然获得相同的结果,程序执行的结果与执行速度、时间无关。

（4）程序结果的封闭性。程序运行时间的长短和最终结果,只由初始条件和程序本身来确定,不会受到来自它以外的其他因素的影响。也就是说,单道程序的运行自成一体,具有封闭性。

程序顺序执行的以上特点,使系统管理简单,为程序员对程序的调试和查错带来了极大的方便。然而,程序在顺序执行时的资源独占性却使系统的资源得不到充分的利用,程序仅用到部分资源,其他资源只能处于空闲状态。尤其在对外部设备的操作时间内,系统处理器大部分时间都处在等待状态。

为了改变这种状态,增强系统处理能力和提高系统资源的利用率,现代计算机系统广泛采用并行操作技术。20 世纪 60 年代初期,在计算机硬件中引入中断和通道技术后,使得处理器与外部设备,外部设备与外部设备之间,处理器与通道,通道与通道之间均可并行工作,从而在计算机系统中能同时有多个程序工作,形成了多道程序系统。在这种系统中,程序可以并发执行。

▶ 2.1.2　多道程序的并发执行

单道程序系统具有资源浪费、效率低下等明显缺点,现代操作系统几乎不再采用,而广泛采用多道程序设计技术。多道程序设计是在内存中放入多道程序,它们在操作系统的控制下交替地在 CPU 上运行。

为了提高计算机内各种资源的利用率,提高计算机系统的处理能力,并发处理技术得到广泛的应用。在大多数计算问题中,仅要求部分操作是有序的。也就是说,有些操作必须在其他操作之后完成,有些操作也可以并发地执行。所谓程序的并发执行,就是让程序在计算机中交替执行,当一道程序不用某一系统资源时,另一道程序就可以马上利用。我们可以用一个例子来说明,现假定有三个用户程序 1、2、3,每个程序仍然包含输入、计算和输出三个程序段,程序的并行执行如图 2-2 所示。

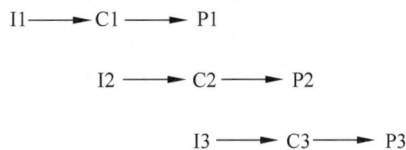

I1 ——→ C1 ——→ P1

I2 ——→ C2 ——→ P2

I3 ——→ C3 ——→ P3

图 2-2　程序的并行执行

当程序 1 执行完 I1 后,开始执行 C1 时,程序 2 开始执行 I2;当程序 1 开始执行 P1 时,程序 2 开始执行 C2,而程序 3 则开始执行 I3,这使得三个程序在同一时间内并行运行。

很明显,程序并发执行时,整个系统资源已经不能被一个程序所独占,系统资源的利用率大大提高了。从宏观上看,同时驻留在主存的几道程序都在执行着,都按照自己的程序规定动作向前发展;从微观上看,在内部表现的却是这几道程序交替执行。从图中可以看出,I1 在时间上先于 C1 和 I2,C1 先于 P1 和 C2,P1 又先于 P2,即某些程序段必须在其他程序段之前执行。从图中还可以看出,C1 和 I2 在时间上是并行的,P1、C2、I3 在时间上也是并行的,显然程序并行执行产生了一些和程序顺序执行时不同的特点,这些特性概括如下。

(1) 程序执行时的资源共享性。程序并发执行时,整个系统资源已经不能被某一个程序所独占,多个程序共享计算机系统中的各种软、硬件资源。硬件资源包括处理器、内存、外设等;软件资源除了指各种系统软件之外,还包括各种共享的数据等。

(2) 程序失去了封闭性和可再现性。程序并发执行时,是多个程序共享系统中的各种资源,因而这些资源的状态将由多个程序来改变,即资源的状态不能反映出某一个程序执行的情况,致使程序的结果失去封闭性。这样某程序在执行时,必然会受其他程序的影响。程序在并发执行时失去了封闭性,也将要导致其失去可再现性,下面以一实例来说明。现有两个循环程序共同作用于一个整型变量 n,程序 A 每执行一次都要对 n 加1;程序 B 每执行一次打印出 n 值,再将 n 重新赋值0,程序以类 Pascal 语言来编写,用 cobegin 和 coend 表示它们之间是并发执行的(即交替执行的)。

```
var n:integer              //设置一个全局变量
 begin
   n: = 0                  //变量 n 初值为 0
   cobegin                 //进入并发执行
     program   A:
       begin
         L1:   n: = n + 1  //程序 A 每次对 n 加 1
         goto   L1         //无限循环
       end

     program    B:
       begin
         L2:print(n)       //程序 B 每次打印值
         n: = 0            //并将 n 置为 0
         goto   L2         //无限循环
       end
   coend                   //并发结束
end
```

由于程序 A 和程序 B 两者以各自的速度执行,这样可能出现下面三种情况(假定某时刻 n 的值为 n)。

第一种:程序 A 在程序 B 前执行,打印的 n 值为 $n+1$,执行后的 n 值为0。

第二种:程序 A 在程序 B 后执行,打印的 n 值为 n,执行后的 n 值为1。

第三种:程序 A 在程序 B 中间执行,打印的 n 值为 n,执行后的 n 值为0。

上述情况说明,程序在并发执行时,一个程序的执行因受到另一个程序的影响而失去了封闭性,其计算结果已与并发程序的速度有关,从而使程序失去可再现性。也就是说,程序经过多次执行后,虽然其执行时环境初始条件都相同,但得到的结果却各不相同。

(3) 并发程序之间的相互制约性。由于程序并发执行,它们共享系统内的各种资源,因此程序之间的关系就要复杂得多,产生相互制约关系。例如,在图 2-2 中,P1、C2 和 I3 是并行的程序段,但如果 C1 程序段未完成,则不仅 P1 程序段无法执行,C2 程序段也不能进行。因为 C1 和 C2 不能共用一个处理器完成计算操作,使得 C2 处于暂时等待状态,只有 C1 完成后,C2 才能恢复执行。所以程序并发执行使本来相互无逻辑关系的用户程序之间产生了关系,使得并发执行的程序具有了"执行—暂停—执行"的活动规律,产生了程序执行的间断性特征。

从以上并发程序的分析看出,由于程序并发执行产生了许多新的特性和新的活动规律,用程序的概念已不足以描述程序的并发执行。因为前面说过,程序是指令的集合,它是一个静态概念,并发程序的"执行—暂停—执行"的活动规律是难以用程序这个概念加以描述的。操作系统是在持续的运行过程中完成多项任务,它是一个动态系统,若用静态概念来描述操作系统,是无法揭示其内部实质的。所以有必要引入一个能确切描述并发执行过程特点、能揭示操作系统动态实质的新概念——进程。

2.2　进程模型

▶ 2.2.1　进程的概念

1. 进程的定义

进程是操作系统中的一个基本概念,它最早在 20 世纪 60 年代中期由美国麻省理工学院提出并用于 MULTICS 系统中。在有的系统中,如 IBM 公司的 CTSS/360 系统中,称进程为"任务",而在 UNIVAC 系统中称为"活动"。"进程"这个概念从它诞生到现在还没有一个统一严格的定义。人们从不同角度对进程做过各种定义,其中较能反映进程实质的定义有如下解释。

定义 1:进程是这样的计算部分,它是可以和其他计算并行的一个计算。

定义 2:进程(有时称为任务)是一个程序与其数据一道通过处理器的执行所发生的活动。

定义 3:任务(或称进程)是由一个程序以及与它相关的状态信息(包括寄存器内容、存储区域和链接表)所组成的。

定义 4:所谓进程,就是一个程序在给定活动空间和初始环境下,在一个处理器上的执行过程。

定义 5:进程是指一个具有一定独立功能的程序关于某个数据集合的一次运行活动。

上述这几种对进程的描述从本质上讲是相同的,但各有侧重。定义 1、2、4、5 强调的是进程的动态特征,核心内容是程序在处理器上的一次执行过程。其中,定义 1 还强调了进程就是计算,并且是可以和其他计算并行的一个计算。这里要特别分析定义 3。在定义 3 中并未描述进程是程序在处理器上的一次执行过程,但它指出了这一执行过程的本质是程序执行时的相关的状态信息(包括寄存器内容、存储区域和链接表)。

为了便于理解和体会进程的含义,综合几种对进程实质的定义,对进程描述如下:进程是能和其他程序并行执行的程序段在某数据集合上的一次运行过程,它是系统资源分配和调度的一个独立单位。在理解进程的概念时应注意以下问题。

(1)能构成进程的程序段可以和别的程序并行执行,不能并行执行的程序段在执行中不能成为进程。这恰恰反映了进程的特征之一,即进程具有并发性。

(2)进程的基础是一个程序段,而不是整个程序。

(3)进程是程序段在一些数据上的一次运行,即在"某数据集合"上的运行。

(4)进程是一个动态的概念,它实质上是程序的一次执行过程,也就是说,进程具有动态性。

(5)进程是一个能独立运行的基本单位,具有独立性,是资源分配和调度的单位。

从进程的定义可以看出,进程和程序是既有密切联系又有区别的两个完全不同的概念。为了更深入地理解进程的含义,下面进一步分析进程的特征以及它和程序的主要区别。

程序是一组指令的集合,它只规定了运行活动时所要完成的功能,本身没有运行的含义,因此是一个静态的概念。进程是一段程序的一次运行活动,它的着眼点是活动、运行、过程,所以进程是一个动态概念。进程可以由系统创建而产生，并可以独立调度运行，在进行过程中当得不到所需要的资源时，便暂停运行，一旦资源得到满足，又可以解挂而再次运行，直到任务完成被"撤销"而消亡。可见进程是具有产生、消亡及"执行—暂停—执行"的活动过程。进程从产生到消亡都具有其动态历程，是具有一定"生命期"的。

进程是一个独立调度并能和其他进程并行运行的单位，因此进程的概念是能够确切地描述并行活动的，而程序通常不能作为独立调度运行的单位。

一个程序段运行在两个不同数据集合上，就是两个不同的进程，因此进程和程序之间不存在一一对应关系。一个程序可以对应多个进程；反之，一个进程至少要对应一个程序，或对应多个程序，多个进程也可以对应相同的程序。例如，在多个程序的情况下，两个用户源程序（两个进程）同时要求执行某种高级语言的编译程序，此时，这两个进程可以共享该编译程序，它们都有自己的数据区，在各自的数据区中活动。这样，同一个编译程序就能为两个进程服务，即多个进程的一部分。

2．进程的特征

进程概念引入后，它与人们习惯上的程序在概念上已经区分得非常明显。进程具有如下一些典型特征，这些特征是程序所不具备的。

1）动态性

动态性是进程最重要的一个特征。进程的动态性表现在它具有一定的生命周期性。即它由"创建"而产生，由"调度"而执行，因得不到资源而阻塞，最后由"撤销"而消亡；进一步，进程的"生"（产生）、"死"（消亡）只有一次，而在其生命期中间的"执行""阻塞"等状态可以多次反复。与进程的动态性对应，程序是静态的，即程序只是始终存储在外存中的一个静态实体。

2）并发性

进程的并发性是指多个进程可以同时装入内存，并能在一段时间内同时运行。引入进程的目的也正是使其程序能和其他进程的程序在内存中通过分时共享处理器等资源的方式，并发执行。与进程的并发性对应，程序始终处于外存中，因此没有并发的性质。

3）独立性

进程的独立性是指进程是操作系统完成工作的基本单元。进程的独立性体现在如下三方面。

（1）进程是一个能独立运行的基本单元。即只有进程才能作为一个独立的单元，去占有处理器运行。

（2）进程是申请、拥有系统资源的基本单位。即只有进程才能发出资源申请并拥有资源。

（3）进程是独立参与调度的基本单位。即在处理器空闲时，只有进程才能作为一个独立的单元去参与竞争并获得处理器资源。

与进程的独立性对应，程序作为一个静态实体，既不可能去独立运行，也不可能去申请资源、拥有资源或参与调度。

4）异步性

进程的异步性是指并发的进程各自以其相对独立的、不可预知的速度向前推进。而程序既然没有动态执行，当然也就不存在异步性。

在进程并发执行时，进程间的相互作用（包括直接作用和间接作用）导致了进程间的相互制约性，相互制约性导致了进程执行的间断性，间断性又导致了进程的异步性；正是异步性导致了进程执行的不可再现性。因此，操作系统要设计专门的机制，来控制进程之间的相互作用,以从源头上保证进程执行的可再现性。

5)结构性

进程是一个在内存中的实体,遵循数据结构的规范,它必须要有自己的数据结构描述部分。因此,从结构上看,每个进程除对应的程序段(对应程序的操作部分)、数据段(对应程序执行需要的数据部分)以外,还应该有一个自己的数据结构部分。这一数据结构称为进程控制块(Process Control Block,PCB)。因此,进程的结构性是指进程是由程序段、数据段和 PCB 等部分组成的一个实体,有时也称为"进程映像"(Process Image)。

与进程的结构相对应,程序没有这种数据结构描述,它主要只是进程中程序段的一部分。

通过以上分析可以看出,进程的概念不仅能够很好地刻画并行程序的各种特性,还能反映操作系统在实现各种功能时的活动情况。

▶ 2.2.2　进程的实体

1. 进程的组成

进程是操作系统的一个基本概念,也是一个管理实体。为了对当前系统中的进程进行管理,进程除了需要有程序以及本次运行时的数据集合外,还需要有一个能够描述、记录在生命周期内动态变化情况的数据结构——进程控制块,因此一个进程实体由以下三部分组成。

(1)程序。一个进程可以对应一个完整的程序,也可以对应一个程序的一部分。程序是进程运行所对应的执行代码,它规定进程一次运行活动所需完成的功能。多个进程也可以同时对应一个程序,如果一个程序被多个进程共享执行,它应具有以下性质:它是纯代码的,即它在执行中自身不改变。该性质也称为可重入(Reentry)。享用该程序的各进程应提供工作区。

(2)数据集合。程序运行时需要用到的数据和开辟的工作区域构成进程一次运行时的数据集合,它为某进程所专用。

以上两部分是组成进程也是进程完成所需功能的物质基础。

(3)进程控制块(PCB)。为了描述和控制进程的活动情况,系统为每个进程定义了一个数据结构——进程控制块,用它描述和标志进程的存在。当系统要创建一个进程时,必须申请一定的内存空间,为该进程建立 PCB。以后系统就依据该 PCB 的各项内容对进程实行控制和管理。当进程完成任务被撤销时,系统就收回存放 PCB 的内存空间,从而撤销 PCB,于是进程也就消亡了。PCB 与进程一一对应,系统根据 PCB 的存在而感知进程的存在。从这一意义上讲,PCB 是进程存在的唯一标志。

PCB 的内容随具体操作系统的不同而异,但一般均应包括如下内容。

① 进程名,也称为进程标识符,用于唯一地标识一个进程,不同进程不能同名。进程名又分为内部名和外部名。进程内部名是进程的一个编号,这是为了方便系统使用而设置的。创建进程时,系统为每一个进程赋予一个唯一的整数,作为进程内部名。进程外部名是在创建进程时由创建者指定,通常由字母和数字组成。

② 当前状态,是指该进程当前所处的状态。可以是就绪状态,也可以是执行状态或阻塞状态。它是管理进程的依据。

③ 进程优先级,在多进程系统中,由于进程的个数多于 CPU 个数,系统无法同时满足各进程对 CPU 的要求。于是根据进程要求 CPU 的紧迫程度规定一个优先数,进程调度可以根据进程优先数的高低进行调度,优先级是系统分配 CPU 的重要依据。

④ 现场信息保护区,当进程因某事件的发生而暂停执行时,CPU 的现场信息必须保存在 PCB 的一定区域内,以便在重新获得 CPU 时,能很快恢复现场继续执行。这些信息包括各工作寄存器、指令计数器中的内容及程序状态字等。

⑤ 程序和数据的地址,它是指该进程所对应的程序和数据所在的内存或外存地址,以便再调度到该进程执行时,能从中找到其程序和数据。

⑥ 资源清单,它是一张列出了除 CPU 以外的进程所需的全部资源及已经分配到该进程的资源清单。

⑦ 队列指针,处于同一状态进程的所有 PCB 通常链接成一个队列,如就绪队列、阻塞队列。由队列指针项指出下一个 PCB 的首地址。

⑧ 进程的"家族"关系,创建进程的父进程和被创建的子进程之间有一个"家族"关系。PCB 中应记录本进程的父进程是谁,以及本进程又创建了哪几个子进程等家族信息。

2. PCB 的组织方式

在一个系统中有许多 PCB,它们是系统对进程进行统一管理的依据,为了管理上的方便,应该将系统中所有的 PCB 按一定的方式组织起来,这样有利于对系统中的多个进程进行管理、跟踪和控制。目前常用的 PCB 组织方式有以下几种。

（1）线性方式。按线性方式组织 PCB 如图 2-3 所示。

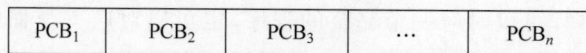

图 2-3　按线性方式组织 PCB

在这种方式下,所有的 PCB 组成一个数组,系统可以通过下标访问 PCB,在 UNIX 系统中,就采用了线性方式。这种方式实现简单,节省存储空间,但为了找到某一状态的 PCB,需要扫描整个线性表,因此增加了时间开销。

（2）链接方式。该方式下把具有相同状态的 PCB 用其中的链接字按一定方式连接成一个队列。系统中一般有运行队列、就绪队列、阻塞队列等。在这些队列中,都用 PCB 中的队列指针指明下一个 PCB 的起始地址。系统设置固定单元,用以指出各队列的第一个 PCB 的起始地址。按链接方式组织的各类进程队列如图 2-4 所示。

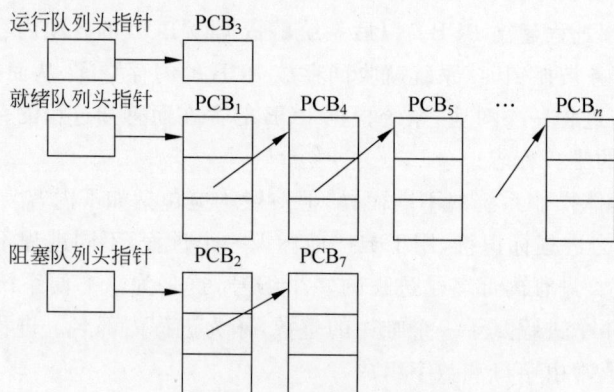

图 2-4　按链接方式组织的各类进程队列

（3）索引方式。系统根据所有进程状态,建立 N 张索引表,例如,就绪索引表、阻塞索引表等。并把各索引表在内存的首地址记录于内存中的一些专用单元中,在每个索引表中,记录具有相应状态的某个 PCB 在 PCB 表中的地址。按索引方式组织 PCB 如图 2-5 所示。

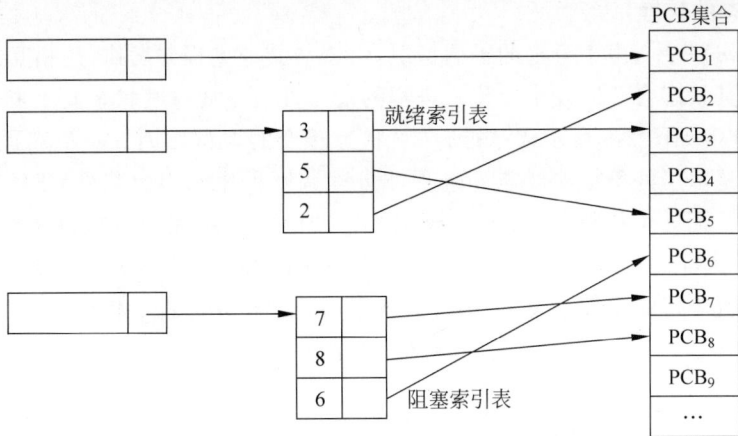

图 2-5　按索引方式组织 PCB

▶ 2.2.3　进程状态和转换

1. 进程的三种基本状态

进程有着"执行—暂停—执行"的活动规律。在多用户、多任务系统中,一个进程不可能自始至终连续不停地在处理器上运行。由于并发进程间存在着相互制约的关系,对每个进程而言,它有时处于运行状态,有时由于某种原因而暂停运行处于等待状态,当使它暂停的原因消失后,它又进入准备运行状态。即进程在从产生到消亡的"生命期"内具有其动态历程。为了便于管理,可按进程在执行过程中的不同时刻的不同状况把进程划分为三种基本状态。进程的状态随着其自身的推进和外界的变化,由一种状态变迁到另一种状态。

1) 就绪状态

进程已得到除 CPU 以外的全部资源,是一旦获得 CPU 就可以执行的状态,前面提到过就绪队列,所谓就绪队列,就是指处于就绪状态的多个进程,以一定方式组织成的队列。

2) 执行状态

进程已获得必要的资源并占有 CPU,正在执行的状态。在单处理器系统中,只能有一个进程处于执行状态。在多机处理系统中则可能有多个进程处于执行状态。

3) 阻塞状态

又称等待状态,指进程因等待某一事件而暂不能执行的状态。进程在执行过程中如需要其他进程的回答信息或等待外设工作结束时,该进程只好暂停执行,而把 CPU 让给其他进程,自己则因等待某事件而处于阻塞状态。通常将处于阻塞状态的进程排成一个队列,称为阻塞队列。

就绪、执行、阻塞是进程最基本的三种状态。一个实际的系统,在进程活动期间至少要区分出就绪、执行、阻塞这三种状态。原因是如果系统能为每个进程提供 CPU,则系统中所有具备运行条件的进程都可以同时执行,但实际上,CPU 的数目总是少于进程数,因此往往只有少数几个进程(在单处理器系统中,则只有一个进程)可真正获得 CPU 控制权。通常把那些获得 CPU 控制权的进程所处的状态称为运行状态;把那些已具备运行的条件,希望获得处理器控制器权,但因 CPU 数目太少而暂时分配不到 CPU 的进程所处的状态称为就绪状态;而有些进程由于相互制约的关系,因某种原因暂时不能运行而处于阻塞状态。因此,任何系统中必须有这三种基本状态。

有的系统较为复杂,为了管理和调度的便利,有时还将状态细分。

2. 进程状态的转换

进程在运行过程中,由于自身的进展情况,由于与其他进程并发执行、相互制约,也由于外界条件的变化,其状态会不断发生变化。进程的动态性就是通过其状态变化来表现的。

进程状态转换如图 2-6 所示,其中列举了状态转变的典型原因。一个进程从就绪状态转变到执行状态,是由于处于就绪状态的进程被进程调度程序选中而获得 CPU。此外,一个进程正在占用 CPU 而处于执行状态,由于分配给它的时间片用完而从执行状态转变到就绪状态;或者由于其执行过程需要等待某一事件发生而从执行状态变为阻塞状态。对于处于阻塞状态的进程,若所等待的事件已发生,则可能从阻塞状态转变为就绪状态。

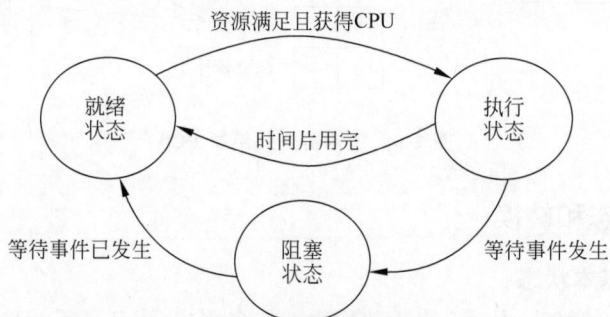

图 2-6　进程状态转换

在一个实际的系统里,如 UNIX 中,因其状态的数目多,因而其状态转换也要复杂一些。UNIX 中进程状态的划分和不同状态间的转换将在 2.5 节介绍。

▶ 2.2.4　进程控制

进程的"生命期"是指进程从创建到消亡的整个过程,而在这整个过程中,进程状态是在不断发生变化的。进程控制的主要任务,是对系统中所有进程从创建到消亡的全过程实行有效的管理和控制。这意味着它不仅对进程状态变化加以管理和控制,而且具有创建新进程和撤销已完成任务的进程的能力。

为了对进程进行控制,在操作系统中必须设置一个机构,它具有创建进程、撤销进程以及其他管理功能。这是操作系统中最常用、最核心的内容,常称为内核。内核是操作系统中最关键、最常用的部分,是计算机硬件的第一层扩充软件。它是操作系统的管理和控制中心,其功能往往是通过执行各种原语操作来实现的。所谓原语是由若干条机器指令构成的程序模块,它是用于完成特定功能的一段程序。为了保证操作的正确性,原语在执行期间不可分割。原语一旦开始执行,直到完毕之前,是不允许中断的。在操作系统中,用于进程控制的原语主要有创建原语、撤销原语、阻塞原语、唤醒原语。

1. 创建原语

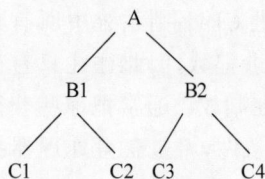

图 2-7　进程家族

一个进程可借助于创建原语来创建一个新的进程,调用者为父进程,被创建者为子进程。子进程又可以创建它的子进程,这样就形成了进程家族。进程家族如图 2-7 所示。

在实际系统中创建一个进程有两种方法:一是由操作系统建立,如 UNIX 系统中 0♯进程就是由操作系统建立的;二是由其他进程创建一个新的进程。无论是由操作系统创建一个进程,还是由其他进程来创建一个新进程,其基本操作都是一样的。创建进程原语总是先为新建进程申请一空白 PCB,并为之分配唯一的数字标识符,使之获得 PCB 的内部名称,若该进程所对应的程序不在内存中,则应将它从外存储器调入内存;并将该进程有关信息(如进程外部名、优先级数、程序入口地址和所需资源清单等)填入 PCB 中,然后置该进程为就绪状态,并将它排入就绪队列和进程家族队列中。在 UNIX 或 Linux 系统中,父进程创建一个子进程时,该子进程继承父进程占用的系统资源以及除进程内部标识符以外的其他特性。

2. 撤销原语

当一个进程完成任务后,撤销原语可及时释放它所占用的资源。撤销进程的实质是撤销进程存在标志——进程控制块(PCB)。一旦 PCB 被撤销,进程就消亡了。撤销原语的操作过程大致如下:以调用者提供的标识符 n 为索引,从 PCB 集合中检索出被撤销进程的 PCB,获得该进程的内部状态标志。然后找到该进程所在的队列,将它从该队列中消去,并撤销属于该进程的一切"子孙进程",若有父进程,则从父进程 PCB 中删除指向该进程的指针,并释放撤销进程所占用的全部资源,或者将其归还给其父进程,或者归还给系统。若被撤销的进程处于执行状态,应立即中断该进程的执行,并设置调度标志为真,以指示该进程被撤销后系统应重新调度。

3. 阻塞原语

进程在运行过程中,有时会因缺乏资源、等待 I/O 操作等事件发生而无法继续进行。于是自己便通过调用阻塞原语把自己阻塞起来。

阻塞原语的大致工作过程如下:开始时,进程正处于执行状态,因此首先应中断 CPU 执行,并保存该进程的 CPU 现场,然后把阻塞状态赋予该进程,并将它插入具有相同实体的阻塞队列中。

4. 唤醒原语

一个进程因为等待事件的发生而处于阻塞状态,当等待的事件完成后,进程又具有了继续执行的条件,这时就要把该进程从阻塞状态转变为就绪状态。这个工作由唤醒原语来完成。

唤醒原语执行的操作有:先把被唤醒进程从阻塞队列中移出,设置该进程当前状态为就绪状态,然后再将该进程插入就绪队列中。

实际上,阻塞原语和唤醒原语是一对功能刚好相反的原语,因此如果在某进程中调用了阻塞原语,则必须在与之相合作的另一进程或其他相关进程中设置唤醒原语,以唤醒被阻塞进程,否则被阻塞进程将会因不能被唤醒而长久地处于阻塞状态,从而再无运行机会。

2.3 线程模型

▶ 2.3.1 线程的概念

自 20 世纪 60 年代在操作系统中引入进程的概念后,便以进程作为能拥有资源和独立运行的基本单位,到了 20 世纪 80 年代中期,人们又提出了线程的概念,它是比进程更小的能独立运行的基本单位。

在操作系统中引入进程的目的是使多个程序并发执行,以提高资源的利用率和系统的吞吐量,而在操作系统中引入线程则是为了减少程序并发执行时所付出的时空开销,使操作系统具有更好的并发性。在操作系统中引入进程后,虽然能使程序并发执行,但由于进程既是一个可以独立调度和分配的基本单位,同时也是一个可拥有资源的单位,因此程序在并发执行时,系统必须为进程的创建、撤销和切换付出较大的时空开销。既然这样,系统中所设置的进程数目就不宜太多,进程切换的频率也不宜过高,因此它也限制了程序的并发执行程度。

在引入线程的操作系统中,线程是进程中的一个实体,它是比进程更小的能独立运行的基本单位,因此,在为其创建、撤销和切换时所需付出的开销也就更小,因而能显著地提高程序执行的并行程度和系统吞吐量。进入 20 世纪 90 年代后,多处理器系统得到了迅速发展,它为提高计算机的运行速度和系统吞吐量提供了良好的硬件基础。相应地,在多处理器操作系统中引入线程后,它能比进程更好地充分发挥多处理器的优越性。在近几年推出的操作系统中,如 Windows NT,也都引入了线程用以改善操作系统的性能。

操作系统引入了线程后之所以拥有以上优点,是由线程的属性所决定的。线程是指进程内的一个执行单元(有的书中称线程为子进程),也是进程内的可调度实体。在多线程操作系统中,通常在一个进程中包括多个线程,每个线程都作为利用 CPU 的基本单位,是具有最小开销的实体。

1. 线程的属性

(1) 线程由以下 4 部分组成:一个唯一的标识符;描述处理器状态的一组状态寄存器及其内容;两个栈;一个私用存储器。因此,线程中的实体基本上不拥有系统资源,但它可以与同属于一个进程的其他线程共享进程所拥有的全部资源。可以说,线程是一个轻型实体。

(2) 线程是进程中的一个实体,是被系统独立调度的基本单位。由于线程很“轻”,因而线程切换非常迅速而且开销少,从而减小了系统的时空开销。

(3) 一个线程可以创建和撤销另一个线程;同一个进程中的多个线程可以并发执行,不同进程中的线程也能并发执行。

2. 线程的状态

与进程相似,线程也有若干种状态,如执行、就绪、阻塞等。线程是一个动态过程,它的状态转换在一定条件下实现。通常,一个新进程创建时,该进程的一个线程(称为主线程)也被创建。以后,这个主线程还可以在它所属的进程内部创建其他新线程,为新线程提供开始执行的指令指针和参数,同时为新线程提供栈空间等,并且将新线程投入就绪队列中。

当 CPU 空闲时,线程调度程序从就绪队列中选择一个线程,令其投入运行。

线程在运行过程中如果需要等待某个事件,它就让出 CPU,进入阻塞状态。当该事件到达时,这个线程就从阻塞状态变为就绪状态。

3. 线程的控制

(1) 线程的创建。可以通过调用线程库中的系统调用创建一个线程(如 Windows 2000/XP 及以上版本提供了系统调用 CreateThread)。创建线程时要提供新线程运行的过程名,创建后返回新线程的线程标识符。线程创建时系统为其分配线程控制块、栈等必要的数据结构。

(2) 线程的撤销。线程完成了自己的工作后,与创建类似,也通过调用线程库中的系统调用来撤销线程。此后,该线程从系统中消失。

(3) 线程等待。线程可以通过调用线程库中的系统调用等待某个线程,而使自己变为阻塞状态。

(4) 线程让权。线程可以自愿放弃 CPU,让其他线程运行,同样也是通过调用线程库中的系统调用来实现。

▶ 2.3.2 线程与进程的比较

1. 线程与进程的关系

线程和进程是两个密切相关的概念。一个进程至少拥有一个线程(该线程为主线程),进程根据需要可以创建若干个线程。单线程和多线程的进程模型如图 2-8 所示,从管理的角度说明了进程和线程的关系。

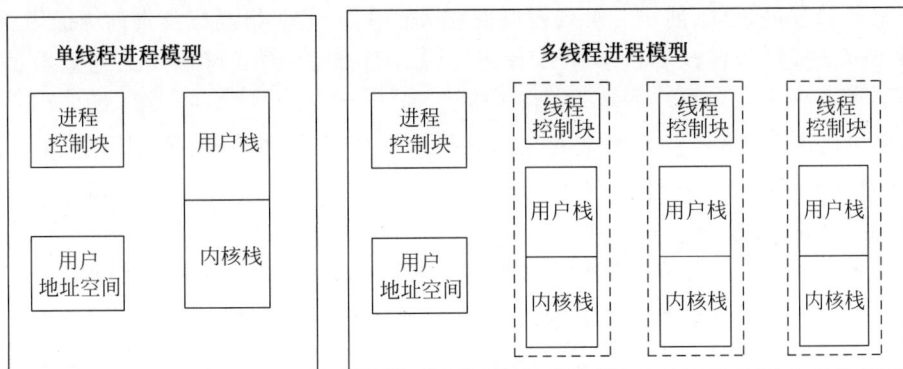

图 2-8　单线程和多线程的进程模型

在单线程的进程模型中(即没有线程概念的进程),进程由进程控制块(PCB)、用户地址空间(包括程序段和数据段),以及在进程执行中管理调用/返回行为的用户堆栈和内核堆栈组成。当进程在运行时,该进程控制处理器寄存器,当进程不运行时要保留这些寄存器的内容。在多线程环境中,进程仍然有一个进程控制块和用户地址空间。但每个线程都有自己独立的堆栈和线程控制块,在线程控制块中包含该线程执行时寄存器的值、线程的优先级及其他与线程相关的状态信息。所以说,线程自己基本上不拥有资源,只拥有少量必不可少的资源(线程控制块和栈)。

进程中的所有线程共享该进程的资源,它们驻留在同一块地址空间中,并且可以访问到相同的数据。当一个线程改变了内存中某个单元的数据时,其他线程在访问该数据单元时会看到变化后的结果。因此,线程之间的通信变得更为简单、容易。

2．线程与进程性能比较

(1)在一个进程中创建一个新的线程比创建一个全新的进程所需要的时间要少。Mach 操作系统开发者研究表明,与当时没有使用线程的 UNIX 操作系统相比,创建线程比创建进程的速度提高了 10 倍。

(2)撤销一个线程比撤销一个进程所需的时间要少。

(3)线程之间的切换比进程之间的切换花费的时间要少。

(4)线程提高了不同的执行程序之间的通信效率。在大多数操作系统中,进程之间的通信需要内核的支持,以提供保护和通信所需要的机制。但是,由于同一个进程中的线程共享存储空间和文件,它们无须内核的支持就可以互相通信。

因此,如果有一个由多个进程或函数组成的程序,则用一组线程来实现比用一个独立的进程实现更有效。下面列举几个使用线程提高程序执行效率的例子。

(1)前台和后台操作。例如,在处理电子表格的程序中,可以设计两个线程,其中一个线程负责显示菜单并读取用户输入——前台线程,而另一个线程负责执行用户命令并更新电子表格的内容——后台线程。这样就可以在前一条命令处理完成前,提示用户输入下一条命令(即两个线程并发操作)。对于用户来说,会感觉应用程序的处理速度有所提高。

(2)异常情况处理。程序在执行过程中的某些异常事件的处理也可以用线程来实现。例如,为了避免计算机断电所造成的损失,可以在文字处理程序中设计一个线程,其任务是负责周期性地进行数据备份,可以设计为每隔一分钟将内存缓冲区的数据写入磁盘。该线程由操作系统调度,而在主线程中并不需要增加任何代码来提供时间检查或协调输入和输出。

(3) 缩短执行时间。例如,有一个数据处理程序,要求从设备上输入数据,然后进行计算。如果用多线程的程序,可以创建一组线程负责数据的输入,另一组线程负责计算操作。如果系统中有多个处理器,负责计算的多个线程还可以并行操作,因此可以大大缩短数据的处理时间。

(4) 模块化程序结构。按照模块化的程序设计思想设计的程序,更方便用线程去设计和实现,一个模块可以设计成一个线程。

3. 其他方面的比较

下面从调度、并发性、拥有资源和系统开销 4 方面来进一步比较进程和线程。

(1) 调度。在传统的操作系统中,拥有资源的基本单位以及独立调度和分派的基本单位都是进程。而在引入线程的操作系统中,则把线程作为调度和分派的基本单位,而把进程作为资源分配的基本单位,使传统进程的两个属性分开,线程可以轻装运行,从而可以显著地提高系统的并发程度。在同一个进程中,线程的切换不会引起进程的切换,只有当从一个进程中的线程切换到另一个进程中的线程时,才会引起进程的切换。

(2) 并发性。在引入线程的操作系统中,不仅进程之间可以并发执行,而且在一个进程中的多个线程之间,也可以并发执行,因而操作系统具有更好的并发性,从而可以更有效地使用系统中的资源,提高系统的吞吐量。例如,在一个没有引入线程的单处理器系统中,若仅设计了一个文件服务进程,当该进程由于某种原因被阻塞时,用户的文件服务请求就得不到响应。在引入线程的操作系统中,可以在一个文件服务进程中设计多个服务线程,当第一个线程阻塞时,文件服务进程中的第二个线程可以继续执行;当第二个线程阻塞时,第三个线程可以继续执行,从而显著地提高了文件服务的质量和系统的吞吐量。

(3) 拥有资源。不论是传统的操作系统,还是具有线程的操作系统,进程都是拥有资源的独立单位。一般地说,线程自己不拥有系统资源(只有少量的必不可少的资源),但它可以访问其隶属进程的资源。也就是说,一个进程的代码段、数据段及系统资源,如打开的文件、I/O 设备等,可供同一进程中的所有线程共享。

(4) 系统开销。由于创建或撤销进程时,系统都要为之分配或回收资源,如内存空间、I/O 设备等,因此操作系统所付出的时间和空间开销将显著地大于重建或撤销线程的开销。类似地,在进程切换时,涉及当前进程 CPU 环境的保存及新被调度运行的进程 CPU 环境的设置,包括程序地址和数据地址等。而线程的切换只需保存和设置少量寄存器的内容,并不涉及存储器管理方面的操作。可见,进程切换的开销远远大于线程切换的开销。此外,由于同一进程中的多个线程具有相同的地址空间,致使它们之间的同步和通信的实现,变得非常容易。在有些操作系统中,线程的切换、同步和通信都无须操作系统内核的干预。

▶ 2.3.3 线程的实现

线程已在许多系统中实现,根据实现的方式不同分为两种:一种是内核支持线程(Kernel-Supported Threads),另一种是用户级线程(User-Level Threads)。这两种线程各有优缺点,因而两者也各有其应用场合。

1. 内核支持线程的实现

对于通常的进程,不论是系统进程还是用户进程,在进行切换时都依赖于内核中的调度程序。因此,不论什么进程都是与内核有关的,都是在内核的支持下进行切换。内核支持线程,它们是依赖于内核的,即无论是用户进程中的线程,还是系统进程中的线程,它们的创建、撤销和切换都由内核实现。在内核中保留了一个线程控制块,内核是根据该控制块而感知该线程的存在并对其进行控制的。

在有的操作系统中所设置的线程属于内核支持线程。一个线程创建一个新的线程,或者撤销一个已存线程以及可以引起线程阻塞及实现线程间同步的操作,都是直接利用系统调用实现的,线程的切换也是由内核完成的。在这样的 OS 中,系统在创建一个新进程时,便为它分配一个任务数据区 PTDA(Per Task Data Area),其中包括若干个 TCB 空间。在每一个 TCB 中可保存线程标识符、优先级、线程运行的 CPU 状态等信息。虽然这些信息是与用户级线程 TCB 中的信息相同,但现在却是被保存在内核空间中。

每当要创建一个新线程时,便为新线程分配一个 TCB,将有关信息填入该 TCB 中,并为之分配必要的资源,如栈、局部存储区。当 PTDA 中的所有 TCB 空间已用完,而进程又要创建新的线程时,系统可再为之分配新的 TCB 空间;在撤销一个线程时,也应回收该线程的所有资源和 TCB。可见,内核支持线程的创建、撤销均与进程的相类似。在有的系统中,为了减少在创建和撤销一个线程时的开销,在撤销一个线程时,并不立即回收该线程的资源和 TCB,在以后要创建一个新线程时,便可直接利用已被撤销但仍保持所有资源和 TCB 的线程作为新线程。

内核支持线程的调度和切换与进程的调度和切换十分相似,也分为抢占式和非抢占式两种。在线程的调度算法上,同样可采用时间片轮转法、优先权算法等。当线程调度选中一个线程后,便将处理器分配给它。当然,线程在调度和切换上所花费的开销要比进程小得多。

2. 用户级线程的实现

用户级线程仅存在于用户级中,对于这种线程的创建、撤销和切换,都不利用系统调用来实现,因而这种线程与内核无关。相应地,内核也不知道有用户级线程的存在。

用户级线程是在用户空间实现的,所有的用户级线程具有相同的结构,它们都运行在一个中间系统的上面。当前有两种方式实现中间系统,即运行时系统和内核控制线程。

(1) 运行时系统(Runtime System)。所谓"运行时系统",实质上是用于管理和控制线程的函数(过程)的集合,其中包括用于创建和撤销线程的函数、线程同步和通信的函数,以及实现线程调度的函数等。正因为有这些函数,才能使用户级线程与内核无关。运行时系统中的所有函数都驻留在用户空间,并且作为用户级线程与内核之间的接口。

在传统的 OS 中,进程在切换时必须先由用户态转为核心态,再由内核来执行切换任务。而用户级线程在切换时并不需要转入核心态,是由运行时系统中的线程切换过程来执行切换任务,该过程将线程的 CPU 状态保存在该线程的堆栈中,然后按照一定的算法选择一个处于就绪状态的新线程运行,将新线程堆栈中的 CPU 状态装入 CPU 相应的寄存器中,一旦将栈指针和程序计数器切换后,便开始了新线程的运行。由于用户级线程的切换无须进入内核,且切换操作简单,因而使用户级线程的切换速度非常快。

不论是在传统的 OS 中,还是在多线程 OS 中,系统资源都有是由内核管理的。在传统的 OS 中,进程是利用 OS 提供的系统调用来请求系统资源的,系统调用通过软中断(如 trap)机制进入 OS 内核,由内核实现相应资源的分配。用户级线程是不能利用系统调用的,当线程需要资源时,是将该要求传送给运行时系统,由后者调用相应的系统调用来实现系统资源的获得。

(2) 内核控制线程。它又称为轻型进程(Light Weight Process,LWP),每一个进程都可以拥有多个LWP,同用户级线程一样,每个LWP都有着自己的数据结构(如TCB),其中包括线程标识符、优先级、状态,另外还有栈和局部存储区等。它们也可以共享进程所拥有的资源。LWP可通过系统调用来获得内核提供的服务,这样,当一名用户级线程运行时,只要将它连接到一个LWP上,此时它便具有了内核支持线程的所有属性。

为了减少系统开销,通常在一个进程中所设置的LWP的数目少于用户线程数,并把这些LWP做成一个LWP池,用户进程中的任一用户线程可以连接到LWP池中的任一个LWP上。LWP池中的LWP数目应适当,当LWP数与用户线程数一样多时,亦即为每一名用户级线程配置一个LWP时,将会使很多LWP空闲,这时也就失去了设置用户线程的意义;但如果把LWP设置得太少,又将会使许多用户线程因得不到LWP而无法运行,进而影响程序的并发执行程度。

▶ 2.3.4 线程调度激发

尽管内核级线程一般优于用户级线程,但是其速度较慢。因此,研究者试图寻找在保持其优良特性的前提下改进其速度的方法。调度程序激发(Scheduler Activation)就是其中的一种方法。

调度程序激发工作的目的是模拟内核线程的功能,同时为线程包提供通常在用户空间中才能实现的更好的性能和更大的灵活性。如果用户线程从事某种系统调用是安全的,那就不应该进行专门的非阻塞调用或者进行提前检查。无论如何,如果线程阻塞在某个系统调用或页面故障上,只要在同一个进程中有任何就绪的线程,就应该有可能运行其他的线程。

由于避免了在用户空间和内核空间之间的不必要转换,从而提高了效率。例如,如果某个线程由于等待另一个线程而被阻塞,此时没有理由请求内核,这样就减少了内核-用户转换的开销。用户空间的运行时系统可以阻塞同步的线程而另外调度一个新线程。

当使用调度程序激发机制时,内核给每个进程安排一定数量的虚拟处理器,并让(用户空间)运行时系统将线程分配到处理器上。这一机制也可以用于多处理器中,此时虚拟处理器可能成为真实的CPU。分配给一个进程的虚拟处理器的初始数量是一个,但是该进程可以申请更多的处理器并且在不用时退回。内核也可以取回已经分配出去的虚拟处理器,以便把它们分给需要更多处理器的进程。

使该机制工作的基本思路是,当内核了解到一个线程被阻塞之后,内核通知该进程的运行时系统,并且在堆栈中以参数形式传递有问题的线程编号和所发生事件的一个描述。内核通过在一个已知的起始地址启动运行时系统,从而发出了通知,这是对UNIX中信号的一种粗略模拟,称为上行调用(Upcall)。

一旦启动激活,运行时系统就重新调度其线程:把当前线程标记为阻塞并从就绪队列中取出另一个线程,设置其寄存器,然后再启动之。稍后,当内核知道原来的线程又可以运行时,内核就又一次上行调用运行时系统,通知它这一事件。此时该运行时系统按照自己的判断,或者立即重启动被阻塞的线程,或者把它放入就绪队列中稍后运行。

调度程序激发机制的一个目的是作为上行调用的信赖基础,这是一种违反分层次系统内在结构的概念。通常,n层提供$n+1$层可调用的特定服务,但是n层不能调用$n+1$层中的过程。上行调用并不遵守这个基本原理。

2.4　进程、线程管理实例

▶ 2.4.1　UNIX 进程管理

在 UNIX 系统中机器的执行状态分为两种：一种是用户态，另一种是核心态。在用户态下的进程只能存取它们自己的指令和数据，不能存取核心指令和数据（包括特权指令，如输入/输出指令）；而核心态下的进程能存取核心和用户地址空间信息。

进程的静态描述是由进程控制块（PCB）、有关程序段和数据集组成的。而进程的上下文实际上是进程执行活动全过程的静态描述，它包括计算机系统中执行该进程有关的各种寄存器的值、程序段机器指令代码集（也称为正文段）、数据集及各种堆栈值和 PCB 结构。无论在何种系统中，进程上下文的各部分都必须按一定的规则有机地组合起来以便控制执行。

在 UNIX System Ⅴ中，进程上下文由用户级上下文、寄存器上下文和系统级上下文组成。用户级上下文由进程的用户程序段部分编译而成的用户正文段、用户数据段及用户堆栈等组成。而寄存器上下文则由程序寄存器（PC）、处理器状态字寄存器（PS）、栈指针和通用寄存器的值组成。其中，PC 给出了 CPU 将要执行的下一条指令的虚地址；PS 指出机器与该进程相关联时的硬件状态，即用户态还是核心态；栈指针指向下一项的当前地址；通用寄存器值则用于不同执行模式之间的参数传递等。

系统级上下文又分为静态部分和动态部分。系统级上下文的静态部分包括进程控制块（PCB）、将进程虚拟地址空间映射到物理空间的有关表格和核心栈。PCB 又分为常驻内存的 proc 结构和不常驻内存的 user 结构。proc 结构用来存放系统感知与控制进程所必需的数据和信息。而 user 结构则用来存放进程执行时所必需的各种控制数据和信息。核心栈主要用来装载进程中所使用的系统调用的调用序列。

（1）proc 结构主要包括以下各项。

① 状态域，标识进程的状态。

② user 结构及系统栈指针。

③ 存储区位置和长度信息，指明进程在内存或在外存中的位置和大小。这些信息在进程换入/换出以及状态转换时要用到。

④ 若干用户标识，简称 UID 或用户 ID，用来决定进程属于哪一组用户，具有何种权限，例如，描述了一组相互之间可以发送软中断信号的进程。

⑤ 若干进程标识，简称 PID 或进程 ID，说明进程相互间的关系，如父子关系。

⑥ 调度信息，包括优先级等。核心用它们决定若干进程转换到核心态和用户态的次序。

⑦ 软中断信号项，记录发向一个进程的所有未处理的软中断信号。

⑧ 事件描述域，sleep 和 wakeup 原语要用到。

⑨ 各种计时项，给出系统执行时间和核心资源的利用情况，这些信息用来为进程记账、计算调度优先级和发送计时信号等。

⑩ 进程页表指针，用于 CPU 访问内存时的地址变换。

（2）user 结构主要包括以下各项。

① 一个指向 proc 结构的指针。

② user 结构真正用户标识及有效用户标识，决定进程的各种特权，如文件存取权限等。

③ 存储区计时器域，记录进程及其后代在用户态和核心态运行所用的时间。

④ 若干中断及软中断处理的有关参数。

⑤ 一个含有系统调用结果的返回值项。

⑥ 与文件结构有关的若干项，它们描述文件的当前目录和当前根，以及进程的文件系统环境。

⑦ 与文件读写有关的若干项，它们描述所要传输的数据量、在用户空间的源（或目的）数据的数组地址、文件的输入/输出的偏移量等。

⑧ 用户文件描述符表，记录该进程已打开的文件。

⑨ 出错域，记录在系统调用过程中遇到的错误。

⑩ 对该进程创建的所有文件设置许可权方式字段的屏蔽模式项。

⑪ 与进程上下文切换、现场保护有关的各项。

⑫ 进程正文段、数据段、栈段长度。

系统级上下文的动态部分是与寄存器上下文相关联的。这里的动态部分不是指程序的执行，而是指在进入和退出不同的上下文层次时，系统为各层上下文中相关联的寄存器值所保存和恢复的记录。它可看成是一些数量变化的层次组成，其变化规则是满足先进后出的堆栈方法。每个上下文层次在栈中各占一项。

在发生中断时，或一个进程发生系统调用时，或进程上下文切换时，核心就压入一个上下文层。当核心从处理中断返回时，或一个进程在完成其系统调用后返回用户态，一个进程上下文切换并被调度时，核心就弹出一个上下文层。因此，进程上下文的切换总会引起一层核心栈的压入或弹出，核心压入老的进程上下文层，弹出新的进程上下文层。proc 结构中存放着当前上下文层所必需的信息。

UNIX System V 的进程上下文如图 2-9 所示。

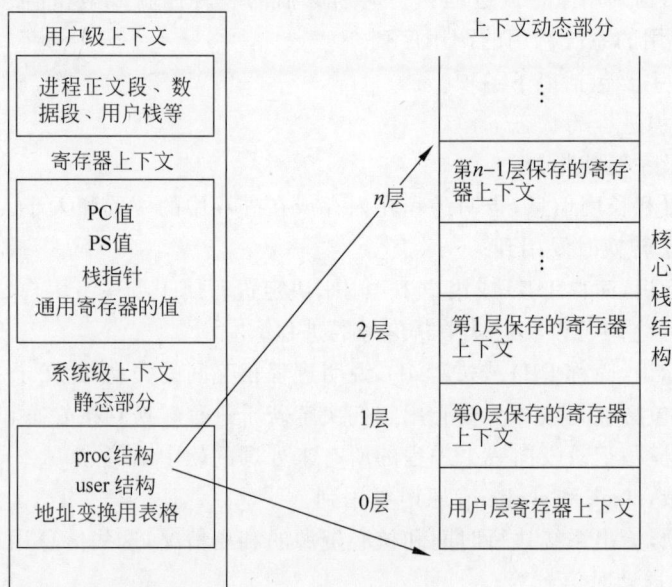

图 2-9 UNIX System V 的进程上下文

从一个进程生命周期的概念上看，UNIX 系统将进程的状态细分为以下 9 种状态。

（1）用户执行态：进程正在用户态下执行。

（2）核心执行态：进程正在核心态下执行。

（3）在内存中的就绪态：进程没有被执行，但处于就绪状态，只要核心调度到它，即可执行。

（4）在内存中的睡眠态：进程正在睡眠并驻留在内存中。

（5）就绪且换出态：进程处于就绪状态，但对换进程（0♯进程）已把它换出内存，只有等对换进程再把它换入内存后，核心才能调度它执行。

（6）睡眠且换出态：进程正在睡眠，但对换进程已把它换出内存。

（7）被抢先态：进程正从核心态返回到用户态。但核心抢先于它做了进程上下文切换，以调度别的进程执行。最后，当该进程再次被调度到时返回用户执行态。

（8）创建态：进程刚被创建，由于正在进行资源分配，表示该进程存在，但既不是就绪，也不是在睡眠。这个状态是除进程 0 以外的所有进程的初始状态。

（9）僵死态：进程执行了系统调用 exit，处于僵死（zombie）状态。该进程不再存在，但它留下一个记录，作为给父进程识别的出口码和一些计时统计信息。僵死状态是进程的最后状态。

进程的状态转换图如图 2-10 所示。下面分析以下一个典型的进程经历这些状态的转换过程。首先，当父进程执行系统调用 fork 创建子进程时，其子进程就进入“创建”状态，并最终会移到“在内存中就绪”状态。当进程调度程序选中该进程执行时，它便进入“核心态执行”状态，在这个状态下，完成它的 fork 部分。当该进程完成系统调用时，它可能进入“用户态执行”状态，此时它在用户态下执行。一段时间后，若有中断信号到来，系统可能中断处理器，再次进入“核心态执行”状态。当时钟中断处理程序结束了中断服务时，核心可能决定调度另一个进程执行。这样，正在执行的进程就进入“被抢先”状态，而被选中的进程就开始它的执行。当调度程序再次选中我们所举的进程时，它又回到“用户态执行”状态继续执行。

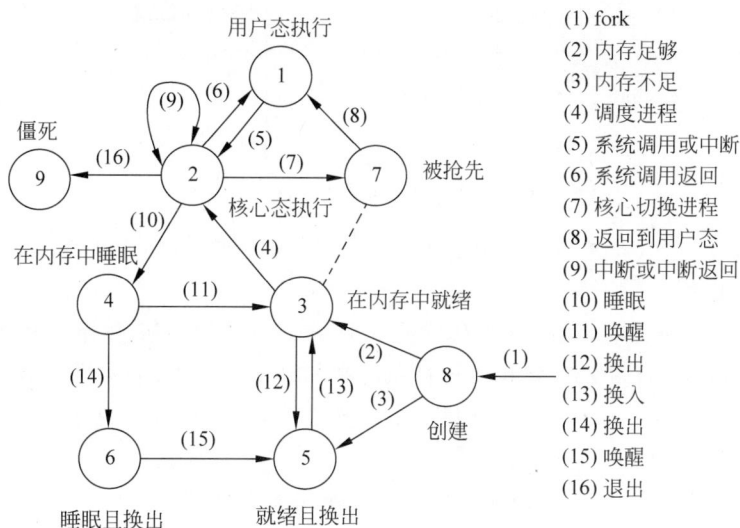

	(1) fork
	(2) 内存足够
	(3) 内存不足
	(4) 调度进程
	(5) 系统调用或中断
	(6) 系统调用返回
	(7) 核心切换进程
	(8) 返回到用户态
	(9) 中断或中断返回
	(10) 睡眠
	(11) 唤醒
	(12) 换出
	(13) 换入
	(14) 换出
	(15) 唤醒
	(16) 退出

图 2-10　进程的状态转换图

假定进程执行请求磁盘输入/输出操作时，它便离开“用户态执行”状态，进入“核心态执行”状态。如果该进程需要等待输入/输出操作的完成，则进入“在内存中睡眠”状态，一直睡到被告知输入/输出操作已完成。当输入/输出操作已完成，硬中断 CPU，中断处理程序唤醒该进程，使它进入“在内存中就绪”状态，等待被重新调度执行。

假定系统中有多个进程同时执行，但它不能同时装入主存，核心对换进程决定换出我们的进程，以便为另一个处于"就绪且换出"状态的进程腾出空间。当进程被从主存中驱逐出去后，它就进入"就绪且换出"状态。同样，我们的进程若是处于"在内存中睡眠"状态也会被换出，而进入"睡眠且换出"状态，唤醒时进入"就绪且换出"状态。当以后对换进程选择我们的进程换入主存时，它便重新进入"在内存中就绪"状态。最后，当该进程完成时，它执行系统调用 exit，进入"核心态执行"状态，最终进入"僵死"状态。

一个进程从创建到消亡的整个生命过程中，可能都要经历这些状态转换。在这些转换中，有些是通过系统原语或核心函数完成（例如唤醒或调度等），而另一些则是由外部事件的发生导致的（例如陷阱或中断）。

▶ 2.4.2 Linux 进程与线程管理

在 Linux 中，进程仍然保留着传统的意义，它包括以下 4 个要素。

（1）内存空间的正文段。

（2）内存空间的数据段。

（3）task_struet 结构。

（4）系统堆栈。

每当产生一个新的进程时，就会在内核空间中分配一个 8KB 的空间记录新进程信息。进程的系统堆栈和 task_struct 结构如图 2-11 所示。task_struct 结构和系统堆栈占用这 8KB 的空间，其中，底部约 1KB 的空间用于存放 task_struct 结构，而剩余约 7KB 的空间用于存放系统堆栈。

图 2-11　进程的系统堆栈和 task_struct 结构

作为描述进程信息，操作系统感知进程存在的进程控制块（PCB），在 Linux 中是由结构 task_struct 来实现的。

当系统创建一个进程时，系统就为其分配一个 task_struct 结构，进程结束时，收回其 task_struct 结构。进程的 task_struct 结构可以被系统中的许多模块访问，如调度程序、资源分配程序、中断处理程序等。由于 task_struct 结构经常被访问，所以它常驻内存。

1. 进程状态

Linux 进程的状态有 5 种，Linux 进程状态转换如图 2-12 所示。

（1）不可中断等待态（TASK_UNINTERRUPTIBLE）表示进程处于等待状态。处于该状态的进程不能被"软中断"信号中断。

（2）可中断等待态（TASK_INTERRUPTIBLE）也表示进程的一种等待状态，但处于该状态的进程可以被"软中断"信号中断。

（3）运行态与就绪态（TASK_RUNNING）表示进程处于运行态或准备运行（即就绪态），也就是具备被调度运行的能力。当进程处于该状态时，内核就将该进程的 task_struct 结构归入"就绪队列"中。

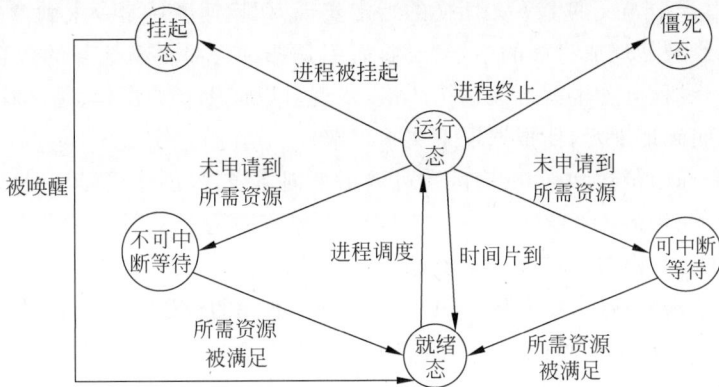

图 2-12　Linux 进程状态转换图

（4）僵死态（TASK_ZOMBIE）表示进程已经被撤销，但其 task_struct 结构尚未注销。

（5）挂起态（TASK_SWAPPING）用于表明进程正在执行磁盘交换工作。

2．进程优先级

Linux 系统的优先级有以下三种。

（1）静态优先级。被称为"静态"是因为它不随时间而改变；只能由用户进行修改。它指明了进程得到 CPU 时，被允许执行时间片的最大数。

（2）动态优先级。只要进程拥有 CPU，其动态优先级就随着时间不断减小。当它小于零时，表示系统需要重新调度。

（3）实时优先级。指明一个进程自动把 CPU 交给其他进程。较高权值的进程总是优先于较低权值的进程。

3．进程与线程的创建与撤销

1）进程与线程的创建

Linux 进程创建用两个系统调用完成，系统调用 fork()函数负责复制父进程的 task_struct，如果子进程需要"另立门户"，也就是执行别的可执行程序，可使用系统调用 exec()函数，通过参数指定一个文件名实现。

fork()函数生成子进程的 task_struct 结构，并设置子进程系统堆栈。fork()函数实际上运行在父进程中，它创建子进程并返回所创建子进程的进程标识符 pid。子进程调度运行时的开始位置是由子进程的 task_struct 结构中的指针 p_thread 指出的。p_thread 本身是一个数据结构，其中记录着进程切换时的堆栈指针、返回地址等关键信息。

进程创建主要完成进程基本情况的复制，生成子进程的 task_struct 结构，并且复制或共享父进程的其他资源，如内存、文件、信号等。

Linux 继承了 UNIX 的风格，早期的版本没有提供对线程的支持。只提供传统的 fork()函数系统调用，用来产生一个新的进程。随着内核版本的更新，内核开始加入了新的系统调用 vfork()和 clone()，用来支持线程。Linux 2.4.0 已经能够支持 POSIX 标准线程。

Linux 的线程模型是一种一对一模型（即一个进程中只有一个线程），也就是每个线程实际上在核心是两个单独的进程，核心的调度程序负责线程的调度，就像调度普通进程。线程用系统调用 vfork()函数和 clone()函数创建，Linux 允许新进程共享父进程的存储空间、文件描述符和软中断处理程序。

实现一对一线程的好处在于，实现起来简单且强壮。在线程的切换方面，虽然没有一对多模型速度快,但由于 Linux 的上下文切换的特定实现,切换速度还是令人满意的。

因为线程已经被处理成进程的一个特例,而不是那种一对多模式下的包含与被包含的关系。同时,进程和线程概念也就不是那么严格,线程可以产生新的进程,是进程还是线程,在某个阶段也不是很明确地划定,要根据上下文来理解。

系统调用 vfork()函数和 clone()函数可以用来创建线程,创建线程与创建进程不同的是,除了 task_struct 和系统空间堆栈以外的全部或部分资源通过数据结构指针的复制"遗传"。这样,新创建的线(进)程与父进程共享资源。

进程实现了结构复制后,如果想要执行与父进程不同的代码,如执行某一个可执行文件,那就要放弃父进程的正文代码段,形成自己的执行代码,该工作由系统调用 exec()来完成。

2）进程与线程的撤销

进程在退出系统之前要释放其所有的资源。如从父进程"继承"的资源:存储空间、已打开的文件、工作目录、信号处理表等。线程在退出时需要释放的资源只有 task_struct 结构和系统堆栈。进程(或线程)结束时还有一个重要的动作,就是将当前进程状态改为僵死态(TASK_ZOMBIE)。

另外,进程自身只能释放那些外部资源,如内存、文件,但有一个资源进程自身是无法释放的,就是进程(或线程)本身的 task_struct 结构,所以 task_struct 结构最后是进程的父进程或是内核初始进程(如果父进程已经死掉)调用 exit()函数来释放的。

exit()函数实现如下功能。

（1）将进程(或线程)的状态改为僵死态。

（2）向父进程报告子进程(或线程)的死去,让父进程"料理后事",包括将进程从进程树中删除。

当 CPU 执行完 exit()函数后,需要执行进程调度程序 schedule()重新进行调用。schedule()程序按照一定的规则从系统中挑选一个最合适的进程投入运行。选中某个进程后要进行进程的切换。原来正在运行的进程虽然暂时被剥夺了运行权,却维持其 TASK_RUNNING 状态,等待下一次被 schedule()程序选中时再继续运行。被撤销进程的进程状态变为 TASK_ZOMBIE,该状态使它在 schedule()程序中永远不会再被选中。将进程的 task_struct 结构释放时,子进程就最终从系统中消失了。

▶ 2.4.3 Windows 进程与线程管理

在 Windows 中,进程是程序的容器。它们持有虚拟地址空间,以及指向内核态的对象的线程的句柄。作为线程的容器,它们提供线程执行所需要的公共资源,例如,配额结构的指针、共享的令牌对象以及用来初始化线程的默认参数,包括优先次序和调度类。每个进程都有用户态系统数据,称为 PEB(进程环境块)。PEB 包括已加载的模块(如 EXE 和 DLL)列表,包含环境字符串的内存、当前的工作目录和管理进程堆的数据,以及很多随着时间的推移已添加的 Windows 32 cruft。

线程是在 Windows 中调度 CPU 的内核抽象。优先级是基于进程中包含的优先级值来为每个线程分配的。线程也可以通过亲和处理只在某些处理器上运行。这有助于显式分发多处理器上运行的并发程序的工作。每个线程都有两个单独调用堆栈,一个在用户态执行,另一个在内核态执行。也有 TEB(线程环境块)使用户态数据指定到线程,包括每个线程存储区(线程本地存储区)和 Windows 32 字段、语言和文化本地化以及其他专门的字段,这些字段都被各种不同的功能添加上了。

　　除了 PEB 与 TEB 外,还有另一个数据结构是内核态与每个进程共享的,即用户共享数据。这个是可以由内核写的页,但是每个用户态进程只能读。它包含一系列由内核维护的值,如各种时间、版本信息、物理内存和大量的被用户态组件共享的标志(如 COM、终端服务和调试程序)。至于使用此只读的共享页,纯粹是出于性能优化的目的,因为值也能通过系统调用的内核态获得。但系统调用比一个内存访问代价大很多,所以对于大量由系统维护的字段,例如时间,这样的处理就很有意义。其他字段,如当前时区更改很少,但依赖于这些字段的代码必须查询它们,往往只是看它们是否已更改。

1. 进程

　　进程创建是从段对象创建的,每个段对象描述了磁盘上某个文件的一个内存对象。在创建一个过程时创建的进程将接收一个句柄,这个句柄允许它通过映射段、分配虚拟内存、写参数和环境变量数据、复制文件描述符到它的句柄表、创建线程来修改新的进程。这非常不同于在 UNIX 中创建进程的方式,反映了 Windows 与 UNIX 初始设计目标系统的不同。

　　UNIX 是为 16 位单处理器系统设计的,而这样的单处理器系统是用于在进程之间交换共享内存的。在这样的系统中,进程作为并发的单元,并且使用像 fork 这样的操作来创建进程是一个天才般的设计思想。如果要在很小的内存中运行一个新的进程,并且没有硬件支持的虚拟内存,那么在内存中的进程就不得不换出到磁盘以创建空间。UNIX 操作系统(一种多用户的计算机操作系统)最初仅通过简单的父进程交换技术和传递其物理内存给它的子进程来实现 fork。这种操作和运行几乎是没有代价的。

　　相比之下,在 Cutler 小组开发 NT 的时代,当时的硬件环境是 32 位多处理器系统与虚拟内存硬件共享 1～16MB 的物理内存。多处理器为部分程序并行运行提供了可能,因此 NT 使用进程作为共享内存和数据资源的容器,并使用线程作为并发调度单元。

　　当然,随后几年里的系统就完全不同于这些环境了。例如,拥有 64 位地址空间并且一个芯片上集成十几个(乃至数百个)CPU 内核或数百 GB 的物理内存。这些内存和传统内存完全不一样。现在的 RAM 内存在关闭电源时会丢失里面的内容,但是正在生产的 phase-change 内存会像硬盘一样,在断电之后仍然能保存其拥有的内容。此外,还有替代现有硬盘的闪存设备,更广泛虚拟化、普适网络的支持,以及如事务型内存这类同步技术的创新。Windows 和 UNIX 操作系统无疑将继续适应现实中新的硬件,但我们更感兴趣的是,会有哪些新的操作系统会基于新硬件而被特别设计出来。

2. 作业和纤程

　　Windows 可以将进程分组为作业,但作业抽象并不足够通用。原因是其专为限制分组进程所包含的线程而设计,如通过限制共享资源配额、强制执行受限令牌来阻止线程方向许多系统对象。作业最重要的特性是一旦一个进程在作业中,该进程创建的进程、线程也在该作业中,没有特例。正如它的名字所示,作业是为类似批处理环境而非交互式计算环境而设计的。

　　在现代 Windows 中,作业被组织在一起来处理现代应用。这些构成运行的应用程序进程需要被操作系统额外识别出来以便管理整个应用。作业、进程、线程、纤程之间的关系如图 2-13 所示。

　　纤程通过分配栈与用来存储纤程相关寄存器和数据的用户态纤程数据结构来创建。线程被转换为纤程,但纤程也可以独立于线程创建。这些新创建的纤程直到一个已经运行的纤程显式地调用 SwitchToFiber 函数才开始执行。由于线程可以尝试切换到一个已经在运行的纤

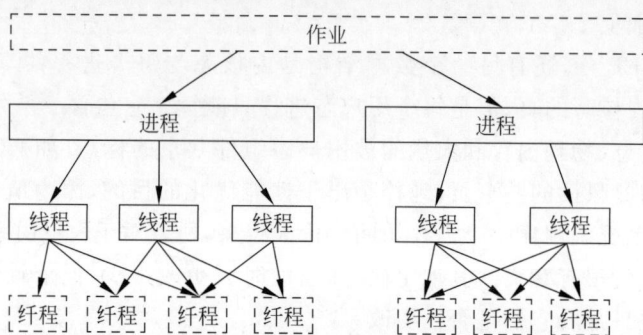

图 2-13 作业、进程、线程、纤程之间的关系

程,因此,程序员必须使用同步机制以防止这种情况发生。

纤程的主要优点在于纤程之间的切换开销要远远小于线程之间的切换。线程切换需要进出内核而纤程切换仅需要保存和恢复几个寄存器。

尽管纤程是协同调度的,如果有多个线程调度纤程,则需要非常小心地通过同步机制以确保纤程之间不会互相干扰。为了简化线程和纤程之间的交互,通常创建和能运行它们的内核数目一样多的线程,并且让每个线程只能运行在一套可用的处理器甚至只是一个单一的处理器上。

每个线程可以运行一个独立的纤程子集,从而建立起线程和纤程之间一对多的关系来简化同步。即便如此,使用纤程仍然有许多困难。大多数的 Windows 32 库是完全不识别纤程的,并且尝试像使用线程一样使用纤程的应用会遇到各种错误。由于内核不识别纤程,当一个纤程进入内核时,其所属线程可能阻塞。此时处理器会调度任意其他线程,导致该线程的其他纤程均无法运行。因此纤程很少使用,除非从其他系统移植那些明显需要纤程提供功能的代码。

3. 线程池和用户态调度

Windows 32 的线程池是为了一些特定的程序而在 Windows 线程模型上进行的更好的抽象。在其他任务想要利用多核处理器时,某个线程想要并行运行一个小任务,此时创建线程太过昂贵。小任务可以被组织起来成为大任务,但是这样的方法减少了程序中可以被利用的并发性。一种可替代的方法是,对于某一个特定的程序,只分配特定数目的线程,并且维持一个需要运行的任务队列。当一个线程结束任务的运行时,它便从任务队列里取出一个新的任务。这个模型解决了编程模型中的资源管理问题(有多少处理器目前是可用的?需要创建多少线程?目前的任务是什么?这些任务之间如何同步?)。Windows 将这个解决方案正式放在 Windows 32 线程池中,有一系列的 API 用于自动管理动态线程池,并且能将任务分配到线程池上。

线程池并非一个完美的解决方案。因为当一个任务中的某些进程由于一些资源的原因而阻塞时,线程无法切换到另外一个任务上去。因此,线程池也会不可避免地创建出比可用处理器数量更多的线程,这样在其他线程被阻塞时,可运行的线程才能得到调度。线程池集成了许多常见的同步化机制,例如,对于 I/O 请求的等待或者当内核请求发生时得到阻塞。同步策略可以被当成任务调度的触发器,这样一来,在任务准备好运行之前就可以将线程分配给它。

实现线程池的技术与实现 I/O 请求的同步策略所采用的技术是一致的,如调度策略和内核态线程工厂(用于添加足够的线程数,以保证在处理器忙的时候也有足够的工作线程)。在许多应用中都存在小型任务,特别是在给 C/S 架构计算模型提供服务的应用中(在这些应用里,客户端会给服务器端发送一大堆请求)。在这些场景中使用线程池技术,能够减少由于创建线程所产生的开销,并且将管理线程池的责任从应用程序移向了操作系统。

每一个程序员看到的 Windows 线程实际上都是两条线程:一条运行在内核态里,一条运行在用户态里。这和 UNIX 的机制是一样的,每一条线程都会各自创建它自己的栈和内存,从而在不运行的时候节省寄存器。这两条线程被认为是一条线程,这是因为它们不在同一时间运行。用户态的线程运作方式像是内核态线程的延展,只在内核态切换到用户态的情况下才运行。当用户态线程想要执行系统调用、发生了缺页中断或发生了预先抢占时,操作系统会陷入内核态,并在用户态与内核态的对应线程之间相互切换。

在大部分时间,用户态和内核态的最大区别都是对于程序员的透明性。但是,从 Windows 7 开始,微软公司添加了一个新的功能 UMS(用户态调度模块),使得这一区别产生了变化。UMS 类似于其他操作系统中的调度器激活,可以在不进入内核态的情况下在用户态切换线程。由于其采用的是 Windows 32 的真实线程,因此相对纤程而言有着比 Windows 32 更好的集成性。

实现 UMS 时有以下三个关键元素需要注意。

(1) 用户态切换:用户态的调度器需要做到不进入内核态即可切换用户线程,当用户线程进入内核态,UMS 会找到运营的内核态线程,并且切换到内核态。

(2) 重新进入用户态的调度器:当执行内核态线程时阻塞并需要等待系统资源时,UMS 会切换到一个特殊的用户线程,并且执行用户态调度器,使得不同的用户线程也可以被调度到当前处理器上。这样就使得当前进程可以继续使用当前的处理器,而不像整体调度时那样要等待其他进程先运行。

(3) 系统调用的完整性:当阻塞的内核线程最终结束时,需要产生一个包含对应的系统调用结果信息的消息,并返回给对应的等待的用户态调度器,使得对应的用户线程能够在下一次需要调度时不出现问题。

Windows 中的 UMS 并不包含用户态的调度器。UMS 被计划为一个低级功能,并且被高级编程语言和服务应用程序的实时运行库直接用于实现轻量级的线程模型,这些最轻级的线程模型不会与内核态线程调度发生冲突。这些实时运行库一般会用于实现当前环境的用户态调度器。

CPU 和资源管理中使用的基本概念如表 2-1 表示。

表 2-1　CPU 和资源管理中使用的基本概念

名　　字	描　　述	备　　注
作业	共享一些限制与配额的进程的集合	在 AppContainer 中使用
进程	掌握资源的容器	
线程	被内核调度的实体单位	
纤程	在用户进程中被管理的轻量级线程	几乎不被使用
线程池	面向任务的编程模型	构建在线程基础上
用户态线程	允许用户线程切换的抽象	对于线程的扩展

4. 线程

通常每一个进程是由一个线程开始的,但一个新的进程也可以动态创建线程。线程是 CPU 调度的基本单位,因为操作系统总是选择一个线程而不是进程来运行。因此,每一个线程有一个调度状态(就绪态、执行态、阻塞态等),而进程没有调度状态。线程可以通过调用指定了在其所属进程地址空间中的开始运行地址的 Windows 32 库函数动态创建。

每一个线程均有一个线程 ID,其和进程 ID 取自同一空间,因此单一的 ID 不可能同时被一个线程和一个进程使用。进程和线程的 ID 是 4 的倍数,因为它们实际上是通过用于分配 ID 的特殊句柄表来执行分配的。该系统复用了可扩展句柄管理功能。句柄表没有对象的引用,但使用指针指向进程或线程,使通过 ID 查找一个进程或线程非常有效。最新版本的 Windows 采用先进先出顺序管理空闲句柄列表,使 ID 无法马上重复使用。

线程通常在用户态运行,但是当它进行一个系统调用时,就切换到内核态,并以其在用户态下相同的属性以及限制继续运行。每个线程有两个堆栈,一个在用户态使用,而另一个在内核态使用。任何时候当一个线程进入内核态,其切换到内核态堆栈。用户态寄存器的值以上下文(context)数据结构的形式保存在该内核态堆栈底部。因为只有进入内核态的用户态线程才会停止运行,当它没有运行时,该上下文数据结构中总是包括其寄存器状态。任何拥有线程句柄的进程可以查看并修改这个上下文数据结构。

线程通常使用其所属进程的访问令牌运行,但在某些涉及客户机/服务器计算的情况下,一个服务器线程可能需要模拟其客户机,此时需要使用基于客户机令牌的临时令牌标识来执行客户的操作(一般来说,服务器不能使用客户机的实际令牌,因为客户机和服务器可运行于不同的系统)。

I/O 处理也经常需要关注线程。当执行同步 I/O 时会阻塞线程,并且异步 I/O 相关的未完成的 I/O 请求也关联到线程。当一个线程完成执行,它可以退出,此时任何等待该线程的 I/O 请求将被取消。当进程中最后一个活跃线程退出时,这一进程将终止。

需要注意的是,线程是一个调度的概念,而不是一个资源所有权的概念。任何线程可以访问其所属进程的所有对象,只需要使用句柄值,并进行合适的 Windows 32 调用。一个线程并不会因为一个不同的线程创建或打开了一个对象而无法访问它。系统甚至没有记录是哪一个线程创建了哪一个对象。一旦一个对象句柄已经在进程句柄表中,任何在这一进程中的线程均可使用它,即使它是在模拟另一个不同的用户。

正如前面所述,除了用户态运行的正常线程,Windows 有许多只能运行在内核态的系统线程,而其与任何用户态进程都没有联系。所有这一类型的系统线程运行在一个特殊的称为系统进程的进程中。该进程没有用户态地址空间,其提供了线程在不代表某一特定用户态进程执行时的环境。这些线程有的执行管理任务,例如写脏页面到磁盘上,而其他形成了工作线程池,来分配并执行部件或驱动程序需要系统进程执行的工作。

5. 进程和线程的实现

当一个进程调用 Windows 32 CreateProcess 系统调用的时候,则创建一个新的进程。这种调用使用 kernel32.dll 中的一个(用户态)进程来分几步创建新进程,其中会使用多次系统调用和执行其他的一些操作。

(1) 把可执行的文件名从一个 Windows 32 路径名转换为一个 NT 路径名。如果这个可执行文件仅有一个名字,而没有一个目录名,那么就在默认的目录里面查找(包括但不限于在 PATH 环境变量中)。

(2) 绑定这个创建过程的参数,并且把它们和可执行程序的完全路径名传递给本地 API NtCreateUserProcess。

(3) 在内核态里运行,NtCreateUserProcess 处理参数,然后打开这个进程的映像,创建一个内存区对象(section object),它能够用来把程序映射到新进程的虚拟地址空间。

(4) 进程管理器分配和初始化进程对象(对于内核和执行层,这个内核数据结构就表示一个进程)。

(5) 内存管理器通过分配和创建页目录及虚拟地址描述符来为新进程创建地址空间。虚拟地址描述符描述内核态部分,包括特定进程的区域,例如,自映射的页目录入口可以为每一个进程在内核态使用内核虚拟地址来访问它整个页表中的物理页面。

(6) 一个句柄表为新的进程所创建。所有来自调用者并允许被继承的句柄都被复制到这个句柄表中。

(7) 共享的用户页被映射,并且内存管理器初始化一个工作集的数据结构,这个数据结构是在物理内存缺少的时候用来决定哪些页可以从一个进程里面移出。可执行映像中由内存区对象表示的部分会被映射到新进程的用户态地址空间。

(8) 执行体创建和初始化用户态的进程环境块(PEB),这个 PEB 被用来为用户态和内核维护进程范围的状态信息,例如,用户态的堆指针和可加载库列表(DLL)。

(9) 虚拟内存是分配在(ID 表)新进程里面的,并且用于传递参数,包括环境变量和命令行。

(10) 一个进程 ID 从特殊的句柄表(ID 表)分配,这个句柄表是为了有效地定位进程和线程局部唯一的 ID。

(11) 一个线程对象被分配和初始化。在分配线程环境块(TEB)的同时,也分配一名用户态栈。包含线程为 CPU 寄存器保持的初始值(包括指令和栈指针)的 CONTEXT 记录也被初始化了。

(12) 进程对象被添到进程全局列表中。进程和线程对象的句柄被分配到调用者的句柄表中。ID 表会为初始线程分配一个 ID。

(13) NtCreateUserProcess 向用户态返回新建的进程,其中包括处于就绪并被挂起的单一线程。

(14) 如果 NT API 失败,Windows 32 代码会查看进程是否属于另一子系统,如 WOW64。或者程序可能设置为在调试状态下运行。以上特殊情况由用户态的 CreateProcess 代码处理。

(15) 如果 NtCreateUserProcess 成功,还有一些操作要完成,Windows 32 进程必须向 Windows 32 子系统进程 csrss.exe 注册。Kernel32.dll 向 csrss.exe 发送信息——新的进程及其句柄和线程句柄,从而进程可以进行自我复制。将进程和线程加入子系统列表中,使得它们拥有了所有 Windows 32 的进程和线程的完整列表。子系统此时就显示一个带沙漏的光标以表明系统正在运行,但光标还能使用。当进程首次调用 GUI 函数,通常是创建新窗口时光标将消失(如果没有调用到来,2s 后就会超时)。

(16) 如果进程受限,如低权限的 Internet Explorer,令牌会被改变,限制新进程访问对象。

(17) 如果应用程序被设置成需要垫层才能与当前 Windows 版本兼容运行,则特定的垫层将运行。垫层通常封装库调用以稍微修改它们的行为,例如,返回一个假的版本号或者延迟内存的释放。

(18) 最后,调用 NtResumeThread 挂起线程,并把这个结构返回给包含所创建的进程和线程的 ID、句柄的调用者。

在 Windows 的早期版本中,很多进程创建的算法是在用户态执行的,这些用户态程序通过使用多个系统调用,以及执行其他使用支持子系统的 NT 原生 API 的任务来执行算法。为了降低父进程对子进程的操作能力,以防一个子进程正在执行一段受保护程序(例如它执行了电影防盗版的 DRM），在之后的版本中，上述过程被移到了内核去执行。

NtResumeThread 这个初始原生 API 仍然是系统支持的，所以现在的许多进程仍然能够在父进程的用户态被创建，只要这个被创建的进程不是受保护的进程。

▶ 2.4.4　OpenHarmony 进程与线程管理

OpenHarmony 系统中的 LiteOS-A 内核，进程管理模块主要用于实现进程之间的隔离，包括内核态进程与用户态进程的隔离、用户态进程与用户态进程之间的隔离。

内核态被视为一个进程空间，只存在内核进程（KProcess 进程），不存在其他进程（KIdle 进程除外）。KIdle 进程是系统提供的空闲进程，配置为最低优先级，用于在 CPU 空闲时执行，它是内核进程 KProcess 的子进程，与 KProcess 进程共享同一个进程空间。

Init 进程是由内核态创建的一个用户态进程，其他用户态进程都属于 Init 进程的子进程，因此 Init 进程也称为用户态根进程。进程管理模块支持用户态进程的创建、退出、资源回收、设置/获取调度参数、获取进程 ID、设置/获取进程组 ID 等功能。除 Init 进程外的用户态进程都通过 fork 父进程而来，fork 进程时会将父进程的虚拟内存空间 clone 到子进程，子进程运行时通过写时复制机制将父进程的内容按需复制到子进程的虚拟内存空间。

进程只是资源管理单元，实际运行由进程内的各个线程完成，不同进程内的线程相互切换时会进行进程空间的切换。OpenHarmony 的进程管理如图 2-14 所示。

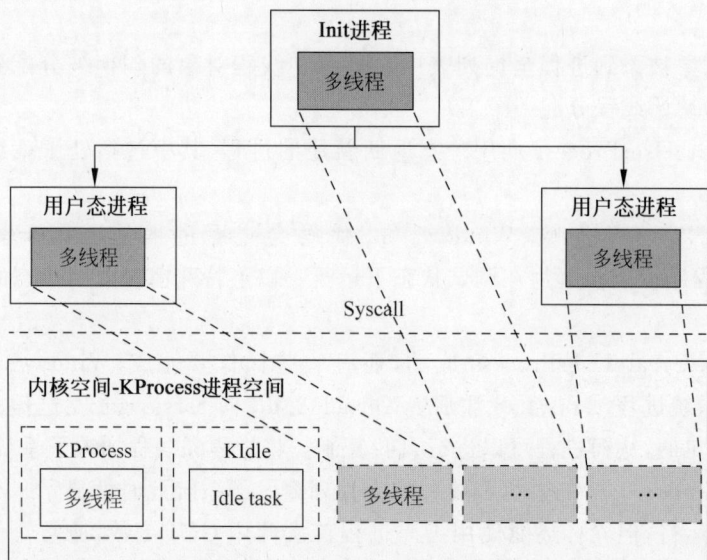

图 2-14　OpenHarmony 的进程管理

1. 进程状态

初始化（Init）：进程正在被创建。

就绪（Ready）：进程在就绪列表中，等待 CPU 调度。

运行（Running）：进程正在运行。

阻塞（Pending）：进程被阻塞挂起。本进程内所有的线程均被阻塞时，进程被阻塞挂起。

僵尸（Zombies）：进程运行结束，等待父进程回收其控制块资源。

2. 进程状态迁移

Init→Ready：进程创建或 fork 时，创建进程控制块后进入 Init 状态，即进程初始化阶段，当该阶段完成后进程将被插入调度队列,此时进程进入就绪状态。

Ready→Running:进程创建后进入就绪态,发生进程切换时,就绪列表中优先级最高且获得时间片的进程被执行,从而进入运行态。若此时该进程中已无其他线程处于就绪态,则进程从就绪列表中删除,只处于运行态;若此时该进程中还有其他线程处于就绪态,则该进程依旧在就绪队列,此时进程的就绪态和运行态共存,但对外呈现的进程状态为运行态。

Running→Pending:进程在最后一个线程转为阻塞态时,其中所有的线程均处于阻塞态,此时进程同步进入阻塞态,然后发生进程切换。

Pending→Ready:阻塞进程内的任意线程恢复就绪态时,进程被加入就绪队列,同步转为就绪态。

Ready→Pending:进程内的最后一个就绪态线程转为阻塞态时,进程从就绪列表中删除,进程由就绪态转为阻塞态。

Running→Ready:进程由运行态转为就绪态的情况有以下两种。

(1)有更高优先级的进程创建或者恢复后,会发生进程调度,此刻就绪列表中最高优先级进程变为运行态,原先运行的进程由运行态变为就绪态。

(2)若进程的调度策略为 LOS_SCHED_RR(时间片轮转),且存在同一优先级的另一个进程处于就绪态,则该进程的时间片用完之后,该进程由运行态转为就绪态,另一个同优先级的进程由就绪态转为运行态。

Running→Zombies:当进程的主线程或所有线程运行结束后,进程由运行态转为僵尸态,等待父进程回收资源。

3. 进程管理开发接口

鸿蒙 LiteOS-A 内核的进程管理接口位于系统源码 kernel/liteos_a/kernel/include/los_process.h 头文件中。进程管理接口定义如图 2-15 所示。

图 2-15　进程管理接口定义

下面对图 2-15 中的进程管理接口做简单描述解释。进程创建与结束的接口描述如表 2-2 所示。系统进程信息获取的接口描述如表 2-3 所示。进程及进程组的接口描述如表 2-4 所示。用户与用户组的接口描述如表 2-5 所示。

表 2-2 进程创建与结束的接口描述

接 口 名	接 口 描 述
LOS_Fork	创建子进程
LOS_Wait	等待子进程结束并回收子进程
LOS_Waitid	等待相应 ID 的进程结束
LOS_Exit	退出进程

表 2-3 系统进程信息获取的接口描述

接 口 名	接 口 描 述
LOS_GetSystemProcessMaximum	获取系统支持的最大进程数目
LOS_GetUsedPIDList	获得已使用的进程 ID 列表

表 2-4 进程及进程组的接口描述

接 口 名	接 口 描 述
LOS_GetCurrProcessID	获取当前进程的进程 ID
LOS_GetProcessGroupID	获取指定进程的进程组 ID
LOS_GetCurrProcessGroupID	获取当前进程的进程组 ID

表 2-5 用户与用户组的接口描述

接 口 名	接 口 描 述
LOS_GetUserID	获取当前进程的用户 ID
LOS_GetGroupID	获取当前进程的用户组 ID
LOS_CheckInGroups	检查指定用户组 ID 是否在当前进程的用户组内

4. 进程管理开发代码示例

OpenHarmony 系统源码中提供了大量进程管理相关测试用例代码。可以打开系统源码 kernel/liteos_a/testsuites/kernel/sample/kernel_extend/cpup/smoke/It_extend_cpup_001.c 文件查看相关测试代码。

```
static UINT32 TaskF02(VOID)
{
    UINT32 ret = OS_ERROR, cpupUse;
    g_cpupTestCount++;

    //断言测试,cpupTestCount 是否等于期望值
    ICUNIT_GOTO_EQUAL(g_cpupTestCount, 2, g_cpupTestCount, EXIT);
    //LOS_HistoryProcessCpuUsage:获取指定进程历史 CPU 占用率,CPUP_ALL_TIME 表示从系统启动到现在
    cpupUse = LOS_HistoryProcessCpuUsage(g_testTaskID01, CPUP_ALL_TIME);
    if (cpupUse > LOS_CPUP_PRECISION || cpupUse < CPU_USE_MIN) {
        ret = LOS_NOK;
    } else {
        ret = LOS_OK;
    }
    ICUNIT_GOTO_EQUAL(ret, LOS_OK, ret, EXIT);

    g_cpupTestCount++;
    return LOS_OK;

EXIT:
```

```
        return ret;
}

static UINT32 TaskF01(VOID)
{
        UINT32 ret;
        INT32 pid;
        g_cpupTestCount++;
        g_testTaskID01 = LOS_GetCurrProcessID();
        //创建一个进程,该进程优先级为 0,名称为 TestCpupTsk2,该进程创建后将执行任务 TaskF02 中的
//代码,LOSCFG_BASE_CORE_TSK_DEFAULT_STACK_SIZE 标记给执行的任务分配的内存,返回值为 pid 进程号
        pid = LOS_Fork(0, "TestCpupTsk2", TaskF02, LOSCFG_BASE_CORE_TSK_DEFAULT_STACK_SIZE);
        if (pid < 0) {
                ICUNIT_ASSERT_EQUAL(1, LOS_OK, 1);
        }
    //延迟 10ms
        LOS_TaskDelay(10);
        g_cpupTestCount++;
        (VOID)LOS_Wait(pid, NULL, 0, NULL);
        return LOS_OK;

EXIT:
        return ret;
}

static UINT32 Testcase(VOID)
{
        INT32 pid;
        UINT32 ret, cpupUse;
        g_cpupTestCount = 0;
        //LOS_HistorySysCpuUsage:获取系统历史 CPU 占用率
        cpupUse = LOS_HistorySysCpuUsage(CPUP_ALL_TIME);

        if (cpupUse > LOS_CPUP_PRECISION || cpupUse < CPU_USE_MIN) {
                ret = LOS_NOK;
        } else {
                ret = LOS_OK;
        }
        ICUNIT_ASSERT_EQUAL(ret, LOS_OK, ret);
        //创建一个进程,该进程优先级为 0,名称为 TestCpupTsk,该进程创建后将执行任务 TaskF01 中的
//代码,LOSCFG_BASE_CORE_TSK_DEFAULT_STACK_SIZE 标记给执行的任务分配的内存,返回值为 pid 进程号
        pid = LOS_Fork(0, "TestCpupTsk", TaskF01, LOSCFG_BASE_CORE_TSK_DEFAULT_STACK_SIZE);
        //进程号小于 0 代表进程创建失败
        if   (pid <   0) {
                ICUNIT_ASSERT_EQUAL(1, LOS_OK, 1);
        }
        //延迟 10ms
        LOS_TaskDelay(10);
        //等待指定 pid 进程号的进程结束
        (VOID)LOS_Wait(pid, NULL, 0, NULL);
        return LOS_OK;
}


VOID ItExtendCpup001(VOID)   //IT_Layer_ModuleORFeature_No
{
        TEST_ADD_CASE("ItExtendCpup001", Testcase, TEST_EXTEND, TEST_CPUP, TEST_LEVEL0, TEST_
FUNCTION);
}
```

小结

为了提高计算机系统的工作效率，在操作系统的管理下实现了多道程序的并发执行。程序的并发执行实现了资源的共享，但却失去了程序顺序运行的特征。为了确切地描述并行程序的运行特点，引入了进程的概念。进程不仅能很好地刻画并行程序的各种特性，而且能反映操作系统在实现各种功能时的活动情况。所谓进程就是能和其他程序并行执行的程序段在某数据集合上的一次运行过程，它是系统资源分配和调度的一个独立单位。

进程和程序是两个既有密切联系又有区别的概念。进程的实体由程序、数据集合以及进程控制块（PCB）组成。PCB与进程一一对应，PCB是进程存在的唯一标志。

进程在从产生到消亡的"生命期"内具有动态历程，根据进程在执行过程中的不同时刻的不同状况将进程划分为三种基本状态，分别为就绪态、运行态和阻塞态。随着运行条件的变化，进程的状态不断变化。进程状态的转换是由进程控制原语来实现的。用于进程控制的原语主要有创建原语、撤销原语、阻塞原语和唤醒原语。

为了进一步提高程序并发执行的程序，引入了线程的概念。线程是一个比进程更小，能独立运行的实体，线程是进程的一部分，引入它能显著地提高程序执行的并行程序和系统吞吐量。

在本章最后分别以UNIX、Linux、Windows和OpenHarmony系统为例讲述了相应的进程和线程有关内容。

习题

1. 程序在顺序执行和并发执行时，分别具有哪些特征？
2. 为什么要引入进程的概念？它与程序有何区别？
3. 进程的含义是什么？进程存在的标志是什么？
4. 进程的三种基本状态是什么？它们各自具有什么特点？
5. 试描述当前正在运行的进程状态改变时，操作系统进行进程切换的步骤。
6. 现代操作系统一般都提供多任务的环境，试回答以下问题。
（1）为支持多进程的并发执行，系统必须建立哪些关于进程的数据结构？
（2）为支持进程的状态变迁，系统至少应提供哪些进程控制原语？
（3）当进程的状态变迁时，相应的数据结构会发生变化吗？
7. 原语是什么？
8. 用于进程控制的原语有几种？
9. 现代操作系统中为什么要引入线程？
10. 进程和线程的关系是什么？线程是由进程建立的吗？就并行性而言，线程机制与进程机制相比有何好处？
11. 操作系统中是如何实现线程的？
12. 试比较纯用户级线程、纯核心级线程和两者结合方式下实现线程机制的优缺点。
13. 试叙述UNIX系统进程控制块的结构，它有什么特点？
14. UNIX System V的进程上下文由哪几部分组成？为什么说核心程序不是进程上下

文的一部分？进程页表也在核心区,它们是不是进程上下文的一部分？

15. Linux 中的进程有哪几种状态？

16. Windows 10 的线程分为几种状态,其中,设置备用状态的意义是什么？

17. OpenHarmony 中,进程和线程的主要区别是什么？

18. OpenHarmony LiteOS-M 内核是否支持多进程？为什么？

19. OpenHarmony 支持哪几种操作系统内核,它们对进程和线程的支持情况是怎样的？

第3章 互斥与同步

本章知识要点：本章知识要点包括同步与互斥的基本概念，用信号量机制实现进程同步和互斥的算法设计，进程通信的实现方式，死锁的基本概念；同时包括 UNIX、Linux、Windows 和 OpenHarmony 的进程通信实例介绍。

预习准备：回顾第 2 章进程的概念，接着可预览进程管理的背景，再进入本章各知识点。

兴趣实践：设计实现进程同步和互斥的管理算法，在 UNIX、Linux 系统中，利用共享存储区机制和信号量机制设计实现进程通信。

探索思考：当采用多进程并发执行的实现模式时，并发执行的各个进程之间是否会互相影响？如果存在影响，应当如何保护进程的执行不受其他进程的干扰？

第 2 章已经介绍进程的概念，进程是一个具有独立功能的程序关于某一个数据集合在处理器上的一次执行活动。进程和程序是两个既有联系又有区别的概念，它们的区别和联系可简述如下。

（1）进程是一个动态的概念，而程序是一个静态的概念。程序是指令的有序集合，没有任何的执行含义。而进程则是程序的执行过程，它动态地被创建、调度、执行，直至消亡。当然，进程的执行活动是在程序中事先规定的。形象的比喻就是：若把一个程序看作一个菜谱，那么进程则是按照该菜谱炒菜的过程。

（2）进程具有并行特征，而程序没有。由进程的定义可知，进程具有并行特征的两方面，即独立性和异步性。也就是说，在不考虑资源共享的情况下，各进程的执行是独立的，执行的速度是异步的。显然，由于程序不反映执行过程，所以不具有并行特征。

（3）进程是竞争计算机系统资源的基本单位，从而其并行性受到系统本身的制约。这种制约就是对进程独立性和异步性的限制。

（4）不同的进程可以包含同一程序，即不同进程可共享同一程序，只要该程序所对应的数据集不同。

本章首先介绍并发进程由于竞争资源而产生的制约——互斥和并发进程由于相互协作而产生的制约——同步，以及这种互斥和同步的实现技术，接着介绍进程之间交换信息的处理方式——进程通信，然后介绍多个进程由于竞争资源而产生的死锁及其防止、避免和解除方法，并介绍经典的同步互斥问题，最后介绍多核环境下的进程同步，并给出 UNIX、Linux、Windows 和 OpenHarmony 系统进程通信实现。

3.1 进程互斥

▶ 3.1.1 并发原理

并发进程执行可能是无关的，也可能是交往的。无关的并发进程是指它们分别在不同的变量集合上操作，所以一个进程的执行与其他并发进程的进展无关，即一个并发进程不会改变另一个并发的变量值。然而,交往的并发进程,它们共享某些变量,所以一个进程的执行可能影响其他进程的执行结果,因此,对于这种交往的并发进程执行必须进行合理的控制,否则就会出现不正确的结果。

两个交往的并发进程,其中一个进程对另一个进程的影响常常是不可预期的,甚至是无法再现的。这是因为两个并发进程执行的相对速度无法相互控制,交往的并发进程的速率不仅受处理器调度的影响,还受到与这两个交往的并发进程无关的其他进程的影响,所以一个进程的速率通常无法为另一个进程所知。因此交往的并发进程的执行就可能产生各种与时间有关的错误。

现以两个例子来说明交往的并发进程产生与时间有关的错误。

例 3-1　现有生产者(producer)和消费者(consumer)两个进程,这两个进程通过一个缓冲区进行生产和消费的协作过程。生产者将得到的数据放入缓冲区中,而消费者则从缓冲区中取数据消费。缓冲区 buffer 为一有界数组,缓冲区中的数据个数用变量 count 表示,它们均是两个进程的共享变量。

生产者进程的程序片段代码如下。

```
while  (count == BUFFER_SIZE);  //no - op
//向缓冲区添加数据
count++;
buffer[in] = item;
in = (in + 1) % BUFFER_SIZE;
```

消费者进程的程序片段代码如下。

```
while (count == 0);  //no - op
//从缓冲区中取出数据
count -- ;
item = buffer[out];
out = (out + 1) % BUFFER_SIZE;
```

初看起来这两个进程分别执行时是正确的,但仔细分析考察运行实质,可以发现,当它们并发执行时,可能产生运行结果不唯一的错误。其主要原因是它们共享了记录缓冲区数据项数目的变量 count,而对这个共享变量的操作没有加以正确的控制。

下面来分析一下为什么会产生结果不唯一的情形。生产者进程的程序片段中 count++ 语句翻译成机器语言的指令序列如下。

```
register1 = count;
register1 = register1 + 1;
count = register1;
```

这里的 register1 是 CPU 中的一个寄存器。同样,消费者进程的程序片段中 count-- 语句翻译成机器语言的指令序列如下。

```
register2 = count;
register2 = register2 - 1;
count = register2;
```

这里的 register2 也是 CPU 中的一个寄存器。尽管 register1 和 register2 可能是同一个物理寄存器,但这个寄存器的内容可由中断处理进行保护和恢复。

count++ 语句和 count-- 语句的并发执行等价于上述机器语言的指令序列任意顺序的交替执行。假设 count 原先的值为 6,若 CPU 把 count++ 语句所对应机器语言的指令序列执行完,再去执行 count--语句所对应机器语言的指令序列，则 count 值为 6，这是正确的。若 CPU 以如下的一个交替顺序执行。

```
T0:   producer   执行   register1 = count            { register1 = 6 }
T1:   producer   执行   register1 = register1 + 1     { register1 = 7 }
T2:   consumer   执行   register2 = count            { register1 = 6 }
T3:   consumer   执行   register2 = register2 - 1     { register1 = 5 }
T4:   producer   执行   count = register1            { count = 7 }
T5:   consumer   执行   count = register2            { count = 5}
```

这样就得到了不正确的状态"count＝5"，它表示 buffer 中有 5 个数据，而实际上 buffer 中应有 6 个数据。如果 T_4 和 T_5 时刻颠倒一下执行顺序，则同样也得到不正确的状态"count＝7"。

由此可以看出，并发进程执行时，由于执行的相对速度无法控制和进程调度的不可预测性，它们对共享变量的访问，如不加特定的限制，则可能产生运行结果不唯一的错误。

例 3-2   假设有两个并发进程 borrow 和 return 分别负责申请与归还主存资源，两个并发进程的程序片段如下。X 表示现有的空闲主存量，为共享变量，B 表示申请或归还的主存量。

```
process   borrow( …, B, … )
      int B;
      {
       if ( B > X ) { 等待主存资源; }
       X = X - B;
       修改主存分配表;
      }
process return ( …, B, … )
int B;
{
    X = X + B;
    释放等待主存资源者;
    修改主存分配表;
}
```

若进程 borrow 在执行了比较 B 和 X 的指令后，发现 $B > X$，但在执行"等待主存资源"前，进程调度正好调度进程 return 执行，它归还了全部主存资源。这时，由于进程 borrow 还未被置成等待状态，因此，进程 return 中"释放等待主存资源者"的动作相当于空操作。以后进程再调度进程 borrow 时，进程 borrow 被置成等待主存资源状态，假设这时再也没有 return 进程来归还主存资源了，则进程 borrow 将可能永远等待下去。系统中就出现了永远等待的进程。

从上面两个例子可以看出，由于并发进程执行序列的随机性，会引起与时间有关的错误。这种错误表现为结果不唯一和永远等待两种情况。因此，必须对交往的并发进程执行的制约关系进行详细的分析，并制定控制交往的并发进程能正确执行的方案。

▶ 3.1.2   临界资源与临界区

从上面两个例子看出，之所以交往的进程会产生错误，其原因在于两个进程交叉访问的共享变量 count 或 X。在计算机中，有些资源允许多个进程同时使用，如磁盘；而另一些资源只能允许一个进程使用，如打印机、共享变量。如果多个进程同时使用这类资源就会引起激烈的竞争。操作系统必须保护这些资源，以防止两个或两个以上的进程同时访问它们。我们把那些在某段时间内只允许一个进程使用的资源称为临界资源（Critical Resource），把并发进程中访问临界资源的程序段称为"临界区"（Critical Section）。例如，生产者与消费者两个进程中，生产者进程的临界区为

```
count++;
buffer[in] = item;
in = (in + 1) % BUFFER_SIZE;
```

消费者进程的临界区为

```
count -- ;
item = buffer[out];
out = (out + 1) % BUFFER_SIZE;
```

与同一变量有关的临界区是分散在各进程的程序中,而进程的执行速度不可预知。如果能保证一个进程在临界区中执行时,不让另一个进程进入相关的临界区执行,那么就不会造成与时间有关的错误。这种不允许两个以上共享共有资源或变量的进程同时进入临界区执行的性质称为**互斥**,即相关临界区的执行必须具有排他性。另外,从进程的程序代码可以看出,互斥通常是由于并发进程共享共有资源或变量而造成的执行速度上的间接制约,这里,"间接"二字指的是各进程的执行速度是受共有资源或变量制约,而不是进程间的直接制约。

要保证若干个进程共享共有资源或变量的相关临界区能被互斥地执行,则对这些临界区的管理应有以下三个要求。

(1) 互斥性:如果一个进程在它临界区中执行,其他任何进程均不能进入相关的临界区执行。

(2) 进展性:如果一个进程不在它临界区中执行,不应阻止其他任何进程进入相关的临界区执行。

(3) 有限等待性:某个进程从申请进入临界区时开始,应在有限的时间内得以进入临界区执行。

上述的要求(1)、(2)是保证各并发进程享有平等、独立地竞争和使用公有资源的权利,且保证任何时刻最多只有一个进程在临界区中执行。而要求(3)则是并发进程不发生死锁(死锁的概念将在后面讲述)的重要保证。否则,若有某个并发进程长期占有临界区,其他进程则因为不能进入临界区而处于相互等待状态。

在交往的并发进程执行中,除了因为竞争公有资源而引起的间接制约带来进程之间互斥外,还存在着因为并发进程相互共享对方的私有信息所引起的直接制约。直接制约将迫使各并发进程同步执行。有关直接制约与进程间同步的概念、方法将在后续章节中介绍。下面将介绍互斥的实现方法。

▶ 3.1.3　互斥的软件实现方法

从 20 世纪 60 年代开始,不少人对临界区互斥管理的实现技术进行尝试。从实现的途径上看,这些技术可分为两类:软件实现方法和硬件实现方法。这些技术有的是正确的,可以从一定程度上解决一些问题,有的是不正确的。下面讨论几种实现方案。

1. 互斥的软件实现方法

1) 标志法

如 P_1 和 P_2 两个进程,它们的程序代码均包含相关的临界区。我们对 P_1 和 P_2 分别用两个变量 inside1 和 inside2 来标识它们是否在临界区中,当进程在它的临界区内时其值为 1,不在临界区内时其值为 0。两并发进程的程序如下。

```
int inside1, inside2;      /* 两并发进程共享变量 */
inside1 = 0;               /*   表示 P₁ 不在临界区内    */
inside2 = 0;               /*   表示 P₂ 不在临界区内    */
process P₁
{ …
  while (inside2) ;        /* 等待 inside2 变成 0 */
  inside1 = 1;
  临界区;
  inside1 = 0;
  …
}
process P₂
{ …
  while (inside1) ;        /* 等待 inside1 变成 0 */
  inside2 = 1;
  临界区;
  inside2 = 0;
  …
}
```

　　这个方法存在的问题是：当 inside1 和 inside2 均为 0 时，在 P₁（P₂）测试到 inside2（inside1）为 0 与随后置 inside1（inside2）之间，P₂（P₁）也测试到 inside1（inside2）为 0，于是将 inside2（inside1）置成 1，这样两个并发进程同时进入了各自的临界区。这就违反了临界区管理要求（1），即每次至多只允许一个进程进入临界区。

　　2）严格轮换法

　　用一个指针 turn 来指示哪个进程应该进入临界区。若 turn = 0，则表示 P₀ 可进入临界区；若 turn = 1 则表示 P₁ 可进入临界区。进程程序描述如下。

```
int turn;
turn = 0;
process P₀
{ …
  while (turn == 1) ; /* 等待 turn 变成 0 */
  临界区;
  turn = 1;
  …
}
process P₁
{ …
  while (turn == 0) ; /* 等待 turn 变成 1 */
  临界区;
  turn = 0;
…
}
```

　　由上述描述可知，turn = i（i 为 0,1）时进程 P_i（i 为 0,1）才能进入其临界区。因此，一次只有一个进程能进入临界区，且在一个进程退出临界区之前，turn 的值是不会改变的，保证不会有另一个进入相关临界区。同时由于 turn 的值不是 0 就是 1，也不可能同时有两个进程均在 while 语句上等待而无法进入临界区。

　　但是，这种方法严格强制了两个进程轮换地进入临界区。当进程 P₀ 进入其临界区后，一定要让进程 P₁ 进入其临界区。反之，当进程 P₁ 进入其临界区后，一定要让进程 P₀ 进入其临界区。无法做到进程 P₀（进程 P₁）进入其临界区之后，紧接着又再一次进入其临界区，尽管无进程 P₁（进程 P₀）在其临界区中。因此，违反了临界区管理的要求（2）。另一个问题是一个进程不能进入临界区时,必须执行 while 语句而等待,这种等待需要 CPU 的开销,我们把它称为"忙等待"。

3) Peterson 算法

Peterson 算法能正确解决互斥问题。该方法为每一个进程设置一个标识,当标识为 1 时表示该进程请求进入临界区。另外再设置一个指针 turn 以指示可以由哪个进程进入临界区,当 turn 等于 i 时则可由进程 P_i 进入临界区。可以提供两个函数来管理临界区,这两个函数为 enter_region 和 leave_region,程序描述如下。

```
int turn;
int flag[2] = {0,0};
void enter_region(int process)
{
  int other;
  other = 1 - process;
  flag[process] = 1;
  turn = other;
  while (turn == other && flag[other] == 1);
}
void leave_region(int process)
{
  flag[process] = 0;
}
```

假设两个进程分别以 0、1 来标识,当进程 process 在进入临界区时,应调用 enter_region (process)函数,而退出临界区时,则调用 leave_region(process)函数。这样一定能保证两个进程互斥地进入临界区。下面分析它的正确性。

当一个进程 process0 执行 enter_region(process0)函数期间,另一个进程 process1 尚未执行 enter_region(process1)函数,这样进程 process0 就可以顺利进入临界区。当一个进程 process0 执行 enter_region(process0)函数期间,另一个进程 process1 已进入临界区且尚未退出,这样进程 process0 就会在 while 语句上循环执行,等待进程 process1 退出临界区,然后再进入临界区。当一个进程 process0 执行 enter_region(process0)函数期间,另一个进程 process1 也在执行 enter_region(process1)函数时,则那个先执行 turn = other 语句的进程将进入临界区,而另一个进程将等待进入临界区直至那个进程退出临界区。故 Peterson 算法能保证临界区管理的正确性。

但是,一个进程不能进入临界区时,也必须通过执行 while 语句而忙等待,影响了系统的执行效率。

2. 互斥的硬件实现方法

硬件上可以采用中断屏蔽方法和专用的硬件指令实现临界区的互斥。

从宏观上看,多个进程同时在临界区内执行的原因是:一个进程在临界区内执行时发生了中断事件,而进程调度程序调度了另一个进程执行,使之又进入了临界区。一种简单的实现临界区互斥的方法是采用中断屏蔽方法,即当一个进程要进入临界区执行时,采用屏蔽中断的方法使之不响应中断事件,不进行进程切换,保证当前进程把临界区代码执行完,实现互斥执行,然后再开中断。

采用中断屏蔽方法进行临界区管理的好处是简单直接。但它存在两个缺点:其一,系统付出的代价较高,这种关开中断的做法限制了处理器交叉执行程序的能力,若临界区的执行花费较多时间时,系统在这一段时间内,实际上已退化为单进程的执行,影响了系统整体效率,因此系统代价较高；其二，这种方法在多处理器系统中是无法实现临界区的互斥执行的，因为在一个处理器上关中断，并不能防止进程在其他处理器上执行其临界区。

许多机器都提供了专门的硬件指令，这些指令允许对一个字的内容进行检测和修正，或交换两个字的内容。这些操作都是在一个存储周期内完成，或者说是由一条指令来完成的。用这些指令就可以解决临界区的问题。测试并设置指令和交换指令就是这样的指令，可以用它们来实现临界区的互斥执行。

测试并设置指令 TS 可看作一个函数过程，它有一个变量 flag 和一个返回条件值。当 TS（&flag）测到 flag 为 0 时则置 flag 为 1，且根据测试到的 flag 值形成返回条件值。这条指令在微型计算机 Z-8000 中称为 TEST 指令，在 IBM 370 中称为 TS 指令。交换指令 Swap 实现两个字的内容交换。在微型计算机 8086 或 8088 中，这条指令称为 XCHG 指令。

用这些硬件指令可以简单而有效地保证临界区的互斥执行。但它们有一个明显的缺点，就是与软件方法实现互斥一样，也存在"忙等待"现象，将造成处理器机时的浪费。

▶ 3.1.4　信号量和 P、V 操作

前面讨论了用软件和硬件方法解决临界区问题，虽然它们都可以解决互斥问题，特别是，硬件实现方法是十分简单而有效的，但都存在一定的缺陷。而软件实现算法太复杂，效率不高，不但不直观而且神秘莫测，难以掌握和应用。于是计算机科学家们又在努力寻找其他更有效的方法。

荷兰著名的计算机科学家 Dijkstra，于 1965 年提出了一个信号量（semaphore）和 P、V 操作的同步机制。其基本原则是在多个相互合作的进程之间使用简单的信号来协调控制。一个进程检测到某个信号后，就被强迫停止在一个特定的地方，直到它收到一个专门的信号为止才能继续执行。这个信号就称为**"信号量"**。其工作方式有点类似于十字路口的交通控制信号灯。

信号量被定义为含有整型数据项的结构变量，其整型值大于或等于 0 时，代表可供并发进程使用的资源实体数，小于 0 时则表示正在等待使用临界区的进程数。其数据结构表示如下。

```
typedef struct
   {
   int value;
   PCB * pointer;
   } semaphore;
```

对信号量的操作由两个操作原语 P、V 来实现。所谓**原语**即执行时不可中断的过程。P 操作原语和 V 操作原语可分别定义如下。

P 操作 P(s)：将信号量 s 的整型值减去 1，若结果小于 0，则将调用 P(s) 的进程置成等待信号量 s 的状态。

V 操作 V(s)：将信号量 s 的整型值加上 1，若结果不大于 0，则释放一个等待信号量 s 的进程。

P 操作和 V 操作两个过程可用 C 语言描述如下。

```
viod P(semaphore s)
{
  s.value = s.value - 1;
  if ( s.value < 0 ) {
          insert (CALLER, s. pointer); / * 将调用进程插入等待信号量 s 的进程队列中 * /
          block (CALLER); / * 阻塞调用进程 * /
      }
}
viod V(semaphore s)
```

```
{ PCB * proc_id;
  s.value = s.value + 1;
  if ( s.value <= 0 ) {
        remove ( s.pointer, proc_id ); /* 从等待信号量 s 的进程队列中移除一个进程 */
        wakeup(proc_id); /* 唤醒该进程 */
        }
}
```

其中,insert、block、remove、wakeup 均为系统提供的过程。insert (CALLER,s. pointer)是把调用者进程 CALLER 的进程控制块(PCB)插入信号量 s 的等待队列 s. pointer 中。block (CALLER)是把调用者进程 CALLER 的状态置成阻塞状态,并调用进程调度程序,以便选择一个新的进程占有处理器运行。remove (s. pointer,proc_id)是从等待信号量 s 的进程队列中,选一个进程移出队列,并把该进程标识号(或其 PCB 地址)送入 proc_id 中。wakeup(proc_id)是把进程标识号为 proc_id 的进程状态转换成就绪状态。信号量 s 的整型值的初值可定义为 0、1 或其他正整数,在系统初始化时确定。

　　P、V 操作原语是一种阻塞等待的同步原语,若进程通过该原语的调用而不允许继续执行时,它将被阻塞或挂起,在此期间就没有机会获得处理器执行,直到它被唤醒为止。故可使得进程在等待进入临界区时,将处理器让给其他就绪进程执行。而忙等待的临界区管理法,使得进程在等待进入临界区时,也和其他就绪进程一起分享处理器的服务。所以,用 P、V 操作来解决互斥和同步问题时,将提高系统效率。同步的概念及实现在 3.2 节介绍。

　　为进一步理解 P、V 操作的物理含义,可以这样来分析与看待。

　　当信号量 s 的整型值大于或等于 0 时,表示某类公用资源的可用数。因此,每执行一次 P 操作,就意味着请求分配一个单位的该类资源给执行 P 操作的进程使用,信号量 s 的整型值应减去 1。

　　当信号量 s 的整型值小于 0 时,表示已经没有此类资源可供分配了,因此,请求资源的进程将被阻塞在相应的信号量 s 的等待队列中。此时,s 的整型值的绝对值等于在该信号量上等待的进程数。

　　而执行一次 V 操作就意味着进程释放出一个单位的该类可用资源,故信号量 s 的整型值应增加 1。若 s 的整型值还小于或等于 0,表示在信号量 s 的等待队列中有因请求该类资源而被阻塞的进程,因此,就把等待队列中的一个进程唤醒,使之转移到就绪队列中去。注意:唤醒的次序依系统而定。

　　使用上述定义的信号量和 P、V 操作可方便有效地解决临界区问题。

　　例如,有两个并发进程 insert_item 和 delet_item,分别负责对一个队列进行插入数据项和删除数据项的操作,插入数据项和删除数据项均需要对队列中的指针进行修改。因此,它们对队列中指针的操作是一种互斥关系。

　　可以定义一个公共的互斥信号量 mutex,其初值设为 1,用 P、V 操作描述 insert_item 和 delet_item 进程的程序结构如下。

```
process insert_item()
  { ...
      向系统申请一个缓冲区;
      将数据 data 送入该缓冲区中;
      P(mutex);
      把该缓冲区挂入数据队列中;
      V(mutex);
      ...
```

```
        }
    process delet_item()
      { …
          P(mutex);
          从数据队列中移除数据项 data;
          V(mutex);
          释放数据项 data 的缓冲区;
          …
      }
```

下面总结一下 n 个进程实现互斥的一般形式。假定 mutex 是一个互斥信号量，由于每次只允许一个进程进入临界区执行，若把临界区抽象成资源，显然它的可用单位数为 1，由信号量的物理含义可知，mutex 初值应为 1。这样各并发进程的程序描述大致如下。

```
    semaphore mutex;
    mutex = 1;
    …
    process P_i
    {
        …
        P(mutex);
        进程 P_i 的临界区代码;
        V(mutex);
        …
    }
```

下面进一步分析各并发进程的执行过程和正确性。开始时，信号量 mutex 的值为 1。当有一个进程 P_i 执行 P(mutex)时，mutex 的值变为 0。这时若有其他进程再执行 P(mutex)时，mutex 的值将变为小于 0，它们均会阻塞在该信号量的等待队列中。当进程 P_i 执行完其临界区代码，并执行 V(mutex)时，若发现 mutex 的值小于或等于 0，它会唤醒在该信号量的等待队列中的一个进程，使它能进入其临界区代码执行，之后执行 V(mutex)。同理，又唤醒在该信号量的等待队列中的另一个进程，使它能进入其临界区代码执行。因此，一定能保证各并发进程对其临界区的互斥执行。所以，用此框架实现多个并发进程对其临界区的互斥执行是正确的。

需要注意的是，对于正确使用 P、V 操作实现进程间的互斥而言，则当有多个进程在等待进入临界区的队列中排队，而允许一个进程进入临界区时，应先唤醒哪一个进程进入临界区是不应有刻意要求的。因此，在证明使用 P、V 操作的程序的正确性时，必须证明进程按任意次序进入临界区都不影响程序的正确性。

3.2   进程同步

▶ 3.2.1   进程同步概念

为了引入进程同步的概念，再回过头来分析一下生产者和消费者问题。现有生产者（producer）和消费者（consumer）两个进程，这两个进程通过一个缓冲区进行生产和消费的协作过程。生产者将得到的数据放入缓冲区中，而消费者则从缓冲区中取数据消费。缓冲区 buffer 为一有界数组。在这个例子中，有两种情况会导致不正确的结果。一种情况是消费者从一个空的缓冲区 buffer 中取数据，即此时缓冲区 buffer 中一个数据也没有。如果认为消费者已经取走由生产者放入的所有的数据后的缓冲区是空的缓冲区，或者开始时生产者并未存任何数据到缓冲区也是空的缓冲区,那么,从空的缓冲区中取数据就意味着重复取已经取走的数据或取缓冲区中并不是生产者放入的数据,这显然是错误的。正确的做法应该是当缓冲区已空时,消费者就不能再去取数据。另一种情况是生产者把数据存入已满的缓冲区,即如果生产者产生的数据存满了缓冲区而消费者尚未取走过这些数据,则认为缓冲区是满的,那么生产者把数据存入已满的缓冲区就意味着将覆盖尚未消费(取走)的数据,这同样也是错误的。正确的做法应该是当缓冲区已满时,生产者不能再将数据存入。

上述生产者和消费者问题中出现的两种不正确的结果并不是因为两个进程同时访问共享缓冲区,而是因为它们访问缓冲区的速率不匹配。正确地控制生产者和消费者的执行,必须使它们在执行速率上做到相匹配,即在执行中它们是应相互制约的。这与进程互斥是不同的,进程互斥时它们的执行顺序可以是任意的。一组在异步环境下的并发进程,其各自的执行结果互为对方的执行条件,从而限制各进程的执行速率的过程,称为并发进程间的直接制约。实现进程间的直接制约的一种简单而有效的方法是直接制约的进程互相给对方进程发送执行条件已经具备的消息。这样,被制约进程就可省去对执行条件的测试,它只要收到了制约进程发来的消息便可以开始执行,而在未收到制约进程发来的消息时便进入等待状态。我们把异步环境下的一组并发进程,因直接制约互相发送消息而进行相互协作、相互等待,使得各进程按一定的速度执行的过程称为**进程间的同步**。

操作系统中实现进程同步的机制称为**同步机制**。不同的同步机制实现进程同步的方法也不同,迄今,已提出了多种同步机制,本节将介绍经典的同步机制:P、V 操作。

▶ 3.2.2 用 P、V 操作实现同步

一般来说,可以把各进程发送的消息作为信号量看待。进程同步的信号量与进程互斥的信号量在含义上有着明显的不同,进程同步的信号量只与制约进程及被制约进程有关,而不是与整组并发进程有关。因此,用于控制进程同步的信号量可称为**私有信号量**(private semaphore)。一个进程的私有信号量是指从制约进程发来的进程 P_i 的执行条件所需的消息。与私有信号量相对应,进程互斥的信号量称为**公用信号量**(public semaphore)。

有了私有信号量的概念,可以方便地使用 P、V 操作实现进程间的同步。利用 P、V 操作实现进程间的同步可按三个步骤来考虑。首先,为各并发进程设置私有信号量,然后为私有信号量赋初值,最后利用 P、V 操作和私有信号量为各进程设计执行顺序。

例3-3 生产者每次生产一件物品(数据)存入缓冲区,消费者每次从缓冲区取一件物品消费。假定缓冲区只能存放一件物品。我们可以为生产者进程和消费者进程设置相应的私有信号量 s_1、s_2,s_1 表示生产者能否将物品存入缓冲区,s_2 表示生产者告诉消费者能否从缓冲区中取物品。开始时,缓冲区是空的。显然,s_1 初值为 1,s_2 初值为 0。于是生产者进程和消费者进程的程序描述如下。

```
semaphore s1, s2;
int B;
s1.value = 1 ; s2.value = 0 ;
process producer()
  {
   int data;
   生产一件物品并暂存在 data 中;
   P(s1);
   B = data ;
   V(s2);
```

```
  }
process consumer()
  {
  int data;
  P(s₂);
  data = B;
  V(s₁);
  消费 data;
  }
```

例 3-4　现有 m 个生产者和 n 个消费者，它们共享可存放 k 件物品的缓冲区。这是一个同步与互斥共存的问题。为了使它们能协调地工作，必须使用公用信号量 s，以限制它们对缓冲区的互斥存取。另用两个私有信号量 s_1 和 s_2，以控制生产者不往满的缓冲区中存物品，消费者不从空的缓冲区中取物品。各进程的程序描述如下。

```
int buffer[k];
semaphore s₁, s₂, s;
int in, out;
s.value = 1; s₁.value = k; s₂.value = 0;
in = 0; out = 0;
…
process producerᵢ()
  {
  int item;
  生产一件物品并暂存在 item 中;
  P(s₁);
  P(s);
  buffer[in] = item;
  in = (in+1) % k;
  V(s₂);
  V(s);
  }
process consumerⱼ()
  {
  int item;
  P(s₂);
  P(s);
  item = buffer[out];
  out = (out+1) % k;
  V(s₁);
  V(s);
  消费 item;
  }
…
```

在这个同步与互斥共存的问题中，对私有信号量和公用信号量的 P 操作使用次序是有一定要求的。若把生产者进程的两个 P 操作使用次序交换一下，即程序如下：

```
process producerᵢ()
  {
  int item;
  生产一件物品并暂存在 item 中;
  P(s);
  P(s₁);
  buffer[in] = item;
  in = (in+1) % k;
  V(s₂);
  V(s);
  }
```

那么,当缓冲区中存满了 k 件物品时,此时 s.value $=1$,s_1.value $=0$,s_2.value $=k$,生产者又生产了一件物品,它欲向缓冲区存放时将在 P(s_1) 上等待,但它已经占有了使用缓冲区的权利(现在 s.value $=0$)。这时,消费者欲取物品时将由于执行 P(s) 而被挂起,它得不到存取缓冲区的权利。从而导致生产者等待消费者取走物品,而消费者却在等待生产者释放缓冲区,这种相互等待永远也无法结束,故产生了死锁现象,关于死锁问题,将在 3.4 节中介绍。

所以在用 P、V 操作实现同步与互斥共存的问题时,应特别小心 P 操作的次序,而 V 操作的次序无关紧要。一般来说,私有信号量的 P 操作应在前执行,而用于互斥的公用信号量 P 操作应在后执行。

▶ 3.2.3　经典问题

1. 读者-写者问题

一个数据对象被多个并发进程所共享,其中一些进程只要求读该数据对象的内容,而另一些进程则要求写操作。对此,把只想读的进程称为"读者",而把要求写的进程称为"写者"。在读者-写者问题中,任何时刻要求"写者"最多只允许有一个,而"读者"则允许有多个。因为多个"读者"的行为互不干扰,它们只是读数据,而不会改变数据对象的内容,而"写者"则不同,它们要改变数据对象的内容,如果它们同时操作,则数据对象的内容将会变得不可知。所以对共享资源读写操作的限制条件是如下。

(1) 允许任意多地读进程同时读。

(2) 一次只允许一个写进程进行写操作。

(3) 如果有一个写进程正在进行写操作,禁止任何读进程进行读操作。

用信号量解决读者-写者问题。为了解决该问题,只需解决"写者与写者"和"写者与第一个读者"的互斥问题即可,为此,引入一个互斥信号量 Wmutex。为了记录谁是第一个,可以用一个全局整型变量 Rcount 做一个计数器。而在解决问题的过程中,由于使用了全局变量 Rcount,该变量又是一个临界资源,对于它的访问仍需要互斥进行,所以需要一个互斥信号量 Rmutex。算法如下。

```
semaphore Wmutex, Rmutex = 1;
int Rcount = 0;

void reader()      /* 读者进程 */
{
  while (true)
   {
      P(Rmutex);
      If (Rcount == 0) P(Wmutex);
      Rcount = Rcount + 1;
      V(Rmutex);
      … ;
      read;      /* 执行读操作 */
      … ;
      P(Rmutex);
      Rcount = Rcount - 1;
      If (Rcount == 0) V(Wmutex);
      V(Rmutex);
    }
 }


void writer()      /* 写者进程 */
```

```
{
    while (true)
      {
        P(Wmutex);
        … ;
        write;      /＊执行写操作＊/
        … ;
        V(Wmutex);
      }
  )
```

思考：对于读者-写者问题，有以下三种优先策略。

（1）读者优先。即当读者进行读时，后续的写者必须等待，直到所有的读者均离开后，写者才可进入。前面的程序隐含使用了该策略。

（2）写者优先。即当一个写者到来时，只有那些已经获得授权允许读的进程才被允许完成它们的操作，写者之后到来的新读者将被推迟，直到写者完成。在该策略中，如果有一个不可中断的连续的写者，读者进程会被无限期地推迟。请读者思考如何修改前面的算法。

（3）公平策略。以上两种策略，读者或写者进程中一个对另一个有绝对的优先权，Hoare 提出了一种更公平的策略，由如下规则定义。

规则 1：在一个读序列中，如果有写者在等待，那么就不允许新来的读者开始执行。

规则 2：在一个写操作结束时，所有等待的读者应该比下一个写者有更高的优先权。

对于该公平策略，请读者思考如何予以解决呢？

图 3-1　哲学家进餐问题

2. 哲学家进餐问题

哲学家进餐问题是一个典型的同步问题，它由 Dijkstra 提出并解决。该问题描述有 5 个哲学家，他们的生活方式是交替地思考和进餐。哲学家们共用一张圆桌，围绕着圆桌而坐，在圆桌上有 5 个碗和 5 支筷子，平时哲学家进行思考，饥饿时拿起其左、右两支筷子，试图进餐，进餐完毕又进行思考，哲学家进餐问题如图 3-1 所示。这里的问题是哲学家只有拿到靠近他的两支筷子才能进餐，而拿到两支筷子的条件是他的左、右邻居此时都没有进餐。

由分析可知，筷子是临界资源，一次只允许一个哲学家使用。因此可以用互斥信号量来实现。其描述如下。

```
semaphore chopstick[5] = {1,1,1,1,1};
void philosopher(int i)      /＊哲学家进程＊/
{
    while (true)
      {
        P(chopstick[i]);
        P(chopstick[(i＋1)％5]);
        … ;
        eat;      /＊进餐＊/
        … :
        V(chopstick[i]);
        V(chopstick[(i＋1)％5]);
        … :
        think;      /＊思考＊/
```

```
        … :
        }
    }
```

思考：在以上描述中,虽然解决了两个相邻的哲学家不会同时进餐的问题,但是有一个严重的问题,如果所有的哲学家总是先拿左边的筷子,再拿右边的筷子,那么就有可能出现这样的情况,5 个哲学家都拿起了左边的筷子,而他们想拿右边的筷子时,却因为筷子已被别的哲学家拿去,而无法拿到。此时所有的哲学家都不能进餐,就出现了死锁现象。

请读者写出一个用信号量机制解决哲学家进餐问题的不产生死锁的算法。

3. 打瞌睡的理发师问题

理发店有一名理发师,一把理发椅,还有 N 把供等候理发的顾客坐的普通椅子。如果没有顾客到来,理发师就坐在理发椅上打瞌睡。当顾客到来时,就唤醒理发师。如果顾客到来时理发师正在理发,顾客就坐下来等待。如果 N 把椅子都坐满了,顾客就离开该理发店去别处理发。要求为理发师和顾客各编写一段程序,描述他们的行为,并用信号量保证上述过程的实现。

为理发师和顾客分别写一段程序,并创建进程。理发师开始工作时,先看看店里有无顾客,如果没有,则在理发椅上打瞌睡;如果有顾客,则为等待时间最长的顾客理发,且等待人数减 1。顾客来到店里,先看看有无空位,如果没有空位,就不等了,离开理发店;如有空位,则等待,等待人数加 1;如果理发师在打瞌睡,则将其唤醒。

为了解决上述问题,设一个计数变量 waiting,表示等候理发的顾客人数,初值为 0;设三个信号量:信号量 customers 用来记录等候理发的顾客数(不包括正在理发的顾客);信号量 barnets 用来记录正在等候顾客的理发师数(其值为 0 或 1);信号量 mutex 用于互斥。程序描述如下。

```
# define CHAIRS 5              /* 为等候的顾客准备的座椅数 */
semaphore customers = 0:
semaphore barners = 0:
semaphore mutex = 1:
int waiting;
void barber()                 /* 理发师进程 */
{
  while (true)
    {
        P(customers);         /* 如果没有顾客,理发师就打瞌睡 */
        P(mutex);             /* 互斥进入临界区 */
        waiting -- ;
        V(barners);           /* 理发师准备理发了 */
        V(mutex);
        cut - hair();         /* 理发 */
    }
}
void customer()               /* 顾客进程 */
{
        P(mutex);
        if (waiting < CHAIRS)  /* 如果有空位,则顾客等待 */
        {
            waiting++;
            V(customers);      /* 如果有必要,唤醒理发师 */
            V(mutex);
            P(barners);        /* 如果理发师正在理发,则顾客等待 */
            get - haircut();
        }
        else                   /* 如果没有空位,则顾客离开 */
```

```
            V(mutex);
    }
```

当有一个顾客来到理发店时，执行 customer() 过程，首先获取信号量 mutex 进入临界区，如果不久另一个顾客到来，新到顾客只能等到释放 mutex 后才能进入。

进入临界区的顾客随后查看是否有椅子可坐，若没有，则释放 mutex 并离开；若有椅子可坐，则对计数变量加 1，之后执行 V(customers) 操作唤醒理发师。当顾客释放 mutex 后，理发师获得 mutex，他进行一些准备后开始理发。理发完毕，顾客退出 customer() 过程，离开理发店。

思考：

(1) 为什么理发师进程中使用循环语句，而顾客进程却没有？

(2) 程序中 waiting 的计数作用能否用信号量 customers 代替？

3.3   进程通信

▶ 3.3.1   进程通信的类型

在一个计算机系统中，为了提高资源的利用率和作业的处理速度，常常把一个作业分成若干个可并发执行的进程，这些进程彼此独立地向前推进。但由于它们都是合力地完成一个共同的作业，所以必须保持一定的联系，以便协调地完成任务。这种联系就是指在进程间交换一定数量的信息。我们把一个进程将一批信息发送给另一进程的过程称为**进程通信**。例如，前面介绍的通过信号量和 P、V 操作交换一些控制信息来实现交往的并发进程的协同工作情形，也可以看作一种进程通信，不过这种通信交换的信息量有限，通常仅是一些控制信息，所以把这种通信称为低级的进程通信。有时进程之间还需要交换更多信息，例如，一个输入/输出操作请求，要求一个进程把一批数据直接传输给另一个进程，这种大信息量的信息传输过程可称为高级的进程通信。实现这种信息传输的方式称为通信机制。这种信息常以一种信件的格式来描述，进程通信即进程间用信件来交换信息。一个正在执行的进程可以在任何时刻向另一个正在执行的进程发送一封信件；一个正在执行的进程也可以在任何时刻向另一个正在执行的进程请求一封信件。如果一个进程在某一时刻的执行依赖于另一进程的信件或接收进程对信件的回答，那么通信机制将紧密地与进程的阻塞和释放相联系。这样的进程间的通信就进一步扩充了并发进程间对数据的共享。

进程通信不仅用于一个作业的诸进程之间交换信息，而且用于共享有关资源的进程之间及客户机/服务器的进程之间交换信息。随着信息技术的快速发展，以及多机系统、网络系统和分布式系统的广泛应用，进程间的通信正变得越来越重要、越来越广泛。进程通信机制可分为三大类：共享存储器系统、消息传递系统和管道通信。

1. 共享存储器系统

在共享存储器系统中，相互通信的进程共享某些数据结构或存储区域，进程之间通过共享的存储区域进行通信。

进程通信前，向系统申请共享存储区域，并指定该共享区域的名称，若系统已经把该共享区域分配给其他进程，则将该共享区域的句柄返回给申请者。申请进程把获得的共享区域连接在本进程上之后，便可以像读写普通区域一样对该共享存储区域进行读写操作，以达到传递大量信息的目的。

2．消息传递系统

在消息传递系统中，进程间的数据交换以消息为单位。用户通过使用操作系统提供的一组消息通信原语来实现信息的传递。消息传递系统是一种高级通信方式，根据实现方式不同，又可以分为直接通信方式和间接通信方式。

（1）直接通信方式。发送方直接将消息发送给接收方，接收方可以接收来自任意发送方的消息，并在读出消息的同时得知发送者是谁。

（2）间接通信方式。在这种方式中，消息不是直接从发送方发送到接收方，而是发送到临时保存这些消息的队列，这个队列通常也被称为信箱。因此，两个通信进程，一个给一个合适的信箱发消息，另一个从信箱中获得这些消息。

3．管道通信

所谓管道，是指用于连接一个读进程和一个写进程，以实现进程之间通信的一种共享文件，又称为 Pipe 文件。向管道提供输入的是发送进程，或称为写进程，它负责向管道送入数据，数据的格式是字符流；而接收管道数据的接收进程称为读进程。由于发送进程和接收进程是利用管道来实现通信的，所以被称为管道通信。管道通信始创于 UNIX 系统，因它能传送大量的数据，且很有效，故目前许多的操作系统，如 Windows 2000、Linux、OS/2 都提供管道通信。

为了协调双方的通信，管道通信机制必须提供以下几方面的协调能力。

（1）互斥。当一个进程正在对管道进行读或写操作时，另一个进程必须等待。

（2）同步。管道的大小是有限的。所以当管道满时，写进程必须等待，直到读进程把它唤醒为止。同理，当管道没有数据时，读进程也必须等待，直到写进程将数据写入管道后，读进程才被唤醒。

（3）对方是否存在。只有确认对方存在时，方能进行通信。

▶ 3.3.2 进程通信中的问题

1．缓冲问题

用于存放信件的区域称为缓冲区，在间接通信方式下，这个缓冲区就是信箱体。缓冲区的容量是指缓冲区中存放信件的数量。我们可针对缓冲区容量的三种情况来讨论进程通信的情形。

1）缓冲区容量为 0

即无信箱或缓冲的情形，前面介绍的直接通信就是这种情形。在这种情形下，发送者必须等待接收者接收到它所发送的信件后，或者获得了接收者的回答消息后，才能继续执行。

2）缓冲区容量有限

前面介绍的间接通信就是这种情形。例如，缓冲区容量为 n，那么缓冲区至多能存入 n 封信件。当缓冲区有空时，发送进程直接发送信件无须等待；当缓冲区满时，发送进程将等待缓冲区有空时再发送信件。对接收进程而言，当缓冲区有信件时，就直接从缓冲区中收取信件，否则将等到缓冲区有信件时再执行接收信件操作。

3）缓冲区容量无界

在这种情况下，缓冲区可存放无限多封信件，因而，发送进程永远无须等待缓冲区。但是，由于内存的有限性，这种方法是无法真正实现的。

2．并行性问题

当一个进程发送一封信件后，它的执行可分成两种情况。一种是等待收到接收者的回答消息后才继续往下执行,接收者进程在接收到消息前也须等待,直到接收到消息后再向发送者进程发送一个回答消息,这种也称为"双向通信"。另一种是发送信件后立即继续往下执行,直到需要接收者进程的回答消息时,才对回答消息进行处理。显然,后一种情况并行性要高一些,但是它需要增加以下两条原语。

answer(P,result)：向进程 P 发送回答消息 result。

wait(Q,result)：等待接收进程 Q 的回答消息 result。

▶ 3.3.3 消息传递

消息传递系统是一种高级通信方式,它因实现方式不同又可以分为直接通信方式和间接通信方式。本节主要介绍这两种高级通信方式的实现技术。

1. 直接通信

直接通信是指发送进程把信件直接发送给接收进程。在这种通信方式下,发送进程必须指出信件发给哪个进程,接收进程也指出从哪个进程接收信件。可采用两个不可分操作 send 原语和 receive 原语实现这种通信方式。这两个原语的定义如下。

send(P,信件)：表示把一封信件发送给进程 P。

receive(Q,信件)：表示从进程 Q 处接收一封信件。

在这种通信方法中,两进程 P 和 Q 通过执行这两条原语自动建立了一种通信链,并且这一种通信链仅发生在这一对进程之间。这种方案在指名方面具有对称性,即发送者和接收者都必须指出对方的名字进行通信。

直接通信的另一种实现方式是非对称指名通信方式。仅发送者指出接收者,而接收者无须指出发送者。如信件缓冲就是这样一种实现方式。在这种方式中,操作系统统一管理一个由缓冲区组成的缓冲池,其中每个缓冲区存放一封信件。当发送进程要发送信件时,先向系统申请一个缓冲区,将信件存入缓冲区,然后把该缓冲区链接到接收进程 PCB 的信件缓冲队列上,若接收进程正在等待信件,则将接收进程唤醒使它接收信件。当接收进程欲接收信件时,就从信件缓冲队列中接收一封信件,若信件缓冲队列中无信件,则阻塞在信件缓冲队列的信号量上。发送和接收信件过程如图 3-2 所示。由于多个进程可同时给一个进程发信,并且在发信和收信时,均要对信件缓冲队列操作,因此还必须要设置一个互斥信号量以保证信件缓冲队列的互斥访问。

(1) 数据结构。

① 信件。每封信件至少包括以下信息：接收进程 id,发送进程 id,信件长度和正文。

② 信件缓冲区。每个信件缓冲区包括的数据项有：发送进程 id,信件长度,正文和用于形成信件缓冲队列的链指针。

③ 信件缓冲队列。为信件缓冲区的链表结构,其头指针保存在接收进程的进程控制块(PCB)中。队列可按先进先出或优先级的原则来组织。

④ 信号量 sm。为信件缓冲队列的信号量。

⑤ 信号量 mutex。为信件缓冲队列操作互斥信号量。

(2) 通信原语算法。

```
send(接收进程 id,信件)
{
    向系统申请一个信件缓冲区;
    将信件存入该信件缓冲区;
    根据接收进程 id 找到其 PCB;
```

```
        P(mutex);
        把信件缓冲区链接到接收进程 PCB 的信件缓冲队列的尾部;
        V(mutex);
        V(sm);
}
receive(信件)
{
        P(sm);
        P(mutex);
        从信件缓冲队列中摘取第一个缓冲区;
        V(mutex);
        将该缓冲区中的信息复制到信件的存储区域中;
        释放该缓冲区;
        V(mutex);
}
```

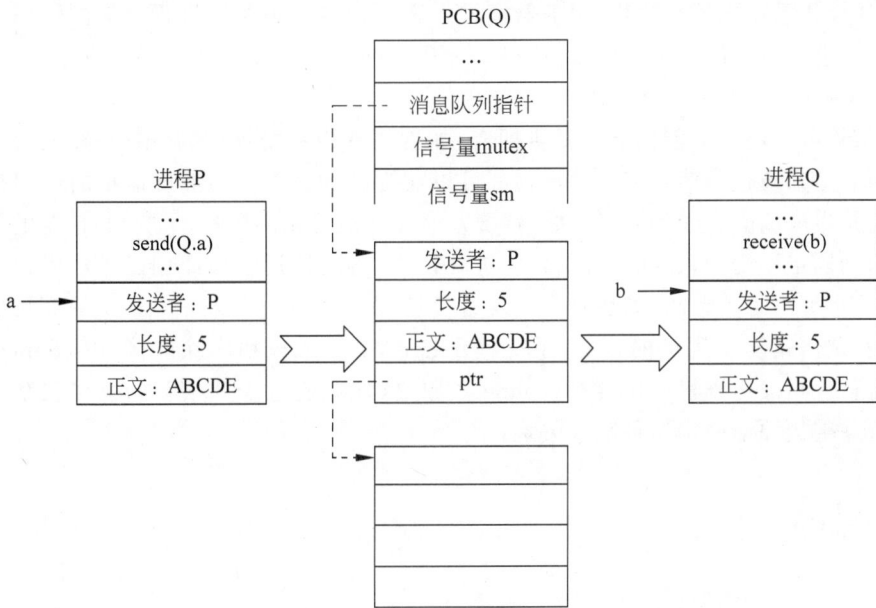

图 3-2　发送和接收信件过程

2. 间接通信

间接通信是指发送信件进程不是把信件直接发
送给接收进程,而是把信件发送到一个共享的数据
结构——信箱(mailbox)中,接收进程也到信箱去取
信件,即进程间发送或接收信件均通过信箱来进行。
当两个进程有一个共享的信箱时,它们就能通信。
一个进程也可以分别与多个进程共享多个不同的信
箱,因此,一个进程可以同时和多个进程通信。进程

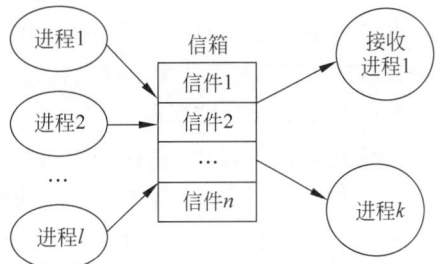

图 3-3　进程间接通信

间接通信如图 3-3 所示。在间接通信方式,发送和接收原语的形式如下。

send(B,信件):把一封信件传送到信箱 B 中。

receive(B,信件):从信箱 B 中接收一封信件。

信箱是可以存放多封信件的存储区域,每个信箱结构分为信箱特征和信箱体两部分。信

箱特征描述信箱容量、指针和信件格式等；信箱体是存放信件的区域，信箱体分成若干个区，每个区存放一封信。

多个发信进程和收信进程对信箱中信件的存放和收取操作，类似于生产者与消费者问题，也必须考虑同步与互斥问题。对 send 和 receive 原语的设计可采用 P、V 操作或管程的方法。在此就不一一介绍了，请读者作为练习。

直接通信常用于进程间关系比较密切的情形，而间接通信则用于联系不十分紧密的进程之间通信。另外，间接通信具有较大的灵活性。其灵活性表现在发送进程和接收进程之间的关系可以有一对一、一对多、多对一和多对多的多种关系，以及进程与信箱的关系可以是静态的，也可以是动态的。

"一对一"关系主要用于两个进程间建立私用的通信连接，可以不受其他进程的干扰和影响。"一对多"关系是指一个发送者和多个接收者的通信关系，这种关系可用于一个发送者进程向一组中多个接收进程以广播的方式发送一封或多封信件的应用场合。而"多对一"关系主要用于现代操作系统中的客户机/服务器模式下客户进程和服务器进程之间的通信情形。例如，许多客户进程可以向一个打印服务进程发信件请求打印信息。在这种情况下，可以把信箱称为端口（port）。

一个信箱可以由一个创建信箱者所拥有，如创建者用系统提供的 mailbox 说明并创建一个信箱，而其他知道这个信箱名字的进程都可以成为它的用户。当拥有信箱的进程执行结束时，它的信箱也就消失，这时必须把这一情况及时通知该信箱的用户。进程与信箱的关系可以是静态的，即固定不变的，长期安排给特定进程使用，直到使用进程或创建进程撤销。进程与信箱的关系也可以是动态的，如在有多个发送者时，多个发送进程与信箱的关系就可以是动态的。为了实现信箱动态连接的目的，系统提供链接（connect）和解除链接（disconnect）原语。在进程通信之前，发送进程调用链接（connect）原语，建立起进程和信箱的链接关系。通信完毕，可用解除链接原语撤销这种链接关系。

3.4 死锁

▶ 3.4.1 死锁的概念

在引入进程管理的背景和介绍生产者与消费者问题的时候，已经初步接触过"死锁"问题了。即如果多个交往的进程程序设计得不恰当的话，会造成一组进程相互等待对方所占有的资源，最终各个进程谁也无法继续执行，形成一组进程处于永远等待的现象。该现象实际上就是本节所介绍的"死锁"现象。

死锁问题首先是由 Dijkstra 于 1965 年在研究银行家问题时提出来的，而后 Havender、Lynch 等也分别于 1968 年、1971 年相继取得共识并加以发展。实际上，死锁问题是一种具有普遍性的现象。不仅在计算机系统中存在，在日常生活和其他领域也是广泛存在的。

所谓死锁是指一组并发进程彼此相互等待对方所占有的资源，而且这些进程在得到对方的资源之前不会释放自己所占有的资源，从而造成这组进程都不能继续向前推进的状况。我们称这组进程处于死锁状态。具体地说，是存在一组进程 P_1,P_2,…,P_n，其中，P_1 占有资源 R_1 同时又申请 R_2,P_2 占有资源 R_2 同时又申请 R_3,…,P_{n-1} 占有资源 R_{n-1} 同时又申请 R_n,P_n 占有资源 R_n 同时再申请 R_1，我们就说系统中出现了死锁现象，P_1,P_2,…,P_n 这组进程处于死锁状态。死锁现象如图3-4所示。

例如,再看3.2.2节例3-4中的生产者与消费者问题。如果把互斥信号量(mutex)的P操作放在同步信号量(s_1)的P操作前面,生产者、消费者进程并发运行时,若生产者超前了,以至于某一时刻,生产者已将缓冲区存满物品,此时又有一个生产者生产了物品欲往缓冲区存放,无人与它竞争缓冲区,它将获得缓冲区的使用权,即执行P(mutex)操作能顺利通过,但缓冲区已满且s_1.value=0,再执行P(s_1)时将被挂起

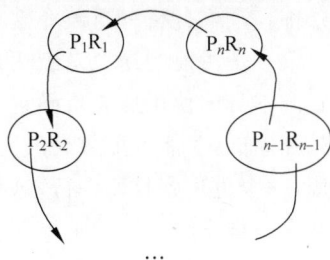

图3-4 死锁现象

阻塞在信号量s_1的等待队列中。而以后再有消费者进程欲到缓冲区中取物品时,应该有物品可取,但由于缓冲区的使用权已被刚才的生产者占有,它们将在缓冲区的互斥信号量上等待。同样,其他的生产者也因得不到缓冲区的使用权,而在缓冲区的互斥信号量上等待。这样,这组生产者与消费者进程就进入了死锁状态。

又如,系统中有m个进程均需要使用若干的某类资源,该类资源共有n个,而每一个进程最多可使用该类资源的数目为k个,这里的$k \leqslant n$且$k.m > n$。若对该类资源的分配不加限制的话,也会出现一组进程处于死锁状态。设$m=4,n=4,k=2$,4个进程同时先申请一个时,系统均给予分配,之后它们又各自再提出申请一个该类资源,此时已无该类资源可分配,因此,各进程均被置成等待该类资源的状态,而各进程已占有的资源均不释放,故这4个进程就相互等待,从而进入死锁状态。

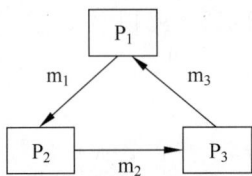

图3-5 信件的处理过程

再如,对临时性资源(如信件)的使用不加限制也会出现死锁现象。例如,系统中现有三个进程P_1、P_2、P_3,进程P_1在收到进程P_3发来的信件m_3之后,再给P_2发信件m_1,进程P_2在收到进程P_1发来的信件m_1之后,再给P_3发信件m_2,进程P_3在收到进程P_2发来的信件m_2之后,再给P_1发信件m_3。它们对信件的处理过程如图3-5所示。显然,进程P_1、P_2、P_3均处于死锁状态。

综上所述,可以看到,死锁是由于资源的使用不加合理的控制而引起的。这里的资源包括永久性资源和临时性资源,上述的信件、消息就是一种临时性资源,而永久性资源是指所有的硬资源和可再入的纯代码过程。因此,必须从资源的性质、资源分配的方法来考虑解决死锁问题。

▶ 3.4.2 死锁的必要条件

Coffman、Elphick和Shoshani于1971年总结了产生死锁的4个必要条件如下。

(1) 互斥条件(mutual exclusion):一个资源一次只能由一个进程使用,如果有其他进程申请使用该资源,申请进程必须等待直到所申请的资源被释放。

(2) 部分分配条件(hold and wait):一个进程已占有一定资源后,执行期间又再申请其他资源。

(3) 不可抢占条件(no preemption):一个资源仅能由一个占有它的进程来释放,而不能被其他进程抢占使用。

(4) 循环等待条件(circular wait):在系统中存在一个由若干进程申请使用资源而形成的循环等待链,其中每一个进程占有若干资源,同时又在等待下一个进程所占有的资源。

要防止死锁问题,其根本的办法就是要使得上述4个条件之一不存在,破坏其中之一的必

要条件。下面分析一下破坏这些条件的可能性。

第一个可能的途径是破坏条件(1)，即破坏互斥条件，允许多个进程同时访问资源。但这由资源本身的使用性质所确定，有些资源必须互斥访问，不能同时访问。如公用数据的访问必须是互斥的，才能保证数据的完整性。又如，打印机资源也必须互斥使用，否则几个进程同时使用，一个进程各打印一行，这种输出信息的方式显然是不能被用户接受的。因此，要考虑破坏互斥条件来防止死锁是不切实际的。

第二个可能的途径是破坏条件(3)，即破坏不可抢占条件，强迫进程把占有的资源暂时让给其他进程使用。但这种强迫进程让出资源的方法目前也只能适用于 CPU 和主存这类资源的管理，不能用于大多数的资源管理。即使对于像 CPU 和主存这类资源，可以抢占使用，但也会为抢占付出较大的代价，不但要增加资源在进程间转移的时间开销，而且会降低资源的有效利用，所以须小心加以控制。

第三个可能的途径是破坏条件(2)，即破坏部分分配条件，一次性为进程分配所有应使用的资源。

第四个可能的途径是破坏条件(4)，即破坏循环等待条件，使运行期间不存在进程循环等待现象。

后两种办法都是可行的，而且也被某些系统所采用。下面介绍死锁防止的具体方法。

▶ 3.4.3　死锁的防止

死锁的防止主要是通过破坏部分分配条件和循环等待条件，从而达到使死锁不发生的目的。其主要方法有资源静态分配法和资源的层次分配法。

1. 资源静态分配法

资源静态分配法是破坏部分分配条件的死锁防止的方法，它是指一个进程必须在执行前就申请它所需的全部资源，并且直到它所需的资源得到满足后才能开始执行。当然，所有并发执行的进程要求的资源总和不超过系统拥有的资源数。采用静态分配后，进程在执行中不再申请资源，因而不会出现进程占有某些资源又再等待另一些资源的情况，从而能防止死锁的产生。

这种策略实现简单，因而早期的许多操作系统常采用这种方法，如 IBM OS/360。但这种分配策略资源利用率低。因为在每个进程所占有的资源中，有些资源是在进程执行后的较长一段时间后才使用，有时甚至有些资源仅在例外的情况下才被使用。这样，就可能是一个进程占有一些几乎不用的资源，而其他想用这些资源的进程又必须等待，无法投入系统运行。一种改进的策略是，把程序分成几个相对独立的"程序步"来运行，并且资源分配以程序步为单位来进行，而不是以整个进程为单位来静态分配。这样可以较好地提高资源的利用率，减少资源浪费现象，但增加了应用系统的设计与执行的开销。

2. 资源的层次分配法

这种资源分配策略将阻止循环等待条件的出现。这种资源的层次分配法的思想是：把资源分成多个层次，一个进程得到某一层的一个资源后，它只能再申请较高一层的资源；当一个进程要释放某层的一个资源时，必须先释放所占有的较高层的资源；当一个进程获得了某一层的一个资源后，它想再申请该层中的另一个资源，则必须先释放该层中已占有的资源。

这种策略的简化方式是资源的按序分配法。它是把系统中所有的资源按一个全序的顺序进行排列，例如，系统中共有 m 个资源，每个资源都分给一个唯一的序号，用 r_i 表示第 i 个资源,于是这 m 个资源的排列是 $r_1,r_2,\cdots,r_m$。规定任何进程只能在占有资源 r_i 后再申请资源 $r_j(1\leqslant i<j\leqslant m)$,而占有资源 r_j 后不得再申请资源 $r_i(1\leqslant i<j\leqslant m)$。显然,由于对资源的请求做了这种限制,在系统中就不可能形成几个进程对资源请求的循环等待链。因而这种资源的按序分配法可以防止死锁。

资源的层次分配法是基于资源的动态分配的一种方法,与资源静态分配法相比,资源的利用率有了较大的提高。但是还要特别小心地安排资源所处的层次,把各进程经常用到的、比较普遍的资源安排在较低的层次上,把那些比较贵重或稀少的资源安排在较高的层次上,便有可能较大限度地提高最有价值的资源的利用率。而低层次的资源,在进程即使暂时不使用的情况下,但由于进程需要使用高层次的资源,所以在进程请求分配高层次的资源时,也不得不提前同时申请以后需要的低层次的资源,会造成低层次的资源空闲等待的浪费现象。

该策略虽然已经在许多操作系统中使用,但也存在着如下一些缺陷。

(1) 各类设备的资源层次一经排定,不可经常随意改动。若系统要添加一些新设备,就必须重新改写已经存在的程序和系统。

(2) 资源层次的安排要大体反映大多数进程使用资源的顺序。对资源使用与此层次相匹配的进程,资源能得到有效的利用;否则,资源的浪费现象将仍然存在。

▶ 3.4.4　死锁的避免

资源的分配不采用防止死锁的方法时,如果能掌握并发进程与每一个进程有关的资源申请情况,仍然可以避免死锁的发生。这只需在为申请者分配资源前先测试系统的资源状况,若把资源分配给申请者会产生死锁的话,则拒绝分配,否则接受申请并为它分配资源。这就是死锁避免方法的基本思想。

死锁的避免与死锁防止的区别在于,死锁防止是严格地破坏死锁的必要条件之一,使之不在系统中出现。而死锁的避免就不那么严格地限制必要条件的存在,因为死锁的必要条件成立,系统未必就一定发生死锁。因此,为了提高系统的资源利用率,只有当测到死锁有可能出现时,才加以小心避免这种情况的最终发生。著名的避免死锁的方法是银行家算法。

银行家算法首先是由 Dijkstra 于 1965 年提出的。银行家问题的直观含义是:一个银行家如何将其总数一定的现金,安全地贷给若干顾客,使这些顾客既能满足对资金的需求又能完成其业务,也使银行家可以收回自己的全部资金,不至于产生死账而破产。即一个银行家在考虑若干顾客向他贷款时,要求每一位顾客提前说明所需贷款总额,假如该顾客将要贷款的总额不超过银行家现存的资金总数,银行家就接受该顾客的要求,否则拒绝其要求。

银行家的运作思想也可应用于系统中的资源分配管理中,形成一种资源分配的银行家算法。其基本思想是:检查申请者对各类资源的最大需求量,如果系统现存的各类资源可以满足它的最大需求量时,换句话说,仅在申请者获得资源最终能运行完毕,无条件地归还它所申请的全部资源时,才分配资源给它。

假如系统能使当前的全部申请资源者在有限的时间内执行完毕,并归还它所申请的资源,那么当前的状态是安全的,反之当前的状态是不安全的。显然,银行家算法是从当前的状态 S 出发,逐个检查各申请者中,谁获得资源能完成其工作,然后假定其完成工作且归还全部资源,再进一步检查谁又获得资源能完成其工作……若所有申请者均能完成工作,则系统状态是安全的。

例如,假设系统现有三个进程 P、Q、R,系统只有一类资源共 10 个,每个进程使用该资源的总数都小于 10,各进程已占有资源和还需申请资源的情况如表 3-1 所示。

表 3-1　各进程已占有资源和还需申请资源的情况

进　　　程	已占有资源数	还需申请资源数
P	4	4
Q	2	2
R	2	7

目前系统仅剩余两个资源。根据银行家算法,先检查各进程还需申请的总数,发现系统剩余资源只能满足 Q 的申请,Q 申请就分配资源,而 P、R 的申请均应拒绝,Q 获得资源后就能执行完毕并归还其全部资源,系统中剩余的资源数为 4,再检查 P、R 两个进程,系统剩余资源只能满足 P 的最大需求,P 的申请可得到满足,而 R 的申请均拒绝,P 获得资源后就能执行完毕并归还其全部资源,才再为 R 分配资源,最后 R 执行完毕并归还其全部资源。因此,在这种分配状态下,系统状态是安全的。而其他的任何形式的分配,将会导致系统剩余的资源无法满足任何一个进程的资源需求,从而发生死锁现象,所以其他的分配情形系统状态均是不安全的。

银行家算法可以避免死锁,但它是十分保守的,采用这种算法分配资源时,资源的利用率还比较低;而且这种算法还需要考虑每个进程对各类资源的申请情况,系统需花费较多的时间;此外,进程难以确切知道它所需的最大资源需求量,进程的数目也不固定,随时在变化,操作系统中采用这种方法也很难有效地对资源分配进行控制。

▶ 3.4.5　死锁检测与恢复

由上面的介绍可以看到,对资源的分配加以限制可以防止和避免死锁的发生,但这些方法都不利于各进程对系统资源的充分共享。实际上,在一个系统中,死锁现象并不是经常出现的,有的系统通常不进行死锁的防止和避免,而是采用"死锁检测与恢复"的方法来解决死锁问题。这种方法对资源的分配不加限制,但系统必须定时或不定时地运行一个"死锁检测"程序,判断系统内是否出现死锁,若检测到死锁则采取相应的办法解除死锁,并以尽可能小的代价恢复相应的进程运行。

对于死锁检测算法,在此仅考虑每类资源只有一个实例的情形。对于每类资源具有多个实例的情形,算法会更加复杂一些,它还必须与资源分配算法结合起来,可参阅 Coffman 等提出的每类资源具有多个实例的死锁检测算法。

对于所有资源只有一个实例的情形,死锁检测算法可基于等待图(wait-for graph)来检测。等待图是从资源分配图(resource allocation graph)中得到的。资源分配图是这样的一个图,其中,方形节点表示资源,圆形节点表示进程,从方形节点指向圆形节点的有向边表示某资源被某进程占有,从圆形节点指向方形节点的有向边表示某进程申请某资源。从资源分配图中移去资源节点并合并相应的有向边,即可得到等待图。在等待图中,P_i 到 P_j 的边意味着进程 P_i 正在等待进程 P_j 释放进程 P_i 所需的资源。在等待图中存在一条边 $P_i \rightarrow P_j$ 当且仅当相应的资源分配图在某资源节点 R_q 上包括两条边 $P_i \rightarrow R_q$ 和 $R_q \rightarrow P_j$。资源分配图和相应的等待图如图 3-6 所示。

这样死锁检测算法只要检测出等待图中存在一个环时,就意味着检测到了一个进程循环等待链,因此检测到系统中存在死锁。为了检测死锁,系统必须维护一个等待图的数据结构和定期地在该图中调用寻找环的算法,寻找环的算法所需的时间复杂度为 $O(n^2)$,n 表示等待图中的节点数即进程数。

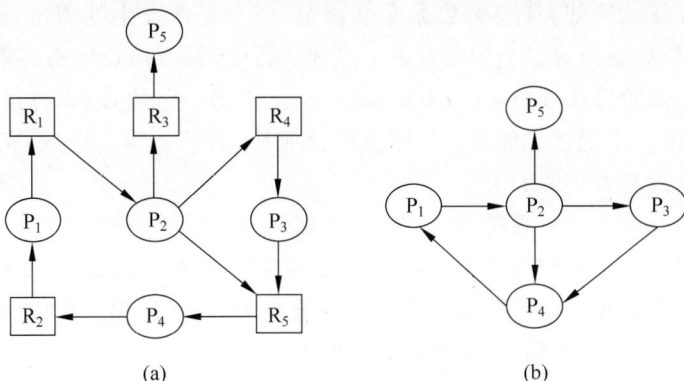

(a)　　　　　　　　　　　　(b)

图 3-6　资源分配图和相应的等待图

系统何时进行死锁检测呢？这将依赖于死锁出现的频度和当死锁出现时将影响多少个进程等因素来确定。若死锁经常出现，检测算法应经常被调用。一种可能的方法是当进程申请资源得不到满足时就进行检测。但死锁检测过于频繁，系统开销大，而检测的间隔时间太长，卷入死锁的进程又会增多，使得系统资源及 CPU 的利用率大为下降。一个折中的办法是定期检测，如每一小时检测一次，或在 CPU 的利用率低于 40％时检测。

当死锁检测算法检测出系统中存在死锁时，一种可能的方法是通知操作员哪些进程处于死锁状态，并让操作员手工处理死锁问题；另一种方法是操作系统自动解除死锁并在适当时机恢复相应进程运行。操作系统可有两种方法来解除死锁，一种是撤销进程法，另一种是剥夺资源法。

采用撤销进程法时，可有两种形式来撤销进程。一种是撤销所有卷入死锁的进程，该方法代价巨大，因为有些进程已运行很长时间了，撤销其中间结果均消失。另一种是一次撤销一个进程直到死锁消失。该方法的开销也很可观，因为撤销一个进程后，死锁检测算法还必须继续检测是否仍有进程处于死锁状态，此外，按什么原则撤销进程也是必须认真考虑的。通常应基于成本来选择撤销进程，选择的原则如下。

（1）选择使用处理器时间最少的进程。

（2）选择输出工作量最少的进程。

（3）选择具有最多剩余时间的进程。

（4）选择分得资源最少的进程。

（5）选择具有最小优先级的进程。

采用剥夺资源法时，是从一个或多个卷入死锁的进程中强占资源，再把这些资源分配给卷入死锁的其他进程，以解除死锁。剥夺的顺序可以是以花费最小资源数为依据。每次剥夺资源后，也需要再次调用检测程序。资源被剥夺的进程为了再次得到该资源，必须重新提出资源申请，这样必须返回到分配资源前的某一点处重新执行。

设立检查点是一种恢复进程重新运行的有效方法，这样当进程需要恢复执行时，就可以从该检查点开始重新执行，使得不必前功尽弃且尽可能多地利用已执行的结果，从而提高系统效率。

▶ 3.4.6　两阶段加锁

虽然在一般情况下避免死锁和预防死锁并不是很有希望，但是在一些特殊的应用方面，有很多卓越的专用算法。例如,在很多数据库系统中,一个经常发生的操作是请求锁住一些记录,然后更新所有锁住的记录。当同时有多个进程运行时,就有出现死锁的危险。

常用的方法是两阶段加锁(two-phase locking)。在第一阶段,进程试图对所有所需的记录进行加锁,一次锁一个记录。如果第一阶段加锁成功,就开始第二阶段,完成更新然后释放锁。在第一阶段并没有做实际的工作。

如果在第一阶段某个进程需要的记录已经被加锁,那么该进程释放它所有加锁的记录,然后重新开始第一阶段。从某种意义上说,这种方法类似于提前或者至少是未实施一些不可逆的操作之前请求所有资源。在两阶段加锁的一些版本中,如果在第一阶段遇到了已加锁的记录,并不会释放锁然后重新开始,这就可能产生死锁。

不过,在一般意义下,这种策略并不通用。例如,在实时系统和进程控制系统中,由于一个进程缺少一个可用资源就半途中断它,并重新开始该进程,这是不可接受的。如果一个进程已经在网络上读写消息、更新文件或从事任何不能安全地重复做的事,那么重新运行进程也是不可接受的。只有当程序员仔细地安排了程序,使得在第一阶段程序可以在任意一点停下来,并重新开始而不会产生错误,这时这个算法才可行。但很多应用并不能按这种方式来设计。

▶ 3.4.7 活锁

在某些情况下,当进程意识到它不能获取所需要的下一个锁时,就会尝试释放已经获得的锁,然后等待 1ms,再尝试一次。从理论上来说,这是用来检测并预防死锁的好方法。但是,如果另一个进程在相同的时刻做了相同的操作,那么就像两个人在一条路上相遇并同时给对方让路一样,相同的步调将导致双方都无法前进。

```
void process_ A(void) {
    acquire_ lock(&resource_1);
    while (try_lock(&resource_2) == FAIL){
        release_lock(&resource_1);
        wait_ fixed_ time( );
        acquire_lock(&resource_1);
    }
    use_both_resources( );
    release_lock(&resource_2);
    release_lock(&resource_1);
}

void process_A(void){
    acquire_ lock(&resource_2);
    while (try_lock(&resource_1)== FAIL){
        release lock(&resource_2);
        wait fixed_ time( );
        acquire_lock(&resource_2);
    }
    use_ both resources( );
    release_lock(&resource_1);
    release_lock(&resource_2);
}
```

图 3-7 礼貌的进程可能导致活锁

设想 try_lock 原语,调用进程可以检测互斥量,要么获取它,要么返回失败。换句话说,就是它不会阻塞。程序员可以将其与 acquire_lock 并用,后者也试图获得锁,但是如果不能获得就会产生阻塞。现在设想有一对并行运行的进程(可能在不同的 CPU 核上)用到了两个资源,如图 3-7 所示。每一个进程都需要两个资源,并使用 try_lock 原语试图获取锁。如果获取失败,那么进程便会放弃它所持有的锁并再次尝试。在图 3-7 中,进程 A 运行时获得了资源 1,进程 2 运行时获得了资源 2。接下来,它们分别试图获取另一个锁并都失败了。于是它们便会释放当前持有的锁,然后再试一次。这个过程会一直重复,直到有用户(或者其他实体)前来解救其中的某个进程。很明显,这个过程中没有进程阻塞,甚至可以说进程正在活动,所以这不是死锁。然而,进程并不会继续往下执行,可以称之为活锁(livelock)。

活锁和死锁也经常出人意料地产生。在一些系统中,进程表中容纳的进程数决定了系统允许的最大进程数量,因此进程表属于有限的资源。如果由于进程表满了而导致一次创建运行失败,那么一个合理的方法是:该程序等待一段随机长的时间,然后再次尝试运行 fork。

现在假设一个 UNIX 系统有 100 个进程槽,10 个程序正在运行,每个程序需要创建 12 个(子)进程。在每个进程创建了 9 个进程后,10 个源进程和 90 个新的进程就已经占满了进程表。10 个源进程此时便进入了死锁——不停地进行分支循环和运行失败。发生这种情况的可能性是极小的,但是,这是可能发生的! 我们是否应该放弃进程以及 fork 调用来消除这个问题呢?

限制打开文件的最大数量与限制索引节点表的大小的方式很相像,因此,当它被完全占用的时候,也会出现相似的问题。硬盘上的交换空间是另一个有限的资源。事实上,几乎操作系统中的每种表都代表了一种有限的资源。如果有 n 个进程,每个进程都申请了 $1/n$ 的资源,然后每一个又试图申请更多的资源,这种情况下我们是不是应该禁掉所有的呢? 也许这不是一个好主意。

大多数的操作系统(包括 UNIX 和 Windows)都忽略了一个问题,即比起限制所有用户去使用一个进程、一个打开的文件或任意一种资源来说,大多数用户可能更愿意选择一次偶然的活锁(或者甚至是死锁)。如果这些问题能够免费消除,那就不会有争论。但问题是代价非常高,因而几乎都是给进程加上不便的限制来处理。因此我们面对的问题是从便捷性和正确性中做出取舍,以及一系列关于哪个更重要、对谁更重要的争论。

▶ 3.4.8　饥饿

与死锁非常类似的另一个问题是饥饿(Starvation)。在动态运行的系统中,对资源的请求时刻都可能发生。这就需要一些策略来决定哪个进程可以在何时获得何种资源。虽然这个策略表面上看似合理,但是依然可能使得某些进程永远无法得到服务,即使进程没有死锁。

例如,考虑打印机的分配。设想系统采用某种算法保证打印机分配不会产生死锁。现在假设多个进程同时都请求打印机,究竟哪一个进程能获得打印机呢?

一个可能的分配方案是把打印机分配给打印最小文件的进程(假设这个信息可知)。这个方法让尽可能多的顾客满意,并且看起来很公平。考虑下面的情况:在一个繁忙的系统中,有一个进程有一个很大的文件要打印,每当打印机空闲,系统纵观所有的进程,并把打印机分配给打印最小文件的进程。如果存在一个固定的进程流,其中的进程都是只打印小文件,那么,要打印大文件的进程永远也得不到打印机。很简单,它会"饥饿而死"(无限制地推后,尽管它没有被阻塞)。

饥饿可以通过先来先服务分配策略来避免。在这种机制下,等待最久的进程会是下一个被调度的进程。随着时间的推移,所有进程都会变成最"老"的,因而,最终能够获得资源而完成。

3.5　多核环境下的进程同步

多核环境带来的最大变化是进程的同步与调度。由于进程运行在不同的 CPU 或执行核上,其同步就不仅是线程的同步,而有可能是执行核或 CPU 之间的同步。

在单核环境下,一个时候只可能有一个程序在执行。而在多核环境下,由于多个执行核或 CPU 的存在,多个程序可以真正地同时执行。因此,多核环境下的进程同步与单核环境下将有很大的不同。

在多核环境下,有一种硬件原子操作称为总线锁。总线锁就是将总线锁住,只有持有该锁的 CPU 才能使用总线。这样,由于所有 CPU 均需要使用共享总线来访问共享内存,而总线的锁住将使得其他 CPU 没有办法执行任何与共享内存有关的指令,从而保护数据的访问是排他的。

硬件提供的另外一种同步原语是所谓的交换指令,即 xchg(exchange)。该指令可以以原子操作完成在寄存器和内存单元之间的内容置换。

在硬件提供的同步原语基础上，就可以构建软件同步原语了。由于多核技术相对比较新，如何实现多CPU同步尚没有统一标准，这样造成不同的操作系统实现的软件同步原语不尽相同。下面看一下Windows和Linux内核里提供的一些原子的操作。

Linux内核提供的原子操作包括如下几种。

（1）总线锁：置换、比较与置换、原子递增操作。

（2）原子算术操作：原子读、设置、加、减、递增、递减、递减与测试。

（3）原子位操作：位设置、位清除、位测试与设置、位测试与清除、位测试与改变。

Windows内核提供的原子操作包括如下几种。

（1）互锁操作(Interlocked Operation)。

（2）执行体互锁操作(Executive Interlocked Operation)。

这里需要注意的是，目前操作系统还没有为多核环境提供锁操作，因为这种操作代价比较大。

旋锁(spin lock)是几乎所有多核操作系统均会提供的一种CPU互斥机制，是操作系统内核用于多处理器互斥的机制，即用户程序不能使用旋锁来进行互斥。旋锁通常用于保护某个全局的数据结构，如Windows里面的DPC(延迟过程调用)队列。这里的互斥指的是多个处理器或执行核之间的互斥，即两个处理器或核不能(物理上)同时访问同一个数据结构；而不是多线程之间的互斥。对于局部数据结构来说，则因为只在一个CPU下而不需要使用旋锁。例如，设备驱动程序需要通过旋锁来保证对设备寄存器和其他全局数据结构访问的排他性，即任何时候只能有设备驱动程序的一个部分，从某一个处理器，访问这些寄存器和数据结构。

旋锁通过获取和释放两个操作来保证任何时候只有一个拥有者。旋锁的状态有两种：闲置和占用。需注意，旋锁的拥有者是CPU，而不是线程。因此，如果一个CPU获得一个旋锁，那么运行在该CPU上的所有线程都可以访问该旋锁所保护的寄存器和数据结构。旋锁的使用与Windows API里面的mutex使用非常类似。

使用旋锁的过程如下。

（1）等待旋锁变为闲置。

（2）获得旋锁。

（3）访问寄存器和全局数据结构。

（4）释放旋锁。

例如，在Windows下使用旋锁保护DPC队列的过程如图3-8所示。

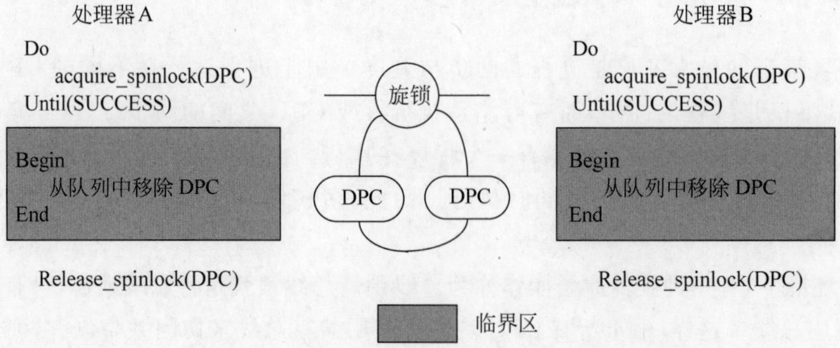

图3-8 在Windows下使用旋锁保护DPC队列的过程

在图 3-8 中,两个处理器 A 和 B 均需要访问全局的 DPC 队列。DPC 是延迟过程调用的缩写。主要用于在中断时将那些不需要高优先级执行的代码放进一个队列,等有空时再执行的机制。因此,用旋锁来进行处理器间的互斥。对于处理器 A 来说,如果要访问全局数据,就要先获得 spin lock,直到成功,然后才访问。对于处理器 B 来说情况也一样。

3.6　进程同步与通信实例

▶ 3.6.1　UNIX 进程同步与通信

UNIX System V 中的进程通信分为三部分:低级通信、管道通信和进程间通信(InterProcess Communication,IPC)。由于计算机网络的广泛应用,UNIX System V 的改进版中加进了计算机间通信用的 TCP/IP,并提供了相应的系统调用接口。有关 TCP/IP 及相应的系统调用内容属于计算机网络的知识,在此不做介绍。

1. 低级通信

UNIX 的低级通信主要用来传递进程间的控制信号。实现控制信号传递的方法有两种:一种是利用睡眠原语 sleep 和唤醒原语 wakeup 实现进程间的同步与互斥。原语 sleep 使当前进程以指定的优先数在指定的队列上睡眠,而 wakeup 则唤醒在指定队列上睡眠的所有进程。sleep 和 wakeup 本身不携带任何信息,比 P、V 操作原语更低级。另一种是利用软中断信号实现同一用户的诸进程之间的通信。这种通信的目的是通知对方发生了异步事件。UNIX System V 中有 19 个软中断信号,具体说明请参考有关资料。

软中断是对硬中断的一种模拟,发送软中断就是向接收进程的 proc 结构中的相应项发送一个信号。接收进程在收到软中断信号后,将按照事先的规定去执行一个软中断处理程序。但是,软中断处理程序不像硬中断处理程序那样,收到中断信号后立即被启动,它必须等到接收进程执行时才能生效。另外,一个进程自己也可以向自己发送软中断信号,以便在某些意外的情况下,进程能转入规定好的处理程序。例如,大部分陷阱都是由当前进程自己向自己发送一个软中断信号而立即转入相应处理的。

睡眠原语和唤醒原语以及软中断通信是几种非常有用的进程控制手段。例如,利用 sleep 和 wakeup 可以实现系统中对互斥资源的管理和进程间的同步。当进程要使用临界资源时,先检测相应的锁定标志,若锁定标志已置位,则调用 sleep 进入睡眠,直到其他进程退出临界区后释放了锁定标志。如果系统调用 wakeup 唤醒等待该资源的进程,该进程才有进入临界区的可能。

为了给用户进程也提供相应的同步、互斥和软中断通信功能,UNIX 系统提供了相应的系统调用和实用程序。用于同步的系统调用是 wait() 和 sleep(n),wait() 用于控制父进程等待子进程的终止,而 sleep(n) 则是使当前进程睡眠 n 秒后自动唤醒自己。系统调用 kill(pid, sig)和 signal(sig,func)用来传递和接收软中断信号。一个进程可调用 kill(pid,sig)向另一个标识号为 pid 的用户进程发送软中断信号 sig,而标识号为 pid 的进程则通过 signal(sig,func)捕捉到信号 sig 之后,执行预先约定的动作过程 func,从而达到这两个进程的通信目的。

2. 管道通信

管道和有名管道是最早的进程间通信机制之一,管道可用于具有亲缘关系进程间的通信,有名管道克服了管道没有名字的限制,因此,除具有管道所具有的功能外,它还允许无亲缘关系进程间的通信。

管道具有以下特点。

（1）管道是半双工的，数据只能向一个方向流动。管道只能用于父子进程或者兄弟进程之间（具有亲缘关系的进程）的通信。

（2）单独构成一种独立的文件系统。对于管道两端的进程而言，管道就是一个文件，但它不是普通的文件，它不属于某种文件系统，而是"自立门户"，单独构成一种文件系统，并只存于内存。

（3）数据的读出和写入由管道的两端进行，一个进程向管道的一端写入的内容被管道另一端的进程读出。

3. 进程间通信 IPC

进程间通信 IPC 是 UNIX System V 的一个核心程序包，它负责完成进程之间的大信息量的数据传输工作。UNIX System V 的 IPC 程序包由三种机构组成：①消息（message）用于进程之间分类的格式化数据；②共享存储区（shared memory）可使得不同进程通过共享彼此的虚拟空间而达到互相对共享区操作和数据通信目的的；③信号量（semaphore）机制用于进程之间的同步控制。信号量总是和共享存储区方式一起使用。由于三者是作为一个整体实现的，它们具有以下共同的性质。

（1）每种机制都用两种基本数据结构来描述该机制。

① 索引表：其中一个表项由关键字、访问控制结构及操作状态信息组成。每个索引表项描述一个通信实例或通信实例的集合。

② 实例表：一个实例表项描述一个通信实例的有关特征。

（2）索引表项中的关键字是一个大于 0 的整数，它用于用户选择名字。

（3）索引表的访问控制结构中含有创建该表项的用户 id 和用户组 id。由"control"类系统调用，为用户和同组用户设置读-写-执行许可权，从而起到通信的保护作用。

（4）每种通信机制的"control"类系统调用可用来查询索引表项中的状态，以及置状态信息或从系统中删除表项。

（5）每种通信机制还有一个"get"类系统调用，以创建一个新的索引表项或者用于获得已建立的索引表项的描述字。

（6）对于每一种索引表项，核心使用下列公式从描述字找到索引表项的索引值。

索引值 = 描述字 mod（表中表项数目）

下面简单介绍这三种通信机制的系统调用。

（1）消息机制。

消息机制提供了 msgget、msgctl、msgsnd、msgrev 4 个系统调用，这些系统调用所需的数据结构和表格都在头文件< sys/types. h >、< sys. ipc. h >和< sys/msg. h >中描述。因此，在使用各种通信机制的系统调用之前，必须 include 这三个头文件。

系统调用 msgget(key,msgflg)返回一个消息描述字 msgqid，msgqid 指定一个消息队列以便其他三个系统调用。key 和 msgflg 具有获取的语义。key 可以等于关键字 IPC_PRIVATE，以保证返回一个未用的空表项，key 还可以被设置成一个不存在的表项描述字的表项号。这时，只要 msgflg&IPC_CREAT 为真，则系统会生成一个新的表项并返回描述字。

系统调用 msgctl(msgqid,cmd,buf)用来设置和返回与 msgqid 相关联的参数选择项，以及用来删除消息描述字的选择项。cmd 的取值范围为{IPC_STAT,IPC_SET,IPC_RMID}。其中，IPC_SET 表示将指针 buf 中的用户 id 等读入与 msgqid 相关联的消息队列表项中；IPC_

STAT 表示将与 msgqid 相关联的消息队列表项中所有当前值读入 buf 所指的用户结构中；而 IPC_RMID 则表示 msgctl 调用删除 msgqid 所对应的消息队列表项。buf 是用户空间中用于设置或读取消息队列状态的索引结构指针。

系统调用 msgsnd(msgqid,msgp,msgsz,msgflg)用于发送一个消息。其中,msgqid 是 msgget 返回的消息队列描述字；msgp 是用户消息缓冲区指针；msgsz 是消息正文的长度；而 msgflg 是同步标识,规定 msgsnd 发送消息时是发送完毕后返回还是不等发送完毕立即返回(此时 msgflg&IPC_NOWAIT 为真)。

系统调用 msgrev(msgqid,msgp,msgsz,msgtyp,msgflg)用于接收一个消息。该系统调用比 msgsnd 多了一个参数 msgtyp,它规定接收消息的类型。msgtyp＝0 时,表示接收与 msgqid 相关联的消息队列上的第一个消息；msgtyp＞0 时,表示接收与 msgqid 相关联的消息队列上 msgtyp 类型的第一个消息；而 msgtyp＜0 时,表示接收小于或等于 msgtyp 绝对值的最低类型的第一个消息。此外,msgflg 指示与 msgqid 相关联的消息队列上无消息时系统应怎么办。

（2）共享存储区机制。

进程能够通过共享虚拟地址空间的若干部分,然后对存储在共享存储区中的数据进行读写,实现直接通信。该机制也提供了 4 个系统调用。

系统调用 shmget(key,size,flag)是建立新的共享区或返回一个已存在的共享区描述字。其中,key 是用户指定的共享区号,size 是共享区的长度,flag 与 msgget 中的 msgflg 含义相同。

系统调用 shmat(shmid,addr,flag)是将一个共享存储区附接到进程虚拟地址空间中。其中,shmid 是 shmget 返回的共享区描述字；而 addr 是将一个共享存储区附接到其上的用户虚拟地址,当 addr 等于 0 时(默认),系统自动选择适当地址进行附接；flag 规定对此区是否是只读的,以及核心是否应对用户规定的地址做舍入操作。shmat 返回系统附接该共享区后的虚拟地址。

系统调用 shmdt(addr)是进程从其虚拟地址空间中断接一个共享存储区。其中,addr 是 shmat 返回的虚拟地址。

系统调用 shmctl(shmid,cmd,buf)是查询及设置共享存储区的状态和有关参数。其中,shmid 是共享存储区的描述字,cmd 规定操作类型,而 buf 则是用户数据结构的地址,在这个数据结构中含有该共享存储区的状态信息。

（3）信号量机制。

信号量机制基于 3.1.4 节所述的 P、V 操作原理。UNIX System V 中一个信号量由以下几部分组成。

① 信号量的值,为一个大于、小于或等于 0 的整数。

② 最后一个操纵信号量的进程 id。

③ 等待信号量值增加的进程数。

④ 等待信号量值等于 0 的进程数。

信号量机制提供了相应的系统调用对信号量进行创建、控制及 P、V 操作。

系统调用 semget(semkey,count,flag)用于产生一个信号量数组或查找已创建的信号量数组的描述字。其中,semkey 是用户指定的关键字,count 规定信号量数组的长度,flag 为操作标志。信号量数组如图 3-9 所示。例如, semid＝semget(SEMKEY,2,0777 | IPC_

CREAT）；就为创建一个关键字为 SEMKEY 的含有两个元素的信号量数组。

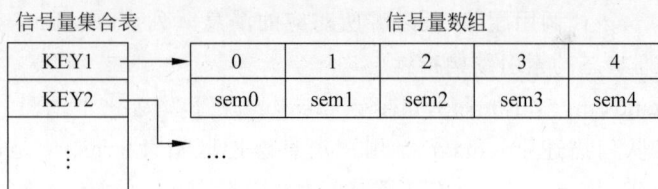

图 3-9　信号量数组

系统调用 semop(semid,oplist,count)用于进行 P、V 操作。其中,semid 是 semget 返回的描述字,oplist 是用户提供的操作数组的指针,count 是该数组的大小。semop 返回在该组操作中最后被操作的信号量在操作完成前的值。oplist 中的每个元素包含三个内容;信号量序号、欲进行的操作值和标识。核心从用户地址空间读入信号量操作数组 oplist,证实信号量序号是合法的以及进程有读或改变这些信号量的必要的许可权。核心根据欲进行的操作值改变信号量的值。

当操作值＞0 时,核心将该信号量增加这个值,并唤醒所有等待此信号量值增加的进程。

当操作值＝0 时,核心将检查该信号量的值,若不为 0,则增加等待信号量值为 0 的睡眠进程数,并进入睡眠;否则继续下一个操作。

当操作值＜0 时,核心将检查该信号量的值,若大于或等于操作值的绝对值,则核心将操作值(一个负整数)加到信号量值之上;否则增加等待信号量值增加的进程数,并进入睡眠。

无论进程在信号量操作中的什么时候睡眠,它都将把已经操作了的信号量恢复到系统调用开始时的值,然后睡眠。当被唤醒时,它将重新开始执行该系统调用,这样,信号量操作是原子地完成的——一次全部完成或完全不执行。

系统调用 semctl(semid,number,cmd,arg)是对信号量进行控制操作。其中,semid 是 semget 返回的信号量的描述字;number 是对应于 semid 的信号量数组的序号;cmd 是控制操作命令;arg 是控制操作参数。系统根据 cmd 的值解释 arg,并完成对信号量的删除、设置或读信号量的值等操作。

▶ 3.6.2　Linux 进程同步与通信

第 2 章中提到 Linux 系统使用自旋锁来防止对数据结构的并发修改,如等待队列。事实上,内核代码在很多地方都含有同步变量。

早期的 Linux 内核只有一个大内核锁(Big Kernel Lock,BKL)。由于它阻止了不同的处理器并发运行内核代码,因此使得内核的效率很低,特别是在多处理器平台上。所以,很多新的同步点被更加细粒度地引入了。

Linux 提供了若干不同类型的同步变量,这些变量既能在内核中使用,也提供给用户级应用程序和库使用。在最底层,Linux 系统通过像 atomic_set 和 atomic_read 这样的操作为硬件支持的原子指令提供了封装。此外,现代的硬件重新排序了内存操作,这样 Linux 就提供了内存屏障。使用像 rmb 和 wmb 这样的操作保证了所有领先于屏障调用的读/写存储器操作在任何后续的访问发生之前就已经完成。

具有较高级别的同步构造更为常用。不想被阻止(考虑到性能或正确性)的线程使用自旋锁并旋转读/写锁。当前的 Linux 版本实现了所谓的"基于门票"自旋锁,它在 SMP 和多核系统上具有优秀的表现。被允许或需要阻塞的线程可使用像互斥量和信号量这样的机制。

Linux 支持像 mutex_trylock 和 sem_trywait 这样的非阻塞调用,用于在无须阻塞下判断同步变量的状态。Linux 也支持其他的同步变量,如 futexes、comopletions、read-copy-update (RCU)锁等。最后,对于内核以及由中断处理事务所执行的代码之间的同步,可以通过动态地禁用和启用相应的中断来实现。

▶ 3.6.3　Windows 进程同步与通信

在 Windows 操作系统中,常见的三种进程同步机制如下。

(1) 互斥量。

互斥量(Mutex)用于保护共享资源,确保同一时间只有一个进程或线程可以访问它。当一个进程或线程获取到互斥量的所有权后,其他进程或线程必须等待它释放互斥量后才能获取。互斥量是一种二进制同步对象,它具有两种状态:有锁定和无锁定。

(2) 信号量。

信号量(Semaphore)用于控制对有限数量资源的访问。与互斥量不同,信号量可以有多个同时访问的进程或线程。信号量可以是计数信号量,用于限制进程或线程的数量,也可以是二进制信号量,用于互斥访问。

(3) 事件。

事件(Event)用于在多个进程或线程之间进行通信和同步。一个事件可以有两个状态:已触发或未触发。当某个进程或线程等待一个事件时,如果事件未触发,进程或线程将被阻塞。当事件被触发时,等待的进程或线程将被唤醒并可以继续执行。通过使用 SetEvent 函数显式设置事件状态。两种类型的事件对象如表 3-2 所示。

表 3-2　两种类型的事件对象

对　　象	描　　述
手动重置事件	一个事件对象,其状态一直处于已触发状态,直到它被 ResetEvent 函数显式重置为未触发为止。在触发后,可以释放任意数量的等待线程;在触发后的线程(在等待函数中指定相同事件对象的线程)也将被释放
自动重置事件	一个事件对象,其状态一直处于已触发状态,直到一个等待线程被释放,此时系统会自动将状态设置为未触发。如果没有线程在等待,则事件对象的状态将保持触发状态。如果有多个线程在等待,则选择一个等待线程

事件对象在向指示已发生特定事件的线程发送信号时非常有用。例如,在重叠输入和输出中,当重叠操作完成时,系统将指定的事件对象设置为信号状态。单个线程可以在多个同时重叠的操作中指定不同的事件对象,然后使用一个等待函数来等待这些事件对象状态的变化。

线程使用 CreateEvent 或 CreateEventEx 函数创建事件对象。创建线程指定对象的初始状态以及它是手动重置事件对象还是自动重置事件对象。创建线程还可以指定事件对象的名称。

当事件对象无信号时,如果先关闭事件句柄,再使用等待函数引用该句柄,则等待函数返回错误码 OFFFF。当事件对象无信号时,如果先使用等待函数引用事件句柄,再关闭该句柄,则等待函数无限期等待。

Windows 进程间通信的方式主要包括命名管道、共享内存、消息队列、Windows Socket、进程间通信等。

1. 管道

管道(Pipe)是一种具有两个端点的通信信道:有一端句柄的进程可以和有另一端句柄的

进程通信。

（1）匿名管道（Anonymous Pipe）是在父进程和子进程之间，或同一父进程的两个子进程之间传输数据的无名字的单向管道。通常由父进程创建管道，然后由要通信的子进程继承通道的读端点句柄或写端点句柄，实现通信。父进程还可以建立两个或更多个继承匿名管道读和写句柄的子进程。匿名管道是单机上实现子进程标准 I/O 重定向的有效方法。

匿名管道通信过程如下。

父进程读写过程：

① 创建匿名管道。

② 创建子进程，并对子进程相关数据进行初始化（用匿名管道的读取/写入句柄赋值给子进程的输入/输出句柄）。

③ 关闭子进程相关句柄（进程句柄，主线程句柄）。

④ 对管道读写。

子进程读写过程：

① 获得输入/输出句柄。

② 对管道读写。

（2）命名管道（Named Pipe）是服务器进程和一个或多个客户进程之间通信的单向或双向管道。命名管道可以在不相关的进程之间和不同计算机之间使用，服务器建立命名管道时给它指定一个名字，任何进程都可以通过该名字打开管道的另一端，根据给定的权限和服务器进程通信。命名管道提供了相对简单的编程接口，使通过网络传输数据并不比同一计算机上两进程之间通信更困难。

命名管道有以下两种通信方式。

① 字节模式：在字节模式下，数据以一个连续的字节流的形式在客户机和服务器之间流动。

② 消息模式：在消息模式下，客户机和服务器则通过一系列不连续的数据单位进行数据收发，每次在管道上发一条消息后，它必须作为一条完整的消息读入。

通信流程如下。

服务器端：创建命名管道 → 服务器等待用户连接 → 读写数据。

客户端：连接命名管道 → 打开命名管道 → 读写数据。

2. 共享内存

共享内存（Shared Memory）是指若干进程共享同一块物理内存区域。Windows 提供的共享内存机制有两种，分别是文件映射和堆共享。文件映射是在多个进程间共享数据的有效方法，具有较好的安全性。内存映射文件的流程如图 3-10 所示。

在使用内存映射文件进行 I/O 处理时，系统对数据的传输按页面来进行。至于内部的所有内存页面，则是由虚拟内存管理器来负责管理，由其来决定内存页面何时被分页到磁盘，哪些页面应该被释放以便为其他进程提供空闲空间，以及每个进程可以拥有超出实际分配物理内存之外的多少个页面空间等。由于虚拟内存管理器是以一种统一的方式来处理所有磁盘 I/O 的（以页面为单位对内存数据进行读写），因此这种优化使其有能力以足够快的速度来处理内存操作。

内存映射文件对象在关闭对象之前并没有必要撤销内存映射文件的所有视图。在对象被释放之前，所有的脏页面将自动写入磁盘。通过 CloseHandle 关闭内存映射文件对象，只是释

```
创建/打开一个文件内核对象          CreateFile()

创建一个文件映射内核对象          CreateFileMapping()

在进程的虚拟地址空间中            Map ViewOfFile()
创建一个文件映像
                                Map ViewOfFileEx()

将文件映射对象的全部或部分
映射到创建的文件映像中

通过指向文件映像的               …
指针对文件进行访问

从进程的地址空间撤销文            Unmap ViewOfFile()
件映射内核对象的映像

关闭文件映射内核对象             CloseHandle()

关闭文件内核对象               CloseHandle()
```

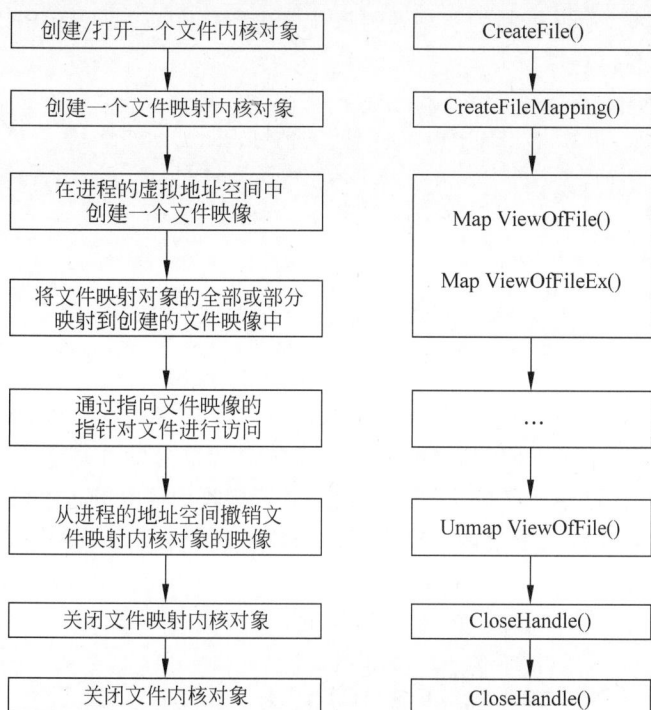

图 3-10 内存映射文件的流程

放该对象,如果内存映射文件代表的是磁盘文件,那么还需要调用标准文件 I/O 函数来将其关闭。在处理大文件时,内存映射文件将表现出良好的性能,只需消耗极少的物理资源(实际上,文件越大,内存映射的优势越明显)。

3. 消息队列

消息队列(Message Queue)是一种在不同进程之间传递数据的方法,可以实现异步通信。Windows 提供了两种消息队列机制:本地消息队列和远程消息队列。

4. Windows Socket

Windows Socket(WinSock)是一种利用 TCP/IP 进行网络通信的机制,它可以在同一台计算机上的进程间通信,也可以在不同计算机上的进程间通信。

5. 进程间通信

Windows 提供了各种进程间通信(Inter-Process Communication,IPC)机制,如邮槽、事件、信号量等,可以用于进程的同步和互斥。

▶ 3.6.4 OpenHarmony 进程同步与通信

在 OpenHarmony 操作系统中,支持的通信机制包含以下几种:管道、信号、锁(包含读写锁、用户态快速互斥锁、自旋锁)、事件、消息队列、共享内存。

1. 管道

LiteOS-A 内核借助内核缓冲区,生成一个特殊的管道(pipe)文件,管道文件以环形队列的形式进行管理和使用。对管道文件的读写操作,实际上就是对内核缓冲区的读写操作。管道限定了其数据只能在一个方向上进行流动,即一个进程作为数据写入端,只能往管道中写入数据,而不能读取数据;而另一个进程作为数据读出端,只能读取管道中的数据,且只能单次读取,而不能往管道中写入数据,也不能多次读取。

在 LiteOS-A 内核,管道机制的实现通过宏 LOSCFG_KERNEL_PIPE 来进行控制的,包括以下两个系统调用接口。

```
♯ifdef LOSCFG_KERNEL_PIPE
SYSCALL_HAND_DEF(__NR_pipe, SysPipe, int, ARG_NUM_1)
♯endif
♯ifdef LOSCFG_KERNEL_PIPE
SYSCALL_HAND_DEF(__NR_mkfifo, SysMkFifo, int, ARG_NUM_2)
♯endif
```

它们的具体功能分别由//kernel/liteos_a/syscall/ipc_syscall.c 文件中的 SysPipe()和 SysMkfifo()两个函数来实现。

2. 信号

信号(signal)是一种常见的进程间异步通信的方式。任意进程可以在任意时刻通过软件方式模拟产生一个中断信号,产生信号的进程也无须等待信号的处理结果。产生的信号只能通过内核进行转发和传递给指定的进程或进程组。若接收到信号的进程已经向内核注册了对应信号的回调函数,则内核会通过调用这个回调函数去处理信号,否则就执行默认的函数或者忽略该信号。

POSIX 标准预定义了一组 32 个信号量,如下。

```
♯define SIGHUP    1 //终端挂起或者控制进程终止
♯define SIGINT    2 //键盘中断(如 break 键被按下)
♯define SIGQUIT   3 //键盘的退出键被按下
♯define SIGILL    4 //非法指令
♯define SIGTRAP   5 //跟踪陷阱(trace trap),启动进程,跟踪代码的执行
♯define SIGABRT   6 //由 abort(3)发出的退出指令
…
```

一般在 C 语言的库(如标准 C 库或 musl C 库)中定义并实现相关的 POSIX 标准接口,以此提供信号的相关功能,如实现注册信号和信号中断回调函数的 sigaction()函数。这些函数最终会通过系统调用陷入 LiteOS-A 内核,由内核的 ipc signal 模块实现信号的管理和处理。

例如,一个用户态进程可以通过 SignalRegist()函数,向内核注册该进程对 SIGCHLD 信号的处理回调函数为 SignalHandler(),如下。

```
static void SignalHandler(int sig)
{
    switch (sig) {
        case SIGCHLD: {
            … ♯ 当前进程对 SIGCHLD 信号的处理
            break;
        }
        default:
            break;
    }
}

void SignalRegist(void)
{
    struct sigaction act;
    act.sa_handler = SignalHandler;
    act.sa_flags = SA_RESTART;
    if (sigfillset(&act.sa_mask) != 0) {
    }
```

```
    if (sigaction(SIGCHLD, &act, NULL) != 0) {
    }
}
```

该进程的任意子进程因为退出而产生的 SIGCHLD 信号将会被内核接收到,内核则会通过这里注册的 SignalHandler()回调函数,让该进程对 SIGCHLD 信号做出相应的处理。

3. 锁

在 LiteOS-A 内核中,各功能模块都大量使用了锁机制,如文件管理、内存管理等。

1) 读写锁

读写锁类似于互斥锁,都可以用来同步同一进程中的各个任务,但读写锁允许多个读操作并发重入(即当任务 A 获得读模式下的锁时,再有任务来获取或尝试获取读模式下的锁时,读写锁计数均加 1),写操作则是互斥的(即当任务 A 获得写模式下的锁时,如再有其他任务来获取或尝试获取读或写模式下的锁,均无法成功获得锁,从而进入阻塞状态)。

读写锁的操作方式分成读和写两个模式,读操作和写操作本身是互斥的,访问或持有读写锁的任务分别存放于独立的读链表和写链表中,当前处于读模式还是写模式,由两条链表中任务的优先级决定,哪条链表中任务的优先级高,读写锁就处于对应的模式。

读写锁处于读模式时,读链表中的所有优先级高于写链表中最高优先级的任务,可以同时进行读操作,待这些读任务并行完成后便切到写模式。

读写锁处于写模式时,写链表中的所有优先级高于读链表中最高优先级的任务,不能同时进行写操作,而只能按优先级别一个个顺序执行,待这些写任务串行完成后便切到读模式。

在实际的业务场景中,读操作的频率要远远高于写操作的频率,读写锁能够很好地满足这种读写不对称的业务场景的需要。

2) 用户态快速互斥锁

用户态快速互斥锁(Fast userspace mutex,Futex)是内核提供的一种系统调用能力,它是一种由用户态与内核态共同作用的锁,其中,用户态部分负责锁逻辑,内核态部分负责锁调度。

当用户态线程请求锁时,先在用户态进行锁状态的判断维护,若此时不产生锁的竞争,则直接在用户态进行上锁返回;若产生锁的竞争,则需要进行线程的挂起操作,通过 Futex 系统调用请求内核介入来挂起线程,并维护阻塞队列。

当用户态线程释放锁时,先在用户态进行锁状态的判断维护,若此时没有其他线程被该锁阻塞,则直接在用户态进行解锁返回;若有其他线程被该锁阻塞,则需要进行阻塞线程的唤醒操作,通过 Futex 系统调用请求内核介入来唤醒阻塞队列中的线程。

不管是用户态线程的请求锁还是释放锁操作,在需要内核介入时,用户态锁的地址都会传入内核,内核在 Futex 中以锁地址来区分用户态的每一把锁,并通过一个 FutexNode 的数据结构对所有的 Futex 进行管理,即挂起请求锁失败的线程或者在释放锁后唤醒阻塞队列中的线程。

3) 自旋锁

在多核(core)单处理器或多核多处理器场景下,由于多个核心都在使用同一个内存空间,就可能存在不止一个核心同时对同一资源进行访问的情况,因此需要一种机制来保证同一时刻只有一个核心能够访问该资源,自旋锁(SpinLock)就是这样的一种机制。

自旋锁是一个线程在某个核心上运行并要访问某一互斥资源,在获取锁的时候,发现锁已经被其他核心的线程锁住,那么该线程就在其所在核心上循环等待,并不会阻塞而让出该核心,而是在循环中反复判断是否能够成功获取锁,直到其他核心的线程释放锁后,等待锁的线程才会退出循环,获取锁的所有权,并对互斥资源做相关操作。

自旋锁只能被一个线程所持有,且持有自旋锁的核心不能进入睡眠模式,也不允许发生线程调度(即上下文切换)以防止死锁。因此,自旋锁被持有的时间非常短,等待锁的线程将很快获得锁的所有权,避免了因为等待锁进入阻塞态而产生的线程上下文切换或进程上下文切换,可以大大提高系统的性能。

自旋锁与互斥锁非常相似,在任何时刻,都只有一个锁的持有者,都可以解决对共享资源的互斥使用问题。但二者在调度策略上明显不同,对于互斥锁,在锁已经被占用的情况下,锁的申请者会被阻塞从而发生调度;但是自旋锁不会引起调用者的阻塞,而是一直循环检测自旋锁是否能够获取。互斥锁强调任务之间的资源竞争,而自旋锁强调的是处理器核心之间的资源竞争。

4. 事件

在多任务环境下,任务之间往往需要同步操作,事件(Event)就是一种可用于任务间同步的通信机制,一个等待事件就是一个同步,在某些同步场景下事件可以替代信号量来使用。

事件提供了一对多、多对多的同步操作模型。

(1) 一对多同步模型:一个任务等待多个事件的触发。可以是任意一个事件发生时唤醒任务处理事件,也可以是几个事件都发生后才唤醒任务处理事件。

(2) 多对多同步模型:多个任务等待多个事件的触发。

LiteOS-A 内核的事件模块提供的事件机制,具有如下特点。

(1) 任务是事件的生产者,也是事件的消费者;任务通过创建事件控制块来触发事件或等待事件。

(2) 事件之间相互独立,具体实现为一个 32 位的无符号整型数,该数的每一个位标识一种事件类型。位域值为 0 表示该类型事件未发生,值为 1 表示该类型事件已经发生,一共 31 种事件类型,其中第 25 位($0x01U \ll 24$)为系统保留。

(3) 事件仅用于任务间的同步,不提供数据传输功能。

(4) 多次向事件控制块写入同一事件类型,在被清零前等效于只写入一次。

(5) 多个任务可以对同一事件进行读写操作。

(6) 支持事件读写超时机制。

当任务需要通过事件机制与别的任务进行同步时,该任务会先创建一个事件控制块,在该事件控制块上维护一个事件集合和特定事件的等待任务链表。

当前任务产生特定事件的时候,会向事件控制块写入指定的事件,事件控制块会更新事件集合(即设置事件控制块中的 32 位无符号整型数对应的位域为 1),并遍历任务链表,根据具体情况决定是否唤醒相关的任务。当前任务也可以读取特定的事件,如果读取的事件已存在,则直接同步返回;如果读取的事件还未满足条件,则根据超时的时间设置以及事件的触发情况,决定返回时机:等待的事件条件在超时时间耗尽之前到达,阻塞任务会被直接唤醒,否则超时时间耗尽该任务才会被唤醒。

当任务不再需要使用任务机制进行同步时,可以先对事件清零,通过指定的掩码清除事件控制块中 32 位无符号整型数的特定位或全部位,再销毁事件控制块即可。

在 LiteOS-A 内核,事件机制在 ipc event 模块实现并对外提供一组接口,包括初始化事件接口 LOS_EventInit()、读/写事件接口 LOS_EventRead()/LOS_EventWrite()、清除事件接口 LOS_EventClear()和销毁事件接口 LOS_EventDestroy()等。

5. 消息队列

消息队列(Message Queue)是一种常见的实现任务间异步通信的机制。队列可以接收来自任务或中断的不固定长度消息，并提供不同的接口以确定队列中是否存在消息。

任务能够从队列中读取消息，当队列中的消息为空时，挂起读取任务；当队列中有新消息时，挂起的读取任务被唤醒并处理新消息。

任务也能够向队列里写入消息，当队列已经写满时，挂起写入任务；当队列中有空闲消息节点时，挂起的写入任务被唤醒并写入消息。

可以通过调整读队列和写队列的超时时间来调整读写接口的阻塞模式。如果将读队列和写队列的超时时间设置为 0，则不会挂起任务，接口直接返回，这就是非阻塞模式。如果将读队列和写队列的超时时间设置为大于 0 的时间，就会以阻塞模式运行。

消息队列提供了异步处理机制，允许将一个消息放入队列，但不立即处理。同时队列还有缓冲消息的作用，可以使用队列实现任务异步通信，队列具有如下特性。

(1) 消息以先进先出的方式排队，支持异步读写。

(2) 读队列和写队列都支持超时机制。

(3) 每读取一条消息，就会将该消息节点设置为空闲。

(4) 发送消息类型由通信双方约定，可以允许不同长度(不超过队列的消息节点大小)的消息。

(5) 一个任务能够从任意一个消息队列接收和发送消息。

(6) 多个任务能够从同一个消息队列接收和发送消息。

(7) 创建队列时向系统动态申请内存用于存储消息的内容。

消息队列在任务间交换少量的数据时比较快速，但是任务在将数据写入内存中的消息队列时，会发生从用户态复制数据到内核态的过程，而另一个任务从消息队列中读取数据时，又会发生从内核态复制数据到用户态的过程。如果任务间交换的数据量比较大，则消息队列会造成频繁的系统调用，这样通信效率就会大大降低，从而影响系统性能。

6. 共享内存

LiteOS-A 内核实现了共享内存机制，通过宏 LOSCFG_BASE_IPC_SEM 进行控制，由虚拟内存管理模块提供具体的虚实内存的管理和映射。虚拟内存管理模块通过管理一组描述共享内存信息的数据结构管理共享内存资源池，这些数据结构包括共享内存的数量、大小上下限、共享内存的总页数、共享内存描述符、与每个共享内存块相关的进程信息、资源池本身的状态信息以及挂载着物理内存页面信息的双向链表结构等。一个进程在创建共享内存时，首先通过 ShmGet()创建共享内存对象，然后通过 ShmAt()将在当前进程空间中分配的一个线性虚拟内存区域映射到共享内存中，使进程的虚拟内存与实际的共享内存对象形成绑定关系。之后就可以通过 ShmCtl()接口对共享内存进行多种操作，包括获取共享内存信息、重置或删除共享段、加锁或解锁等。当进程不再需要通过共享内存进行通信时，可以通过 ShmDt()函数解除虚拟内存与共享内存之间的映射关系，当与共享内存对象有映射关系的最后一个进程解除映射关系时，系统会彻底释放和回收共享内存对象所占用的内存空间。

小结

并发进程的执行可能是无关的，也可能是交往的。交往的并发进程执行必须进行合理的控制,否则就会出现与时间有关的错误:结果不唯一和永远等待。交往的进程主要表现在竞争资源和协作工作两方面。并发进程由于竞争资源而产生的间接制约即互斥,并发进程由于协作工作而产生的直接制约即同步。它们都是由于共享某些变量而引起的,这种与共享变量有关的程序段称为临界区。进程的互斥控制必须保证临界区的互斥执行。而互斥的实现可以采用软件的方法和硬件的方法,但都存在着"忙等待"的问题,影响系统的效率。从而提出了采用信号量和P、V操作原语的实现方法。P、V操作可以解决互斥问题,也可以解决同步问题及同步与互斥共存问题。必须注意,在解决同步与互斥共存问题时,对同步的私有信号量的P操作应安排在前执行,而对互斥的公用信号量的P操作安排在后执行,V操作的顺序无关紧要。

进程通信有直接通信和间接通信两种方式。直接通信是指进程把信件直接发送给另一进程,而间接通信是指进程间通过信箱进行通信,它们均应使用相应的通信原语来实现。

死锁是由于一组进程相互等待对方所占有的资源,而出现的一种相互永远等待的现象。死锁的4个必要条件是:互斥条件、部分分配条件、不可强占条件和循环等待条件。死锁的解决办法有防止法(资源静态分配法和层次分配法)、避免法(银行家算法)和死锁检测与恢复法(检测出死锁时,可采用撤销进程和剥夺资源两种方法来解决死锁问题)。

多核环境下进程同步较单核环境下复杂,可以通过硬件锁和软件旋锁机制实现。

最后,以 UNIX、Linux、Windows 和 OpenHarmony 操作系统为例介绍了进程间同步与通信技术。

习题

1. 以下进程之间存在相互制约关系吗? 若存在,是什么制约关系? 为什么?

(1) 几个同学去图书馆借同一本书。

(2) 篮球比赛中两队同学抢篮板球。

(3) 果汁流水线生产中捣碎、消毒、灌装、装箱等各道工序。

(4) 商品的入库和出库。

(5) 工人做工和农民种粮。

2. 什么叫并发进程的执行产生与时间有关的错误? 这种错误表现在哪些方面? 试举例说明。

3. 什么叫临界区? 对临界区的管理应符合哪些原则?

4. 传统的软件和硬件方法是可以解决临界区问题的,操作系统为什么还要提供解决临界区问题的控制机制呢?

5. 何谓进程互斥? 何谓进程同步? 进程互斥与进程同步的主要不同点是什么?

6. 在信号量 s 上做P、V操作时,s 的值会发生变化,当 s 的值大于 0、s 的值等于 0、s 的值小于 0 时,其物理意义各是什么?

7. 若信号量 s 表示一种资源,则对 s 做P、V操作的直观含义是什么?

8. 设有 N 个进程,共享一个资源 R,但每个时刻只允许一个进程使用 R。算法如下:

设置一个整型数组 flag[N],其每个元素对应表示一个进程对 R 的使用状态,若为 0 表示该进程不在使用 R,为 1 表示该进程要求或正在使用 R,所有元素的初值均为 0。

```
process Pi
{
  …
  flag[i] = 1;
  for (j = 0; j < i; j++)
      do while (flag[j]) ;
  for (j = i + 1; j < N; j++)
      do while (flag[j]) ;
  use resource R ;
  flag[i] = 0;
  …
}
```

试问该算法能否实现上述功能？为什么？若不能请用 P、V 操作改写上述算法。

9. 有三个进程 R、M、P，R 负责从输入设备读入信息并传送给 M，M 将信息加工并传送给 P，P 将信息打印输出，写出下列条件下的并发进程程序描述。

(1) 一个缓冲区，其容量为 K。

(2) 两个缓冲区，每个缓冲区容量均为 K。

10. 假定一个阅览室最多可以容纳 100 人阅读，读者进入和离开阅览室时，都必须在阅览室门口的一个登记表上注册或注销。假定每次只允许一个人注册或注销，设阅览室内有 100 个座位。

(1) 试问：应编制几个程序和设置几个进程？程序和进程的对应关系如何？

(2) 试用 P、V 操作编写读者进程的同步算法。

11. 写一个用信号量解决哲学家就餐问题不产生死锁的算法。

12. 进程之间的关系如图 3-11 所示，试用 P、V 操作描述它们之间的同步。

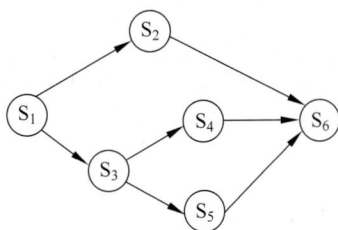

图 3-11 进程之间的关系

13. 何谓进程通信？

14. 进程通信机制中应设置哪些基本通信原语？

15. 简述两种通信方式。

16. 什么叫死锁？举一例说明。

17. 系统有输入机和打印机各一台，有两进程都要使用它们，采用 P、V 操作实现请求使用和归还释放后，还会产生死锁吗？若不会，说明理由；若会，你认为应怎样来防止死锁？

18. 系统中有 5 个资源被 4 个进程所共享，如果每个进程最多需要两个这种资源，试问系统是否会产生死锁？

19. 若系统有同类资源 m 个，被 n 个进程共享，问：当 $m>n$ 和 $m\leqslant n$ 时，每个进程最多可以请求多少个这类资源，使系统一定不会发生死锁？

20. 设系统有某类资源共 12 个，用银行家算法判断下列每个状态是否安全。如果是安全的，说明所有进程是如何能运行完毕的；如果是不安全的，说明为什么可能产生死锁。

状态 A			状态 B		
进程	占有资源数	最大需求	进程	占有资源数	最大需求
进程1	2	6	进程1	4	8
进程2	4	7	进程2	2	6
进程3	5	6	进程3	5	7
进程4	0	2			

21. 多核系统带来的操作系统变化主要是什么？

22. 简要阐述旋锁的工作原理。

23. 进程间通信 IPC 包括哪几部分？它们具有哪些共同性质？

24. UNIX 系统的实时控制信号的传递有哪几种方式？

25. OpenHarmony LiteOS-M 内核默认支持的互斥锁数目是多少？

26. OpenHarmony LiteOS-M 内核默认支持的消息队列长度是多少？

第 4 章 处理器调度

思想引领

视频讲解

本章知识要点：本章知识要点主要包括处理器调度类型、常用的单处理器调度算法，包括先来先服务、时间片轮转法、最短进程优先、优先级调度以及多级反馈队列轮转法。同时也介绍了多处理器调度和实时调度方法，并以 UNIX、Linux、Windows 和 OpenHarmony 作为实例介绍了现代操作系统中的处理器调度方法。

预习准备：了解中断的概念和计算机中的中断系统的职能，回顾和思考自己使用的计算机中多个任务的执行情况。

兴趣实践：从模拟仿真和系统分析两个实践角度深入理解和设计操作系统的处理器调度算法，具体方式为：① 在 Windows 环境下，设计并实现进程调度算法的模拟程序；② 分析 Linux 操作系统的源码中处理器调度的内核函数，并修改该内核函数中的调度策略，最终通过编写用户态程序体会处理器调度策略修改后的效果。

探索思考：现代计算机多为多处理器系统，如何在保证进程并发性的同时提高系统资源的利用率？如何保证资源有效利用的同时，减少系统开销？

操作系统的重要任务之一是确保用户能充分、有效地利用系统的各类资源，而在计算机系统中，最宝贵的资源是处理器，所以操作系统要充分利用处理器的处理能力。在多道程序环境下，可能同时有数百个作业存放在磁盘的作业队列中，或者有数百个终端与主机相连接，这样一来，内存和处理器等资源便供不应求。如何从这些作业中挑选进程进入主存运行、如何在进程之间分配处理器时间，无疑是操作系统资源管理中的重要问题。这就要求操作系统解决处理器的分配调度策略、处理冲突和资源回收等问题。由于处理器是最重要的计算机资源，提高处理器的利用率及改善系统性能（吞吐量、响应时间等），在很大程度上取决于处理器调度性能的好坏。因此，处理器调度便成为操作系统设计的核心问题之一。

本章首先介绍处理器调度的类型，进而分别介绍单处理器、多处理器调度和实时调度的功能、标准以及单处理器和多处理器系统中典型的调度算法，最后对 UNIX、Linux、Windows 以及 OpenHarmony 系统中采用的调度算法进行分析。

4.1 处理器调度类型

处理器调度的目的是满足系统的运行目标（如响应时间、吞吐率、处理器效率等），把进程按照一定的策略分派到一个或者多个处理器上运行。在许多系统中，处理器调度分为三个层次：长程调度、中程调度和短程调度。

处理器调度层次与进程状态转换关系如图 4-1 所示。长程调度发生在新进程的创建中，它决定一个进程能否被创建，或者是创建后能否被置成就绪态，以参与竞争处理器资源获得运行；中程调度反映到进程状态上就是挂起和解除挂起，它根据系统的当前负荷情况决定停留在主存中的进程数；短程调度则是决定哪一个就绪进程或线程占有 CPU 运行。在三级调度中，短程调度是各类操作系统必须具有的功能；在纯粹的分时或实时操作系统中，通常不需要配备长程调度；在分时系统或具有虚拟存储器的操作系统中，为了提高内存利用率和作业吞吐量，专门引进了中程调度。

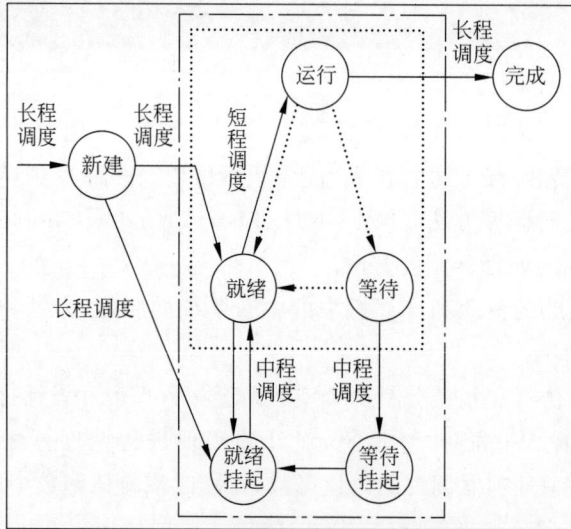

图 4-1　处理器调度层次与进程状态转换关系图

▶ 4.1.1　长程调度

长程调度也叫作高级调度、宏调度或作业调度，其主要功能是根据作业控制块中的信息，按照某种原则从外存上的后备队列中选取一个或几个作业调入内存，并为它们创建进程，分配必要的资源，然后再将新创建的进程插入就绪队列。在批处理系统中有长程调度，在分时系统中一般无长程调度一说。在批处理操作系统中，作业首先进入系统在辅存上的后备作业队列等候调度，因此，长程调度是必需的，它执行的频率较低，并和到达系统的作业的数量与速率有关。长程调度的对象是作业。

▶ 4.1.2　中程调度

中程调度又称为中级调度。中程调度负责内外存之间的进程对换，以解决内存紧张的问题，即它将内存中处于等待状态的某些进程调到外存对换区，以腾出内存空间，再将外存对换区中已具备运行条件的进程重新调入内存准备运行。引入中程调度的主要目的是提高内存利用率和系统吞吐量。通常用"挂起"和"解挂"命令实现短期调整系统负荷。所以，一个进程在运行期间可能多次从内存调进调出。

▶ 4.1.3　短程调度

短程调度也称为低级调度或进程调度，它所调度的对象是进程（或内核级线程）。它决定就绪队列中哪个进程或线程将获得处理器，并实际执行将处理器分配给该进程或者线程的工作。执行短程调度功能的程序是进程调度程序，进程调度程序的执行频率很高，典型情况几十毫秒一次，所以它必须常驻内存。进程调度是操作系统中最基本的调度，在批处理、分时和实时操作系统中都必须配置它。

1. 短程调度的功能

进程调度是由调度程序来实现的,一旦转入进程调度程序,它将执行以下功能。

(1) 保护当前正在执行进程的现场,将程序状态寄存器、指令计数器及所有通用寄存的内容放到特定单元保留起来。

(2) 查询、登记和更新进程控制块(Process Control Block,PCB)中的相应表项,根据表项中的内容和状态,并按一定的算法,如优先权高者优先被调度的算法,从就绪进程中选择一个,并把 CPU(Central Processing Unit)分配给它。

(3) 恢复被调度到的进程的原来现场(假定该进程曾占用 CPU),从而使它按上次放弃 CPU 时的状态继续运行。

2. 短程调度方式

调度的方式是指把 CPU 分配给进程后,它能占用多长时间。通常有两种方式:剥夺式和非剥夺式。

(1) 剥夺式,又称抢占式。在这种方式下,当一个进程正在执行时,系统可以基于某种原则强行将 CPU 的控制权从当前进程转给其他进程。剥夺原则有以下几种。

① 优先级原则。优先级高的进程可以剥夺优先级低的进程的执行。

② 短进程原则。短进程到达后可以剥夺长进程的执行。

③ 时间片原则。一个时间片用完重新调度。

此调度方式用于实时、分时系统和需要及时响应的系统中。虽然剥夺式调度方式很灵活,它可以使某些紧迫的进程很快执行,但这样做显然增加了系统的开销,OS/2、Windows NT、UNIX 操作系统都采用这种方式。

(2) 非剥夺式,又称非抢占式。在该方式下,进程对处理器的控制权具有独占性,除非该进程主动出让 CPU 控制权,否则其他进程不可能有机会运行。这种调度方式的优点是简单,系统开销小。但它却可能会导致系统性能的恶化。主要表现为:一个紧急任务到达时,不能立即投入执行,以致延误时机;若干个后到的短进程需要等待长进程执行完毕,致使进程的周转时间增长。

4.2 单处理器调度算法

在下面的章节中,将分别对单处理器系统和多处理器系统的调度准则,以及经典调度算法进行介绍。如果一个计算机系统只包括一个运算处理器,称为单处理器系统。如果有多个运算处理器,则称为多处理器系统。

▶ 4.2.1 处理器调度功能与标准

无论是哪一个层次的处理器调度,都由操作系统的调度程序(scheduler)实施,而调度程序所使用的算法称为调度算法(scheduling algorithm),不同类型的操作系统,其调度算法通常不同。不同的调度算法具有不同属性,且可能对某些进程更为有利。为了选择算法以适应特定情况,必须分析各个算法的特点。下面列举了比较处理器调度算法的许多准则,这些准则如下。

（1）资源利用率——使得 CPU 或其他资源的使用率尽可能高且能够并行工作。

CPU 的利用率＝CPU 有效工作时间 /CPU 总的运行时间

CPU 总的运行时间＝CPU 有效工作时间＋CPU 空闲等待时间

（2）平衡资源——调度策略应保持系统中所有资源都处于繁忙的状态，负担较重且使用资源较少的进程应受到照顾。该准则也可用于中程调度和长程调度。

（3）响应时间——交互式进程从提交一个请求（命令）到接收到响应之间的时间间隔称为响应时间。使交互式用户的响应时间尽可能短，或尽快处理实时任务，这是分时系统和实时系统衡量调度性能的一个重要指标。

（4）周转时间——一个进程从提交到完成之间的时间间隔称为周转时间，包括实际执行时间加上等待资源（包括 I/O 资源和处理器资源等）的时间。这是批处理系统衡量调度性能的一个重要指标，应使作业周转时间或平均作业周转时间尽可能短。

（5）吞吐率——调度策略应使得每个单位时间完成的进程数最多。它取决于一个进程的平均执行长度，同时也受调度策略的影响。这个指标主要用于度量计算机可以执行多少工作。

（6）公平性——确保每名用户每个进程获得合理的 CPU 份额或其他资源份额，不会出现饿死情况。

当然，上述目标本身就存在着矛盾之处，操作系统在设计时必须根据其类型的不同进行权衡，以达到较好的效果。

▶ 4.2.2　常用的处理器调度算法

处理器调度在选择就绪进程投入运行时，可能会发现有多个进程同时处于就绪状态，因此它应按一定的原则选择一个进程，以便把 CPU 分配给它，这个原则就是进程调度算法。确定调度算法是一个复杂问题，它直接影响操作系统的适用环境和工作效率。因此，对于不同的系统及系统目标，应采用不同的调度算法，采用什么样的算法把 CPU 分配给进程也是进程调度的核心问题。单处理器系统中进程调度的算法有很多，这里介绍几种常用的算法。

1. 先来先服务调度

先来先服务（First Come First Served，FCFS）调度算法，也称为先进先出（First-In-First-Out，FIFO）或者严格排队方案，是最简单的进程调度算法。采用这种方案，先请求处理器的进程先分配到处理器，直到该进程运行结束或发生等待。先来先服务调度算法可以用队列很容易地实现。当一个进程进入就绪队列，其 PCB 链接到队列的尾部。当处理器空闲时，被分配给位于队列头的进程，直到该进程执行完或者发生等待（等待 I/O 资源），从队列中删除该进程。FCFS 算法容易实现，但效率不高，只顾及进程等待时间，而没考虑进程要求服务时间的长短，显然这不利于短进程而优待了长进程，或者说有利于 CPU 繁忙型进程而不利于 I/O 繁忙型进程。有时为了等待长进程的执行，而使短进程的周转时间变得很长。下面通过一个例子来说明。假设有一组进程，它们在时刻 0 到达，所需占用 CPU 运行时间按 ms 计算。

进程	所需 CPU 时间/ms
P1	22
P2	4
P3	5

如果进程按 P1、P2、P3 的顺序到达，且按 FCFS 调度算法进行处理，FCFS 等待时间顺序如图 4-2 所示。

进程 P1 的等待时间为 0，进程 P2 的等待时间为 22ms，进程 P3 的等待时间为 26ms。因

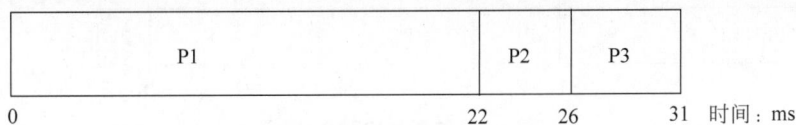

图 4-2 FCFS 等待时间顺序图

此,平均等待时间为$(0+22+26)/3=16$ms。不过,如果进程按 P2、P3、P1 的顺序调度,调整到达顺序后的等待时间顺序如图 4-3 所示。

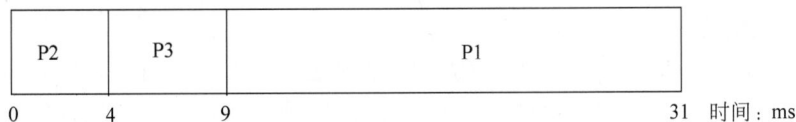

图 4-3 调整到达顺序后的等待时间顺序图

现在平均等待时间为$(0+4+9)/3\approx4.33$ms。这样一来,大大减少了进程的平均等待时间。因此,采用先来先服务调度算法的平均等待时间比较长,且如果进程所需的 CPU 时间变化大,平均等待时间也会变化很大。此外,由于当进程在就绪队列里等待时,I/O 设备空闲,所以,先来先服务调度算法会导致 CPU 和 I/O 设备的使用率变得更低。

先来先服务调度算法是非抢占的,即一旦 CPU 被分配给了一个进程,该进程就会占有 CPU 直到程序终止或是请求 I/O,因此,先来先服务调度算法不适合分时和实时操作系统。

2. 时间片轮转法

时间片轮转法是把 CPU 按时间片(一个较小的时间单元)按顺序赋予就绪队列中的每一个进程,即就绪队列中各进程轮流占用 CPU 执行一定的时间。若某个进程在规定时间片内未执行完毕,也必须释放 CPU,并把 CPU 分配给下一个就绪进程。轮转法是一种剥夺式调度。对于未完成执行的进程,释放 CPU 后回到就绪队列的末尾排队,等待下一轮时间片。这样一次又一次地执行,一次又一次地等待,直到该进程的任务完成。若进程由于 I/O 操作而阻塞,则应把它插入相应的阻塞队列,只有当它的 I/O 操作完成后,才能重返就绪队列的队尾继续排队,等待下一轮周期到来后再执行。时间片轮转调度算法特别适合于分时系统中使用,其难度和关键在于选择合理的时间片。

时间片轮转法的平均等待时间通常会相当长。例如,有一个进程组在时间 0 到达,每个进程所需的 CPU 时间给定如下。

进程	所需的 CPU 时间/ms
P1	22
P2	3
P3	5

假设时间片的长度为 4ms,则进程 P1 获得第一个 4ms。因为 P1 需要另外的 18ms,所以在第一个时间片结束后它被抢占,CPU 被分配给队列中的下一个进程——进程 P2。因为进程 P2 不需要 4ms,所以它在时间片期满之前就退出了。然后 CPU 被分配给下一个进程——进程 P3。当每个进程都执行过一个时间片之后,CPU 返回给进程 P1。时间片轮转法调度如图 4-4 所示。

平均等待时间是$23/3\approx7.7$ms。

时间片轮转法和先来先服务调度算法非常相似,只是添加了进程间的抢占转换。时间片轮转法的性能很大程度上取决于时间片的大小。如果时间片过长,时间片轮转法就变成了先来先服务调度算法,如果时间片过短,则系统会花费大部分时间用于上下文切换。事实上,绝

P1	P2	P3	P1	P3	P1	P1	P1	P1

0　　　4　　　7　　　11　　　15 16　　20　　　24　　　28　30　时间：ms

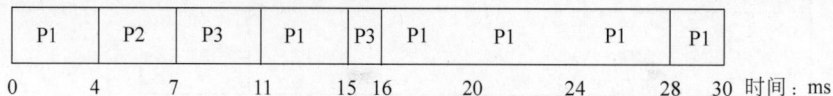

图 4-4　时间片轮转法调度

大多数现代操作系统的时间片分配为 $10\sim100$ms，上下文切换的时间一般少于 10μs。因此，上下文切换的时间仅占时间片的一小部分。时间片大小设置的一个原则是系统百分之八十的进程所需的 CPU 时间应该短于时间片的长度。

3. 最短进程优先

最短进程优先策略是一种非抢占的策略，其原则是下一次选择所需处理时间最短的进程占有 CPU 运行。因此，短进程将会越过长进程，跳到队列的头部。最短进程优先算法克服了FCFS 偏爱长进程的缺点，易于实现，但效率也不高。

假设有一组进程，它们所需的 CPU 时间如下。

进程	所需 CPU 时间/ms
P1	6
P2	8
P3	7
P4	3

最短进程优先法调度如图 4-5 所示。

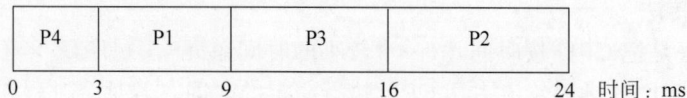

P4	P1	P3	P2

0　　　3　　　9　　　16　　　24　时间：ms

图 4-5　最短进程优先法调度

进程 P1 的等待时间是 3ms，进程 P2 的等待时间为 16ms，进程 P3 的等待时间为 9ms，进程 P4 的等待时间为 0。因此，平均等待时间为 $(3+16+9+0)/4=7$ms。如果使用先来先服务调度策略，那么平均等待时间为 10.25ms。

最短进程优先调度算法的主要弱点：一是需要预先知道进程所需的 CPU 时间，这个估计值很难精确，如果估计过低，系统就可能提前终止该进程；二是忽视了进程等待时间，由于系统不断地接收新进程，而进程调度又总是选择计算时间短的进程投入运行，因此，使进入系统时间早但计算时间长的进程等待时间过长，会出现饥饿现象；三是尽管减少了对长进程的偏爱，但由于缺少剥夺机制，对分时、实时处理仍然很不理想。

4. 优先级调度

优先级调度算法常用在批处理系统和实时系统中。它把处理器分配给就绪队列中具有最高优先级的进程，当具有最高优先级的进程有两个或者两个以上时，采用先来先服务调度策略进行调度。优先级通常是一些确定范围内的数字，如 $0\sim7$ 或 $0\sim4095$。然而，对于 0 是最高优先级还是最低优先级并没有一致的观点。有些系统使用小的数字来表示低优先级；其他的系统则使用小的数字表示高优先级。

优先级调度算法的关键在于如何确定进程的优先级，常用的有如下两种方法来确定进程的优先级。

（1）静态优先级。静态优先级是在进程创建时即被确定的，在以后整个执行期间不再改变。确定进程优先级的主要依据有以下几个。

①　进程类型。进程的类型可分为系统进程和用户进程。通常系统进程的优先级要高于用户进程的优先级,特别是在某些系统中,某些系统进程必须赋予它一种特权,只要它需要处理器,应尽快得到满足。

②　进程对资源的需求。如估计执行时间、内存需要量、I/O 设备的数量等。

③　用户要求的优先级。根据用户作业的优先级,确定该作业所对应的进程优先级。

(2)　动态优先级。动态优先级是指在进程的执行期间,按某种原则不断修改进程的优先级,优先级一般随进程的等待时间、占用 CPU 的时间的变化而变化。一般说来,可根据以下原则来确定。

①　根据进程占用 CPU 时间的长短来确定。一个进程占用 CPU 时间越长,则在被阻塞之后再次获得调度的优先级就越低,反之就越大,这样做是为了防止一个长作业长期垄断处理器。

②　根据进程等待处理器时间的长短来决定。一个进程等待时间越长,它的优先级就越大。

由以上分析可以看出,静态优先级调度算法简单易行,但不精确。因为确定优先级所依赖的特性会随进程的推进而改变;另外,该算法可能使有些进程长期得不到处理器而处于等待状态。动态优先级调度算法虽可获得良好的调度性能,但需要系统经常计算更新进程的动态优先级,这样显然增加了系统的开销。

优先级调度算法的主要问题是会导致无穷阻塞(indefinite blocking)或饥饿(starvation)。无穷阻塞是指个低优先级进程无穷等待 CPU。通常无穷等待会发生两种情况,要么进程最终能在系统为轻负荷时运行,要么系统最终崩溃并失去所有未完成的低优先级进程。

低优先级进程无穷等待问题的解决方法之一是老化(aging)。老化是一种技术,用以逐渐增加在系统中等待很长时间的进程的优先级。例如,如果优先级为从 127(低)到 0(高),那么可以每 15 分钟递减等待进程的优先级的值。最终初始优先级值为 127 的进程会有最高优先级并能执行。这样,不超过 32 小时,优先级为 127 的进程会老化为优先级为 0 的进程。

5. 多级反馈队列轮换法

多级反馈队列轮换法就是把时间片轮转法中的单就绪队列改为双就绪队列或多就绪队列,并赋予每个队列不同的优先权。进程调度首先调用高优先权队列中的进程占用 CPU 并执行,当高优先权队列中的进程已全部完成或因其他事件而无进程可执行时,才能去处理低优先权队列中的进程。多级反馈队列调度算法如图 4-6 所示。多级反馈队列的组织特点如下。

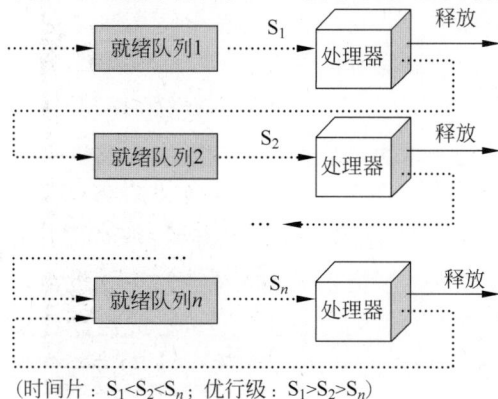

(时间片: $S_1 < S_2 < S_n$; 优行级: $S_1 > S_2 > S_n$)

图 4-6　多级反馈队列调度算法

（1）每个队列中的就绪进程按"先来先服务"的原则获得CPU。

（2）多个队列之间的关系是：获得CPU的优先权按序数上升而递减，而时间片的长度则按序数上升而递增。处于序数较小队列中的就绪进程，其获得CPU的优先权要比序数较大的队列中的就绪进程高，但获得CPU的时间片要比后者短。

（3）每一个获得CPU的进程，当它用完对应时间片后，如果还未完成，则应强迫它释放CPU，而且被排入下一级（序数增加1）的就绪队列中，即它的优先权降低一级，但在下次获得CPU时，其时间片大小增加一级。

（4）阻塞队列的进程转为就绪状态时，应将其安排在序数较小的就绪队列中。当分给它的CPU时间用完后，若还未完成，就强迫它释放CPU，并到下一级的就绪队列中排队。

（5）CPU空闲时，进程调度总是先调度序数较小队列中的进程，只有该队列中已无进程可调度时，才去调度序数较大的就绪队列中的进程，这样可进一步提高系统的服务质量。

多级反馈队列调度算法的定义使它成为最通用的CPU调度算法。它可被配置以适应特定的系统设计。不幸的是，由于需要一些方法来选择参数以定义最佳的调度程序，因此它也是最复杂的算法。

4.3　多处理器调度

一些计算机系统包括多个处理器，目前应用较多的、较为流行的多处理器系统有以下几种。

- 专门功能的处理器：有一个通用的主处理器，专用处理器受主处理器的控制，并为主处理器服务，如I/O处理器。
- 松散耦合多处理器系统：由一系列相对自治的系统组成，每个处理器拥有自己的主存和I/O通道，如cluster。
- 紧密耦合多处理器系统：它由共享同一个主存的一组处理器组成。

本节所关注的是紧密耦合多处理器系统，特别是与调度有关的问题。在介绍具体调度算法之前，先介绍多处理器调度需要考虑的问题。

▶ 4.3.1　多处理器调度考虑的问题

多处理器调度涉及如下三方面的问题。

（1）如何为进程分配处理器。

（2）是否在单个处理器上支持多道程序设计。

（3）如何指派进程。

这三个问题的处理方法通常取决于应用程序的粒度等级和可用处理器的数目。

1. 如何为进程分配处理器

假定在多处理器系统中所有的处理器都是对等的，即对主存和I/O设备的访问方式相同，那么，最简单的调度方法就是将所有的处理器看作一个资源池，并按照要求将进程分配给相应的处理器。接下来的问题是分配的过程应该是静态的还是动态的？第一种分配策略是静态分配策略，把一个进程永久地分配给一个处理器，分配在进程创建时执行，每个处理器对应一个进程调度队列。这种分配策略的优点是调度的开销比较小，因为对于所有的进程，只进行一次处理器分配。这种方法的缺点是容易造成在一些处理器忙碌时另一些处理器空闲。第二种分配策略是动态分配策略,所有处理器共用一个就绪进程队列,当某一个处理器空闲时,就选择一个就绪进程占有该处理器运行,这样,一个进程就可以在任意时间在任意处理器上运行。对于紧密耦合的共享内存的多处理器系统来说,由于所有处理器的现场相同,因此,采用此策略时进程调度实现较为方便,效率也较高。

无论采取哪一种分配策略,操作系统都必须提供一些机制来执行分配和调度,那么,操作系统程序在多处理器系统中又是怎样分布的呢?方法之一是采用主从式(master/slave)管理结构,操作系统的核心部分运行在一个特殊的处理器上,其他处理器运行用户程序,当用户程序需要请求操作系统服务时,请求将被传递到主处理器上的操作系统。显然这种方式实现较为简单,并且比多道程序系统的调度效率高,但也有两个缺点:①整个系统的稳定性与在主处理器上运行的操作系统程序关系过大;②主处理器极易成为系统性能的瓶颈。因此,还可以采用分布式(peer-to-peer)管理结构,在此种管理结构下,操作系统可以在所有处理器上执行,每一个处理器也可以自我调度。这种方式虽然比较灵活,但实现比较复杂,操作系统本身也需要同步。作为前面两种方法的折中,可以把操作系统内核分成几部分,允许分别放在不同的处理器上执行。

2. 是否在单个处理器上支持多道程序设计

如果一个进程在整个生命周期中被静态地分配给了一个处理器,而该处理器又不支持多道程序设计的话,就会出现该进程因为等待 I/O 或者考虑到并发/同步而频繁地被阻塞,则会浪费系统资源。对于独立、超粗粒度和粗粒度并行性的进程来说,需要在单个处理器上支持多道程序设计,使得单个处理器能够在多进程间切换,以达到较高的资源使用率和更好的性能。但是对于中粒度并行性的进程来说,则不一定要在单个处理器上支持多道程序设计。当很多的处理器可用时,尽可能地使单个处理器繁忙不是那么重要,系统要追求的是如何给应用提供最好的平均性能,并非让每个处理器都十分忙碌。

3. 如何指派进程

与多处理器调度相关的最后一个问题是选择哪一个进程运行。在单处理器的进程调度中讨论了很多复杂的调度算法,考虑因素全面的调度算法往往可以取得比较好的系统性能,但是在多处理器环境中这些复杂的算法往往不能取得好的效果,调度策略的目标是简单有效且实现代价低,线程的调度尤其是这样。

▶ 4.3.2　多处理器的进程调度

随着处理器数目的增多,调度原则的选择不像在单处理器中那么重要。因此,在大多数采取动态分配策略的多处理器系统中,进程调度算法往往采用最简单的先来先服务算法或优先数算法,就绪进程组成一个队列或多个按照优先级排列的队列。下面介绍多处理器调度涉及的几个概念。

1. 同步的粒度

同步的粒度,就是系统中多个进程之间同步的频率,它是刻画多处理器系统特征和描述进程并发度的一个重要指标。一般来说,可以根据进程或线程之间同步的周期(即每间隔多少条指令发生一次同步事件),把同步的粒度划分成以下 5 个层次。

(1)细粒度(fine-grained):同步周期小于 20 条指令。这类并行操作非常复杂,比线程中的并行更加复杂,类似于多指令并行执行。它属于超高并行度的应用,目前有很多不同的解决方案,本书不涉及这些解决方案,有兴趣的读者可以参见有关资料。

（2）中粒度（medium-grained）：同步周期为 20～200 条指令。此类应用适合用多线程技术实现，即一个进程包括多个线程，多线程并发或并行执行，以降低操作系统在切换和通信上的代价。

（3）粗粒度（coarse-grained）：同步周期为 200～2000 条指令。此类应用可以用多进程并发程序设计来实现。

（4）超粗粒度（very coarse-grained）：同步周期为 2000 条指令以上。由于进程之间的交互非常不频繁，因此，这一类应用可以在分布式环境中通过网络实现并发执行。

（5）独立（independent）：进程或线程之间不存在同步，如独立的作业或应用程序。

同步粒度和进程如表 4-1 所示。无论是有独立并行性的进程，还是具有粗粒度和超粗粒度并行性的进程，在多处理器环境中的调度原则和多道程序系统并没有太大的区别。但在多处理器环境中，一个应用的多个线程之间交互非常频繁，针对一个线程的调度策略可能影响整个应用的性能。因此，在多处理器环境中，主要关注的是线程的调度。

表 4-1　同步粒度和进程

粒 度 大 小	说　　明	同步间隔（指令）
细粒度	单指令流中固有的并行	<20
中粒度	在一个单独应用中的并行处理或多任务处理	20～200
粗粒度	在多道程序环境中并发进程的处理	200～2000
超粗粒度	在网络节点上进行分布处理，以形成一个计算环境	2000～1M
独立	多个无关进程	（N/A）

2．处理器亲和性

处理器亲和性又称为处理器关联，就是进程要在某个给定的 CPU 上尽量长时间地运行而不被迁移到其他处理器的倾向性。队列中的每一个任务（进程或线程）都有一个标签来指定它们倾向的处理器。在分配处理器的阶段，每个任务就会分配到它们所倾向的处理器上。

处理器亲和性利用了这样一个事实，就是进程上一次运行后的残余信息会保留在该处理器所指定的缓存中。如果下一次仍然将该进程调度到同一个处理器上，就能避免如缓存未命中等一些不好的情况发生，使得进程的运行更加高效。

调度算法对于处理器亲和性的支持各不相同。有些调度算法在它认为合适的情况下允许把一个任务调度到不同的处理器上。例如，当两个计算密集型的任务（A 和 B）同时对一个处理器具有亲和性时，另外一个处理器可能就被闲置了。这种情况下，许多调度算法会把任务 B 调度到第二个处理器上，使得多处理器的利用更加充分。

处理器亲和性能够有效地提高高速缓存的命中率，但却不能缓解负载不均衡的问题。而且，在异构系统中，处理器亲和性问题变得比较复杂。

3．处理器的负载平衡

负载平衡（load balancing）的思想是将工作负载平均地分配到系统中的所有处理器上，保持所有处理器的工作负载平衡，充分利用多处理器的优点，避免一个或多个处理器空闲，而其他处理器处于高工作负载状态，并有一系列进程在等待 CPU。值得注意的是，负载平衡通常只是对那些拥有自己私有的可执行进程的处理器而言是必要的。在具有共同就绪进程队列的系统中，通常不需要考虑负载平衡，因为一旦处理器空闲，它立刻从共同就绪进程队列中取走一个可执行进程。但在绝大多数支持对称多处理器的当代操作系统中，每个处理器都具有一个可执行进程的私有队列。因此有必要考虑这些系统中的负载均衡问题。

保证负载平衡通常有两种方法：推转移（push migration）和拉转移（pull migration）。推转移主要依靠一个特定的进程周期性地检查每个处理器上的负载,如果发现不平衡,即通过将进程从超载处理器推送到空闲或不太忙的处理器,从而平均地分配负载。当空闲处理器从一个忙的处理器上拉一个等待任务时,发生拉转移。

从前面的分析可以看出,负载平衡和处理器亲和性往往很难权衡。因此,在某些系统中,空闲的处理器常会从非空闲的处理器中拉进程;而在另一些系统中,只有当不平衡达到一定程度后才会移动进程。

▶ 4.3.3　多处理器的线程调度

在多处理器系统中,线程的全部能力得到了更好的展现。一个应用程序的各个线程同时在各个独立的处理器中执行时,其性能会显著提升。但是,对于需要在线程间交互的应用程序,线程管理和调度的很小变化就会对性能产生重大影响。多处理器调度的主要研究对象是线程调度算法。下面讨论几种经典的调度算法。

1. 负载共享调度算法

负载共享调度算法的基本思想是:操作系统维护一个全局共享的就绪线程队列,同时还为每一个处理器维护一个本地的就绪线程队列,其中包括一些临时绑定到该处理器上的就绪线程,处理器调度时首先检查本地就绪线程队列,选择绑定线程,如没有,才到全局就绪线程队列中选择未绑定线程,使得绑定线程的优先级绝对高于未绑定的线程。负载共享调度算法是最简单的多处理器调度算法,可以直接引用单处理器环境中的调度算法。

Leutenegger S 和 Vernon M 分析了三种不同的线程负载分配算法:①先来先服务,用户进程到达时,它的所有线程被连续地排到就绪队列尾,依先后次序被调度执行。②最少线程数优先,共享就绪队列组织成一个优先级队列,如果一名用户进程包含的未被调度的线程数最少,则给它指定最高优先数,被优先调度执行。③有剥夺的最少线程数优先。刚到达的用户进程的线程数少于执行的进程的线程数时,前者有权剥夺后者。这类算法具有如下优点。

(1)把负载均分到所有的可用处理器上,确保当有工作可做时,没有处理器是空闲的,从而保证了处理器效率的提高。

(2)不需要一个集中的调度程序,一旦一个处理器空闲,操作系统的调度程序就可以运行在该处理器上以选择下一个线程。

(3)运行线程的选择可以采用前面介绍的各种单处理器进程调度策略(如先来先服务、轮转法、优先级调度等)。

这类算法还具有如下不足。

(1)就绪线程队列必须被互斥访问,当系统包括很多处理器,并且同时有多个处理器挑选运行线程时,它将成为性能的瓶颈。

(2)被抢占的线程可能不在同一个处理器上恢复运行,因此,当处理器带有高速缓存时,恢复高速缓存的信息会增加系统的开销,降低系统的性能。

(3)如果所有的线程都被放在一个公共的线程池中的话,则一个程序的所有线程不可能都同时获得处理器。如果一个程序的线程间需要高度的合作,则所涉及的进程切换就会严重影响性能。

尽管有这样一些缺点,负载共享调度算法依然是多处理器系统使用最多的线程调度算法,如著名的 Mach 操作系统。

2. 组调度算法

组调度算法的基本思想是:把一组进程在同一时间一次性调度到一组处理器上运行。它具有以下的优点。

（1）当紧密相关的进程并行执行时，同步造成的等待将减少，并且可能只需要很少的进程切换，使进程切换的开销减小。

（2）由于一次性同时调度一组处理器，一个决策可以同时影响许多处理器和进程，调度的开销也将减少。

（3）合作线程的同时调度还可以节省资源分配的时间。例如，多个组调度的线程可以访问同一个文件，而不需要在执行定位、读、写操作时进行锁定和解锁的额外开销。

但是，组调度引发了对处理器分配的要求，如果有 N 个处理器和 M 个应用程序，每个应用程序有最多 N 个线程，那么，使用时间片，每个应用程序将被给予 N 个处理器中可用时间的 $1/M$，这个分配策略可能效率不高。假设有两个应用程序，应用程序 A 有 4 个线程，应用程序 B 有 1 个线程，4 个线程和 1 个线程的组调度例子如图 4-7 所示。若使用统一的时间分配，每个应用程序可获得 50% 的 CPU 时间，由于后一个线程运行时，有三个处理器是空闲的，于是浪费的 CPU 资源为 37.5%。如果采用另一种称为"线程数加权调度法"的统一时间分配方法，即应用程序 A 分 4/5 的 CPU 时间，给应用程序 B 分 1/5 的 CPU 时间，则处理器时间浪费可降到 15%。从上面两个优点来看，组调度算法针对多线程并行执行的单个应用来说具有较好的效率，因此，它被广泛应用在支持细粒度和中粒度并行的多处理器系统中。

统一划分			线程数加权调度法		
	应用程序A	应用程序B		应用程序A	应用程序B
CPU1	应用程序A线程1	应用程序B线程1	CPU1	应用程序A线程1	应用程序B线程1
CPU2	应用程序A线程2	空闲	CPU2	应用程序A线程2	空闲
CPU3	应用程序A线程3	空闲	CPU3	应用程序A线程3	空闲
CPU4	应用程序A线程4	空闲	CPU4	应用程序A线程4	空闲
	1/2	1/2		4/5	1/5
	浪费37.5%			浪费15%	

图 4-7 4 个线程和 1 个线程的组调度例子

3. 专用处理器分配调度算法

专用处理器分配调度算法的基本思想是：在一个应用程序执行期间，给一个应用专门指派一组处理器，一旦一个应用被调度，它的每一个线程被分配一个处理器并一直占有这个处理器运行直到整个应用程序运行结束。采用这一算法之后，这些处理器将不使用多道程序设计，即该应用程序的一个线程阻塞后，该线程对应的处理器不会被调度给其他线程，而将处于空闲状态。这种方法看上去很浪费处理器时间，但它是基于如下两方面的考虑。

（1）对于高度并行的计算机系统来说，可能包括几十个或数百个处理器，每个处理器只占系统总代价的一小部分，处理器的使用率不再是衡量算法有效性的唯一标准。

（2）在一个应用进程的整个生命周期中避免进程调度和切换会加快程序的速度。

这类调度算法追求的是通过高度并行来达到最快的执行速度，适用于高度并行的计算机系统的调度。

4.4 实时调度

实时系统在日常的生产和生活中发挥着越来越重要的作用，如实时控制、空中交通管制、军事指挥和控制系统、电信系统，以及自动驾驶汽车等。操作系统是实时系统中最重要的部分之一,它负责在用户要求的时限内进行任务的处理和控制。

▶ 4.4.1　实时调度的特点

实时系统和其他系统的主要区别在于,其处理和控制的正确性不仅取决于计算的逻辑结果,而且取决于计算和处理结果产生的时间。根据所处理的外部事件的时限要求,实时系统中处理的外部事件可分为硬实时任务和软实时任务。硬实时任务要求系统必须完全满足任务的时限要求。软实时任务则允许系统对任务的时限要求有一定的延迟,其时间要求只是一个相对条件。

实时系统要响应的事件可以进一步划分为周期性(每隔一段固定的时间发生)事件和非周期性(在不可预测的时间发生)事件。对于非周期性事件,存在一个开始处理或者完成的时限,而周期性事件只要求在周期 T 内完成或者开始去处理。

一般说来,实时系统具有如下 5 个特点。

(1) **有限等待时间(决定性)**。与分时系统的多个进程并发执行相比,分时系统中并发执行的进程具有不确定性,其执行顺序和执行环境有关。而实时系统则不然,它要求所有的进程在处理事件时,都必须在有限的时间内开始处理。这一特性又被称为实时系统的决定性特性。

(2) **有限响应时间**。实时系统的有限响应时间是指从系统响应外部事件开始,必须在有限时间内处理完毕。

(3) **用户控制**。在分时系统中,用户不能参与对进程调度的控制。在实时系统中,用户可以控制进程的优先级并选择相应的调度算法,从而达到对进程执行先后顺序的控制。

(4) **可靠性高**。实时系统主要是对外部事件进行处理和控制,因此不允许出现控制错误,也不能像分时系统那样,用户可以用重新启动计算机系统等措施来处理系统出错。

(5) **系统处理出错能力强**。实时系统要求系统在出错时,既能够处理所发生的错误,又不能影响当时正在执行的用户应用程序。

实时系统的上述特性要求它必须具有如下三方面的处理能力。

(1) **快速的进程和线程切换速度**。

进程或线程切换速度是实时系统设计的核心。与分时系统不同,公平性和最小平均响应时间等指标在实时系统中并不重要,实时系统中调度算法的设计原则是满足所有硬实时任务的处理时限和尽可能多地满足软实时任务的处理时限。

(2) **快速的外部中断响应能力**。

为使在紧迫的外部事件请求中断时系统能及时响应,要求系统具有快速硬中断机构,还应使禁止中断的时间间隔尽量短,以免耽误时机。

(3) **基于优先级的随时抢先式调度策略**。

在含有硬实时任务的实时系统中,广泛采用抢占机制。当一个优先权更高的任务到达时,允许将当前任务暂时挂起,而令高优先权任务立即投入运行,这样便可满足该硬实时任务对截止时间的要求。但这种调度机制比较复杂。

对于一些小型实时系统,如果能预知任务的开始截止时间,则对实时任务的调度可采用非抢占调度机制,以简化调度程序和对任务调度时所花费的系统开销。但在设计这种调度机制时,应使所有的实时任务都比较小,并在执行完关键性程序和临界区后,能及时地将自己阻塞起来,以便释放出处理器,供调度程序去调度那种截止时间即将到达的任务。

▶ 4.4.2 常用的实时调度算法

目前已有许多用于实时系统的调度算法，其中有的算法仅适用于抢占式或非抢占式调度，而有的算法则既适用于非抢占式也适用于抢占式调度方式。在常用的几种算法中，它们都是基于任务的优先权，并根据确定优先级方法的不同而又形成不同的实时调度算法。下面介绍几种典型的实时调度算法。

1. 频率单调调度算法

频率单调调度算法是目前被广泛用于多周期性实时处理的调度算法，其基本思想是：为每个进程分配一个与事件发生频率成正比的优先数，运行频率越高（运行周期越短）的进程其优先级就越高，系统优先调度优先级高的进程占有处理器运行。例如，周期为20ms的进程优先级为50，周期为100ms的进程优先级为10，运行时调度程序总是调度优先级最高的就绪进程，并采用抢占式分配策略。

2. 时限调度算法

时限调度算法是一种以满足用户要求的时限为调度原则的算法，其基本思想是：按用户的时限要求顺序设置优先级，优先级高者占据处理器，即时限要求最近的任务优先占有处理器。在实时系统中的用户要求时限有两种：处理开始时限和处理结束时限。时限调度算法可以使用任意一种时限。时限调度算法属于抢占式调度。抢占式时限调度算法必须把新到达的任务的时限要求和当前正在执行的任务的时限要求进行比较，如果新到达的任务的时限要求更近，则应执行新到达的任务。时限调度算法需要输入的信息包括如下6种。

（1）任务就绪时间或事件到达时间：即进程进入就绪状态，可以被调度执行的时间。对于周期性任务来说，该时间是可以预知的，因为时间间隔是周期性的。而对于非周期性的任务来说，这些时间大部分时候是不可预知的，需要事件发生来驱动。

（2）开始时限：即处理器必须开始对任务进行处理的时限。

（3）完成时限：指的是任务必须完成的时间。

（4）处理时间：指的是完成相关任务所需占用处理器的时间。

（5）资源需求：指除了处理器之外的其他软硬件资源。如果所处理的任务除了处理器之外还需要其他的软硬件资源，则调度算法会相应复杂很多。

（6）优先级：优先级可由分析计算后获得，也可根据时限要求由用户指定。

下面举例说明使用时限调度算法调度周期性实时任务的过程。设实时系统从两个不同的数据源DA和DB周期性地收集数据并进行处理，其中，DA的时限要求以30ms为周期，DB的时限要求以75ms为周期。设DA所需处理时限为15ms，DB所需处理时限为38ms，则周期性任务的预计发生、执行与结束时限如表4-2所示。

表4-2　周期性任务的预计发生、执行与结束时限

进　　　程	事件发生时间	执 行 时 限	结 束 时 限
DA(1)	0	15	30
DA(2)	30	15	60
DA(3)	60	15	90
...	...	...	...
DB(1)	0	38	75

续表

进　　程	事件发生时间	执 行 时 限	结 束 时 限
DB(2)	75	38	150
DB(3)	150	38	225
…	…	…	…

如果使用时限调度算法,并按照最近结束时间优先级最高的方法进行排列,时限调度算法给出的调度顺序如图 4-8 所示。从图 4-8 可以看出,在开始时,进程 DA(1)的结束时限最近,从而调度进程 DA(1)执行。DA(1)的结束时间为 15ms,小于 30ms 的时限要求。接着进程 DB(1)被调度执行,执行到时间为 30ms 时,进程 DA(2)进入就绪状态。由于 DA(2)的结束时限为 60ms,比 DB(1)的结束时限 75ms 更近,从而 DB(1)被 DA(2)抢先。DA(2)的实际结束时间为 45ms,小于要求时限 60ms。DA(2)结束之后,DB(1)再次占有处理器继续执行,当 DB(1)执行到时间为 60ms 时,进程 DA(3)进入就绪状态。但是,由于 DA(3)的结束时限为 90ms,比 DB(1)的结束时限 75ms 远,因此 DB(1)继续执行。

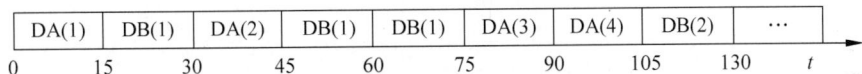

DA(1)	DB(1)	DA(2)	DB(1)	DB(1)	DA(3)	DA(4)	DB(2)	…

```
0      15     30     45     60     75     90     105    130    t
```

图 4-8　时限调度算法给出的调度顺序

以上是时限调度用于周期性任务调度的例子,时限调度算法同样可以用于非周期性的任务调度,这里就不再举例说明了。

3. 最少裕度法

最少裕度法的基本思想是:首先计算各个进程的富裕时间,即裕度(laxity),然后选择裕度最少的进程执行。计算公式为:裕度＝截止时间－(就绪时间＋计算时间)。裕度小说明很紧迫了,就绪后让它尽快运行。

4.5　处理器调度实例

▶ 4.5.1　UNIX 处理器调度方法

1. 传统 UNIX 单处理器调度方法

传统 UNIX 系统的进程调度采用多级反馈轮转调度法。这种调度方法的思想是:操作系统从就绪进程中选择优先级最高且就绪时间最长的进程投入执行,并分给进程一个时间片,当正在执行的进程因等待系统资源进入睡眠或执行完其时间片时,内核就将该进程反馈到若干优先级队列中的某一个队列,并调度下一个"合格"的进程执行。若没有合格的进程,内核则休闲(idle),直到下次中断,下次中断最迟发生在下一个时钟中断时。在处理完中断后,内核再次调度一个进程执行。一个进程在它执行结束之前,可能需要多次通过"反馈轮转",当内核进行进程切换和恢复一个进程的上下文时,该进程就从它原来被挂起的地方继续执行。

每个进程都有一个优先权域,在用户态下的进程的优先权是它最近使用 CPU 时间的函数,最近使用过较多 CPU 时间的进程优先权较低。进程优先权范围分为用户优先权和核心优先权两种。每种优先权有若干优先权值(或称为优先数),每个优先权都有一个逻辑上与它相关联的进程队列。进程优先权范围如图 4-9 所示。具有用户级优先权的进程在它们从内核态返回到用户态时被抢先,而得到它们的用户级优先权;而具有内核级优先权的进程是在进入睡眠时得到内核级优先权的。用户级优先权低于某个阈值,而内核级优先权高于该阈值。内核级优先权又可以进一步划分为不可中断优先权和可中断优先权。这里的"中断"是指中断进程的睡眠过程。进程在进入系统调用后会因为等待资源而睡眠,这时如果收到一个软中断信号,具有可中断优先权的进程可被唤醒,也就是说,可中断本次系统调用或资源等待,而具有不可中断优先权的进程却继续睡眠。

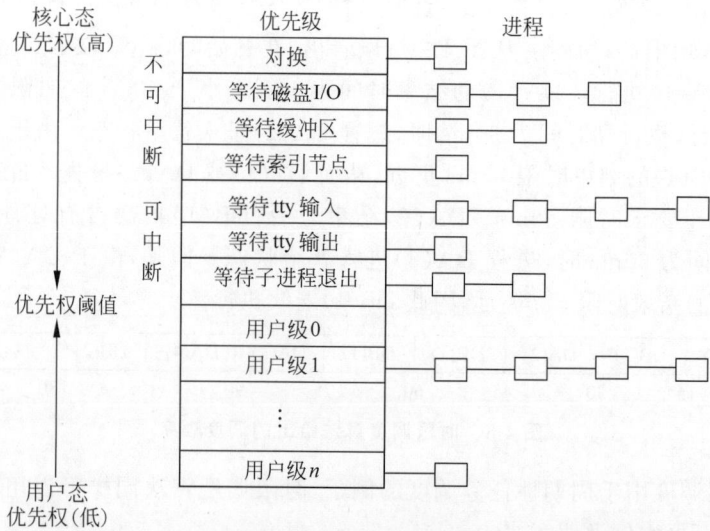

图 4-9   进程优先权范围

内核遵循下列原则和进程状态计算一个进程的优先权。

（1）内核根据睡眠的原因将一个固定的优先权值赋予一个即将进入睡眠的进程。较容易引起系统瓶颈的进程优先权高。例如,一个睡眠等待磁盘 I/O 的进程比等待一个缓冲区的进程具有较高的优先权。因为等待磁盘 I/O 完成的进程已经有了缓冲区,当它醒来时,它就有机会做足够的处理,从而释放缓冲区和可能的其他资源。它释放的资源越多,其他进程等待资源的概率就越小。

（2）内核调整内核态返回用户态的进程优先权。该进程以前可能经历了睡眠状态,其优先权已变到一个核心优先权,因此必须在返回用户态时被降低到用户级优先权。同时,为对其他进程公平起见,内核要降低该进程的优先权,因为它刚刚占用过宝贵的核心资源。

（3）时钟处理程序以 1s 的间隔调整用户态下的所有进程的优先权,同时运行调度程序,以防止某个进程垄断 CPU 的使用。

2．UNIX 多处理器与实时调度方法

下面将以 UNIX SVR4 系统为例介绍 UNIX 的多处理器调度与实时调度方法。UNIX SVR4 的调度算法同传统 UNIX 相比有了较大变动,其设计目的是优先考虑实时进程,次优先考虑内核模式进程,最后考虑用户模式进程（又称为分时进程）。与传统的 UNIX 调度策略相比较,UNIX SVR4 对调度算法的主要修改如下。

（1）增加了基于静态优先数的抢占式调度,包括 3 类优先级层次,160 个优先级。

（2）插入了抢占点。由于 UNIX 的基本内核不是抢占式的,它只能被划分成一系列的处理步骤,这些处理步骤必须一直运行直到结束,中间不能被中断。在这些处理步骤之间,存在着一个称为抢占点的安全位置,此时内核可以安全地中断处理过程并调度新进程。每个安全位置被定义成临界区,从而通过信号量加锁保证内核数据结构被一致性地修改。

在 UNIX SVR4 中,必须将每一个进程定义成属于三类优先级中的一类,并为其分配一个优先数。优先级层次和优先数的划分如下。

(1) 实时优先级层次(优先数为 100~159):这一优先级层次的进程在内核优先级层次和分时优先级层次的进程之前被选择运行,实时进程能利用抢占点抢占内核进程和用户进程。

(2) 内核优先级层次(优先数为 60~99):这一优先级层次的进程先于分时优先级层次进程执行,但迟于实时优先级层次进程运行。

(3) 分时优先级层次(优先数为 0~59):最低的优先级层次,一般用于非实时的用户应用程序。

UNIX SVR4 调度队列如图 4-10 所示。每个优先级层次都关联一个调度队列,对于一给定的优先级层次则按循环方式调度。它事实上是一个多级反馈队列,每一个优先数都对应于一个就绪进程队列并由 dispq 指示,每一个进程队列中的进程按照时间片方式轮转调度。位向量 dqactmap 用来标识每一个优先数就绪进程队列是否为空(若为 1,对应队列非空)。当一个运行进程由于阻塞、时间片用完或剥夺等原因让出处理器时,调度程序首先查找 dqactmap,发现一个较高优先级的非空队列,指派一个进程占有处理器运行。另外,当执行到一个定义的抢占点时(内核允许产生处理器转让的位置),内核将检查一个叫作 kprunrun 的标识位,如果发现它被置位,则表明至少有一个实时进程处于就绪状态,如果当前进程的优先数低于优

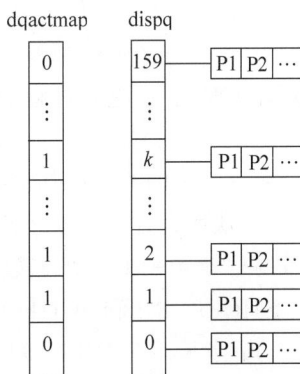

图 4-10　UNIX SVR4 调度队列

先数最高的实时就绪进程,则内核剥夺当前进程,调度具有最高优先级的实时就绪进程运行。

对于分时优先级层次,进程的优先数是可变的,当运行进程用完了时间片,调度程序将降低它的优先数,而当运行进程阻塞后,调度程序则将提高它的优先数。分配给分时进程的时间片取决于它的优先数,其范围为 50~100ms,优先数 0 分配的时间片为 100ms,然后优先数每增加 1 个时间片就减少 1,直到给优先数 59 分配的时间片为 50ms。每个实时进程的优先数和时间片长都是固定的。

▶ 4.5.2　Linux 处理器调度方法

在 Linux 2.5 版本之前,Linux 内核运行传统的 UNIX 调度算法。但传统的 UNIX 调度算法不支持对称多处理器系统。在 Linux 2.5 中,新的调度程序增加了对对称多处理器系统和实时系统的支持,包括处理器亲和性和负载均衡,以及提供了对公平及交互式任务的支持。

Linux 把进程分为普通进程和实时进程,实时进程的优先级比普通进程的要高,Linux 总是优先调度实时进程,以便满足实时进程对响应的要求。Linux 使用三种调度策略:动态优先数调度 SCHED_OTHER,先来先服务调度 SCHED_FIFO 和时间片轮转法调度 SCHED_RR。其中,动态优先数调度策略用于普通进程,后两种调度策略用于实时进程。进程可以通过 sched_setscheduler() 系统调用选择适合自己的调度策略。如果选择了两种实时调度中的任何一种,该进程就转变为一个实时进程。进程的调度策略保存在进程描述符中,并且被子进程所继承,所以实时进程的子进程仍然是一个实时进程。

1. 实时调度

Linux 系统中存在如下三种类型的调度。

（1）先来先服务调度 SCHED_FIFO：属于实时调度，先来先服务调度策略调度最早进入就绪队列的进程，该进程一直运行，直到具有更高优先级的进程进入就绪队列或当前进程结束或阻塞。如果此进程被抢占，它继续处于其优先级队列的首部，如果阻塞，当它再次成为就绪进程，将被添加到它所处的优先级队列的尾部。

（2）时间片轮转法调度 SCHED_RR：属于实时调度，在时间片轮转策略中，进程只执行一个时间片，时间片到，该进程就被加入它所处的优先级队列的尾部。

（3）动态优先数调度 SCHED_OTHER：属于非实时调度。对通常的分时进程，Linux 采用了一种区分优先次序的基于优先数（credit-based）的调度算法。每个进程拥有一个确定的调度 credit；如果需要选择一个新任务运行，那么拥有最高 credit 的进程被选中。每次计时器中断发生时，当前运行进程的 credit 减 1；当它的 credit 为 0 时，它就被暂停，系统选择另一个进程。

在每一类的线程中都设置了多优先数，实时类的优先数高于 SCHED_OTHER 类。一般情况下，默认设置为：实时优先级类的优先数的范围是 0～99（包含 99），SCHED_OTHER 类的范围是 100～139。优先数越小，优先级越高。

SHCED_RR 和 SCHED_FIFO 的不同点如下。

（1）当采用 SHCED_RR 策略的线程的时间片用完，系统将重新分配时间片，并将其置于就绪队列尾。放在队列尾保证了所有具有相同优先级的任务调度的公平性。

（2）而采用 SCHED_FIFO 策略的线程一旦占用 CPU 则一直运行，直到有更高优先级任务到达或自己放弃。如果有相同优先级的实时进程已经准备好，也必须等待该进程主动放弃后才可以运行这个优先级相同的任务。而采用 SHCED_RR 可以让每个任务都执行一段时间。

SHCED_RR 和 SCHED_FIFO 的相同点如下。

（1）都只用于调度实时任务。

（2）创建时优先级大于 0（1～99）。

（3）按照可抢占优先级调度算法进行。

（4）就绪态的实时任务立即抢占非实时任务。

系统中既有动态优先数调度，又有时间片轮转法调度和先来先服务调度时，调度规则如下。

（1）SCHED_RR 调度和 SCHED_FIFO 调度的进程属于实时进程，以动态优先数调度的进程是非实时进程。

（2）当实时进程准备就绪后，如果当前 CPU 正在运行非实时进程，则实时进程立即抢占非实时进程。

（3）SCHED_RR 调度策略和 SCHED_FIFO 调度策略都采用实时优先级作为调度的权值标准，SCHED_RR 调度策略是 SCHED_FIFO 调度策略的延伸。采用 SCHED_FIFO 调度策略时，如果两个进程的优先级一样，则这两个优先级一样的进程具体执行哪一个是由其在队列中的位置决定的。

Linux 实时调度的例子如图 4-11 所示，这个例子说明了 SHCED_RR 和 SCHED_FIFO 的区别。假设有一个进程含有 4 个线程，共有 3 种优先级，优先级分配情况如图 4-11(a)所示。

假设在当前线程等待或者终止时,所有等待线程都准备执行,并假设当一个线程正在执行时,没有更高优先级的线程被唤醒。图 4-11(b)显示了采用 SCHED_FIFO 策略时的所有线程流,线程 D 优先级最高,它优先执行直到它等待或者终止。尽管 B 和 C 具有相同的优先级,但是由于线程 B 等待的时间比线程 C 长,因此线程 B 先开始执行。线程 B 执行直到它等待或者终止,线程 C 才开始执行直到它等待或者终止。最后,线程 A 执行。图 4-11(c)显示了采用 SCHED_RR 策略时的线程流。线程 D 优先执行直到它等待或者终止,接下来线程 B 和线程 C 具有相同的优先级,它们按照时间片轮流执行,最后执行线程 A。

A	45
B	30
C	30
D	25

D —→ B —→ C —→ A

(b) 先来先服务算法调度顺序

D —→ B —→ C —→ B —→ C —→ A

(a) 线程相对优先数　　　　(c) 轮转法算法调度顺序

图 4-11　Linux 实时调度的例子

最后一种调度类是 SCHED_OTHER。只有当没有实时线程运行就绪时,才可以执行这个类中的线程。在 SCHED_OTHER 类中使用的是传统的 UNIX 调度算法。

2. 非实时调度

Linux 非实时调度的目标是不论系统负载和处理器数目如何变化,选择一个合适的进程并分配给一个处理器的时间是恒定的。

在 Linux 系统中,系统为每个处理器维护两套调度用的数据结构。

(1) 140 个活动队列:就绪的进程被放入合适的活动优先级队列,并被赋予一个合适的时间片。用一个 140b 的位图数组来表示,其中的每个比特表示对应优先级的活动队列是否为空。

(2) 140 个过期队列:完成时间片的任务被放入合适的过期优先级队列,并被赋予一个新的时间片,和活动队列一样,也采用一个 140b 的位图数组来表示,其中的每个比特表示对应优先级的过期队列是否为空。

初始化的时候,位图都被设置为 0 并且所有的队列都为空,当一个进程就绪的时候,将它放到合适的优先级队列,队列具有活动队列结构并且被赋予了合适的时间片。如果一个进程在完成它的时间片之前被抢占,则它将会返回到活动队列。当完成了它的时间片后,则它将会进入合适的过期队列并被赋予新的时间片。所有的调度都发生在活动队列的进程中。当活动队列为空的时候,执行指针赋值操作对活动队列和过期队列进行转换,调度继续进行。

每一个非实时进程都被分配一个[100,139]中的初始优先级,默认值是 120。这是任务的静态优先级并由用户指定。随着进程的执行,动态优先级根据静态优先级和执行行为进行计算。一般情况下,大部分时间在睡眠状态的进程应该拥有较高的优先级。

时间片分配的范围是 10~200ms。和一般的调度策略不同,Linux 系统中具有较高优先级的任务分配的时间片也较大。

对一个给定的处理器。调度器选择具有最高优先级的非空队列。如果队列中有多个任务,任务将会以轮转方式进行调度。

▶ 4.5.3　Windows 处理器调度方法

Windows 2000/XP 处理器调度的对象是线程,也称为线程调度。Windows 2000/XP 被设计成在高度交互环境中或者作为服务器尽可能地响应单名用户的需求,它采用了一种优先级驱动的抢占式调度策略,具有灵活的优先级系统。在每一优先级上都包括轮转调度方法,在某些级上,优先级可以基于当前的线程活动而动态变化。系统总是运行优先级最高的就绪线程。一般情况下,线程可在任何可用的处理器上运行,也可限制某线程只能在某处理器上运行。

1. 线程优先级

Windows 调度程序采用 32 级优先级方案以确定线程执行的顺序,包括多个优先级层次,在某些层次线程的优先数是固定的,在另一些层次线程的优先数将根据执行的情况动态地调整。它的调度策略是一个动态优先数多级反馈队列,每个优先数都对应于一个就绪队列,而每一个进程队列中的进程按照时间片方式轮转调度。

优先级的范围为 0~31,它们被分成三种类型,如图 4-12 所示。

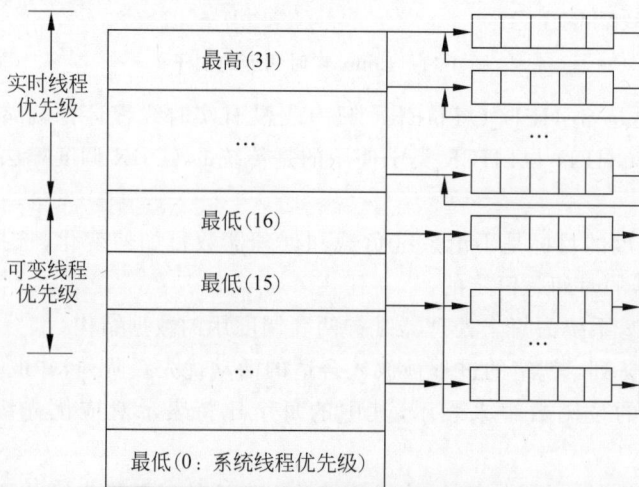

图 4-12　Windows 线程调度优先级

(1) 实时线程优先级(优先数为 16~31):用于实时任务。当一个线程被赋予一个实时优先数,在执行过程中这一优先数是不可变的,一旦一个就绪线程的实时优先数比运行线程高,它将抢占处理器运行。

(2) 可变线程优先级(优先数为 1~15):用于用户提交的交互式任务。具有这一层次优先数的线程可以根据执行过程中的具体情况动态地调整优先数,但是不能超过 15,也就是说可变线程的优先级不能升到实时类的任何级中。

(3) 系统线程优先级(优先数为 0):用于内存管理,即对系统中空闲物理页面进行清零的零页线程。

调度程序为每个调度优先级创建一个队列,从高到低检查队列,直到它发现一个线程可以执行。在 Windows 系统中,具有实时优先级的线程优先于其他线程。在单处理器系统中,当一个线程就绪时,如果它的优先级高于当前正在执行的线程,那么低优先级的线程被抢占,具有更高优先级的进程占有处理器。

对于可变优先级所对应的线程,它最初的优先级是由两个因素确定的:进程的基本优先级和线程的基本优先级。进程的基本优先级可以取 0~15 的任意值。线程的基本优先级是指该线程相对于它的进程的基本优先级,它的值可以等于它的进程的基本优先级,或者比进程的基本优先级高 2 级或低 2 级,即线程的基本优先级的取值范围为[进程的基本优

先级 -2,进程的基本优先级 +2],线程的动态优先级的取值范围为[进程的基本优先级 -2,15]。

一旦一个可变优先级中的线程被激活,则它的实际优先级称为该线程的动态优先级,可以在给定的范围内波动。动态优先级永远不会低于该线程的基本优先级的下限,也永远不会超过 15。Windows 优先级关系的例子如图 4-13 所示,一个进程对象的基本优先级属性值为 4,与这个进程对象相关联的每个线程对象的最初优先级一定在 2 和 6 之间。每个线程的动态优先级可以在 2~15 的范围内波动。如果一个线程由于使用完它的当前时间片而被中断,则 Windows 调度程序会降低它的优先级;如果一个线程为等待一个 I/O 事件而被中断,则 Windows 调度程序会提高它的优先级。因此,受处理器限制的线程趋向于比较低的优先级,受 I/O 限制的线程趋向于比较高的优先级。对于受 I/O 限制的线程,调度程序为交互式等待(如等待键盘或显示)而提高的优先级要比为其他 I/O 类型(如磁盘 I/O)提高的优先级的幅度大。因此,在可变优先级中,交互式线程具有较高的优先级。

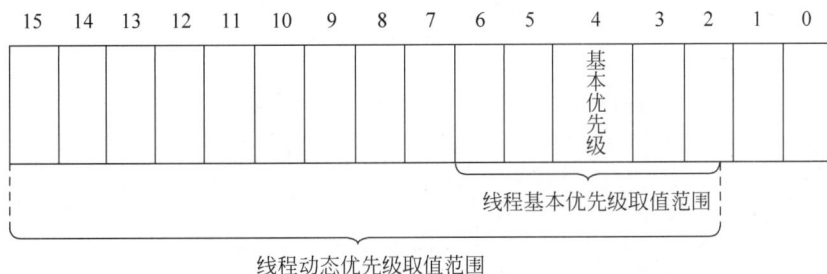

图 4-13 Windows 优先级关系的例子

2. 对称多处理器上的线程调度

当线程进入运行状态时,Windows 首先试图调度该线程到一个空闲处理器上运行。如果有多个空闲处理器,线程调度器的调度顺序为:首先是线程的首选处理器(即线程运行时的偏好处理器),其次是线程的第二处理器(线程第二个选择的运行处理器),第三是当前执行处理器(即正在执行调度程序代码的处理器)。如果这些处理器都不是空闲的,系统将依据处理器标识从高到低扫描系统中的空闲处理器状态,选择找到的第一个空闲处理器。

如果线程进入就绪状态时所有处理器都处于繁忙状态,系统将检查它是否可抢先一个处于运行状态或备用状态的线程。检查的顺序如下:首先是线程的首选处理器,其次是线程的第二处理器。如果这两个处理器都不在线程的亲和掩码中,Windows 将依据活动处理器掩码选择该线程可运行的编号最大的处理器。注意,线程的亲和掩码与首选处理器、第二处理器的设置是相互独立的,首选处理器和第二处理器由系统在创建线程时指定,而亲和掩码由用户选择。线程的亲和掩码是描述该线程可在哪些处理器上运行。线程的亲和掩码是从进程的亲和掩码继承得到的。默认时,所有进程(即所有线程)的亲和掩码为系统上所有要用处理器的集合。

如果被选中的处理器已有一个线程处于备用状态(即下一个在该处理器上运行的线程),并且该线程的优先级低于正在检查的线程,则正在检查的线程取代原处于备用状态的线程,成为该处理器的下一个运行线程。如果已有一个线程正在被选中的处理器上运行,Windows 将检查当前运行线程的优先级是否低于正在检查的线程;如果正在检查的线程优先级高,则标记当前运行线程为被抢先,系统会发出一个处理器中断,以抢先正在运行的线程,让新线程在该处理器上运行。

▶ **4.5.4 OpenHarmony 处理器调度方法**

在 OpenHarmony 操作系统中，任务 Task 是竞争系统资源的最小运行单元，鸿蒙内核中一个线程执行一个任务。任务可以使用或等待 CPU、使用内存空间等系统资源，并独立于其他任务运行。鸿蒙内核每个进程内的任务独立运行、独立调度，当前进程内任务的调度不受其他进程任务的影响。

鸿蒙内核采用进程优先级队列＋线程优先级队列的调度方式，进程优先级范围为 0～31，共有 32 个进程优先级桶队列，每个桶队列对应一个线程优先级桶队列；线程优先级范围也为 0～31，一个线程优先级桶队列也有 32 个优先级队列。当前进程内高优先级的任务可抢占低优先级任务，当前进程内低优先级任务必须在高优先级任务阻塞或结束后才能得到调度。调度优先级桶队列如图 4-14 所示。

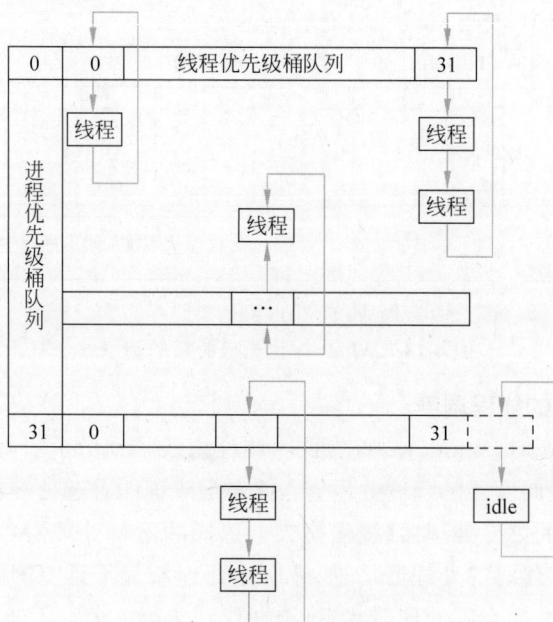

图 4-14　调度优先级桶队列

鸿蒙内核采用了高优先级优先＋同优先级时间片轮转的抢占式调度机制，系统启动后，基于 real time 的时间轴向前运行，该调度算法具有很好的实时性。OpenHarmony 的调度算法将 tickless 机制嵌入调度算法中，一方面使系统具有更低的功耗，另一方面也使 tick 中断按需响应，减少无用的 tick 中断响应，进一步提高系统的实时性。OpenHarmony 的进程调度策略支持 SCHED_RR（时间片轮转），线程调度策略支持 SCHED_RR 和 SCHED_FIFO（先进先出）。

OpenHarmony 在系统内核初始化之后开始调度，运行过程中创建的进程或线程会加入调度队列，系统根据进程和线程的优先级及线程的时间片消耗情况选择最优的线程度运行，线程一旦被调度就从调度队列上删除，线程在运行过程中发生阻塞，会被加入对应的阻塞队列中并触发一次调度，系统将调度其他线程运行。如果调度队列上没有可以调度的线程，则系统会选择 KIdle 进程的线程调度运行。OpenHarmony 调度流程如图 4-15 所示。

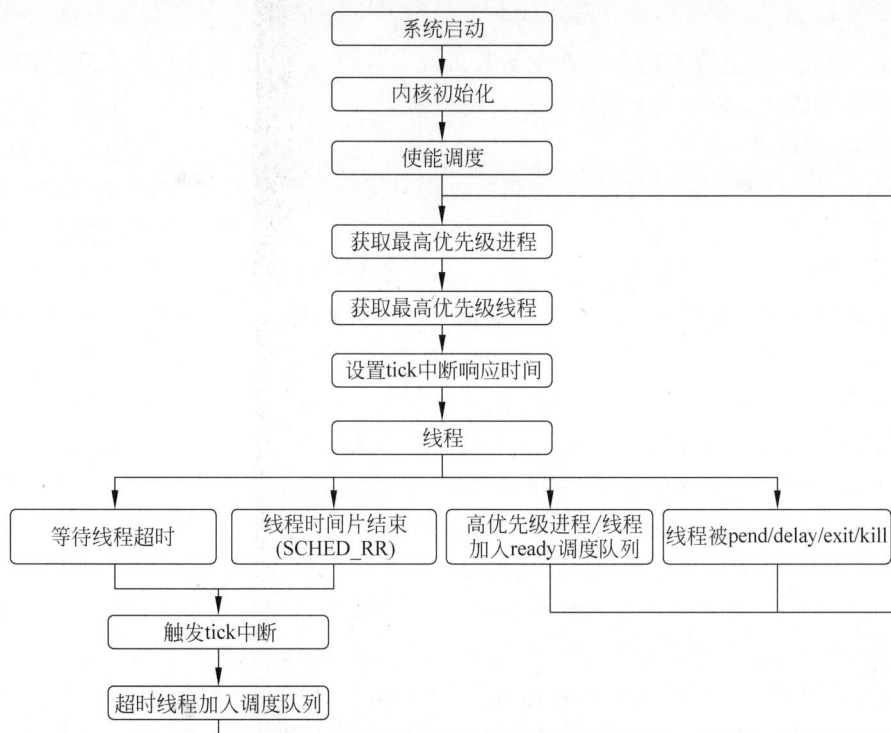

图 4-15　OpenHarmony 调度流程

4.6　处理器调度新进展

在早期的计算机系统中,CPU 是稀缺资源。有的大型计算机系统将批处理和分时服务结合使用,需要调度程序决定下一个运行的是批处理作业还是终端上的交互用户,好的调度程序既要提高系统性能,又要增强用户的满意度,因此有大量关于调度算法的研究工作。

在个人计算机出现之后,随着计算机性能的提高,调度算法并不像以前那样重要了。首先,个人计算机在多数时间只有一个活动进程。用户进入文字处理软件编辑一个文件时,一般不会同时在后台编译一个程序。其次,现在 CPU 的速度极快,个人计算机的多数程序受到的是用户当前输入速率(输入或单击鼠标)的限制,而不是 CPU 处理速率的限制。即使两个实际同时运行的程序,如文字处理和电子表单软件,由于用户在等待两者完成工作,因此很难说需要哪一个先完成。

对于网络服务器,因为多个进程经常竞争 CPU,所以调度程序又变得至关重要。例如,有两个进程,一个是收集每日统计数据的进程,另一个是服务用户需求的进程,当 CPU 必须在两者之间进行选择时,如果后者首先占用了 CPU,用户会更高兴。在很多移动设备上,资源也是不足的,如智能手机、传感器网络节点,电池寿命短是这些设备的重要约束之一,因此一些调度算法关注如何优化电量损耗。

调度程序在选取进程运行时,还要考虑 CPU 的利用率。随着 CPU 越来越快,更多的进程倾向为 I/O 密集型,即进程在等待 I/O 上花费了绝大多数时间,因为 CPU 的改进比磁盘的改进快得多。未来对 I/O 密集型进程的调度处理更为重要,如果进程是 I/O 密集型的,则需要多运行一些这类进程,以保持 CPU 的充分利用。另外,也要避免频繁进行进程切换,因为进程切换的代价比较高。CPU 在切换进程时,首先要保存当前进程的状态,再通过调度算法选定一个新进程,然后将新进程的内存映像重新装入内存管理单元,开始运行。下面介绍两种更复杂的处理器调度方法：公平共享调度和多核线程调度。

1. 公平共享调度

迄今为止介绍的所有调度算法,都把就绪进程集视为单个进程池,并从这个进程池中选择下一个要运行的进程。虽然进程池可以按照优先级划分成几个子进程池,但它们都是同构的。

但是,在多用户系统中,如果单名用户的应用程序或作业能够组成多个进程(或线程),就会出现传统调度程序无法识别的进程集合结构。用户关心的不是某个特定的进程如何执行,而是构成应用程序的一组进程如何执行。因此,基于进程组的调度策略非常有吸引力,这种方法通常称为公平共享调度。此外,即使每名用户用一个进程表示,这一概念也能扩展到用户组。例如,在分时系统中,可能希望把某个部门的所有用户视为同一个组中的成员,然后进行调度决策,并给每个组中的用户提供相同的服务。因此,如果同一个部门中的大量用户登录到系统,则希望响应时间的降低主要影响该部门的成员,而不影响其他部门的用户。

术语"公平共享"表明了这类调度程序的基本原则。每名用户被指定了某种类型的权值,这个权值定义了用户对系统资源的共享,而且是作为在所有使用资源中所占比例来体现的。特别地,每名用户被分配了处理器的共享,这种方案按线性方式运作,如果用户 A 的权值是用户 B 的两倍,那么从长期运行的结果来看,用户 A 可以完成的工作应是用户 B 的两倍。公平共享调度程序的目标是监视使用情况,对相对于公平共享的用户占有较多资源的用户,调度程序分配以较少的资源,相对于公平共享的用户占有较少资源的用户,调度程序分配以较多的资源。

人们已为公平共享调度程序提出了许多方法。本节讲述了许多 UNIX 系统中实现的方案。这种方案被简单地称为公平共享调度程序(Fair-Share Scheduler,FSS)。FSS 在进行调度决策时,需要考虑相关进程组的执行历史,以及每个进程的执行历史。系统把用户团体划分为一些公平共享组,并为每个组分配一部分处理器资源。因此,可能会有 4 个组,每个组能使用 25% 的处理器。这样做实际上是为每个公平共享组提供了一个虚拟系统,虚拟系统的运行速度按比例慢于整个系统。

调度是根据优先级进行的,它会考虑进程的基本优先级、近期使用处理器的情况,以及进程所在组近期使用处理器的情况。优先级的数值越大,所表示的优先级越低。适用于组 k 中进程 j 的公式如下。

$$\text{CPU}_j(i) = \frac{\text{CPU}_j(i-1)}{2}$$

$$\text{GCPU}_k(i) = \frac{\text{GCPU}_k(i-1)}{2}$$

$$P_j(i) = \text{Base}_j + \frac{\text{CPU}_j(i)}{2} + \frac{\text{GCPU}_k(i)}{4W_k}$$

式中,$\text{CPU}_j(i)$ 是进程 j 在时间区间 i 中时处理器使用情况的测度；$\text{GCPU}_k(i)$ 是组 k 在时间区间 i 中时处理器使用情况的测度；$P_j(i)$ 是进程 j 在时间区间 i 开始处的优先级,其值越小,表示的优先级越高；Base_j 是进程 j 的基本优先级；W_k 是分配给组 k 的权值,它满足条件 $0 < W_k \leqslant 1$ 和 $\sum_k W_k = 1$。

每个进程被分配一个基本优先级。进程的优先级会随进程使用处理器及进程所在组使用处理器而降低。对于进程组使用的情况,用平均值除以该组的权值来归一化平均值。分配给某个组的权值越大,那么该组使用处理器对其优先级的影响就越小。

公平共享调度程序示例如图 4-16 所示,其中有三个进程、两个组,进程 A 在一个组中,进程 B 和进程 C 在第二个组中,每个组的权值为 0.5,相对白一些的矩形表示正在执行的进程。假设所有进程都是处理器密集型的,且通常处于就绪态。所有进程的基本优先级为 60,处理器的使用按以下方式度量:处理器每秒中断 60 次,在每次中断过程中,当前正运行进程的处理器使用域增 1,对应组的处理器使用域也增 1,且每秒都重新计算优先级。

时间	进程A 优先级	进程A CPU计数	组CPU 计数	进程B 优先级	进程B CPU计数	组CPU 计数	进程C 优先级	进程C CPU计数	组CPU 计数
0	60	0 1 2 ⋮ 60	0 1 2 ⋮ 60	60	0	0	60	0	0
1	90	30	30	60	0 1 2 ⋮ 60	0 1 2 ⋮ 60	60	0	0 1 2 ⋮ 60
2	74	15 16 17 ⋮ 75	15 16 17 ⋮ 75	90	30	30	75	0	30
3	96	37	37	74	15	15 16 17 ⋮ 75	67	0 1 2 ⋮ 60	15 16 17 ⋮ 75
4	78	18 19 20 ⋮ 78	18 19 20 ⋮ 78	81	7	37	93	30	37
5	98	39	39	70	3	18	76	15	18

组1　　　　　　　　　　　组2

图 4-16　公平共享调度程序示例

在该图中,首先调度进程 A。第 1 秒结束时,它被抢占。此时进程 B 和 C 具有最高优先级,进程 B 被调度。在第 2 个单位时间结束时,进程 A 具有最高优先级。注意这一模式是重复的,内核按下面的顺序调度进程:A、B、A、C、A、B 等。因此,处理器的 50% 分配给进程 A(进程 A 自成一个组),50% 分配给进程 B 和进程 C(进程 B 和进程 C 构成另一个组)。

2. 多核线程调度

广泛使用的操作系统如 Windows 和 Linux,本质上仍以多处理器系统的方式来进行多核系统的调度。这些调度程序通常主要通过负载均衡来使就绪线程均匀分布在处理器之间,以保持处理器繁忙。然而,这种策略并不能使多核架构获得性能上的好处。

随着单个芯片上内核数量的增加,最小化访问片外存储器比最大化处理器利用率更优先。在最小化访问片外存储器方面,传统且主流的方法是利用局部缓存。这种方法在一些使用多核芯片的缓存架构上很复杂,尤其是当一片缓存被部分而非全部内核共享时。用于皓龙 FX-8000 系统的 AMD 推土机芯片就是一个较好的例子,AMD 推土机架构如图 4-17 所示。在这种芯片的架构中,每个内核都有一个独立的一级缓存,每对内核共享一个二级缓存,且所有内核共享三级缓存。相比之下,英特尔酷睿 i7-990X 的每个内核的一级缓存和二级缓存都是独立的。

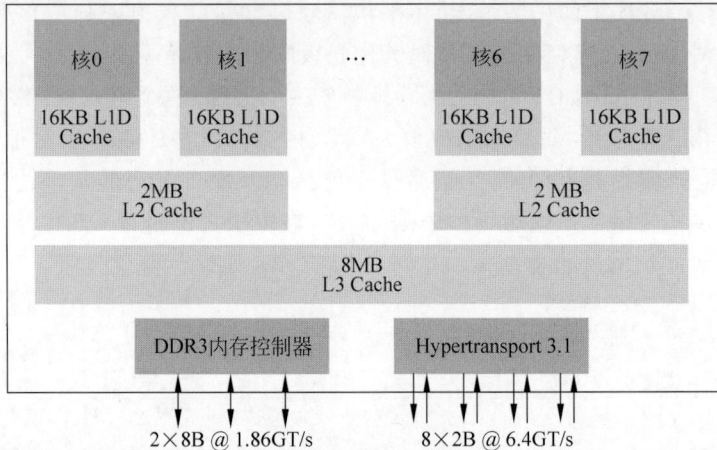

图 4-17　AMD 推土机架构

　　当部分但非全部内核共享缓存时，调度期间线程分配给内核的方式对性能会有明显的影响。假定共享相同二级缓存的两个内核是相邻的，其他则是不相邻的。因此，图 4-17 中核 0 和核 1 相邻，但核 1 和核 2 不相邻。最好的情况是，若两个线程要共享内存资源，则应将它们分配给相邻的内核来提高性能；若它们不共享内存资源，则应分配到不相邻的内核来实现负载均衡。

　　事实上，缓存共享需要考虑两方面的因素：合作资源共享和资源抢占。合作资源共享使得多个线程可以访问相同的内存区域，例如，多线程应用和生产者-消费者线程交互。在这些情况下，一个线程进入缓存的数据可被其他合作线程访问。此时，在相邻内核上调度合作进程是可行的。

　　另一种情况是，线程在相邻的内核上竞争缓存内存地址。无论使用哪种缓存置换技术，如最近最少使用(LRU)，若将更多的缓存动态分配给一个线程，则竞争线程只会得到较少的可用空间，从而使得性能变差。抢占感知调度的目标是把线程分配到内核上并最有效地利用共享内存，进而减少对外片存储器的访问。人们正在研究实现这一目标的算法。

小 结

　　CPU 是计算机系统中一个十分重要的资源，本章主要介绍单处理器系统、多处理器系统以及实时系统的处理器调度目标、策略以及评价方法，并对 UNIX、Linux、Windows 以及 OpenHarmony 系统的处理器调度方法进行了分析。

　　根据调度对象的不同，操作系统的调度分为三个层次：长程调度、中程调度和短程调度。长程调度确定何时允许一个新进程进入系统。中程调度是交换功能的一部分，它确定何时把一个程序的部分或全部调进主存，使得该程序能够被执行。短程调度确定哪一个就绪进程下一次被处理器执行。本章主要集中讨论与短程调度相关的问题。

　　在设计短程调度器时使用了各种各样的准则。一些准则是面向用户的，如响应时间，而其他的准则则是面向系统的，主要是考察系统在满足所有用户的需求时的总效率，如周转时间、资源利用率等。一些准则是定性的，一些准则是定量的。从用户的角度看，响应时间是系统最重要的特性，而从系统的角度看，吞吐量和资源使用率是最重要的衡量指标。

　　为所有进程的短程调度已经开发了许多经典的算法，包括先来先服务、最短进程优先、轮转法、优先级调度以及多重反馈队列调度算法。

对于紧耦合的多处理器系统,多个处理器可以共享同一个主存。在这种环境中,调度结构比单处理器系统更加复杂。一个进程在它的生命周期中可以分配到同一个处理器中,也可以当它每次进入运行状态时,分派到任何一个不同的处理器上。在多处理器系统中,不同调度算法之间的差别没有像单处理器系统那么重要。

实时进程为了保证正确、有效地与外部环境交互,必须满足一个或者多个最后期限。实时操作系统是指能够管理实时进程的操作系统。在实时操作系统中,传统的调度算法不再适用,要考虑的关键因素是满足最后期限。在很大程度上依靠抢占和对最后期限较近的进程优先响应的调度算法。

在现代的操作系统 UNIX、Linux、Windows 和 OpenHarmony 系统中,调度策略都已经考虑了对多处理器和实时进程的处理。

习题

1. 长程调度与短程调度的主要任务是什么？为什么要引入中程调度？
2. 试说明短程调度的主要功能。
3. 在抢占调度方式中,抢占的原则是什么？
4. 在选择调度方式和调度算法时,应遵循的准则是什么？
5. 在批处理系统、分时系统和实时系统中,各采用哪几种进程(作业)调度算法？
6. 何谓静态优先级和动态优先级？确定静态优先级的依据是什么？
7. 试比较先来先服务和最短进程优先两种进程调度算法。
8. 在时间片轮转法中,应如何确定时间片的大小？
9. 多处理器调度应该考虑哪些问题？
10. 通过一个例子来说明通常的优先级调度算法不能适用于实时系统。
11. 为什么说多级反馈队列调度算法能较好地满足各方面用户的需要？
12. 多级反馈队列调度对哪种类型的进程有利,是受处理器限制的进程还是受 I/O 限制的进程？请简要说明原因。
13. 一个使用轮转调度和交换的交互式系统,试图按照如下方式对普通的请求给出有保证的响应:在所有就绪进程完成一次轮转循环后,系统通过用最大响应时间除以需要服务的进程数目,确定在下一个循环中分配给每个就绪进程的时间片。请问这是否是合理的策略？
14. 为什么在实时系统中,要求系统(尤其是 CPU)具有较强的处理能力？
15. 在交互式操作系统中,最重要的性能要求是什么？
16. 按调度方式可将实时调度算法分为哪几种？
17. 5 个进程,从 A 到 E,同时到达系统。它们的估计运行时间分别为 15min、9min、3min、6min 和 12min,它们的优先级分别为 6、3、7、9 和 4(值越小,表示优先级越高)。对下面的每种调度算法,确定每个进程的周转时间和所有进程的平均周转时间(忽略进程切换的开销),并解释是如何得到这个结果的。
(1) 优先级调度。
(2) 先来先服务(按 A、B、C、D、E 的顺序运行)。
(3) 最短进程优先。

18. 进程时限要求表如表 4-3 所示,表中有一组周期性的任务(3 个),请给出关于这组任务的调度顺序图。

表 4-3　习题 18 进程时限要求表

进　　程	到 达 时 间	执 行 时 间	完成最后期限
A(1)	0	10	20
A(2)	20	10	40
…	…	…	…
B(1)	0	10	50
B(2)	50	10	100
…	…	…	…
C(1)	0	15	50
C(2)	50	15	100
…	…	…	…

19. 进程时限要求表如表 4-4 所示,表中有一组非周期性任务,请给出这组任务的调度顺序图。

表 4-4　习题 19 进程时限要求表

进　　程	到 达 时 间	执 行 时 间	完成最后期限
A	10	20	100
B	20	20	30
C	40	20	60
D	50	20	80
E	60	20	70

20. OpenHarmony LiteOS-M 内核支持的任务优先级个数是多少?

21. OpenHarmony LiteOS-A 内核支持的任务优先级个数是多少?

第 5 章 　内存管理

本章知识要点：本章知识要点包括内存管理的功能、内存分配形式、静态和动态重定位、内存存储的覆盖与交换，以及常用的内存管理方法，如分区、页式、段式、段页式和虚拟存储器等原理和实现方法；同时包括 UNIX、Linux、Windows、OpenHarmony 的内存管理实例概况，以及内存管理的设计与实现问题。

预习准备：了解自己使用的计算机的存储器情况，回顾程序设计中对内存空间的使用情况，接着可思考和预览内存管理的任务和功能概况，再预览各知识点的基本概念和其功能实现的基本思想。

兴趣实践：设计实现动态分区的内存分配与回收算法，设计实现页框分配和回收算法，设计实现 FIFO、LRU、NRU 和 Clock 页面置换算法，以及在 UNIX、Linux 系统中，设计动态申请内存和设置共享存储区使用的应用程序。

探索思考：现代计算机内存空间都很大，如何高效实现内存的分配和回收？如何有效保证多进程间对内存空间使用的一致性和保护各进程信息的隐私性？

主存储器（又称为内部存储器、内存、主存）的管理一直是操作系统最主要的功能之一。在现代计算机系统中，尽管主存容量已经很大，价格已相当便宜，但主存储器依然是四大硬件资源中最关键、最紧张的"瓶颈"资源。任何程序和数据及各种控制用的数据结构都必须占用一定的内存空间。因此，能否合理、有效地使用主存储器，在很大程度上反映了操作系统的性能，并直接影响整个计算机系统作用的发挥。本章将主要介绍几种常用的内存管理方法，如分区、页式、段式、段页式存储管理和虚拟存储器等原理和实现方法，最后介绍 UNIX、Linux、Windows、OpenHarmony 的内存管理实例和内存管理设计与实现问题。

5.1　内存管理的功能

▶ 5.1.1　计算机系统的多级存储结构

为了更多地存放和更快地处理用户信息，目前许多计算机把存储器分为三级：外部存储器、主存储器（内存）和高速缓冲存储器。多级存储结构如图 5-1 所示。外部存储器（简称外存）用来存放不立即使用的程序和数据，当用户的程序运行需要它们时，再从外存把它们读入主存储器。一个程序的运行总是存放在主存中，以便处理器的访问。由于处理器的运算部件和控制部件比主存的存取速度快得多，为了使处理器的处理速度和到存储器中存取的速度得到较好的匹配，就引入了高速缓冲存储器，由硬件机构自动控制主存信息块与高速缓冲存储器信息块的交换，这样处理器取指令和存取数据就在高速缓冲存储器中进行，从而平滑了主存与处理器的信息流动。从外部存储器到高速缓冲存储器，其存取速度越来越快，容量越来越小，而价格越来越昂贵。高速缓冲存储器不参与指令的编址，它只是为

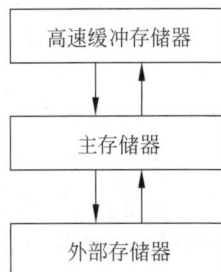

图 5-1　多级存储结构

了提高计算机的处理速度。

本章主要介绍主存储器（内存）空间的管理原理和实现技术。

▶ 5.1.2　内存管理的任务和功能

为了对内存进行合理有效的管理，一般将内存空间分为系统区和用户区两大部分。系统区主要存放操作系统常驻内存部分和一些系统软件常驻内存部分以及相关的系统数据；用户区主要用来存放用户的程序和数据。操作系统内存管理主要是针对用户区进行的，在多用户系统中，需要将内存空间划分成更多的区域，以便同时存放多个用户的进程。那么，合理、有效的内存管理机制，必将大大提高操作系统的性能。

内存管理的主要任务如下。

（1）为多道程序的并发提供良好的环境，使每道程序都能在不受干扰的环境中运行。

（2）提高内存利用率，尽量减少空闲的及不可利用的内存区域，使得有限的内存能更好地为多个用户程序服务。

（3）逻辑上扩充内存空间，使大程序能在小内存中运行。

（4）方便用户使用内存，用户无须考虑内存的分配、回收和保护等工作，这些工作对于用户来说是"透明"的，完全由操作系统进行管理。

为了完成上述任务，要求内存管理必须具备以下几个功能。

1．内存空间的分配和回收

操作系统中的内存管理能根据记录每个存储区（分配单元）的状态作为内存分配的依据。当用户提出申请时，实施内存空间的分配管理，并能及时回收系统或用户释放的存储区，以供其他用户使用。为此，这种内存分配机制应能完成如下工作。

（1）记住每个存储区域的状态，哪些是已经分配的，哪些还可以用于分配。保存每个存储区域的状态的数据结构称为内存分配记录表。

（2）实施分配。在系统程序或用户提出申请时，按所需的量给予分配，并修改相应的内存分配记录表。

（3）接收系统或用户释放的内存区域，并相应地修改内存分配记录表。

2．地址映射和重定位

程序设计人员在进行程序设计时，用来访问信息时所用到的一系列地址单元的集合称为逻辑地址。而存储空间是内存中物理地址的集合。在多道程序环境下，程序不是事先约定存放位置，而是在执行过程中可以动态浮动，故程序的逻辑地址和物理地址是不一致的，因此需要内存管理机制提供地址映射功能，把程序地址空间中的逻辑地址转换为内存空间中对应的物理地址。

3．内存共享与保护

由于内存区域为多名用户程序共同使用，所以内存共享有两方面的含义：①是指多个用户程序共同使用内存空间，各个程序使用各自不同的内存区域；②是指多个用户程序共同使用用内存中的某些程序和数据区，这些共享程序和数据区称为共享区。因此，内存管理必须研究如何保护各内存区中的信息不被破坏和偷窃，同时当多个程序共享一个内存区时，也要对共享区进行保护，确保信息的完整性和一致性。

4．内存扩充

计算机在实际的应用中，常常出现小内存无法满足大程序的要求。同时，内存单元的容量受到实际存储单元的限制。因而,内存管理机制必须提供相应的技术,来达到内存单元逻辑上的扩充。现在采用的一般是虚拟存储技术或其他自动覆盖和交换技术。

5.2　内存分配的几种形式与重定位

▶ 5.2.1　内存分配的几种形式

内存分配所要解决的问题是多道程序之间如何共享内存的存储空间,即内存管理在什么时候采用什么样的方式将一个程序运行时所需要的信息分配到内存中,并使这些问题对用户来说尽可能是"透明"的。

解决内存分配问题有以下三种方式。

1. 直接内存分配方式

程序设计人员在程序设计过程中,或汇编程序对源程序进行编译时,所用的是实际物理内存地址,以确保各程序所用的地址之间互不重叠。显然,直接内存分配方式要求内存的可用空间已经确定,这对于单用户计算机系统来说是不成问题的。在多道程序设计发展初期,通常将内存空间划分成若干个固定的不同大小的分区,并对不同的程序指定不同的分区。对于程序设计人员或编译系统而言,内存的可用空间是已知的。这样,不仅用户感到不方便,而且内存的利用率也不高。

2. 静态内存分配方式

采用静态内存分配方式时,用户在编写程序或由编译系统产生的目的程序中采用的地址空间为逻辑地址。当连接程序对它们进行装入、连接时,才确定它们在内存中的相应位置(物理地址),从而产生可执行程序。这种分配方式要求用户在进行装入、连接时,系统必须分配其要求的全部内存空间,若内存空间不够,则不能装入该用户程序。同时,用户程序一旦装入内存空间后,它将一直占据着分配给它的内存空间,直到程序结束时才释放该空间。再者,在整个运行过程中,用户程序所占据的内存空间是固定不变的,也不能动态地申请内存空间。

显然,这种分配方式不仅不能实现用户对内存空间的动态扩展,也不能有效地实现内存资源的共享。

3. 动态内存分配方式

动态内存分配方式是一种能有效使用内存的方法。用户程序在内存空间中的位置,虽然也是在装入时确定的,但是,它不必一次性将整个程序装入内存中,可根据执行的需要,一部分一部分地动态装入。同时,装入内存的程序不再执行时,系统可以收回该程序所占据的内存空间。再者,用户程序装入内存后的位置,在运行期间可根据系统需要而发生改变。此外,用户程序在运行期间也可动态地申请内存空间以满足程序需求。动态内存分配通常可采用覆盖与交换技术实现。

由此可见,动态内存分配方式在内存空间的分配和释放上,表现得十分灵活,现代的操作系统常采用这种内存分配方式。

▶ 5.2.2　重定位

为了实现静态、动态内存分配方式,必须把逻辑地址和物理地址分开,并将逻辑地址定位为物理地址。为此,首先要弄清地址空间和存储空间这两个概念。

1．地址空间和存储空间

用户在编写程序时，是通过一些符号名称来调用、访问子程序和数据的，这些符号名与存储器地址无任何直接关系。源程序经过编译或是汇编以后，产生了目标程序，而编译系统总是从零号地址单元开始，为目标程序指令顺序分配地址。这些地址被称为相对地址，或者是逻辑地址。相对地址的集合称为逻辑地址空间，简称地址空间。

存储空间是指内存中一系列存储信息的物理单元的集合。这些物理单元的编号称为物理地址或绝对地址。因此，存储空间的大小是由内存的实际容量决定的。

显然，逻辑地址空间是逻辑地址的集合，是相对于用户或程序设计人员的，是一个"虚"的概念，而存储空间是物理地址的集合，是系统管理和维护的对象，是一个"实"的物体。用户设计好的一个程序是存在于它自己的地址空间中的，只有当它要在计算机上运行时，系统才将它装入存储空间中。

2．重定位的概念

在一般情况下，用户的一个程序在装入时所分配的存储空间和它的地址空间是不一致的，因此，用户程序在 CPU 上执行时，其所要访问的指令和数据的物理地址和地址空间中的相对地址是不同的，程序由地址空间装入存储空间如图 5-2 所示。显然，如果用户程序在装入或执行时，不对有关地址进行修改，则将会导致错误的结果，这种由于用户程序的装入而引起的地址空间中的相对地址转换为存储空间中的绝对地址的地址变换过程，称为地址重定位，也称为地址映射。实现地址重定位或地址映射的方法有两种：静态地址重定位和动态地址重定位。

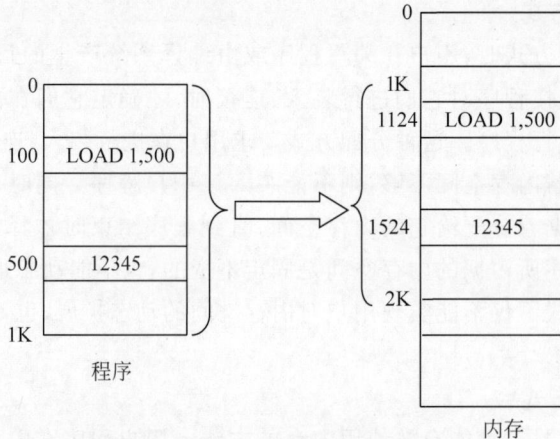

图 5-2　程序由地址空间装入存储空间

1）静态地址重定位

静态地址重定位是指用户程序在装入时由装配程序一次完成，即地址变换只是在装入时一次完成，以后不再改变，如图 5-2 中，LOAD 1,500→LOAD 1,1524。这种重定位方式实现起来比较简单容易，在早期多道程序设计中大多采用这种方案，但是，它也存在不少缺点。

（1）用户程序必须分配一个连续的内存存储空间。

（2）难以实现程序和数据的共享。

2）动态地址重定位

动态地址重定位是在程序执行的过程中，当 CPU 要对内存进行访问时，通过硬件地址变换机构，将要访问的程序和数据地址转换成内存地址。地址重定位机构至少需要一个重定位寄存器 BR 和一个相对地址寄存器 VR。指令或数据的主存地址 MA 与逻辑地址的关系为

$MA=(BR)+(VR)$。动态重定位过程如图 5-3 所示。

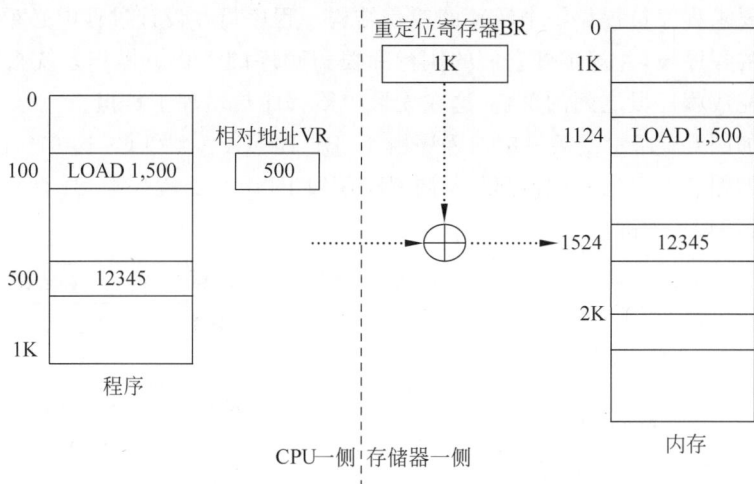

图 5-3 动态重定位过程

（1）其具体过程如下。

① 设置重定位寄存器 BR 和相对地址寄存器 VR。

② 将程序段装入内存，且将其占用的内存区起始地址送入 BR 中，如（BR）=1K。

③ 在程序执行过程中，将所要访问的相对地址送入 VR 中，如（VR）=500。

④ 地址变换机构把 VR 和 BR 的内容相加，得到实际访问的物理地址。

（2）动态地址重定位的优点。

① 执行时程序可以在内存中浮动，对于移动后的程序，只需按程序存放的起始单元地址来修改重定位寄存器 BR 的值，程序又可继续执行，有利于提高内存的利用率和内存空间使用的灵活性。

② 有利于程序段的共享实现。当系统提供多个重定位寄存器 BR 时，规定某些或某个重定位寄存器作为共享程序段使用，就可实现内存中的相应程序段为多个程序所共享。

③ 为实现虚拟存储管理提供了基础。有了动态地址重定位的概念和技术，程序中的信息块可根据执行时的需要分配在内存中的任何区域，还可以覆盖或交换不再使用的区域，使得程序的逻辑地址空间可比实际的物理存储空间大，从而实现了虚拟存储管理功能。

（3）动态地址重定位的缺点。

① 实现存储器管理的软件比较复杂。

② 需要附加的硬件支持。

▶ 5.2.3 覆盖与交换

覆盖与交换是从逻辑上扩充内存的两种方法，主要解决在较小内存空间中如何执行大程序的问题。

1. 覆盖技术

在单 CPU 系统中，每一时刻 CPU 只能执行一条指令，而且一个用户程序并不需要一开始就将它的全部程序和数据装入内存中。因此，可以把程序划分为若干个功能相互独立的程序段，并且让那些不会同时被 CPU 执行的程序段共享同一个内存区。通常，这些程序段被保存在外存中，当 CPU 要求某一程序段执行时，才将该程序段装入内存中覆盖以前的某一个程序段。在用户看来,内存好像扩大了,这便是覆盖技术。

覆盖技术要求程序员提供一个清楚的覆盖结构。程序员在设计过程中必须完成把一个程序划分成不同的程序段,并规定好它们的执行和覆盖顺序的工作。操作系统根据程序员提供的覆盖结构来完成程序段之间的覆盖,这在无形中给程序员增加了负担。

覆盖示例如图 5-4 所示。某一用户程序由 A、B1、B2、C1、C2 和 C3 这 6 个程序段组成,它们之间的关系如图 5-4(a)所示,程序段 A 调用程序段 B1 和 B2,程序段 B1 调用程序段 C1,程序段 B2 调用程序段 C2 和 C3。

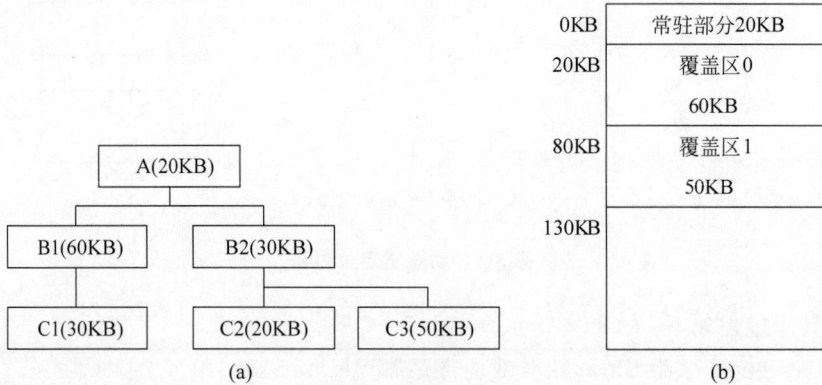

图 5-4 覆盖示例

由图 5-4 可知,程序段 B1 和 B2 之间不会相互调用,因此,可以将程序段 B1 和 B2 共享一个内存区,其分配的内存大小为 B1 和 B2 中所需内存的较大者,即 60KB。同理可知,程序段 C1、C2 和 C3 也可共享一个内存区,内存分配大小为 50KB。这样,可以按照如图 5-4(b)所示的形式来划分覆盖结构。同时,还可以看到,用户程序所要求的内存空间为 A(20KB)+B1(60KB)+B2(30KB)+C1(30KB)+C2(20KB)+C3(50KB)=210KB,但采用了覆盖技术后,只需要 20KB+60KB+50KB=130KB 的内存空间,大大提高了内存的利用率。

2. 交换技术

交换技术就是将系统暂时不用的程序或数据部分或全部从内存中调出,以腾出更大的存储空间,同时将系统要求使用的程序和数据调入内存中,并将控制权转交给它,让其在系统上运行。实际上,这种技术是通过在内存与外存之间不断地交换程序和数据,以实现用户在较小的内存空间中完成较多程序的执行。这样,从用户角度(逻辑上)看,内存容量得到了扩充。

与覆盖技术相比,交换技术不要求程序设计人员给出程序段之间的覆盖结构,它主要是在进程之间进行,而覆盖技术则主要是在同一个进程之间进行。交换技术的运用,可以在较小的内存空间中运行较多的程序,覆盖技术的运用,可以在较小的内存空间中运行比其容量大的程序。

5.3 分区内存管理

在单道环境下,一般采用单一连续区分配方式,此方式内存空间除了被系统占用外,其他剩余空间全部被一个用户程序所占用,因此管理起来较为简单。在多道程序设计环境下,为实现各并发进程共享内存空间,可以采用分区内存管理方式。分区内存管理是将内存的用户可用区划分成若干个大小不等的区域,每一个进程占据一个区域或多个区域。分区管理根据分区的时机不同,分为固定分区和动态分区两种方法。

　　固定分区是指系统在初始化时,将内存空间划分为若干个固定大小的区域。用户程序在执行过程中,不允许改变划分区域的大小,只能够根据各自的要求,由系统分配一个存储区域。固定分区存储分配技术,虽然可以使多个进程在同一时刻共享内存区,但它不能充分利用内存资源。因为一个进程占据内存的大小,只有当它在调入内存时,由调度程序分析才能确定,而分区的大小是在系统初始化时进行划定的。由于用户进程占据的主存空间不可能刚好等于某个分区的大小,所以,在已分配的分区中,通常都有一部分未被进程占用而浪费的主存空间,这一部分空间称作内存的"碎片"或"内零头"。在固定分区分配方式中,由于存在"碎片"问题,所以内存浪费现象比较严重。为了解决这一问题,引进了动态分区分配方式(又称为可变分区分配方式)。

▶ 5.3.1　动态分区的基本概念

　　采用动态分区分配方式,在系统初启时,除了操作系统中常驻内存部分以外,只存在一个空闲分区。随后,分配程序将该区依次划分给调度程序选中的进程,并且分配的大小可随用户进程对内存的要求而改变,内存分配情况如图 5-5 所示。显然,这种分配方式不会产生"碎片"现象,从而大大提高了内存的利用率。与固定分区法相同,动态分区也要使用分区说明表等数据结构来对内存进行管理。但由于系统在运行的过程中,无法确定分区的个数和分区的大小等情况,分区说明表的大小也难以确定。因而,在动态分区分配方式中,是采用将内存中的空闲区单独构成一个可用分区表或可用分区自由链表的形式以描述系统内存管理。此外,请求内存资源的进程也构成一个内存资源请求表。可用分区表、自由链表和请求表如图 5-6 所示。可用分区表的每个表目记录一个空闲区,其主要参数由区号、分区长度和起始地址组成。采用表格结构来管理空闲区比较直观,管理算法也简单,但表格的大小难以确定。

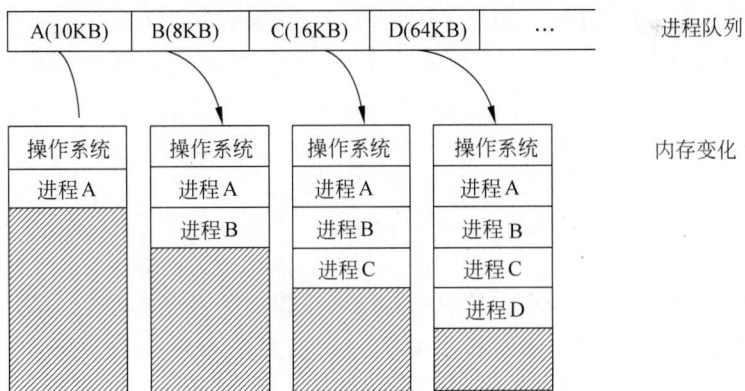

图 5-5　内存分配情况

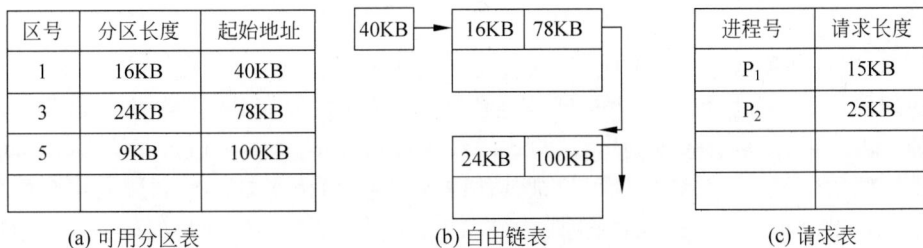

(a) 可用分区表　　　　　(b) 自由链表　　　　　(c) 请求表

图 5-6　可用分区表、自由链表和请求表

自由链表是利用每个空闲区的开始几个存储单元来存放本空闲区的大小及下一个空闲区的起始地址，从而将所有的空闲区都链接起来。然后，系统再设置一个自由链表首指针，让其指向第一个空闲区。这样，存储管理程序可以通过自由链表的首指针查找到所有的空闲区。请求表的每个表目登记着请求内存资源的进程号以及所需的主存大小。

必须注意，无论是采用可用分区表还是自由链表方式，表中的各项都要按照一定的规则排列以利于查找和回收。以下进一步讨论动态分区的分配与回收问题。

▶ 5.3.2 动态分区的分配与回收

1. 动态分区的分配方式

动态分区的存储分配方式是指如何从可用分区表或自由链中寻找满足条件空闲区分配给相应的进程。通常有三种方式：最先适应法、最佳适应法、最坏适应法。

（1）最先适应法是将进程分配到内存的第一个足够装入它的可用空闲区中。采用这种算法实施分配时，找到的第一个适应要求的空闲区，其大小不一定正好等于进程所要求的大小。因此，该空闲区会分为两个区，一个是已分配区，其大小正好等于进程所要求的大小；另一个仍为空闲区，并保留在可用分区表或自由链中。

这种算法的缺点是可能将大的空闲区域分割成一个小区，不利于大程序的装入与运行。改进的方法是，把空闲区按地址从小到大排列在可用分区表或自由链中，分配时，尽可能地利用内存的低地址部分的空闲区，而尽量保留高地址部分为大的空闲区，以便满足当程序要求较大内存空间时的要求。

（2）最佳适应法是将进程分配到内存中与它所需大小最接近的一个可用空闲区中。采用这种算法要求可用分区表或自由链按照空闲区从小到大的次序排列。当用户进程申请一个空闲区时，存储器管理程序就从可用分区表或自由链的头部开始查找，当找到第一个满足条件的空闲区时，停止查找，进行内存区的分配。

这种算法的优点是从空闲区中挑选一个能满足程序要求的最小分区，这样可以保证不会去分割一个更大的空闲区，便于今后大程序的装入运行。其缺点是由于空闲区通常不可能正好和程序所要求的大小相等，因而要将其分割成两部分，这往往使剩下的空闲区非常小，以至几乎无法使用。随着系统的运行，这种小空闲区也逐步增多，造成了内存空间的浪费。故有些系统往往还采用与之相反的分配算法，即最坏适应法。

（3）最坏适应法是把一个进程分配到主存中最大的空闲区中。采用这种算法同样要求可用分区表或自由链按照空闲区从大到小的次序排列。当用户进程申请一个空闲区时，存储管理系统分析可用分区表或自由链中的第一个空闲区是否满足用户进程要求，若满足要求，则将第一个空闲区分配给它；否则分配失败。

这种分配方式看起来十分荒唐，但是经过分析后发现，最坏适应算法也有很强的直观性。其原因是：在大空闲区中装入程序后，剩下的空闲区常常也很大，于是也能满足以后较大的程序的要求。该算法对中、小程序的运行是很有利的。

2. 动态分区的回收

实际上，在每一种内存分配方案中，都包含一定程度的浪费。在动态内存分配中，也存在着这种的现象。动态分区方式中内存的释放和回收如图5-7所示，系统将进程队列中的进程逐步装入内存中，但随着系统的运行，进程陆续完成，它们将释放掉所占用的内存空间，在内存中形成一些空白区。这些空白区可以被其他进程使用，但由于空白区和调入主存的进程要求的大小不是正好相等，因而会出现更小的空白区，这些小的空白区容量无法满足其他进程的需要而白白浪费。同时，随着系统运行的时间加长，这些小的空白区的数量也将会增多。为了避免这种浪费现象,系统提供了相应的回收程序,将释放的分区与它相邻的空闲分区进行合并,形成一个更大的空闲分区。

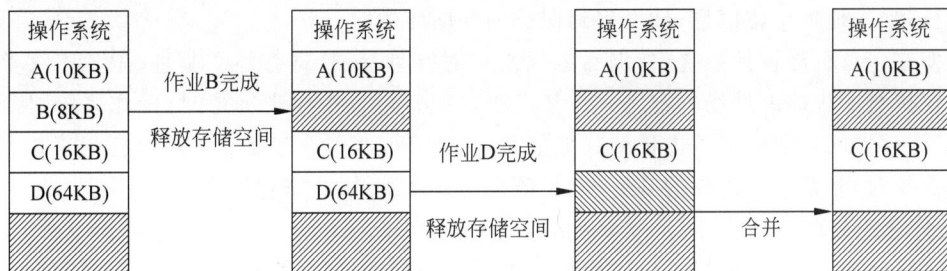

图 5-7　动态分区方式中内存区的释放和回收

通常,分区的回收有 4 种情况。

(1) 释放区与上下两个空闲区相邻。在这种情况下,将三个空闲区合并为一个空闲区。新空闲区起始地址为上空闲区的起始地址,大小为三个空闲区之和。同时,修改可用分区表或自由链中的表目。

(2) 释放区与上空闲区相邻。在这种情况下,将释放区与上空闲区合并为一个空闲区,其起始地址为上空闲区的起始地址,大小为释放区和上空闲区之和。同时,修改可用分区表或自由链中的表目。

(3) 释放区与下空闲区相邻。在这种情况下,将释放区与下空闲区合并为一个空闲区,其起始地址为释放区的起始地址,大小为释放区和下空闲区之和。同时,修改可用分区表或自由链中的表目。

(4) 释放区与上下两个空闲区都不相邻。在这种情况下,释放区作为一个新的空闲可用区插入可用分区表或自由链中。

▶ 5.3.3　分区管理的其他问题

1. 地址转换与存储保护

对动态分区方式应采用动态重定位装入程序,当程序执行时由硬件地址转换机构完成地址转换。硬件机构必须设置两个专用的特权寄存器:基址寄存器和限长寄存器。基址寄存器存放分配给程序使用的分区的最小绝对地址值;限长寄存器存放程序占用的连续内存空间的长度。当程序装入所分配的区域后,操作系统把该区域的始址和长度送入基址寄存器和限长寄存器,启动程序执行时由硬件机构根据基址寄存器和限长寄存器进行地址转换,从而得到绝对地址。地址转换过程如图 5-8 所示。

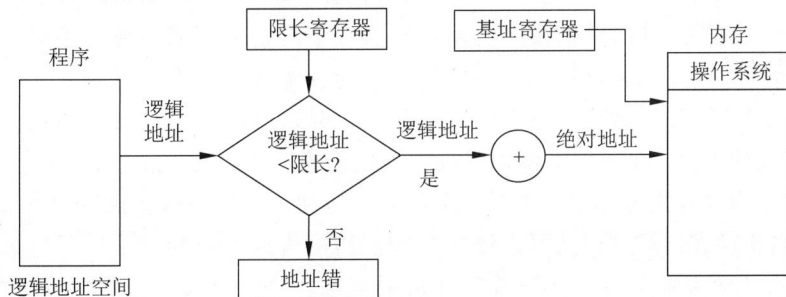

图 5-8　地址转换过程

当逻辑地址小于限长值时，则逻辑地址加基址寄存器值就可得到绝对地址；当逻辑地址大于限长值时，表示程序欲访问的地址超出了所分得的区域，这时就产生地址越界中断，终止程序执行，报告地址出错信息，从而起到保护内存的作用。

即使在多道程序设计系统中，仍然也只需一对基址/限长寄存器。基址/限长寄存器的内容为正在执行的程序的现场内容之一。某进程在执行过程中出现等待时，操作系统必须把基址/限长寄存器的内容随同该进程的其他信息，如 PSW、通用寄存器等一起保存起来。当进程被选中执行时，则把选中进程的基址/限长值再送入基址/限长寄存器中。

2．分区的共享

在分区管理方式中，如果每个进程只能占用一个分区，那么就不允许各道进程存在公共的共享区域。这样，当几道进程都要使用某个例行程序时，就只好在各自的存储区域内各放一套了，这种方式显然降低了内存的使用效率。所以有些计算机系统提供了多对基址/限长寄存器，允许一个进程占用多个分区。系统可以规定某对基址/限长寄存器限定的区域是共享的，用来存放共享的程序和数据。对共享区的信息也必须规定只能执行或读出，而不能写入，若某进程要想往该共享区域写入信息时，则将遭到系统的拒绝，并产生保护中断。因此，几道进程共享的例行程序或数据就可存放在一个共享的分区中，只要让各道进程的共享内存区域部分有相同的基址/限长值，就可实现分区共享。

3．移动技术

当内存分配程序在可用分区表或自由链表中找不到一个足够大的空闲区来装入进程时，可以采用移动技术改变内存中的进程存放区域，同时修改它们的基址/限长值，从而使分散的小空闲区汇集成一个大的空闲区，有利于进程的装入。移动分配示例如图 5-9 所示。

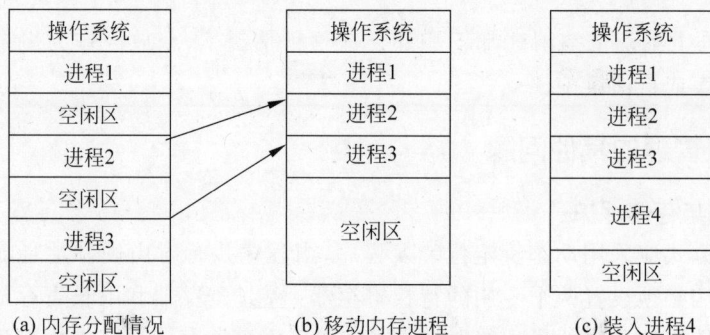

图 5-9　移动分配示例

移动的好处是可使分散的"碎片"或小空闲区汇集成一个大的空闲区，但它却增加了系统的开销，此外，也不是任何时候都能对一个进程进行移动的。例如，当某道进程正在与外部设备交换信息时，I/O 控制机构总是按已经确定的主存绝对地址完成信息的传输。若这时移动该进程，则交换信息将出错。所以当一道进程正在与外部设备交换信息时往往不能移动。由于移动增加了系统的开销，故应尽量设法减少移动。例如，当要装入一道进程时总是先挑选不经移动就可装入的进程；在不得不移动时也力求使移动的道数最少。

移动技术也为进程执行过程中扩充内存提供了方便。一道进程在执行中若要增加内存容量时，只需适当移动邻近的进程就可以增加它所占用的连续区域的长度。所有被移动后的进程基址值与该进程扩大后的限长值都应做相应的修改。当然，允许进程在执行过程中动态扩充内存，有时还会出现死锁问题。可以考虑将相应卷入死锁的某个或一些进程调出内存，存到辅助存储器中,然后,让留在内存的那些进程获得主存资源并继续执行下去,直到它们归还主存后,再将送出去的进程逐个调回来,满足它们的内存需求,继续执行。

4．分区内存管理的优缺点

（1）主要优点。

① 实现了多道程序设计,从而提高了系统资源的利用率。

② 系统要求的硬件支持少,管理简单,实现容易。

（2）主要缺点。

① 由于进程在装入时的连续性,内存的利用率不高。采用移动技术可以提高内存的利用率,但增加了系统的开销,同时也带来了其他一些较为棘手的问题,如与外部设备交换信息的出错问题、动态内存扩充的死锁问题等。

② 内存的扩充只能采用覆盖与交换技术,无法真正实现虚拟存储。

5.4 页式存储管理

▶ 5.4.1 概述

由分区管理可知,尽管分区管理从实现方法来看比较简单,但由于分区管理方式要求进程占用内存的一个或多个连续的存储区域,这样会导致整个计算机存储系统的一系列问题。

（1）当连续空闲区不能满足进程的要求时,即使系统中所有空闲区之和大于进程对主存的要求,仍然不能装入进程。

（2）存储区中仍然存在“碎片”的现象,使内存利用率不高,采用移动技术将分散的“碎片”合并成一个较大的可用区域,但“碎片”的合并需要占用 CPU 的时间,并且合并也不是随时都能进行的。

（3）分区管理方式无法有效地实现虚拟存储技术,即：使进程的逻辑地址空间大于实际的内存物理空间,从而使有限的内存运行较大、较多的程序。

为了克服分区管理的这些缺点,20 世纪 60 年代,人们提出了分页管理体系。其基本思想是将进程分配在不连续的大小相同的存储区域中,实现内存“见缝插针”式的分配,同时又要保证进程的连续执行。页式管理的基本思想如下。

页式存储器管理取消了内存分配的连续性,它能够将用户进程分配到不连续的存储单元中连续执行。操作系统在初始化时,按照一定的原则,将内存空间划分为大小相等的块或页框（page frame）,通常页框的大小是 2 的整数次幂。同时,用户进程在调入内存之前,操作系统将进程的地址空间划分成与页框相等的片,称为页面（page）。经系统划分后,进程的地址空间一般由页号和页内偏移两部分组成。分页系统的地址结构如图 5-10 所示,这是一个页长为 2KB,占有 512 页的内存空间的地址结构。然后,系统将用户进程的每一个页面分配到内存的页框中。分配时,要求用户进程在页框内是连续的,但页框与页框之间不一定要连续。

19	11	10	0
页号		页内偏移	

图 5-10 分页系统的地址结构

与分区管理相比,可以看到页式管理方式的优越性主要体现在两方面：其一是实现了连续存储到非连续存储的飞跃,为实现虚拟存储打下了基础;其二是解决了内存中的“碎片”问题,因为从分配思想上看已不存在空闲的页框不可利用的问题,尽管每个进程的最后一页不一定占满整个页框,这部分未占满页框的存储区域称为“内碎片”或“内零头”,任意一个“内碎片”

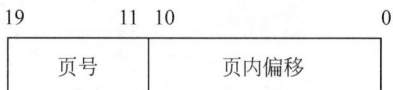

或"内零头"都不会大于整个页框的大小，从而提高了内存的利用率。

分页管理根据进程装入内存的时机不同，一般分为静态分页管理和虚拟页式存储管理。下面将具体介绍这些内存管理方法。

▶ 5.4.2 静态分页管理

静态分页管理是指用户进程在开始执行以前，将该进程的程序和数据全部装入内存中，然后，操作系统通过页表和硬件地址变换机构实现逻辑地址到物理地址的转换，是执行用户程序的。

1. 主存页框的分配与回收

静态分页管理首先要为要求内存的作业或进程分配足够的页框。这就需要系统建立存储页框表、请求表和页表等数据结构，依据这些数据结构完成内存的分配和回收工作。

1）页表

由于分页管理实现了程序的连续存储到非连续存储的飞跃，但是如何保证该程序能在非连续的存储空间里正确地运行呢？这就要求在执行每条指令时，要将程序中的逻辑地址变换为物理地址，即进行动态重定位。在页式管理系统中实现这种地址变换的数据结构称为页面映像表，简称页表。

页表占用内存的一块固定的存储区，它是在程序装入内存创建其相应进程时，由操作系统根据内存的分配情况建立的。页表中需要两个信息，一个是页号，另一个是页面对应的页框，记录着该进程的每个页面分配到内存的哪些页框中。静态分页内存分配映像如图 5-11 所示，进程 1 和进程 2 通过页表指出了在内存中的分配情况。显然，每个进程至少拥有一张页表。

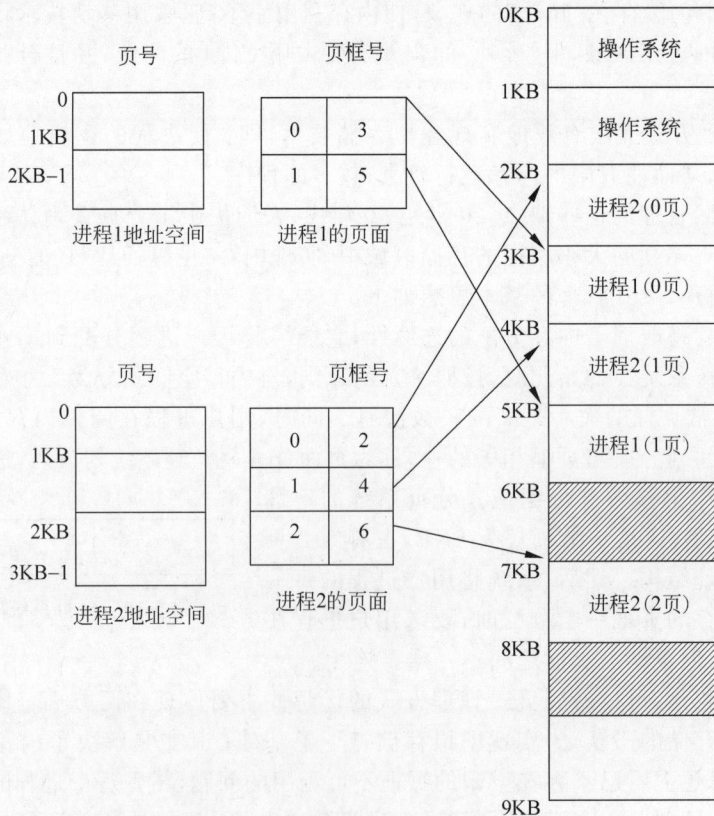

图 5-11 静态分页内存分配映像

2）请求表

当系统有多个进程时，系统必须知道每个进程的页表起始地址和长度，才能进行内存分配和地址变换。请求表就是用来确定进程的虚拟地址空间的各页表在内存中的实际对应位置。整个系统设置一张请求表，请求表如表 5-1 所示，其内容包括进程号、请求页面数、页表始址、页表长度和状态等。

表 5-1　请求表

进程号	请求页面数	页表始址	页表长度	状态
1	20	1024	20	已分配
2	30	1044	30	已分配
3	21			未分配
⋮	⋮	⋮	⋮	⋮

3）存储页框表

为了描述内存空间的分配情况，系统还设置一张存储页框表。存储页框表指出了内存各页框是否已被分配，以及未被分配的页框总数。存储页框表的形式有两种：一种是在内存中划分出一个固定的区域，该区域中每个单元的每个位表示一个页框的分配或空闲状况，若该位为 1，代表所对应的页框已分配，若该位为 0，代表所对应的页框空闲。这种存储页框表称为位示图。位示图如图 5-12 所示。

0	1	2	3	4	…	27	28	29	30	31
0	1	1	0	0	…	1	1	0	1	1
0	0	1	1	1	…	0	1	1	1	0
1	0	0	1	1	…	1	1	0	1	0

图 5-12　位示图

位示图要占用一部分内存容量，一个划分为 2048 页框的内存，如内存单元长度为 32 位，则位示图就占据 2048/32＝64 个内存单元。

存储页框表的另一种形式是采用空闲页框链的方法。在空闲页框链中，队首页框的第一单元和第二单元分别存放空闲页框的总数和指向下一个空闲页框的指针，其他页框的第一单元则分别存放指向下一个空闲页框的指针。空闲页框链的方法由于使用了空闲页框本身的存储单元来存放空闲页框链的指针，因此不占据额外的内存空间，是一种较为经济的存储页框表的组织法。

4）页框分配与回收算法

为进程分配页框时，首先，从请求表中查出进程所要求的页框数。然后，由存储页框表检查是否有空闲页框(块)，若没有，则本次无法分配；若有，则分配并设置页表，并填写请求表中的相应表项(页表始址、页表长度和状态)。之后，再按一定的查找算法，搜索出所要求的空闲页框(块)，并将对应的页框(块)号填入页表中。

页框(块)的回收算法也较为简单，当进程执行完毕时，根据进程页表中登记的页框(块)号，将这些页框(块)插入存储页框表中，使之成为空闲页框(块)。最后，拆除该进程所对应的页表即可。

2. 页式地址变换

为了保证在非连续的存储区中正确地执行程序,操作系统必须提供一套地址变换机构,来完成逻辑地址到物理地址的转换,地址变换如图 5-13 所示。页式地址变换过程:首先用户进程提出存储分配的要求,此时操作系统根据内存页框的大小(1KB)将进程要求的内存空间分成相应的页面。

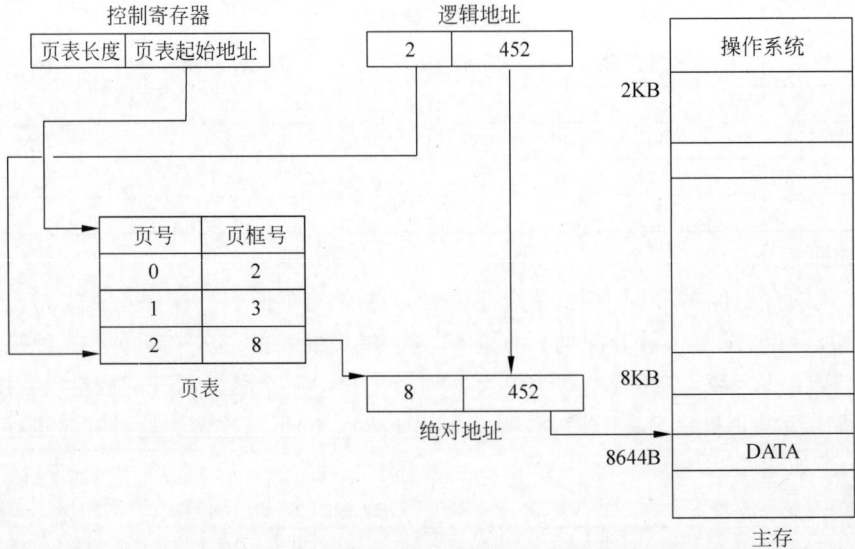

图 5-13 地址变换

（1）根据内存的实际情况,将进程的每个页面分配到内存空闲页框中,同时,系统分配并设置页表的内容(通常一个进程具备一个页表)。此时,系统完成用户进程的内存分配。

（2）当用户进程开始执行时,系统首先设置控制寄存器的内容,控制寄存器包括页表长度和页表起始地址两项。

（3）为了对逻辑地址进行变换,由硬件组成的地址变换机构必须将其分成两部分:页号和页内偏移(即 2 和 452)。

（4）根据逻辑地址中提供的页号在页表中找到相对应的页框号(2 → 8)。

（5）将页表中的页框号和逻辑地址中的页内偏移分别写入绝对地址中的相应位置上(即 8 和 452)。

（6）然后根据绝对地址提供的页号和页内偏移计算出内存空间的物理地址(1KB＝1024, $8 \times 1024 + 452 = 8644$(B))。此时,用户进程便可以访问内存中的绝对地址,取出数据或取出指令执行。

综上所述,分页管理的地址变换机构简洁、清楚。但由于页表是存储在主存的某个固定的区域中,而每一个访问内存的绝对地址又必须通过页表变换才能得到,因此执行一条访问内存的指令都要访问内存两次:一次访问页表得到所要访问指令的绝对地址,另一次根据绝对地址访问实际所需的单元。这样,执行速度下降了一半。

3. 快表

为了尽量减少访问内存的次数,提高地址变换的速度,可在地址变换机构中增设一个具有并行查询能力的特殊高速缓冲存储器,用来存放页表的一部分。存放在高速缓冲存储器中的页表称为“快表”。“快表”中的每一个表项内容除了来自页表的相应表项内容外,还需增加有利于组织"快表"的项目,如增加了有效位等。这种高速缓冲存储器又称为"相连存储器"。"相连存储器"实际上是一组硬件寄存器,它的存取速度比内存要快,具备一定的逻辑判断能力,可以实现按内容检索。

加入快表机构后,地址变换过程如下:CPU 在给出逻辑地址后,地址变换机构首先根据页号在快表中进行检索,若存在相应的页号,则直接从"快表"中读出该页号对应的页框号,形成物理地址;否则,需要再访问内存中的页表,从页表中读出相应的页框号,形成物理地址,同时将找到的页表项登记到"快表"中。当"快表"填满后,又要在"快表"中登记一个新的页表项时,则需采用一定的淘汰策略在"快表"中淘汰一个老的、已被认为不再需要的页表项。淘汰策略可以采用"先进先出"(FIFO)或"最近最少用淘汰法"(LRU)等,这些算法与后面介绍的页面置换(淘汰)算法相似,这里不再赘述。具有快表的地址变换过程如图 5-14 所示。

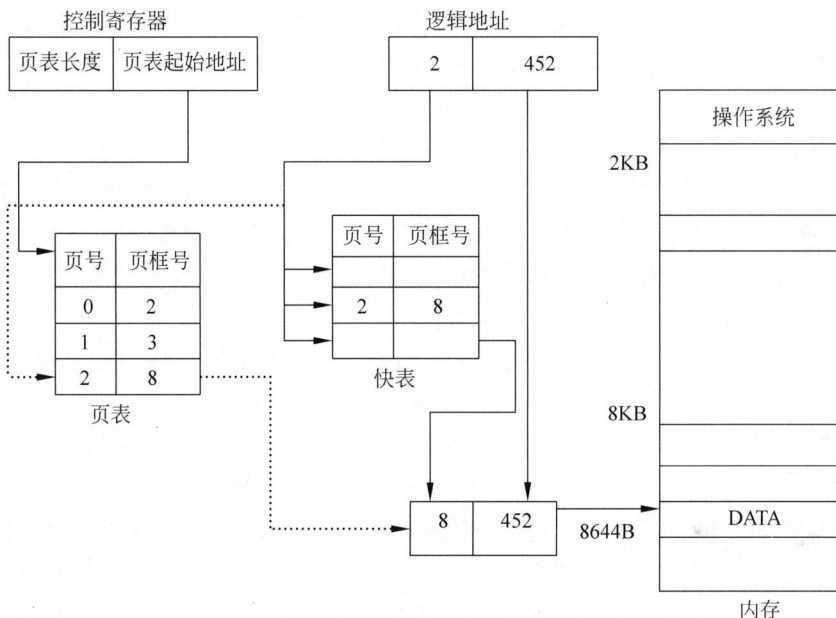

图 5-14　具有快表的地址变换过程

由于成本的关系,快表不可能做得很大,通常只能存放 64~256 个页表项,这对于中、小型作业来说,已有可能把全部页表项放在快表中,但对于大型进程,则只能将一部分页表项放入其中。由于对程序和数据的访问往往带有局部性,因此,采用一定的快表表目淘汰策略后,根据实际运行统计从快表中能找到所需页表项的概率(命中率)可达 90% 以上,这使得由于增加了地址变换机构而造成的速度损失,可减少到 10% 以下,达到了可接受的程度。

整个系统只有一个控制寄存器和一个相连存储器,只有占有处理器进程才占用控制寄存器和相连存储器。在多道程序系统中,某一进程让出处理器时,应同时让出控制寄存器和相连存储器。解决的办法是控制寄存器内容可作为进程的现场内容加以保护和恢复,而相连存储器的内容,为了使之与运行的进程一致,可采用两种方法来维护。一种最简单的办法是:在启动一个新的进程时,执行一条特定的机器指令使相连存储器的内容无效,即清除所有的有效位,这样,新的进程就可以使用相连存储器了。这种办法不利于提高快表的命中率。另一种解决办法是为相连存储器扩充一个进程或上下文标识符的域,同时为机器增加一个寄存器以保存当前进程的标识符。这样,硬件在查看快表时,不但要比较页号,也要比较进程标识符,是当前进程的页表项将被采用,不是当前进程的表项将被忽略。这种方法要增加额外的硬件,但节省了上下文切换的时间,因为,如果相连存储器很大,把相连存储器也作为上下文进行切换,时间是相当可观的。

4. 页的共享与保护

分页存储管理能方便地实现多个进程共享程序和数据。在多道程序系统中,编译程序、编辑程序、解释程序、公共子程序、公共数据块等都是可以共享的,这些共享信息在内存中只要存放一份就行了。这些共享信息在内存中就形成了共享的页面。页的共享可大大提高内存空间的利用率。

在实现共享时,对数据的共享和程序的共享必须分别对待。实现数据共享时,可允许不同的进程对共享数据页使用不同的页号,只要让各自页表中的相关表目指向共享的数据信息块(页框)就可以了。而实现程序共享时,由于页式存储结构要求逻辑地址空间是连续的,共享程序必含有转移指令,这些转移指令的转移地址是确定的,所以情况就不同了,在程序运行前共享程序的页号必须是确定的。例如,假定有一个共享程序 EDIT,其中含有转移指令,转移指令中的转移地址必须指出页号和页内偏移,如果是转向本页,则页号与本页页号相同。现若有两个进程共享这个 EDIT 程序,假定一个进程定义它的页号为 3,另一个进程定义它的页号为 5,而在内存中只有一个 EDIT 程序,它要为两个进程以同样的方式服务,这个 EDIT 程序一定是可再入的(纯代码的),于是转移指令中的页号不能按进程的要求随机地改成 3 或 5。所以,对共享程序必须规定一个统一的页号。当然,对共享程序规定一个统一的页号是不自然的,实现起来也有一定的困难。

实现信息的共享必须解决共享信息的保护问题。可以在页表中增加一个保护权限域,用来指出该页的信息为可读/写、只读、只执行和不可访问等。指令执行时进行操作权限核对,若不合法,则停止执行,产生保护中断。例如,一指令要想向只读数据块写入信息,则指令将停止执行,产生中断。

另一种保护的方法是采用保护键法。系统为每个进程设置一个保护键,为进程分配主存时,根据它的保护键在相应的页表中建立键标志。进程执行时将程序状态字中的键和访问页的保护键进行核对,相符时才可访问该页框。为了使某些页框能被各进程访问,可规定保护键为"0",此时不做核对工作。操作系统有权访问所有页框,可让操作系统程序的程序状态字中的键为"0",规定程序状态字中的键为"0"也不进行核对。

静态分页管理解决了分区管理时的碎片问题。但是,由于静态分页管理要求进程在装入时必须一次性整体全部装入主存,如果当时系统中可用的页框数小于用户要求时,该进程只好等待,即进程的大小仍受主存中可用页框数的限制。为了解决这些问题,可采用虚拟页式存储管理技术来实现。

▶ 5.4.3 虚拟页式存储管理

随着现代计算机技术的迅速发展,用户程序的容量也随之增大。当系统在运行时,经常会出现内存容量不能满足用户程序的要求。例如,有的进程的逻辑地址空间很大,它要求的内存空间已超过了内存的总容量,进程不能全部装入内存中,致使该进程无法执行;有的系统运行时进程很多,内存无法一次将全部进程装入内存中,因而只能装入少量的进程,其他大量的进程留在外存中等待。显然,为了解决这一问题,通常最好的方式是从物理上扩充内存的容量,但是这必然将提高系统的成本,使用户无法接受;另一种方法是从逻辑上扩充内存的容量,这便是虚拟存储技术。

1. 虚拟存储的基本思想

1) 常规内存管理方式的特征

(1) 整体特性。整体特性是指用户进程在运行以前,必须将全部的内容一次装到主存中,这必然会导致内存容量不够;而且在大多数情况下,系统运行时并不要求使用用户进程的全部程序和数据,因而造成了内存空间的浪费。

(2) 驻留特性。用户进程在装入内存运行过程中,将一直占据着内存的部分空间,即使是等待资源分配(例如因为 I/O 而长期等待),或有些程序段只运行一次,但它并不会释放所占据的内存空间,一直要等到用户进程运行结束。

由上面两个特性可以看到,在系统运行时,存在着大量不用或暂时不用的程序或数据段占据了内存的空间,使一些需要运行的程序段无法装入内存中。下面来看一下如何解决这一问题。

2) 局部性原理

早在 1968 年 Denning.P 就提出过,程序的执行呈现出局部性规律,即在一较短的时间里,程序的执行仅局限在某个部分,相应地,它访问的内存空间也局限在某个区域。同时,他提出了以下几个论点。

(1) 程序在执行时,除了少部分的转移和过程调用指令外,在大多数情况下仍是顺序执行的。

(2) 过程调用将会使程序的执行轨迹由一部分区域转至另一部分区域,但是经研究可看出,过程调用的深度在大多数情况下并不是很远。也就是说,程序将会在一段时间内都局限于某一范围内运行。

(3) 程序中存在许多循环结构,它们虽由少数指令构成,但多次执行。

(4) 程序中还包括许多对数据结构的处理,如对数组进行操作,它们都往往局限于很小的范围内。

通常,局部性又表现为时间局部性和空间局部性。

时间局部性表现在如果程序中某一条指令一旦执行,则在不久以后还可能被继续执行;同样,若某一个数据被访问后不久,还可能被继续访问。其典型的情况是程序中存在着大量的循环。

空间局部性表现在如果程序访问了某一个存储单元,其附近的存储单元则在不久后也会被访问。即程序在一段时间内访问的地址,可能集中在一定的范围内。其典型的情况是程序顺序执行。

3) 虚拟存储器的基本思想

当用户进程要求的存储空间很大,不能被装入内存时,基于局部性原理,系统可以把当前要用的程序和数据装入内存中启动程序运行,而暂时不用的程序和数据驻留在外存中。在执行中需要用到不在内存中的信息时,通过系统的调入、调出功能和置换功能将暂时不用的程序和数据调出内存,腾出内存空间让系统调入要用的程序和数据。这样,系统便能很好地运行该用户进程了。从用户角度看,系统具备了比实际内存容量大得多的存储器,人们把这样的存储器称为虚拟存储器。

虚拟存储器是内存管理的核心概念。现代计算机系统中的物理存储器分为内存和外存,用户程序是放在内存中运行的。但由于内存价格较高,不可能一味地扩充内存空间来满足用户程序的需要。因此提出了虚拟存储器的概念,这使存储空间的逻辑容量可以由主存和外存容量结合起来，其运行接近内存的速度，成本却没有大的增加。可见虚拟存储技术是一种性能非常优越的存储器管理技术，故被广泛地应用于各种计算机内存管理中。

4）虚拟存储器的特征

（1）多次性。多次性是指用户程序在运行前，并不是一次将全部内容装入内存中，而是在程序的运行过程中，系统不断地对程序和数据部分地调入、调出，完成程序的多次装入工作。

（2）对换性。程序在运行期间，允许将暂时不用的程序和数据调出内存（换出），放入外存的对换区中，待以后需要时再将它调入内存中（换入），这便是虚拟存储器的换入、换出操作，即对换性。

虚拟存储的多次性和对换性必须建立在离散分配的基础上。因为多次性允许将一个程序或数据分为多次调入内存。如果要求把它们装入一个连续内存区，必须事先就为它们申请足够大的内存空间，其中相当一部分空间都是空闲的，显然是对内存资源的极大浪费；而采用离散分配方式时，仅在需要调入某部分程序或数据时，才为其申请内存空间，这样就不会造成对内存的浪费。这就是把虚拟存储器建立在离散分配基础上的原因。

2. 用分页技术实现虚拟存储器

1）数据结构

分页式虚拟存储系统中所需要的主要数据结构是页表。一种典型的分页式虚拟存储系统中的页表如图 5-15 所示，它是在分页系统的页表基础上增加了几项。

页框号	状态位	访问字段	修改位	保护权限	外存地址

图 5-15　分页式虚拟存储系统中的页表

（1）状态位：用于指示该页是否已调入内存，如用 1 表示在内存，0 表示不在内存。

（2）访问字段：用于记录本页在一段时间内被访问的情况，提供给置换机构参考。

（3）修改位：表示该页在调入内存后是否被修改过，由于内存中的每一页都在外存上保留一份副本，因此，若未被修改，在置换该页时就不需将该页写回到外存上；若已被修改，则必须将该页重写到外存上，以保证外存中所保留的始终是最新副本。

（4）保护权限：说明该页允许什么类型的访问。它指出了该页的信息可能为可读/写、只读、只执行和不可访问等。

（5）外存地址：指出该页在外存上的地址，供调入该页时使用。

现代计算机系统中程序的逻辑地址空间很大，因此，页表可能也非常大。以 Windows NT 为例，它使用了 32 位虚拟地址，每个进程可以有 2^{32} = 4GB 的虚拟地址空间，使用 2^{12} = 4KB 的页面，这就意味着一个进程最多可以使用多达 2^{20} = 1M（100 多万）个页面。如果每个页表表目占 4B，那么每个进程的页表所占的空间是 2^{22} = 4MB，占去了相当大的内存空间，显然这样大的页表是不能全放在内存中的。为此，对页表本身也采用分页措施，即把页表本身按固定大小分成为一个个页面，每个小页表形成的页面中可以存放 2^{10} = 1K 个页表表目，共有 2^{10} = 1K 个小页表。为了对这 1K 个小页表进行管理和索引查找，设置了一个页表目录或页目录，该页表目录称为顶级页表，它包含 1K 个页表表目，分别指出每一个次级小页表所在物理页框号和其他状态信息。这样，每个进程将有一个页目录，它的每个表目指向一个页表。页目录本身大小恰好是一个页面大小。页目录是一级页表，而每一个小页表就是二级页表。具有二级页表的地址变换过程如图 5-16 所示。

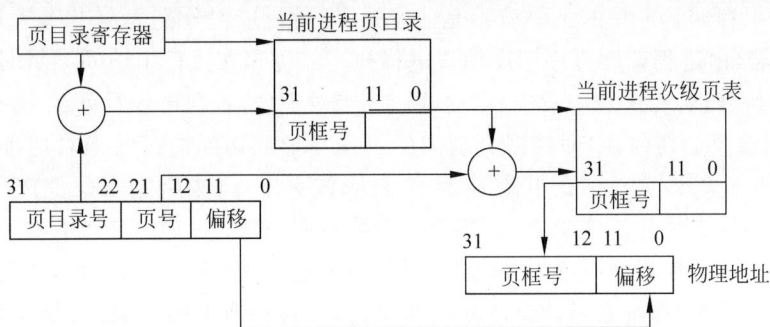

图 5-16　具有二级页表的地址变换过程

通过二级页表地址映射访问内存存取数据需要三次访问内存,一次访问页目录,一次访问页表,最后才访问数据所在的物理地址,显然影响了存取速度。当系统虚拟地址为 64 位时,还可以组成三级或四级页表,但性能的影响是不可忽视的。

随着 32 位、64 位计算机的出现,程序的虚拟地址空间很大,而物理页框数相对来说是较少的,因此有些系统(如 IBM RS/6000,HP Spectrum)就不以虚存而以物理内存来组织页表。这种页表的第 i 个表项记录着当前占用页框 i 的页面信息,表中的表项号与物理内存的页框号相等,而与虚存的页号无关,该页表称为反向页表。反向页表如图 5-17 所示。在这种系统中,当进程给出虚地址后,存储管理单元(MMU)通过一个哈希函数转换为一个哈希值,以该值为索引指向反向页表中的一个表目,若表目中的内容与该进程的虚页号相一致,即形成绝对地址,否则再到链指针中查找。

图 5-17　反向页表

2) 分页式虚拟存储管理工作流程

虚拟存储器的实现必须依靠一定的物理基础,即硬件环境。

(1) 具有一定容量内存,用于存放一个操作系统,以及每个进程的部分程序、数据和相应的页表表项。

(2) 相当容量的外存,用于存放每个进程未装入内存的部分、后备进程以及大量的文件。

(3) 地址变换机构,用于将用户程序地址空间中的逻辑地址变换为内存的物理地址。

(4) 缺页中断机构,当发现所要访问的页不在内存时,应立即发出缺页中断信号,以请求操作系统将所缺之页调入内存。

这里必须注意,缺页中断是一种特殊的中断,它与一般中断的区别在于:

(1) 在指令执行期间产生和处理中断信号。通常 CPU 都是在一条指令执行完后检查是否有中断请求到达,若有,便去响应,否则继续执行下一条指令。然而,缺页中断是在指令执行期间发现所要访问的指令或数据不在内存时产生和处理的。

(2) 一条指令在执行期间,可能产生多次缺页中断。如采用多级页表时,页表也是动态调入的,地址翻译过程就可能出现访问页表的缺页中断,最后才产生所要访问的页的缺页中断。

分页式虚拟存储管理总的工作流程是：首先，为用户进程分配内存工作区并填写相应的页表项目；接着，由进程调度程序调度用户进程执行。进程在执行中访问某页时，硬件地址转换机构先查看快表，若在快表中命中，则立即形成绝对地址，否则再查看页表，若该页对应的状态位为1，表明该页已在内存，即根据页表内的页框号形成访问内存的绝对地址，将该页的信息登记到快表中。若该页对应的状态位为0，表明该页不在内存，则由硬件产生一个缺页中断。操作系统内核必须处理这个缺页中断，处理的办法是先查看内存是否有空闲的页框，若有则按该页在外存的地址将该页读出并装入内存，在页表中填上它占用的页框号且修改状态位。若内存已没有空闲页框，则必须调出已在内存中的页，再将所需的页装入，对页表和存储页框表做相应修改。为了提高系统效率，在访问某页时，若是执行写指令，则在页表中相应页的修改位上置1。这样在选择某页调出时，必须看其修改位是否为1，若修改位为1，就将该页写回外存中，否则不必把该页重新写回外存中。分页式虚拟存储管理工作流程如图5-18所示。

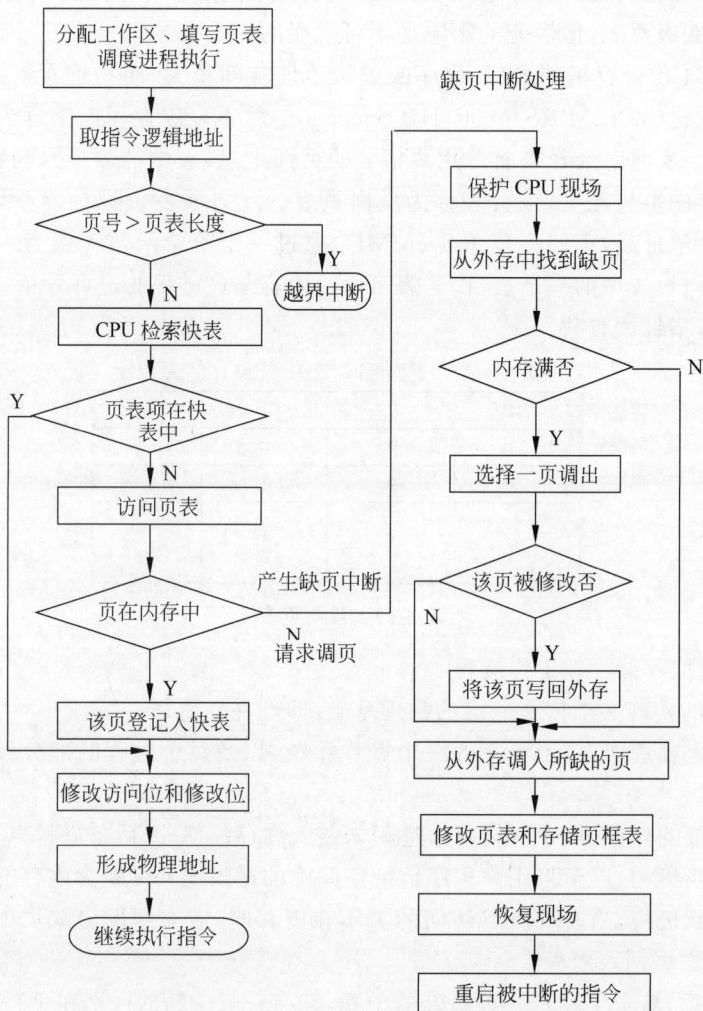

图 5-18　分页式虚拟存储管理工作流程

由于产生缺页中断时，一条指令并未执行完，所以操作系统内核在进行缺页中断处理后，应重新执行被中断的指令。当重新执行该指令时，可能由于要访问的页已经装入内存，所以就可以正常执行下去了。

3．页面置换

1）调页策略

由上面介绍的分页式虚拟存储管理工作流程,可以看出系统必须动态地将所需的页面调入内存中。那么,系统应在何时及采用什么策略将进程所需的程序和数据页面调入内存呢?目前有两种调度页面的策略:预调页策略和请求调页策略。

（1）预调页策略。

预调页策略的优点在于当在外存上查找一页时需经历较长时间,如果进程的许多页是存放在外存的一个连续区域中,一次调入若干相邻的页,要比每次调入一页更高效。但如果调入的一批页面中的大多数都未被访问,则又是低效的。可见,该策略应以预测为基础,只将那些预计不久后便会被访问的程序或数据所在的页面预先调入内存。如果预测较准确,这种预调页策略是可取的。但遗憾的是,目前预调页的成功率只达到 50%左右。故该策略主要用于进程的首次调入,这时程序员必须指出应该先调入哪些页。在有的操作系统中,也将预调页策略用于请求调页存储中,例如,在 VAX 计算机的 VMS 操作系统中,采用了一种称为群集式调页策略,当系统将进程所请求的页面调入内存时,也同时将其相邻的几个页面调入内存。

（2）请求调页策略。

当进程运行中需要访问某部分程序和数据,而其所在页面又不在内存时,立即提出请求,由系统将其所需页面调入内存。请求调页策略比较易于实现,故在目前的页式虚拟存储系统中,大多采用此策略,该类系统也称为请求分页系统。但这样需要较大的系统开销,因为每次请求后只调入一页。

一个进程被调入系统执行中,其所需信息目前如果不能驻留在内存,则必然存储在外存中。那么系统应从外存的何处将所需页面调入,视不同情况而定。

（1）从硬盘文件区调入。因为进程的程序和数据原来都是作为文件而放在文件区的,因此,对于凡是从未运行过的页面,都应从文件区调入。

（2）从硬盘对换区调入。对于曾经运行但是又被换出(调出)的页面,是被放在对换区的,当需要再次将它调入时,显然应从对换区调入。

（3）向内存中的页面缓冲池索取。由于页面可能是共享的,则进程所请求调入的页有可能已经被调入内存,显然这时可直接从页面缓冲池中找出该页并取出,这样,不仅提高了调页的速度,也可避免单为该页启动磁盘。

2）分配策略

在请求分页系统中可采取以下两种分配策略。

（1）固定分配策略。基于进程的类型(交互型或批处理型等),或根据程序员、系统管理员的建议,每个进程分配一固定页数的内存空间,在整个运行期间不再改变。采用该策略时,如果进程运行中发现缺页,则只能从该进程在内存的几个页面中选出一页调出,然后再调入一页,以保证分配给该进程的内存空间不变。这种分配方式的困难在于:应为每个进程分配多少个页框的内存难以确定。若太少,会频繁地出现缺页中断,降低了系统的吞吐量;若太多,内存中能驻留的进程数目必然减少,可能造成 CPU 空闲或其他资源空闲的情况,而且在实现进程对换时,会花费更多的时间。

（2）可变分配策略。同样基于进程的类型或根据程序员的要求,为每个进程分配一定数量的内存空间,如果该进程在运行过程中频繁地发生缺页中断,则系统再为该进程分配若干附加的物理页框,直至进程减到适当的缺页率为止;反之,若一个进程在运行过程中的缺页率特别低,则此时可适当减少分配给该进程的物理页框,但不应引起其缺页率明显增加。

3）页面置换算法

进程在运行过程中,若其所访问的页面不在内存而需将它调入内存,但内存已无空闲空间时,为了保证该进程能继续运行,系统必须从内存中调出一页程序或数据到磁盘的对换区中,这一工作称为页面调度或页面置换。页面置换实际上是确定淘汰哪一页的问题。但应将哪个页面调出（淘汰）呢?从理论上讲,应该将那些以后不会再访问的页面调出,或将在较长时间内不再访问的页面调出。但是,要实现这样一个调度算法确实是很难的。目前存在着许多种置换（调度）算法,它们都试图更靠近这个理论上的目标。因此,选择一个好的置换（调度）算法是很重要的,如果选用了一个不合适的算法,就会出现这样的现象,刚被淘汰的页面又立即要用到,因此又要把它调入,而调入不久再被淘汰,淘汰不久又再被调入。如此反复,使得整个系统的页面置换非常频繁,以至于大部分时间都花费在来回调度上。这种现象称作“抖动”或“颠簸”。

为了衡量置换算法的优劣,一般均是在页面固定分配策略的前提下考虑各种置换算法的。算法好坏的一个重要衡量指标是缺页中断率。何谓缺页中断率呢?可以这样给它下一个定义:假定进程 P 共计有 n 页,而系统分配给它的主存只有 m 个页框（m、n 均为正整数,且 $1 \leqslant m \leqslant n$）,即最多只能容纳 m 页。如果进程 P 在运行中访问的页在内存（成功的访问）的次数为 S,不成功的访问次数为 F（即缺页中断次数）,则缺页中断率为 $f = F/(S+F)$。

下面分别介绍几种典型的页面置换算法,并约定这些算法均是在请求调页策略下进行的。

（1）优化算法（Optimal replace algorithm,OPT）。

这是一种理论化的算法,其所选择的被淘汰的页将是永不使用的页,或者是在最长时间内不再访问的页。要真正做到这一点是困难的,故它也不是很实际的算法。但可将该算法作为衡量其他各种实际算法的标准。

（2）先进先出算法（First In First Out,FIFO）。

这是最早出现的置换算法。该算法总是淘汰最先进入内存的页面,即选择内存中驻留时间最久的页面予以淘汰。该算法实现简单,只需把一个进程已调入内存的页面,按先后次序链接成一个队列,并设置一个指向最老页面的替换指针即可。但该算法是基于CPU按线性顺序访问地址空间的假设的。实际上,很多时候,CPU并不是按线性顺序访问地址空间的,例如,进程执行循环语句时。因此,那些在内存中驻留时间最长的页往往也是经常被访问到的。所以,该算法与进程实际运行的规律不一定相适应。

先进先出算法的另一个缺点是会出现一种奇异现象——Belady现象。一般情况下,对于一个作业,如果分配给它的内存页框越多,缺页中断率就越低,反之就越高。但是,对 FIFO 算法来说,在未给进程分配足够满足它要求的页面数时,有时会出现分配的页框数增多,而缺页中断率反而增高的奇异现象,这种现象称为 Belady 现象。

下面举例来说明 FIFO 算法的正常调页情形和出现的 Belady 现象。

设进程 P 共有 8 页,主存分配 3 个页框给它使用,程序访问页面的顺序为 7,0,1,2,0,3,0,4,2,3,0,3,2,1,2,0,1。FIFO 算法执行情况如表 5-2 所示,表中记录了进程 P 执行过程中内存的页面号及缺页中断和淘汰的页面号。

表 5-2　FIFO 算法执行情况(1)

访问次序	7	0	1	2	0	3	0	4	2	3	0	3	2	1	2	0	1
内存页号	7	7	7	2	2	2	2	4	4	4	0	0	0	0	0	0	0
		0	0	0	0	3	3	3	2	2	2	2	1	1	1	1	1
			1	1	1	1	0	0	0	3	3	3	3	3	2	2	2
淘汰				7		0	1	2	3	0	4		2		3		

由表 5-2 可以看出,进程 P 在执行过程中发生了 12 次缺页中断(包括在内存有空闲时的 3 次缺页中断)。此时,缺页中断率为 $12/17 \approx 70.6\%$。

如果给进程 P 分配 4 个页框,则 FIFO 算法执行情况如表 5-3 所示,表中记录了进程 P 在执行过程中主存的页面号及缺页中断和淘汰的页面号。

表 5-3　FIFO 算法执行情况(2)

访问次序	7	0	1	2	0	3	0	4	2	3	0	3	2	1	2	0	1
内存页号	7	7	7	7	7	3	3	3	3	3	3	3	3	3	2	2	2
		0	0	0	0	0	0	4	4	4	4	4	4	4	4	4	4
			1	1	1	1	1	1	0	0	0	0	0	0	0	0	0
				2	2	2	2	2	2	2	2	2	2	1	1	1	1
淘汰						7		0			1			2	3		

由表 5-3 可以看出,进程 P 在执行过程中发生了 9 次缺页中断(包括在主存有空闲时的 4 次缺页中断)。此时,缺页中断率为 $9/17 \approx 52.9\%$。

以上是 FIFO 算法正常调页的情形。下面再来看另一种访问顺序的情况。设进程 P 的访问顺序为 1,2,3,4,1,2,5,1,2,3,4,5。当进程 P 分配 3 个页框时,FIFO 算法的 Belady 现象如表 5-4 所示,表中记录了进程 P 执行过程中内存的页面号及缺页中断和淘汰的页面号。

由表 5-4 可以看出,进程 P 在执行过程中发生了 9 次缺页中断(包括在主存有空闲时的 4 次缺页中断)。此时,缺页中断率为 $9/12 = 75\%$。

表 5-4　FIFO 算法的 Belady 现象(1)

访问次序	1	2	3	4	1	2	5	1	2	3	4	5
内存页号	1	1	1	4	4	4	5	5	5	5	5	5
		2	2	2	1	1	1	1	1	3	3	3
			3	3	3	2	2	2	2	2	4	4

当进程 P 分配 4 个页框时,FIFO 算法的 Belady 现象如表 5-5 所示,表中记录了进程 P 在执行过程中主存的页面号及缺页中断和淘汰的页面号。此时,进程 P 在执行过程中共发生了 10 次缺页中断,缺页中断率为 $10/12 \approx 83.3\%$。即给进程分配更多页框还会使缺页中断更高,这与我们的直观感觉不符,这种现象称为 Belady 现象。

表 5-5　FIFO 算法的 Belady 现象(2)

访问次序	1	2	3	4	1	2	5	1	2	3	4	5
主存页号	1	1	1	1	1	1	5	5	5	5	4	4
		2	2	2	2	2	2	1	1	1	1	5
			3	3	3	3	3	3	2	2	2	2
				4	4	4	4	4	4	3	3	3

FIFO 算法产生 Belady 现象的根本原因是它没有考虑到程序执行的动态特征。

（3）最近最少用置换算法（Least Recently Used，LRU）。

该算法要求淘汰的页面是在最近一段时间里较久未被访问的那一页。它是根据程序执行时所具有的局部性来考虑的，即那些刚被访问过的页面可能马上要用到，而那些在较长时间里未被访问的页面，一般说来，可能不会马上使用到。

为了比较准确地淘汰最近最少使用的页面，可以采用堆栈的方法来实现。栈中存放当前主存中的页号，每当访问一页时就调整一次栈，使栈顶总是指出最近访问的页，而栈底就是最近最少使用的页号。于是，发生缺页中断时总是淘汰栈底所指示的页。

例如，给进程 P 固定分配 4 个内存页框，进程的虚拟地址空间有 7 页，其执行期间访问的页面号顺序也为 7,0,1,2,0,3,0,4,2,3,0,3,2,1,2,0,1。堆栈的方式 LRU 算法执行情况如表 5-6 所示，表中记录了进程 P 执行过程中内存的页面号及缺页中断和淘汰的页面号。

由表 5-6 可以看出，进程 P 在执行过程中发生了 7 次缺页中断（包括在内存有空闲时的 4 次缺页中断）。此时，缺页中断率为 $7/17 \approx 41.2\%$。

表 5-6　堆栈的方式 LRU 算法执行情况

访问次序	7	0	1	2	0	3	0	4	2	3	0	3	2	1	2	0	1
内存页号				2	0	3	0	4	2	3	0	3	2	1	2	0	1
			1	1	2	0	3	0	4	2	3	0	3	2	1	2	0
		0	0	0	1	2	2	3	0	4	2	2	0	3	3	1	2
	7	7	7	7	7	1	1	2	3	0	4	4	4	0	0	3	3
淘汰						7		1						4			

由该例子可以看出，堆栈方式的 LRU 算法，淘汰的页面确实是较长时间以后才使用到的，该例的 LRU 算法执行性能已经达到了 OPT 算法的性能，故 LRU 算法是一种较为有效的页面置换算法。但调整堆栈是非常费时的，所以有些系统常常采用一些特殊的硬件实现这种算法。

一种硬件的实现办法是采用一定位数的计数器，它每执行完一条指令后计数器就加 1，每一个页表必须设置一个能容纳该计数器值的域——访问字段，在每次访问内存后，就把当前计数器的值保存到访问字段中。一旦发生缺页，系统就检查页表中的所有访问字段值，找出该值最小的页，把该页淘汰，该页就是最久未使用的页。

另一种硬件实现办法是：假设内存有 n 个页框，硬件就维持一个 $n \times n$ 位的矩阵，开始时所有的位都是 0。当访问到页 k 时，硬件首先把 k 行的位都置成 1，再把 k 列的位都置成 0。当发生缺页时，就选择该矩阵中二进制最小的行所对应的页淘汰。显然，该页也是最久未使用的页。

（4）最近未用置换算法（Not Recently Used，NRU）。

这是 LRU 算法的一种退化算法，该算法要求页表中有一个访问位和一个修改位。当某页被访问时，访问位被自动置 1，若执行的指令是写指令，则修改位也被置 1。系统周期性地（设周期时间为 T）将所有访问位置 0。在选择一页来淘汰时，总是选择其访问位为 0 且修改位也为 0 的页淘汰。若无修改位为 0 的页，就选择访问位为 0 且页号最小的页淘汰。由此可见，该算法不但希望淘汰的页是最近未使用的页，而且希望被淘汰的页是在主存驻留期间其页面内容未被修改过。这种算法实现代价小，但系统对访问位清 0 的间隔时间 T 的确是很关键的。如果间隔时间 T 太大，可能所有页的访问位均已成为 1，无法选择淘汰的页面。如果间隔时间 T 太小，则可能很多页的访问位均是 0，同样也很难有效地确定淘汰的页面。

（5）最少使用置换算法（Least Frequently Used，LFU）。

该算法要求为每一页表项配置一个一定位数的计数器作为访问字段，开始时所有的计数器均为 0。一旦某页被访问时，其页表项中的计数器值加 1。系统每过一段时间 T 就将所有的页表项计数器清 0。在需要选择一页置换时，便比较各计数器的值，总是选择其计数值最小的页面淘汰，显然它是最少被使用的页面。该算法实现也较容易，但代价较高，而且合适的间隔时间 T 的选择也是一个难题。

（6）第二次机会算法（Second Chance）。

该算法思路的基本出发点是淘汰不但是"老"的，而且还是最近"没用"的页面。

算法实现原理如下。

① 用链表来表示各页的建立时间先后，新来的放到表尾，表头就是最"老"的（同 FIFO），页面装入或被访问时设 $R=1$。

② 选择淘汰页面时，若表头页面的 R 位（访问位）是 0，则淘汰之，否则将其 R 位设为 0，并把它放到表尾，然后继续从表头搜索。链表结构如图 5-19 所示，开始选择时，页面 A 的 R 位被置 1，并被放在表尾。

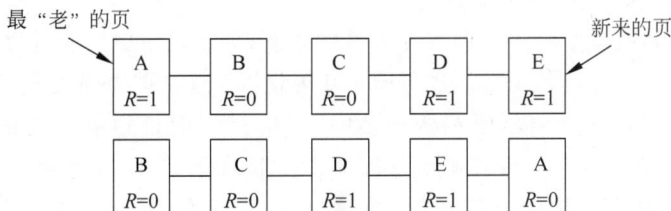

图 5-19　链表结构

（7）时钟算法（Clock）。

基本思想是用环形链表实现第二次机会算法，达到淘汰最"老"并且最近"没用"的页面的目的。

算法要点如下。

① 用环形链表来表示各页的建立时间先后，表头表尾相邻，因此选择淘汰页面过程只需要移动链表指针。

② 该算法性能近似 LRU，实现开销小。

在内存的页面环形链表如图 5-20 所示。某进程调入页面 27 前在内存的各页面状况如图 5-20(a)所示，由于链表指针所指的前两个页面（页面 25 和 91）R 位均为 1，不能将其淘汰，应将其 R 位均置为 0，而接下来的页面 56 其 R 位为 0，可将其淘汰并置换为页面 27，并置 R 位为 1。置换后的链表情形如图 5-20(b)所示。

（8）基于 Clock 的 NRU 算法。

该算法用位 R 表示页面的访问状况，用位 M 表示页面的修改状况，它要淘汰并置换的页面不仅是最"老"且最近"没用"的页面，而且也是最近"没修改过"的页面。

算法要点如下。

① 从指针位置开始扫描链表，扫描过程中不改变 R 位。淘汰遇到的第一个 $R=0\&M=0$ 的页面。

② 若第①步失败，则再次扫描，淘汰遇到的第一个 $R=0\&M=1$ 的页面。每个页面检查过后将 R 设为 0。

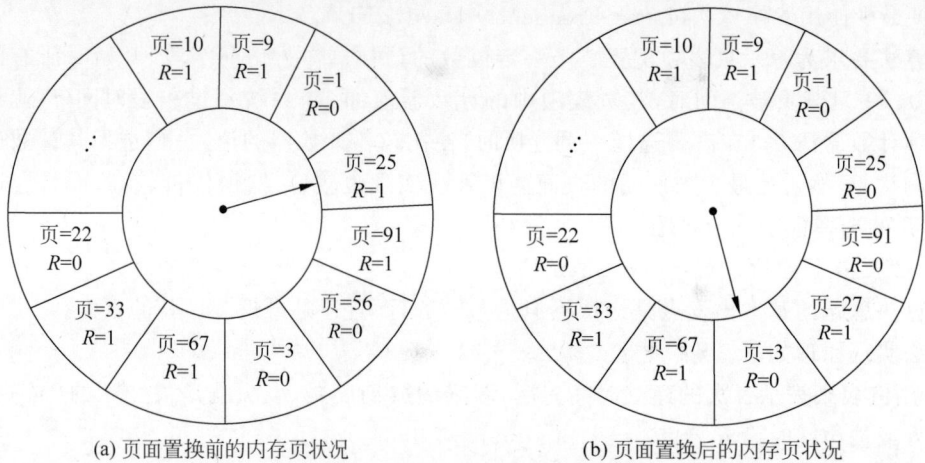

(a) 页面置换前的内存页状况　　　　　(b) 页面置换后的内存页状况

图 5-20　在内存的页面环形链表

③ 若第②步失败，可再次重复①和②。

4．分页式虚拟存储系统的性能分析

分页式虚拟存储系统摆脱了内存实际容量的限制，能使更多更大的进程同时多道运行，从而提高系统的效率。但这类系统必须进行缺页中断处理，而缺页中断处理是要付出相当的代价的，不仅由于页面的调入、调出要花费较多的 I/O 时间，而且影响了系统的执行效率。因此，分页式虚拟存储系统应尽量降低缺页中断率。由前面介绍的页面置换算法可知，缺页中断率与置换算法、分给进程使用的内存页框数有密切关系，实际上，缺页中断率还与程序编制的质量、页面大小等有关。

为了降低缺页中断率，提高系统性能，分页式虚拟存储系统的实现方法都要求内存中应能存入不低于一定限度的程序和数据页，而且它们必须是那些正在被使用或即将被使用的部分。这就使得缺页中断次数减少到最低程度。

根据程序执行的局部性，Denning 认为在某段时间内较好地确定正在被使用或即将被使用的页面是可能的，因此，他提出了工作集理论。所谓工作集，简单地说，就是进程在某段时间内实际上要访问的页的集合。Denning 认为一个程序要高效地运行，其工作集必须在内存中。但是，如何确定一个进程在某个时间的工作集呢？计算机是无法预知用户程序的行为的，因此，系统仍然要依据程序的过去行为来估计它未来的行为，这种估计依据就是程序行为的局部性特征，决定了工作集的变化是缓慢的。所以，把一个运行进程在 $t-w \sim t$ 这个时间间隔内所访问的页的集合称为进程在时间 t 的工作集，记为 $\mathrm{WS}(t,w)$。并把变量 w 称为工作集窗口大小，把工作集中所包含的页面数目称为工作集大小，记为 $|\mathrm{WS}(t,w)|$。

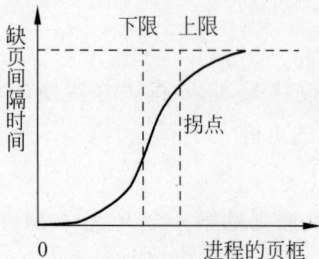

图 5-21　缺页间隔时间-
内存页框数曲线

正确地选择工作集窗口的大小对工作集存储管理策略的有效工作是有很大影响的。若 w 过大，甚至会把整个进程的地址空间都包含在内，这样就失去了虚存的意义，若 w 过小，则将引起频繁缺页，降低系统效率。所以不少学者认为：进程的工作集大小可粗略地看成对应于"缺页间隔时间-内存页框数"曲线的拐点，缺页间隔时间-内存页框数曲线如图 5-21 所示。这样就可以确定出 w，只要在某时刻 t_1 起，将所有页面的访问位全清 0，然后访问一页时，置该页访问位为 1，到时刻 $t_2=t_1+w$ 时，所有访问位为 1 的页的集合就是时刻 t_2 的工

作集。

为了提高系统效率,即降低缺页中断率和提高系统的吞吐量,应使缺页间隔时间保持在一个合理的水平。若间隔时间过小时,应增加分配给进程的页框数;若过大则减少分配给进程的页框数,增加运行程序的道数。

许多系统都采用工作集概念来确定进程驻留主存的页框数,以进行页框分配工作,并以工作集概念来监视和控制运行进程的缺页中断率。

程序的局部性对降低缺页中断率、提高系统的效率也是很重要的。一般说来,要求编制的程序具有较高的局部化程度,如程序编制成结构化程序,对数据的组织和处理采用线性结构、成片处理等。这样,程序在执行时可经常集中在几个页面上进行访问,减少缺页中断次数。

设计分页式虚拟存储系统时,页面的大小也是一个值得关注的问题。页面大所需的页表表目较少,这样页表占用的内存就少,页表查找速度快。此外,缺页中断次数也相应少些。但是,在页面调度时,一次换页的时间较长,页内零头空间浪费的可能性较大。页面小时,它的利弊正好相反。一般说来,页面大小应根据实际情况来确定,它和计算机的性能、程序设计技术及用户的要求都有关系。特别是现代计算机系统中引入了面向对象的程序设计技术和多线程机制,使得进程访问内存具有较大的分散性,因而局部性下降了。若还采用小页面,则进程执行时,在快表中的命中率和访问内存的成功率将下降。一种折中的办法是:增加页面大小。所以,现代计算机系统大多使用较大的页面,如使用 4KB、8KB 的页面等。

综上所述,要使分页式虚拟存储系统有较好的性能,必须选择有效的页面置换算法,合理地控制分配给进程使用的内存页框数,切合实际地设计页面大小,同时也要求用户编制的程序有较高局部性。

▶ 5.4.4　分页存储管理的优缺点

由于分页存储分配有效地解决了存储器的零头问题,因而能同时为更多的进程提供内存存储空间,能在更高的程度上实现多道程序设计,从而相应地提高了内存和 CPU 的利用率。分页系统具备如下优点。

(1) 解决内存的零头问题,能有效地利用内存。

(2) 方便多道程序设计,并且程序运行的道数增加了。

(3) 可提供大容量的虚拟存储器,进程的地址空间不再受实际内存大小的限制。

(4) 更加方便了用户,特别是大进程的用户。当某进程地址空间超过主存空间时,用户也无须考虑覆盖结构。

同时也必须指出,分页存储管理方式也有不少的缺点。

(1) 要求有相应的硬件支持,如需要动态地址变换机构、缺页中断处理机构等,增加了计算机的成本。

(2) 必须提供相应的数据结构来管理存储器,而这些数据结构不仅占用了部分内存空间,同时它们的建立和管理要花费 CPU 的时间。

(3) 虽然解决了分区管理中区间的零头问题,但在分页系统中页内的零头问题仍然存在。

(4) 对于静态分页管理系统,用户进程应一次性装入内存,将给用户进程的运行带来一定的限制。

(5) 在请求分页管理中,需要进行缺页中断处理,特别是请求调页的算法若选择不当,还有可能出现抖动现象,增加了系统开销,降低系统效率。

5.5 段式及段页式存储管理

▶ 5.5.1 段式存储管理

1. 段式存储管理概述

在分页式存储管理中，要求用户程序的逻辑地址空间是连续的。这就要求编译程序对用户源程序进行编译、连接时，必须把主程序、子程序、数据块等按线性空间的一维地址顺序装配起来。因此，装配好的程序段和数据块的存储空间是确定的，在执行中是无法动态增长和收缩的，这就造成了用户程序设计的不灵活、不方便。此外，由于对各子程序和数据段的顺序装配，分页时，无法做到页与逻辑意义完整的子程序或数据段的唯一对应，增大了其信息共享实现的难度。再者，从连接的角度上看，分区管理和分页管理只能采用静态连接。通常，一个大的程序可能包含数百个甚至上千个程序模块，而执行时，可能仅用到其中的一部分模块，许多模块并不需要访问。静态连接必须对这些众多模块一次性地连接装配，不仅花费了大量的 CPU 时间，而且浪费了许多内存空间（至少多浪费了一些页表空间）。

为了克服分页式存储管理的上述不足，因此，人们提出了采用分段的存储管理思想：把程序按逻辑含义或过程（函数）关系分成段，每段都有自己的名字，这个名字称为段名。用户程序可用段名和入口指出调用一个段的功能，程序在编译或汇编时，再将段名定义一个段号。每段逻辑地址均是以 0 开始进行顺序编址。这样用户作业或进程的地址空间就形成了一个二维线性地址空间，任意一个地址必须首先指出段号，其次再指出段内偏移地址。段式存储管理程序以段为单位分配主存，然后，执行时通过地址转换机构把段式逻辑地址转换成内存物理地址。

2. 段式存储管理实现原理

分段式存储管理把用户进程按逻辑意义分成若干段，每段均是从 0 开始编址，段内地址是连续的，而段与段之间的地址不连续。因此，进程的逻辑地址形式为

段号	段内地址

一旦地址结构确定了，那么这个系统中一个进程允许的最多段数和每段的最大长度就确定了。例如，某系统段地址结构为 32 位，其中，段号占 12 位，段内地址占 20 位，则在该系统中一个作业最多可有 4K 个段，每段的长度可达 1MB。

分段式存储管理为每个进程的每一段分配一个连续的内存空间，而各段之间可以不连续，这种分配方式类似于动态分区管理的多个进程的分配。内存的分配与回收算法类似于动态分区管理的分配与回收算法，在此就不再叙述。

为了登记各进程的主存分配情况，每个进程必须建立一张段表，由它指出每段在内存中的起始地址和长度。一个进程各段在内存中的分配如图 5-22 所示。

段表表目实际上起着基址/限长寄存器的作用，一个进程执行时，通过段表即可将逻辑地址转换成绝对地址。类似于分页式存储管理，系统中也设置了一个段表控制寄存器，用来存放当前占用处理器的进程的段表始址和长度。段式管理地址变换过程如图 5-23 所示。

与页式管理相同，段式管理的一次访问内存也必须经过两次以上访问内存的操作。为了提高访问速度，也需要将高速相连存储器引入，把部分段表存入其中，形成段式快表。地址转换时，先查快表，若快表命中，则立即形成绝对地址，否则再通过段表进行慢地址翻译，并将该段信息填入快表中。

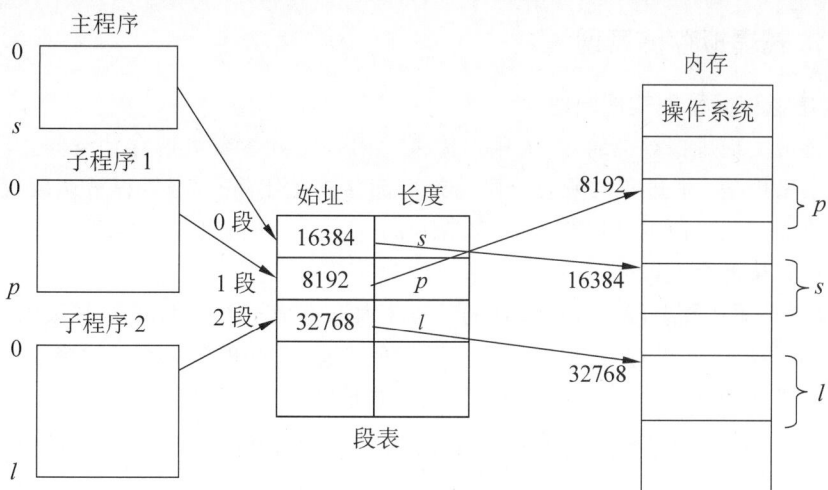

图 5-22   一个进程各段在主存中的分配

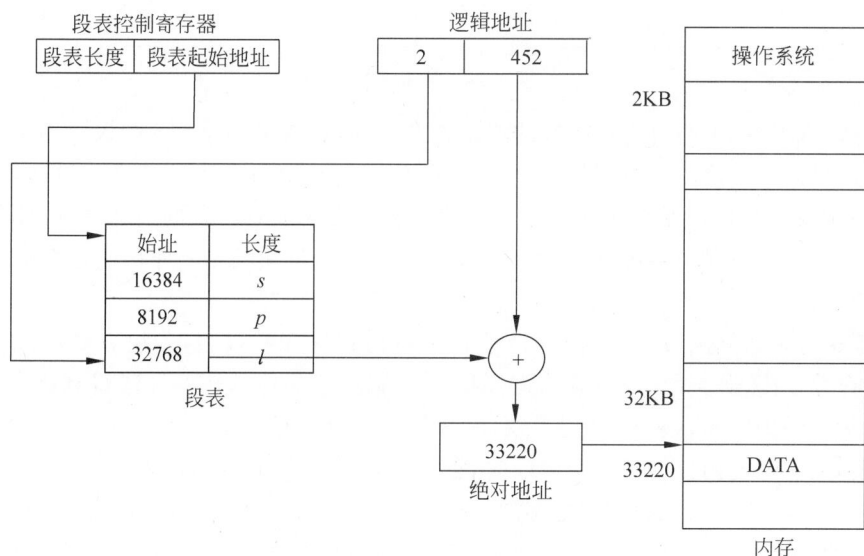

图 5-23   段式管理地址变换过程

分段式存储管理可方便地实现主存信息共享和保护。

如果用户作业需要共享内存中的某段程序或数据时,只要用户使用相同的共享段名,系统在建立段表时,只需在相应的段表栏目上填入已在内存的段的始址和长度,即可实现段的共享,从而提高系统内存的利用率。

在实现段的共享时,必须采取一定的保护措施。可在段表中增设一个存取权限域。存取权限可分为只执行(共享程序段)、只读(共享数据段)和可读/写(私人段)。访问段时,通过存取权限核对,即可实现存取保护。此外,通过段表中的长度信息,在地址转换时,将长度与段内地址比较,就可进行地址越界保护。

由上面的地址转换过程可以看出,段式与页式管理是很相似的。但必须注意这两者在概念上的不同。分段是信息的逻辑单位,是用户可见的,段的大小是用户程序决定的。而分页是信息的物理单位,分页对用户来说是不可见的,页的大小是事先固定的。

▶ 5.5.2 段式虚拟存储管理

1. 段式虚拟存储管理实现原理

分段式也可实现虚拟存储管理，为用户提供比内存实际容量大的存储空间。段式虚拟存储系统的基本思想是：把进程的所有分段的副本都存放在外存上，当进程被调度投入运行时，首先把当前需要用的一段或几段装入内存，在执行过程中，访问到不在内存的段时，再通过缺段中断机构把它从外存上调入。

因此，段表必须在静态段式存储管理的基础上加以扩充。如在段表中必须附加说明哪些段已在内存，哪些段不在内存，各段在外存中的起始地址，相应的段是否已被修改过，段是否可移动、可扩充，段能否共享等。一个典型的段表格式如图 5-24 所示。

	特征位	存取权限	标志位	扩充位	访问位	主存始址	长度	外存始址
0段								
1段								

图 5-24　段表格式

段表中，特征位可用两位表示相应的段是否在内存，是否可共享；存取权限用两位表示相应段只执行、只读或可读/写的权限；标志位用两位表示相应段是否已被修改过和能否移动；扩充位用一位表示相应段是固定长还是可扩充；访问位用来表示段的活动状况，作为淘汰段时参考；内存始址为段在内存的开始地址；长度为段的地址单元数；外存始址登记该段在外存中副本的起始地址。

在进程执行中访问某段时，由硬件地址转换机构查快表和段表，若快表命中或该段在内存，应核对存取权限，若存取合法，则按静态段式存储管理的地址转换办法得到绝对地址；若存取违法，则发保护中断，报告存取违法并停止程序执行。若该段不在内存，则由硬件产生一个缺段中断，操作系统内核处理这个中断时，查看可用分区表或自由链表，找出一个足够大的连续区域装入该分段。如果找不到足够的一个分区，则检查空闲区的总和，若空闲区的总和能满足该分段的要求，那么就采用移动技术进行适当的内存移动，合并一个空闲区将该分段装入内存。若空闲区的总和不能满足该分段的要求，则可能调出一个或几个段到外存上，再将该分段装入。段的调出算法也可采用类似于页面的一些调度算法。

在程序执行中，若由于处理数据的需要而要扩大该数据段的空间时，分段式虚拟存储系统也能较容易实现这个分段的扩展。它允许用户在可扩充的段中使用超过该段长的地址空间。若程序访问的地址超过原有的段长，硬件就产生一个越界中断。操作系统内核处理这个中断时，先检查该段的扩充位信息。若该段是不可扩充的，则越界中断处理就只能报告地址错，同时停止用户程序执行。若该段是可扩充的，则为该段增加长度。增加该段长度时，先看是否有空闲区与该段后相邻及相邻的空闲区是否满足其扩展的要求，若是则该段就直接往后扩展并调整段表与空闲区表，否则应移动或调出一个或几个分段以足够让该段扩展，同时调整段表与空闲区表。

有关整个地址翻译流程包括缺段中断、越界中断、保护中断的处理流程。

2. 段的动态连接

分段式虚拟存储系统还可实现"动态连接装配"功能。所谓动态连接装配是指在程序运行中对它所用到的子程序段或数据段进行连接装配，节省连接装配时间和程序所占的空间。

实现动态连接系统应增加两个功能：间接编址和连接障碍指示。间接编址是指指令中的地址单元的内容仍作为地址。例如，内存情况如图 5-25 所示，有一条指令 LOAD 1,100，在直接编址时，表示将 100 单元的内容(800)装入 1 号寄存器；而在间接编址时，表示将 800 单元的内容(1000)装入 1 号寄存器。

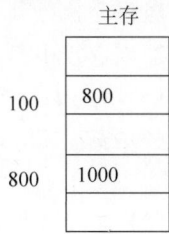

图 5-25　内存情况

采用间接编址时，间接地址指示的单元内容称为间接字。间接字中应包含连接障碍指示位，如约定第 0 位为障碍指示位，以 L 表示。当 $L=1$ 时，表示需要动态连接，取该地址内容时，将产生连接中断，转 OS 内核处理，进行连接工作。当 $L=0$ 时，表示不要连接，其内容即为直接地址。间接字的格式为

| L | 直接地址 |

段的动态连接如图 5-26 所示，当分段 3 要对另一段产生符号形式的调用时，如 LOAD 1，$[X]|\langle Y\rangle$，经编译或汇编程序处理就产生一个间接编址的指令(如 LOAD $*$ 表示间接型指令)来代替，且将间接字中的障碍指示位置成 1，直接地址指向代表符号调用的字符串($7"[X]|\langle Y\rangle"$)的所在位置。

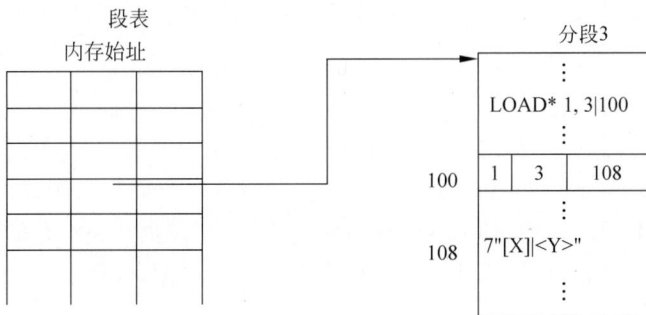

(a) 编译或汇编后，连接前

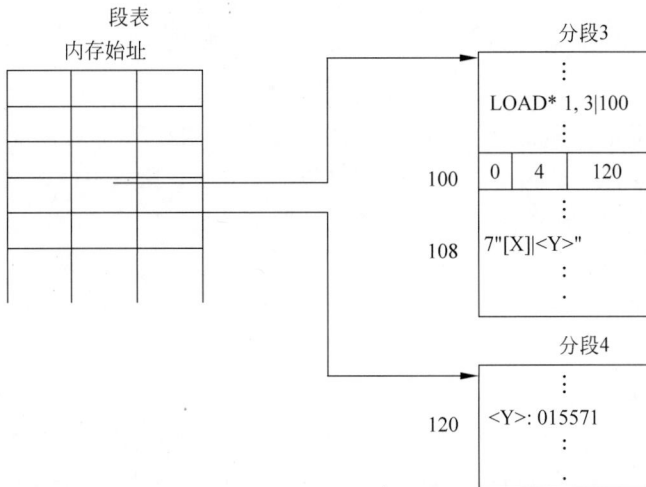

(b) 连接后

图 5-26　段的动态连接

当程序执行到分段 3 的 LOAD＊1,3|100 指令时，就产生连接中断。OS 内核按如下过程处理该连接中断。

（1）从 3 段 100 单元取出间接字，获得直接地址 3 段 108 单元。

（2）按直接地址取出要连接的符号名[X]|〈Y〉，按定义给它分配段号（如这里假定[X]＝4,〈Y〉＝120）。

（3）查[X]段是否在内存，若不在则从外存上把它装入，修改空闲区表和登记段表，若已在则根据[X]段在内存的状况修改本程序的段表。

（4）修改间接字，置障碍指示位为 0，且使直接地址为连接的分段地址，即 4 段 120 单元。

（5）恢复现场，重新启动被中断的指令执行。当 LOAD＊1,3|100 指令重新执行时，由于间接字已无障碍指示，于是就按直接地址（4 段 120 单元）读出所需的数据 015571，装入 1 号寄存器。

▶ 5.5.3　段页式虚拟存储管理

由于段式虚拟存储管理严格按程序的逻辑结构分配连续存储空间，方便程序和数据的共享与保护，同时也便于程序及数据段的扩充和动态连接。但是，该类系统存在的明显的问题是：一个段的长度不能大于实际的内存容量，而且为了解决碎片问题，提高内存的利用率，必须采用移动技术，移动内存信息需要较大的系统开销。为了克服这些缺点，可在分段的基础上再进行分页，兼用分段和分页的方法，构成段页式虚拟存储管理系统。

在该系统中，每个进程按逻辑分段，然后对每一段又分成若干页。这样，每一段不必占用连续的内存空间，而是按页存放在不一定连续的内存页框中，并且当内存页框不够时只将一段的部分页面放在内存，用到不在内存中的页面时再将之调入。段页式虚拟存储管理系统早先在大中型计算机（如 IBM 370、Honeywell 6180）中得到应用，如今由于硬件的快速发展，在工作站或微型计算机上已被采用，如 Intel Pentium 也提供了段页式虚拟存储管理技术。段页式的逻辑地址必须由三部分组成：段号、页号和页内偏移。如硬件提供了如图 5-27 所示的地址结构。

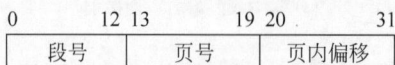

0　　　　　12 13　　　　　19 20　　　　　　31

段号	页号	页内偏移

图 5-27　硬件地址结构

则系统为每个进程提供了 8192 个分段，每段最多可以有 128 页，每页长度可达 4KB。段页式存储管理系统必为每个进程设立一张段表和若干张页表。段表中应指出每段的页表始址和长度及其他特征信息。页表长度可由段长和页面大小决定。段页式存储系统的段表与页表如图 5-28 所示。

在进行地址转换时，根据逻辑地址中的段号查段表得相应段的页表始址，然后根据页号查页表得到对应的内存页框号，由页框号和页内偏移就可形成欲访问的绝对地址。由此可看出，要存取一次信息，必须经历三次访问内存操作，一次访问段表，一次访问页表，最后才能按绝对地址存取信息，这样就降低了指令执行的速度。为了加快地址转换，也采用相连存储器来存放快表，快表中应指出段号、页号和内存页框号。段页式存储管理系统地址转换过程如图 5-29 所示。

由于段中分页，段页式虚拟存储管理系统不必像分段式虚拟存储系统那样每次都要把整段信息全部装入内存，而只需把当前要使用的某段中的若干页装入即可。因此，必须在段表和

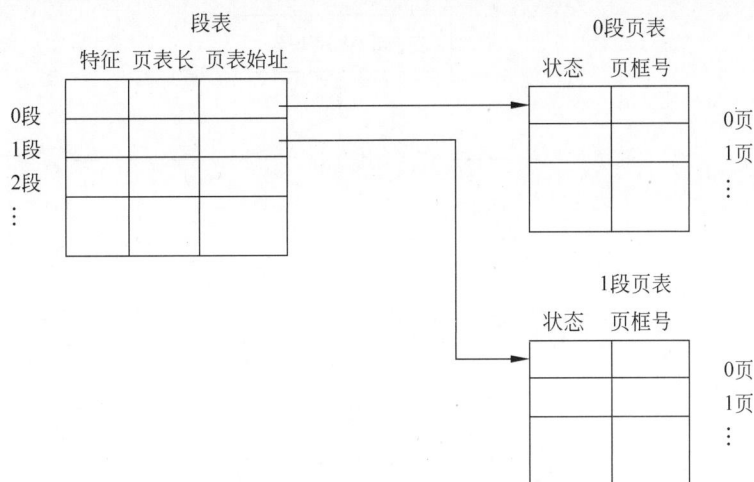

图 5-28　段页式存储系统的段表与页表

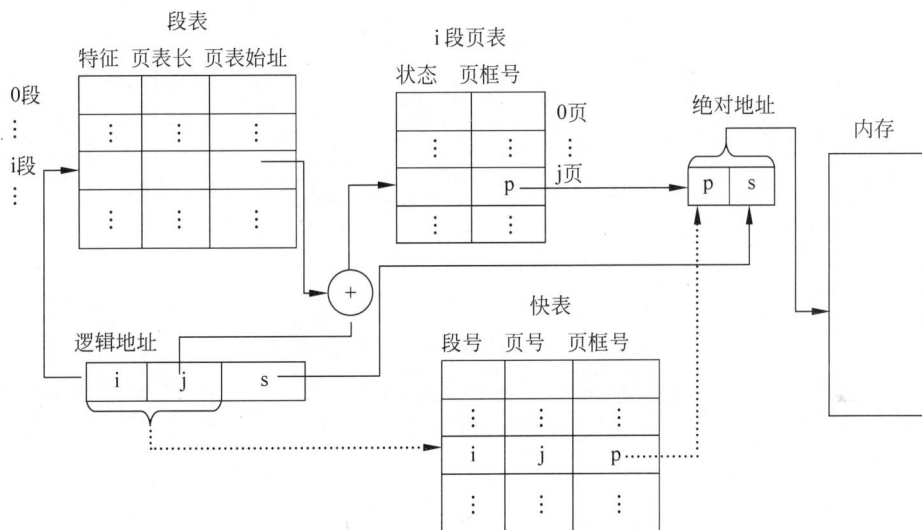

图 5-29　段页式存储管理系统地址转换过程

页表中分别指出对应的段或页是否已在内存。硬件在执行指令和进行地址转换时,可能会引起缺段中断、越界中断、保护中断、缺页中断和连接中断等情形。段页式虚拟存储管理地址转换处理流程如图 5-30 所示。

这些中断的处理思想如下。

(1)缺段中断:为该段建立一张页表,填写该段页表始址和长度及其他必要的信息。

(2)越界中断:当该段可扩充时,应增加页表表目,修改段表中的页表长度。当该段不可扩充时,报出错信息,停止用户程序执行。

(3)保护中断:报告存取违法并停止程序执行。

(4)缺页中断:找出一个内存的空闲页框或调出一页,装入所需的页面,修改相应表格(如页表、存储页框表等)。

(5)连接中断:为该段分配一个段号,若该段已连接过,则根据该段的状况填写这个段表表项,否则可按缺段中断一样进行处理。最后,根据段号、页号与页内偏移形成无障碍指示的一般间接地址。

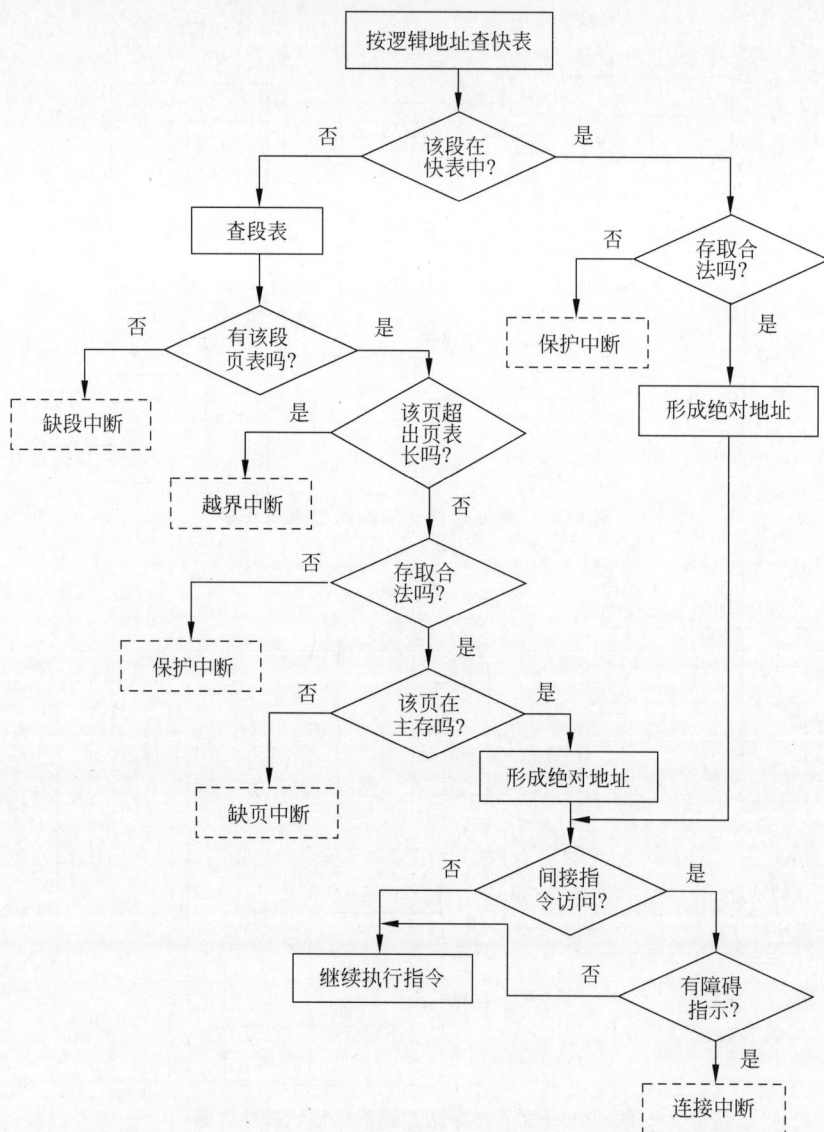

图 5-30　段页式虚拟存储管理地址转换处理流程

除了越界中断和保护中断外，其他这些中断在处理后，均应重新启动被中断的指令执行。段页式虚拟存储管理系统具有了段式和页式的全部优点，但是需要更多的硬件支持和中断处理，增加了系统的成本和复杂性。因此，是否采用段页式虚拟存储管理方式，应视具体的硬件性能和实际的应用对象而定。

5.6　内存管理实例

▶ 5.6.1　UNIX 内存管理

UNIX System V 采用请求页式和交换策略进行内存管理。交换技术与请求页式策略的主要区别在于：交换技术换进换出整个进程（proc 结构和共享正文段除外），因此，一个进程的大小受到物理存储器的限制；而请求页式策略在内存和外存之间来回传递的是存储页而不是整个进程,从而使得进程的大小比可用的物理存储空间大得多。

1. 进程的虚拟空间描述

在 UNIX System V 中,一个进程由三个逻辑段组成:正文段、数据段和堆栈段。因此,一个进程的虚拟地址空间也被分成三个逻辑区来存放上述三个逻辑段。区是进程的虚拟地址空间上的一个连续区域,它是被共享、保护及进行内存分配和地址变换的独立实体。

为了管理每个进程中的各区,系统设有一个被称为区表的数据结构,每个在系统中存在的区都在该表中占有一个表项。区表包括下列内容。

(1) 区的类型:指明该区存放正文段、数据段或私有数据和堆栈段。

(2) 区的长度。

(3) 区所对应页表的内存地址。

(4) 区的状态:包括是否已被调入内存,是否正在调入内存过程中,是否被锁住,以及是否正在被请求调入内存等。

(5) 共享位:给出共享该区的进程数。

(6) 文件系统指针:指向外存中与该区对应的数据文件。

系统区表如表 5-7 所示。

表 5-7　系统区表

区　　号	类　　型	长　　度	内存始址	状　　态	共享位	文件指针

在系统创建新进程时,核心将从区表中分配相应的表项给所创建的进程。

为了把区表和进程联系起来,当进程中的某个逻辑段在区表中分得表项并填写了相关栏目之后,将把该表项的内存地址返回到进程的 proc 结构中。proc 结构中与区表项有关的还有该段在虚拟存储空间的起始地址、内存中的页表地址及页表长度等。

把区表和进程 proc 结构分开的原因之一是便于共享。因为每个逻辑区在不同的进程中对应的虚拟地址是不同的,但它们却可以通过区表而对应变换到同一物理内存空间中。区表和进程 proc 结构的关系如图 5-31 所示。

在系统创建一个进程或让一个进程共享其他进程的某个逻辑段时,在分配区表项后或在改变有关区表项共享计数位后,就把区表项与有关进程连接起来。对于新进程的连接是在创建 proc 结构时填写区表项地址、该区表项对应逻辑段的虚拟地址、所需页表的内存始址、逻辑段长度等。对于共享段的连接只要填写区表项地址、页表的内存始址、逻辑段长度即可。但是,共享段的虚拟地址在不同的进程中是不一样的。

请注意,UNIX System V 中的区和段页式存储管理中的段非常相像。但它们是有区别的,段页式存储管理中的虚拟地址空间是二维的,而 UNIX System V 中的各进程的分区虚拟地址空间仍是一维的。另外,UNIX System V 中的各进程的分区并不是由用户按照逻辑功能独立定义的,而是由系统设计人员预先设置好的。

2. 进程交换与请求页式页面置换

1) 进程交换

UNIX 系统为了缓解内存资源紧张的局面,将内存中处于睡眠状态的某些进程各区所在

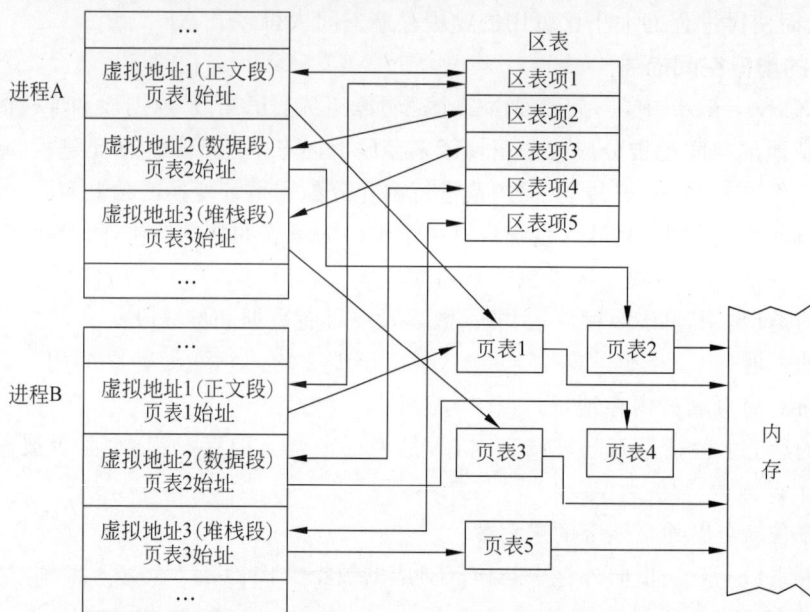

图 5-31　区表和进程 proc 结构的关系

的内存副本调到外存交换区中,而将交换区中处于就绪的进程重新调入内存。系统内核提供了交换空间管理、进程换出和进程换入三个功能,从而实现进程交换策略。

　　为了实现快速的内外存的交换,进程在外存交换区的存储分配是采用连续空间分配法。进程的换出功能是,当内核选定一个进程换出时,先将该进程的各区的引用计数减 1,然后选择其值为 0 区换出,同时对该进程加锁,直至该进程的内存副本复制到交换区中。最后,释放该进程所占的内存。进程换入功能是,每当睡眠进程被唤醒去执行换入操作时,内核就找出"就绪且换出"状态的进程,把其中换出时间最久的进程作为换入进程,并根据该进程的大小,为其申请内存,若内存申请成功,直接将该进程换入,否则还要考虑将内存中的某些进程换出,以腾出足够的空间再将该进程换入。

　　2）请求页式页面置换

　　UNIX 系统设置了一个核心进程称为换页进程,实现请求页式页面置换功能。换页进程的工作原理近似于"最近最少用"(LRU)页面置换算法。

　　每当内存空闲页框数低于某个规定的下限时,内核唤醒换页进程,换页进程检查内存中每一个活动的、非上锁的区,增加所有有效页的年龄,当进程访问某页时将该页的年龄置 0,换页进程选择年龄最大的页,并将其换出。

3. 进程的虚拟空间管理操作

　　UNIX System V 中进程可以使用系统调用 sbrk 来改变一个区的大小。当扩展区时,核心要保证扩展的区的虚地址不与另一个区的虚地址重叠,并且区的增大不应引起进程的大小超过所允许的最大虚存空间。注意,正文区和共享存储区在初始化后不能再被扩展。提供给用户进行动态存储分配的库函数 malloc()就是通过调用系统调用 sbrk 来实现的。

　　进程通过系统调用 shmget 创建一个共享存储区时,核心在系统区表中为该区建立一个区表项。此后,进程可以使用系统调用 shmat 将此共享存储区映射到本进程的虚空间中,称为附接(attach),核心将为该进程建立相应的本进程区表项。如果该区是首次附接到一个进程,核心还要为附接区分配和初始化页表。

进程使用系统调用 fork 产生一个子进程时,核心要为子进程复制父进程的所有区。如果某个区是共享的,核心就不必物理地复制该区,而是增加该区的共享进程数,允许父、子进程共享该区。如果某个区不是共享的核心,就必须物理地复制该区,这需要分配一个新的区表项、页表以及物理存储空间。

进程可使用系统调用 exec 改变本进程的虚空间映像,核心将释放进程虚空间中现有的所有区,然后把指定的可执行文件装入该进程的虚空间中,建立相应的区,如正文区、数据区和堆栈区。这里所说的装入不是实际的装入,而只是建立相应的页表项,页表项中填的不是物理存储页地址,而是磁盘块号。可执行文件内容的实际调入要推迟到发生页面失效时,核心才分配一物理存储页,按照页表项中的设备号和磁盘块号,把访问到的指令或数据读入此页面中,并在相应的页表项中填入此页面的物理地址。

▶ 5.6.2　Linux 内存管理

Linux 将存储管理分为物理内存管理、内核内存管理、虚拟内存管理、内核虚拟内存和用户级内存管理。

1. 物理内存管理

物理内存管理以页为单位,记录、分配和回收物理内存,物理内存管理使用 Buddy(伙伴)算法。

1) 空闲物理内存单元的管理

Linux 物理内存管理使用 Buddy 算法实现。其算法思想是:把内存中所有页面按照 2^n 划分,其中,$n=0\sim10$,每个内存空间按 1 个页面、2 个页面、4 个页面、8 个页面、16 个页面、32 个页面、$\cdots$、1024 个页面进行 11 次划分。划分后形成了大小不等的存储块,称为页面块,简称页块。包含 1 个页面的页块称为 1 页块,包含 2 个页面的称为 2 页块,以此类推。每种页块按前后顺序两两结合成一对 Buddy"伙伴"。系统按照 Buddy 关系把具有相同大小的空闲页面块组成页块组,即 1 页块组、2 页块组、$\cdots$、1024 页块组。每个页块组用一个双向循环链表进行管理,共有 11 个链表,分别为 1、2、4、$\cdots$、1024 页块链表,分别挂到 free_area[] 数组上。同时采用位图数组标记内存页面使用情况,每一组每一位表示比邻的两个页面块的使用情况。当一对 Buddy 的两个页面块中有一个是空闲的,而另一个全部或部分被占用时,该位置 1。当两个页面块都是空闲,或都被全部或部分占用时对应位置 0。Buddy 算法的内存管理如图 5-32 所示,其中,物理块 0、2、6、7、13 已被使用。

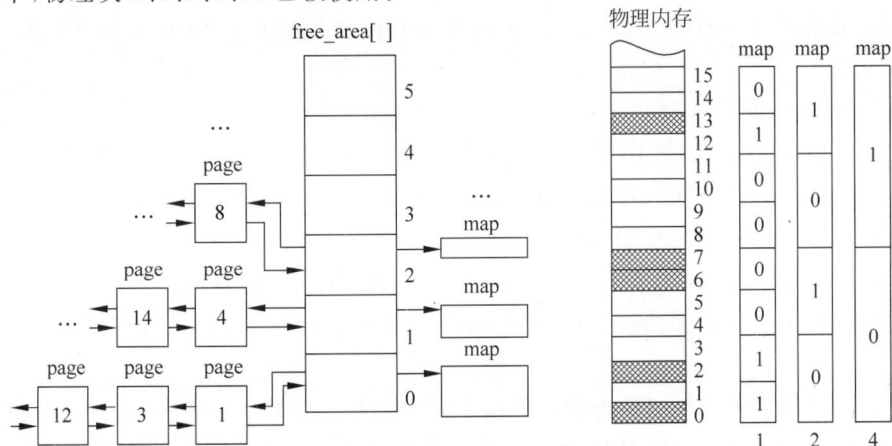

图 5-32　Buddy 算法的内存管理

2）物理页的分配

内存分配时，按照 Buddy 算法，根据请求的页面数在 free_area[] 对应的空闲页块组中搜索。若请求页面数不是 2 的整数次幂，则按照稍大于请求数的 2 的整数次幂的值搜索相应的页面块组。当相应页块组中没有可使用的空闲页面块时，就查询更大一些的页块组，在找到可用的空闲页面块后，分配所需页面。当某一空闲页面块被分配后，若仍有剩余的空闲页面，则根据剩余页面的大小把它们加入相应页块组中。

3）物理页的释放

当内存页面释放时，系统将其作为空闲页面看待，并检查是否存在与这些页面相邻的其他空闲页块，若存在，则合为一个连续的空闲区，按 Buddy 算法重新分组。这样可避免存在大量的小页块组。

2. 内核内存管理

内核内存管理主要负责为各种内核数据结构分配空间，其大小一般较小。如果使用以页为单位的物理内存管理则浪费较大，为此 Linux 专门提供了使用 Slab 算法的内核内存管理。

Slab 算法思想是：对象的申请和释放通过 Slab 分配器来管理。Slab 分配器有一组高速缓存（Cache），每个高速缓存保存同一种类型的对象，如 i 节点、PCB 等。此外，还有一些通用对象，如 32B、64B、…、128KB 等。内核从它们各自的缓存中分配和释放对象。每种对象的高速缓存由一连串 Slab 构成，每个 Slab 由一个或者多个连续的物理页面组成。这些页面中包含已分配的缓存对象，也包含空闲对象。

3. 虚拟内存管理

在物理内存管理的基础上，使用请求调页机制和交换机制，页面置换采用近似的"最近最少使用"（LRU）算法，为系统中的每个进程都提供高达 4GB（i386 平台）的虚拟内存空间。

1）页表的管理

一个页表条目标识一个物理页，如标识物理页的页框号、该页是否有效、该页的读写权限等。为了操作系统的可移植性，Linux 使用三级页表来存储虚拟地址转换为物理地址映射关系。一级页表只占用一个页，其中存放了二级页表的入口指针，记为 PGD；二级页表中存放了三级页表的入口的指针，记为 PMD；在三级页表中每个项都是一个页表条目。在 Linux 的 x86 版本中，只使用了两级页表，即第一级和第三级，在 Intel 系列 CPU 中，一个物理页面大小是 4KB，而每个页表条目大小是 4B，其中高 20 位存放页框号，低 10 位标识页面属性。因此，每个物理页面可以包含 1024 个页表项，则每个进程的虚拟地址空间为 $1024 \times 1024 \times 4KB = 4GB$ 大小。

2）虚拟存储空间的管理

在 Linux 系统中，主要使用了三个层次的数据结构 page、mm_struct 和 vm_area_struct 来表示进程的虚拟地址空间。最底层的 page 结构描述了一个物理页框及其页内信息的相关属性和链接指针，包括标志位、引用计数等。

vm_area_struct 结构是中间层次，它描述了一个虚拟内存区域（即一段连续的虚拟地址空间）的属性。其中，包括虚拟内存区域的开始地址、结束地址、访问权限、页目录、映射文件和链接指针。

mm_struct 是描述进程虚拟地址空间的最高层的数据结构，一个 mm_struct 就代表一个独立进程的虚拟内存空间。该结构中记录了实现任务管理的进程模型所需的内存管理相关的全部信息，如进程的页目录的位置，进程的代码、数据、堆栈、堆、环境变量、入口参数等在虚拟地址空间中的存储位置,进程占用的物理页框数目、进程的 LDT(局部描述符表)、引用计数,进程的虚拟地址空间的虚拟内存区域链表的链接信息和一些统计信息。

3)虚拟地址空间的创建

进程虚拟地址空间的创建分为两个步骤。首先,复制父进程的地址空间;然后,根据可执行映像的要求,创建新的内存地址空间。

虚拟地址空间的复制:为了减少开销,Linux 对于 fork 调用,使用了 COW 技术,同时也提供 vfork 系统调用,使用 vfork 系统调用创建的进程完全和父进程共享同一个地址空间。在 Linux 中,也使用 vfork 系统调用实现线程管理。

虚拟地址空间的重建:fork 系统调用返回后,子进程已经通过虚拟内存复制,创建了自己的地址空间。此后,当进程调用 exec 系统调用,希望执行新的程序时,将根据新的执行映像,为该进程创建新的虚拟地址空间。通常将这个过程叫作虚拟地址空间的重建。

在 Linux 中采用内存映射机制来处理映像文件的装入。在 vm_area_struct 结构中,由一个 file 结构的 vm_file 域和一个无符号长整型类型的 vm_pgoff 域分别表示该内存区域映射文件的文件指针和偏移值。实际上,内存映射机制正是使用这两个域描述了某段内存空间对应的内容在文件中的位置。这样,在重建虚拟地址空间时,只需要建立一系列的数据结构,描述某段内存区域内容在可执行映像中的位置,只有当进程真正使用该区域时,才将其装入内存。使用这种机制就避免了将映像中并不使用的部分也装入了内存中。

4. 内核虚拟内存与用户级内存管理

Linux 将每个进程的 4GB 虚拟内存分为用户区(0~3GB)和内核区(3~4GB)。内核虚拟内存管理负责内核区虚拟内存的管理。

内核态的程序有时需要申请大片的内存,如用于交换、内核模块、I/O 缓冲等,则采用申请虚地址空间连续、物理页面不连续的方法。可分配的虚拟空间在 3GB + high_memory + HOLE_8M 以上的高端区域,由 vmlist 链表进行管理。申请与释放这些空间时,分别需要调用系统调用 vmalloc()和 vfree()

用户任务空间的管理,即用户级进程的内存空间管理,一般提供 C 库函数,用户应用库函数编程实现用户级内存的管理。

▶ 5.6.3　Windows 内存管理

Windows 采用分页式虚拟存储管理技术,其页表的组织采用多级页表结构实现。Windows 虚拟内存管理器控制内存的分配和分页的执行。内存管理器可以在多种平台上运行,并使用 4~64KB 的页面大小。Intel 和 AMD64 平台每个页面为 4KB,Intel Itanium 平台每个页面为 8KB。

1. Windows 虚拟地址映射

在 32 位平台上,每个 Windows 用户进程都有一个单独的 32 位地址空间,每个进程可以使用 4GB 的虚拟内存。默认情况下,一半的内存是为操作系统保留的,因此每名用户实际上有 2GB 可用的虚拟地址空间,当在内核模式下运行时,所有进程共享大部分的 2GB 系统空间。在客户端和服务器上,大型内存密集型应用程序可以使用 64 位 Windows 更有效地运行。除了上网笔记本电脑,大多数现代 PC 使用 AMD64 处理器架构,它能够支持 32 位或 64 位系统运行。

2. Windows 分页

当创建一个进程时,原则上它可以使用近 2GB(或 64 位 Windows 上的 8TB)的整个用户空间。该空间被划分为固定大小的页面，其中任何页面都可以被带入内存，但操作系统会在以64KB为边界分配的连续区域中管理地址。一个区域可以处于以下三种状态之一。

（1）可用（available）：当前进程未使用的地址。

（2）保留（reserved）：虚拟内存管理器为进程预留的地址，这些地址不能被分配给其他用途（例如，为堆栈增长保留连续空间）。

（3）已提交（committed）：虚拟内存管理器已初始化的地址，供进程访问虚拟内存页使用。这些页面可以位于磁盘或物理内存中。在磁盘上时，它们可以保存在文件（映射页）中，也可以占用分页文件（即从主内存中删除页面时将其写入的磁盘文件）中的空间。

区分保留和已提交内存是非常有用的，因为一是减少了系统所需的虚拟内存空间总量，从而使页面文件更小；二是允许程序保留地址，而无须让程序访问这些地址，也无须将这些地址计入其资源配额。

Windows所采用的驻留集管理方案是动态分配、局部范围。当一个进程首次启动时，会被分配数据结构来管理其工作集。随着进程所需的页面被调入物理内存，内存管理器使用这些数据结构来跟踪分配给该进程的页面。活动进程的工作集调整遵循以下一般约定。

（1）当主存充足时，虚拟内存管理器允许活动进程的驻留集增长。为了实现这一点，在发生页面错误时，会向进程添加一个新的物理页面，但不会将任何旧页面换出，从而使该进程的驻留集增加一个页面。

（2）当内存变得稀缺时，虚拟内存管理器通过从活动进程的工作集中移除最近较少使用的页面来为系统回收内存，从而减小这些驻留集的大小。

（3）即使在内存充足的情况下，Windows也会监视那些内存使用快速增加的大型进程。系统开始从进程中移除最近未被使用的页面。这个策略使系统更具响应性，因为一个新程序不会突然导致内存不足，而使用户在系统尝试减小已经运行的进程的驻留集时等待。

3. Windows 交换

随着 Metro UI 的推出，Windows 引入了一种新的虚拟内存系统来处理来自 Windows Store 应用程序的中断请求。swapfile. sys 与对应的 pagefile. sys 一起提供了访问硬盘上临时存储区的方式。paging 会保存长时间未访问的项目，而 swapping 则保存最近从内存中取出的项目。在 pagingfile 中的项目可能在很长一段时间内不再被访问，而在 swapfile 中的项目可能会更快地被访问。只有商店应用程序使用 swapfile. sys 文件，并且由于商店应用程序相对较小，因此固定大小仅为 256MB。pagefile. sys 文件的大小大致为系统中物理 RAM 量的 1~2 倍。swapfile. sys 通过将整个进程从系统内存交换到 swapfile 中来运作。这立即释放内存以供其他应用程序使用。相比之下，paging 文件的功能是将程序"页面"从系统内存移动到 paging 文件中。这些页面的大小为 4KB。而整个程序无须交换到 paging 文件中。

▶ 5.6.4 OpenHarmony 内存管理

本实例主要结合鸿蒙内核 LiteOS-A 的源码讲解鸿蒙内核是如何进行内存管理的。

鸿蒙内核采用虚拟段页式内存管理。打开 kernel/liteos_a/kernel/base/include/los_vm_phys. h 源码，可以看到两个主要结构体。结构体每个成员变量的含义都已注释，下面结合源码进行讲解。

```
# define VM_LIST_ORDER_MAX    9        //伙伴算法分组数量,从 2^0,2^1,…,2^8 (256 * 4K) = 1M
# define VM_PHYS_SEG_MAX     32        //最大支持 32 个段


typedef struct VmPhysSeg {//物理段描述符
    PADDR_T start;                      /* The start of physical memory area */
//物理内存段的开始地址
    size_t size;                        /* The size of physical memory area */
//物理内存段的大小
    LosVmPage * pageBase;               /* The first page address of this area */
//本段首个物理页框地址
    SPIN_LOCK_S freeListLock; /* The buddy list spinlock */
//伙伴算法自旋锁,用于操作 freeList 上锁
    struct VmFreeList freeList[VM_LIST_ORDER_MAX]; /* The free pages in the buddy list */
//伙伴算法的分组,默认分成 10 组 2^0,2^1,…,2^VM_LIST_ORDER_MAX
    SPIN_LOCK_S lruLock;                //用于置换的自旋锁,用于操作 lruList
    size_t lruSize[VM_NR_LRU_LISTS]; //5 个双循环链表大小,如此方便得到 size
    LOS_DL_LIST lruList[VM_NR_LRU_LISTS]; //页面置换算法,5 个双循环链表头,它们分别描述 5 种
//不同类型的链表
} LosVmPhysSeg;



//注意: vmPage 中并没有虚拟地址,只有物理地址
typedef struct VmPage { //物理页框描述符
    LOS_DL_LIST      node;              /** < vm object dl list */
//虚拟内存节点,通过它挂/摘到全局 g_vmPhysSeg[segID] -> freeList[order]物理页框链表上
    UINT32           index;             /** < vm page index to vm object */ //索引位置
    PADDR_T          physAddr;          /** < vm page physical addr */
//物理页框起始物理地址,只能用于计算,不会用于操作(读/写数据 ==)
    Atomic           refCounts;         /** < vm page ref count */
//被引用次数,共享内存会被多次引用
    UINT32           flags;             /** < vm page flags */
//页标签,同时可以有多个标签(共享/引用/活动/被锁)
    UINT8            order;             /** < vm page in which order list */
//被安置在伙伴算法的几号序列( 2^0,2^1,2^2,…,2^order)
    UINT8            segID;             /** < the segment id of vm page */
//所属段 ID
    UINT16           nPages;            /** < the vm page is used for kernel heap */
//分配页数,标识从本页开始连续的几页将一块被分配
} LosVmPage; //注意:关于 nPages 和 order 的关系说明,当请求分配为 5 页时,order 是等于 3 的,因为
//只有 2^3 才能满足 5 页的请求
```

内核默认最大允许管理 32 个段。段页式管理就是先将逻辑地址切成多段,每段再切成单位为 4KB 的页,页是在内核层的操作单元,物理内存的分配、置换、缺页、内存共享、文件高速缓存的读写,都是以页为单位的,所以 LosVmPage 极其重要。

结构体的每个变量代表一个功能点,结构体中频繁出现 LOS_DL_LIST(双向链表),双向链表是鸿蒙内核最重要的数据结构。

LosVmPage. refCounts 页被引用的次数,可以理解为被进程拥有的次数。当 refCounts 大于 1 时,说明该页被多个进程所拥有,是共享页;当等于 0 时,说明该页没有进程在使用,可以被释放,这类似于 Java 的内存回收机制。在内核层面,引用的概念不仅适用于内存模块,也适用于其他模块,如文件/设备模块,同样存在共享的场景。

段的划分需要进行手动配置,相关参数存在静态全局变量中,鸿蒙默认只配置了一段,在源码 kernel/liteos_a/kernel/base/vm/los_vm_phys. c 中的配置如下。

```
struct VmPhysSeg g_vmPhysSeg[VM_PHYS_SEG_MAX];    //物理段数组,最大 32 段
INT32 g_vmPhysSegNum = 0;                          //总段数
LosVmPage * g_vmPageArray = NULL;                  //物理页框数组
```

```
size_t g_vmPageArraySize;              //总物理页框数
/* Physical memory area array */
STATIC struct VmPhysArea g_physArea[] = {//这里只有一个区域,即只生成一个段
    {
        .start = SYS_MEM_BASE,         //整个物理内存基地址,define SYS_MEM_BASE
#DDR_MEM_ADDR , 0x80000000
        .size = SYS_MEM_SIZE_DEFAULT,//整个物理内存总大小 0x07f00000
    },
};
```

设置好段和这些全局变量,就可以对内存初始化了。下面是内存初始化代码,OsVmPageStartup 是物理内存初始化函数,它被系统内存初始化模块 OsSysMemInit 调用。

```
/***************************************************************************
*******
完成对物理内存整体初始化,本函数一定运行在实模式下
    申请大块内存 g_vmPageArray 存放 LosVmPage,按 4KB 一页划分物理内存存放在数组中
****************************************************************************
****** /
VOID OsVmPageStartup(VOID)
{
    struct VmPhysSeg * seg = NULL;
    LosVmPage * page = NULL;
    paddr_t pa;
    UINT32 nPage;
    INT32 segID;

    OsVmPhysAreaSizeAdjust(ROUNDUP((g_vmBootMemBase - KERNEL_ASPACE_BASE), PAGE_SIZE));
//校正 g_physArea size

    nPage = OsVmPhysPageNumGet(); //得到 g_physArea 总页数
    g_vmPageArraySize = nPage * sizeof(LosVmPage); //页表总大小
    g_vmPageArray = (LosVmPage * )OsVmBootMemAlloc(g_vmPageArraySize);
//实模式下申请内存,此时还没有初始化 MMU

    OsVmPhysAreaSizeAdjust(ROUNDUP(g_vmPageArraySize, PAGE_SIZE));

    OsVmPhysSegAdd(); //完成对段的初始化
    OsVmPhysInit(); //加入空闲链表和设置置换算法,LRU(最近最久未使用)算法

    for (segID = 0; segID < g_vmPhysSegNum; segID++) {//遍历物理段,将段切成一页一页的
        seg = &g_vmPhysSeg[segID];
        nPage = seg->size >> PAGE_SHIFT;      //本段总页数
        for (page = seg->pageBase, pa = seg->start; page <= seg->pageBase + nPage;
//遍历,算出每个页框的物理地址
            page++, pa += PAGE_SIZE) {
            OsVmPageInit(page, pa, segID); //对物理页框进行初始化,注意每页的物理地址都不一样
        }
        OsVmPageOrderListInit(seg->pageBase, nPage); //伙伴算法初始化,将所有页加入空闲链
//表供分配
    }
}
```

5.7 内存管理设计与实现问题

▶ 5.7.1 内存管理设计问题

作为一个操作系统设计者,必须很好地考虑内存管理所涉及的各种因素,使得所设计的存

储管理有更好的总体性能。下面以分页式存储管理为例,分析讨论内存管理设计应考虑的主要问题。

1. 页面调度问题

对于以分页管理的系统,页面调度问题直接影响着系统运行效率。页面调度性能与页面分配策略、负载控制、页面大小、空闲页框数等因素相关。

(1) 页面分配策略。当存储空间已用完而一个进程又出现缺页时,页面置换算法是考虑在该进程已在内存中的某一页选择出来淘汰置换呢,还是考虑在当前所有进程已在内存中的某一页选择出来淘汰置换呢? 有局部分配策略和全局分配策略两种策略来考虑这个问题。局部分配策略是进程的页面分配只考虑在给定自己的空间内分配和置换,而全局分配策略则是页面分配考虑在所有可运行的进程的总空间中分配与置换。基于局部分配策略置换算法参考的页面数量少,可快速做出置换决策,但当工作集增大时,就可能出现"抖动"现象。当工作集在收缩时,会因为给定了过多的内存页框,又会浪费内存。基于全局分配策略的置换算法置换的页面更合理,特别是当工作集大小随着进程生命周期变化时,由于能动态调整各进程的分配内存的量,它能有效抑制"抖动"问题并充分利用内存。

(2) 负载控制。由于内存空间有限,对于多个进程执行的系统,无论是局部分配策略还是全局分配策略,均还可能出现"抖动"问题,即会出现每个进程分配的内存量都无法达到其满意的页面失效频率以内。一个有效的解决方法是:必须考虑采用进程换出技术将某些进程从内存中驱除出去,把它存到磁盘中,以腾出内存空间让其他正在运行的进程分享这些内存空间,直到"抖动"现象消除。需要注意的是,进程换出必有进程换进调度,当进程从磁盘中被换进执行时,其他的进程还可能需换出。另外,由于进程的换出使得同时在内存运行的进程数减少了,这样会影响多道程序运行的并发度,可能有时 CPU 或 I/O 出现空闲,不利于系统效率的有效发挥,故不仅要考虑同时运行的进程数以控制系统"抖动",还需考虑留在内存中的进程是否有利于系统效率的有效发挥。

(3) 页面大小。页面的大小也是一个值得关注的问题,这在 5.5.3 节中已讨论。这是一个内存开销和页面调度开销权衡考虑的问题。当今随着内存越来越大,页面大小也倾向于越来越大。

(4) 空闲页框数。如果系统中有足够数量的空闲页框,页面调度性能就很好。否则系统无空闲页框且每个页框均被进一步修改,缺页时首先必须选择一页写到磁盘交换区中。许多系统设置了一个调页监听进程(paging daemon),该进程定期地被唤醒监测内存状况,它将采用相应的页面置换算法选择一些页淘汰,将这些页放进空闲页框池,如果这些页近期加载后已被修改,就将它写回磁盘交换区中。当被淘汰的页又要用时,若空闲页框池有该内容,可以将它从空闲页框池中拉回使用。保持一个空闲页框池比使用所有页框去找一个需要用的页框性能更好,至少调页监听进程保证了空闲页框是干净的,当缺页需要使用它时无须执行写磁盘动作。在 Clock 页面置换算法中,可以使用前后两个指针实现空闲页框池的高效管理,前一个指针给调页监听进程使用,而后一个指针给置换算法使用。

2. 指令与数据分离

分页内存管理传统的思路是每个进程的指令和数据使用单一的逻辑地址空间。若给定的内存空间足够大,这种地址空间的组织工作情况也很好。但多任务系统中通常给定的内存空间是较小的,使得程序员满脑袋都在考虑如何将所有的东西都放入这个地址空间,同时程序和数据难以有效考虑共享。

PDP-11(UNIX)系统率先给出了程序(指令)和数据分离组织逻辑地址空间的方案,该方案指令部分和数据部分逻辑地址空间分别都从 0 开始编址,它们都有自己的页表。存取指令执行时使用指令页表,存取数据时使用数据页表,独立实现页面调度。其好处是程序和数据的共享易于实现,提高了有效地址空间的利用率。

3. 信息共享

信息共享可以减少存储开销,提高进程执行效率,但为了保证信息的一致性,通常对可以共享的页或段必须是从访问权限上加以规定,只允许只读形式。对于信息的共享需要从页的共享、库的共享、文件共享和共享存储的接口设计等几个问题来考虑。

对进程采用指令部分和数据部分逻辑地址空间分离组织,信息共享更容易实现,而使用单一的逻辑地址空间组织,信息共享较为复杂。当多个进程共享代码时,若一个进程被调度换出,则它的所有页将从内存中被驱除出去,而共享该代码的进程运行时将产生大量的页面失效,又要从磁盘中调入。同样地,当一个进程终止时,还必须能够发现哪些信息还在使用,以保证它们在磁盘中的空间不被释放。搜索页表看哪些信息被共享太费时,因此必须需要一个特殊的数据结构记录那些被共享的页。共享数据部分如允许修改则考虑得要更复杂一些,如UNIX 的 fork()的系统调用,创建的子进程和父进程是共享代码和数据的,只要它们修改了某页数据,就违反了只读保护从而陷入操作系统核心,核心将为之建立它的私有数据页备份,每一个私有数据页备份被设成可读写模式,从而实现数据的更新。该策略称为写时备份(copy on write),可由减少备份提高性能。

许多系统提供了各种各样的程序库给程序开发使用,使得可方便集成已有特殊处理算法。若采用静态连接的方法进行可执行程序的连接装配,可执行程序代码量大,将耗费连接装配时间与空间。通常的方法是系统使用共享库,如 Windows 提供了动态链接库(DDLs),当一个程序使用共享库连接时,并不包含被调用的实际函数,而是连接程序加入一个小的桩(stub)例程,使得执行时去绑定被调用的函数,若共享库已经被相关程序使用时加载过,则执行时无须再次加载,加载也是按需一页一页地调入内存。多个进程可同时共享这个在内存中的共享库函数。共享库除了使得可执行代码量小与节省内存空间的好处以外,另一个好处是:共享库若有 bug 而被更新,调用它的程序无须重新编译,只须下载新的共享库更新老的共享库。由于进程不同共享库被定位的虚拟地址是不同的,使用共享库有一个问题需要解决,即共享库的转移指令地址必须采用相对地址,而不是绝对地址,转移指令地址应为向前或向后 n 字节地址。这就要求编译器对共享库编译能生成这种相对地址。

共享库是内存映像文件的一个特例,它更适合程序共享。内存映像文件即一个进程可以发出系统调用,将一个文件映射到它的一部分内存虚拟空间中。多数系统在实现中,映射文件时并不需要调页,当页被触及时,使用文件作为后备存储以请调方式进行调度。当进程终止时,被修改的页将被写到这个文件中。映像文件可以以内存中的数组特征进行访问,而无须考虑读写操作。在某些情形下可方便程序员使用该文件。如果多个进程同时去映射相同的文件,它们可通过共享存储进行通信。它们之间的信息交换和共享将更加及时。

此外,存储管理可以考虑为程序员提供共享存储的接口,让程序员可以以非传统的方法编写处理程序,到达高效的执行目的。

▶ 5.7.2 内存管理实现问题

1. 操作系统参与调页

操作系统在进程创建时、进程执行时、页面失效时和进程终止时需要参与调页工作。当进程被创建时,操作系统必须考虑程序和数据有多大并为之在内存中分配空间、创建页表,同时初始化页表内容。此外,磁盘交换区中需分配一定空间以便接纳被换出的页。交换区还必须用程序正文和数据进行初始化,以便一个新的进程缺页时能从交换区中调入。页表和磁盘交换区的信息必须记录在进程表中。

当进程被调度执行时,存储管理单元需要被重新设置,快表(TLB)也要刷新,以保证驱除原先执行进程的痕迹。新进程页表必须是最近的,通常将它复制到相应的硬件寄存器中。一个可选的方案是初始时将进程的一些页或全部都调入内存,以减少缺页次数。

当页面失效时,操作系统必须读出硬件寄存器的内容判断出失效的虚拟地址,计算出所需的页并找出该页在磁盘中的位置,然后找到一个可用的页框或调用页面置换算法淘汰相关页,调入该页。最后让程序计数器指向失效的指令,让该指令重新执行。

当进程终止时,操作系统必须释放进程页表、所占页框和磁盘交换区的空间,若一些页被其他进程共享,则这些页框和其在磁盘交换区的空间将等到最后一个共享它们的进程终止时释放。

2. 页面失效处理

当进程发生页面失效时,可能有以下这些事件出现并需要处理。

(1)硬件陷入内核,保存程序计数器内容到栈中。

(2)启动装配代码例程保存通用寄存器和其他已被修改的信息,以使得操作系统不破坏它们。

(3)操作系统发现一个失效的页并找出一个需要的虚拟页,通常寄存器包含该页面地址。

(4)操作系统根据该地址需要进行地址保护和存取权限检查,若访问不合法,就发一个信号给该进程或终止该进程,否则操作系统看是否有空闲的内存,如果没有,就运行页面置换算法选择一页淘汰。

(5)如果被选择出的页是脏的(最近被修改过),该页要写入磁盘交换区,并被标注忙状态以防止其他进程访问。这时上下文转换将发生,挂起页失效的进程,调度一个可执行的进程占有CPU执行直到磁盘写操作完成。

(6)当被淘汰的一个页面是干净的(或它已写回到磁盘),操作系统找出失效页的磁盘地址,调度磁盘操作将该页读进被淘汰页的所占内存中。当页面信息读入时,同样挂起页失效的进程,调度一个可执行的进程占有CPU执行直到磁盘读操作完成。

(7)当页面信息读入完成,磁盘中断到来,修改进程页失效的页表项中内存地址为被淘汰页的内存地址,并标注该页正常(在内存)。

(8)失效的指令被返回到它原先执行时的状态,程序计数器重新设置为该指令的地址。

(9)调度失效进程,操作系统返回装配代码例程去装配它。

(10)装配例程重新装入寄存器和其他状态信息,并返回到用户空间继续执行。

3. 指令备份

当指令陷入内核进行页面失效处理后,如何准确重启失效指令? 这个问题还是较复杂的。因为有些CPU有多个操作数地址,指令的长度是不同的,页面失效地址也有多个。操作系统难以知道重启该指令的地址。

有些CPU设计者提供了一个隐藏的寄存器,让程序计数器在一条指令执行前将指令的地址复制到该寄存器中,这些机器可能还有第二个寄存器告诉哪个寄存器以多少量自动增加或减少了。有了这些信息操作系统就容易返回失效指令地址重新执行了。若没有这些信息,操作系统就必须找出什么发生了失效并知道怎样去修复它。

4. 内存中的页加锁

当页面置换算法选择其信息还在 I/O 缓冲区的一页淘汰时，如果 I/O 设备正在交换该页，将它移出内存就会引起部分数据被写进缓冲区而部分数据被写到正在装载的页。解决这个问题的一个方案是必须对内存中正在进行 I/O 的页进行加锁，以保证它们不被移出内存，也可以是在内核缓冲区中执行 I/O,而后将数据复制到用户空间。

5. 页面备份存储管理

当一个页被淘汰，若信息被修改过，则需要写到磁盘交换区中，以便后面执行过程中可将它重新载入。那么这些页写到磁盘的什么地方呢？

最简单的方案是：用一个特殊的分区来分配交换区，该分区不存放正常的文件，全部用于存放正在运行的进程映像，每个进程映像顺序分配。这样，只要知道进程在交换区中的起始地址，其页在交换区的位置通过相对位移就可以计算出，页表中无须指出该页在交换区中的地址，只需在进程表中指出其在交换区的起始地址即可。这个方案也有一个问题，即进程运行中会由于数据区和堆栈的动态变化而增加进程的虚拟空间长度。可以考虑将进程按正文（指令）、数据和堆栈分别进行分区域事先预约多个磁盘连续块。多数 UNIX 系统采用该方案。该方案的好处是节省页表空间，缺点是磁盘交换区空间需要足够大。

另一种方案是：事先不分配交换区的映像，而是当淘汰的页需要写到磁盘时分配磁盘空间，当它被换进时释放磁盘空间。这种方案不要考虑内存中的进程与交换区的对应，节省交换区空间，但进程的页表必须开辟一项记录在磁盘交换区中的地址，同时还要用一位标志该地址是否有效。

Windows 使用文件系统中一个或多个更大的预先分配的文件来接纳交换的信息，进程可执行代码的调入直接从可执行文件中调入，指令页淘汰无须写盘，只有可变数据页的换出需要写盘，但需要考虑减少所需磁盘空间量的优化。

6. 策略与机制分离

策略与机制分离可以降低系统管理的复杂性。一个内存管理系统可被分为三部分来实现：①一个内核中的内存管理单元（MMU）；②一个内核中的页失效处理器；③一名用户空间中运行的外部页管理器。

当进程被建立时，外部页管理器就被告知去建立进程映像并分配磁盘备份存储，进程运行时，它可能会映射新对象到地址空间中，又要告知外部页管理器。当进程运行出现缺页时，由页失效处理器找出需要使用的虚拟页并给外部页管理器发信号，外部页管理器从磁盘中读取所需的页并将它复制到自己的虚拟地址空间中，然后告知页失效处理器页已装入。页失效处理器从外部页管理器的虚拟地址空间中解除与该页的映射，并请求 MMU 把该页放到用户地址空间的恰当位置。这样用户进程就可重新启动执行。

该实现方案开放了页面置换算法的调用，由外部页管理器选择使用它。但主要问题是：外部页管理器不能访问所有页的新老和修改状态位，需要一些机制将这些信息传递给外部页管理器或者由页面置换算法必须到内核中去获取。该方案的好处是：可有更多的页面置换算法供选择，具有更大灵活性。其不足之处是：需多次地跨用户-内核边界和系统部件间发送各种消息的额外开销。然而，现代计算机越来越快，软件越来越复杂，可信的软件越来越受关注，大多数设计者认为牺牲一些性能来换取内存管理的灵活性和可信度也是可以接受的。

小结

本章首先介绍了内存管理的任务和功能。接着介绍内存分配的几种形式和重定位概念，内存分配常有三种形式，即直接内存分配、静态内存分配和动态内存分配。动态内存分配是现代操作系统常用的方式。静态重定位是在程序执行前由装配程序一次性完成，而动态重定位是程序执行中由硬件地址转换机构完成。覆盖与交换技术是从逻辑上扩充内存的两种方法，覆盖技术要求程序员提供一个覆盖结构，它用于同一进程之间；而交换技术对程序员无任何要求，它可用于进程之间。

接着介绍了分区内存管理，其中，固定分区法管理方式简单，但存储利用率低，而动态分区法可提高存储利用率，但分配与回收算法复杂且需考虑移动、合并等问题，增加了系统的开销。

然后，重点讲述目前流行的内存管理方式——页式和段式存储管理，这两种内存管理均较容易实现虚拟存储技术，解决共享与保护等问题。页式存储管理将内存划分成大小相等的页框（块），进程地址空间相应地分成页，页到页框的分配可非连续分配，可解决内存碎片问题，采用快表后使地址转换的效率能被人接受。页式虚拟存储系统使用户程序不受内存容量的限制，但要使系统获得较好的性能必须很好地控制缺页中断率，因此页面置换算法的选择是很重要的。常用的页面置换算法有 FIFO、LRU、NRU、LFU、Clock 等。OPT 算法是无法实现的，但可作为衡量其他算法优劣的标准。段式存储管理是按程序的逻辑模块来考虑内存分配的，它类似于动态分区法，地址转换过程又类似于页式存储管理，它更加方便程序和数据的共享与保护，同时可实现动态连接，但解决碎片问题系统开销大。为了能结合页式和段式的优点，提出了段页式存储管理方法，即程序按逻辑结构分段，段内按页框大小分页，最终实现非连续存储分配。

最后，简要介绍了流行的操作系统 UNIX、Linux、Windows、OpenHarmony 等内存管理技术，同时讨论了内存管理设计与实现需考虑的问题。

习题

1. 内存管理的主要功能是什么？
2. 内存分配有哪几种形式？
3. 什么是重定位？重定位有哪几种方法？
4. 简述什么是覆盖技术和交换技术。它们之间有什么区别？
5. 在动态分区管理中，当有 1KB、9KB、33KB 和 121KB 4 个进程要求进入系统时，试分析内存空间的分配情况（内存初始状态如图 5-33 所示）。
6. 为什么要进行存储保护？分区管理中通常有哪几种保护方法？
7. 给出一种动态分区的分配算法，写出内存分配和回收（去配）的流程图。
8. 何谓内存移动？采用移动法分配内存有什么优缺点？移动一道程序时操作系统应做哪些工作？
9. 一道程序被移动或调出时，有限制条件吗？为什么？
10. 对页式存储器进行内存分配时，应设置相应的存储分配表，请设计一个满足这种内存分配的数据结构，并给出分配和回收（去配）的算法。

图 5-33　内存初始状态

11. 如果存放页表的区域被分成大小相等的块（页框），每个进程的页表可存放在一块或几块中，当某个进程的页表要占用多块时，应怎样构造页表？

12. 何谓页式存储器的内零头？它与页面大小有什么关系？

13. 为什么在页式存储器中实现程序共享时，必须对共享程序给出相同的页号？

14. 分页管理有哪几种形式？它们之间有什么区别？

15. 什么是虚拟存储器？虚拟存储器有哪些优点？

16. 叙述实现虚拟存储器的基本原理。

17. 采用页式存储器就是虚拟存储器吗？为什么？实现虚拟存储器的硬件与软件应增加什么功能？

18. 虚拟存储器的容量可以大于内存容量加外存容量的总和吗？

19. 简述请求分页虚拟存储中页表有哪些数据项？每项的作用是什么？

20. 请求分页虚拟存储系统中有哪几种置换策略？它们是如何实现的？

21. 如果一个进程在执行过程中，按下列的页号依次访问内存：1,2,3,4,2,1,5,6,2,1,2,3,7,6,3,2,1,2,3,6。进程固定占用 4 个内存页框（块），试问分别采用 FIFO、LRU、Clock 和 OPT 算法时，各产生多少次缺页中断？并计算相应的缺页中断率，同时写出在这 4 种调度算法下产生缺页中断时淘汰的页面号和在内存的页面号。

22. 假设一个进程固定分配 5 个页框，该进程的各页的装载时间、最近访问时间、R 位和 M 位信息如表 5-8 所示。

表 5-8　各页信息

页　　号	装 载 时 间	最近访问时间	R	M
0	125	280	1	0
1	225	260	0	1
2	150	270	0	0
3	100	290	1	1

当页号 4 要访问时，请问：

（1）FIFO 页面置换算法应置换哪个页面？

（2）LRU 页面置换算法应置换哪个页面？

（3）NRU 页面置换算法应置换哪个页面？

（4）第二次机会页面置换算法应置换哪个页面？

23. 假设虚拟地址页访问流包含一个重复访问的长的页面访问序列，该序列偶尔会出现随机的页面访问，如访问序列为 0,1,…,511,428,0,1,…,511,202,0,1,…包含一个重复的访问页面访问序列 0,1,…,511 并伴随着随机的访问页面 428,202。请思考回答以下问题。

（1）为什么标准的 FIFO、LRU、Clock 页面置换算法对于给定页框数小于序列长度的页面分配时其处理负载不是很好？

（2）如果分给进程可达到 500 个页框，请给出一个比 FIFO、LRU 或 Clock 执行性能更好的页面置换方案。

24. 什么是扩充内存？如何进行扩充内存管理？各种扩充内存管理有何利弊？它们各自较适合哪些情形？

25. 段式存储管理有什么优缺点？它与页式存储管理的主要区别是什么？

26. 在段式存储器中实现程序共享时，共享段的段号是否一定要相同？

27. 叙述段页式虚拟存储管理的优缺点。

28. UNIX 怎样组织管理进程的虚拟存储空间？

29. 请叙述 Linux 的内存空间的管理思想。

30. Linux 物理内存管理使用 Buddy 算法实现，请分析这种方法的优点与不足之处。

31. 以分页式虚拟存储管理为例，简要叙述内存管理设计需考虑的问题与应对策略。

32. 简述 OpenHarmony LiteOS-M 中 membox 内存管理的特点和使用场景（liteos_m/kernel/src/mm/los_membox.c）。

33. 简述 OpenHarmony LiteOS-M 中 mempool 内存管理的特点和使用场景（liteos_m/kernel/src/mm/los_memory.c）。

第 6 章 文件管理

本章知识要点：本章知识要点包括文件、目录、文件系统的空间管理、文件系统的可靠性和虚拟文件系统；同时包括典型的文件管理实例。

预习准备：了解操作系统中文件的命名规则，文件分类、目录、文件共享和保护，以及文件的操作，在此基础上，思考文件管理与存储管理有何不同？辅助存储器管理与内存管理有何不同？如何提高辅助存储器空间利用率和查询效率？以及如何解决共享与保护问题？

兴趣实践：设计实现磁盘空间的分配与回收算法，包括位示图方法、链表方法和基于索引节点方法。阅读与分析 Linux 系统中文件系统的源程序。

探索思考：海量数据的存储需要大容量的磁盘，如何有效地管理大容量的磁盘空间？如何有效地解决存储与快速查找问题，特别是跨设备和基于网络的访问？如何解决共享与保护问题？

由于内存容量有限，并且存在易失性，计算机系统中的大量数据和程序不可能长期保留在内存中，必须以文件的形式保存在外存上。为了满足对文件管理的需要，所有操作系统都有一个专门负责文件信息管理的子系统，即文件系统。

文件系统负责文件的存储、检索、共享与保护，以及文件存储空间的组织与管理、分配与回收。本章将从文件、目录、文件系统的空间管理、文件系统的可靠性、虚拟文件系统和文件系统的类型等方面进行讲述，并介绍部分典型的文件系统实例。

6.1 文件

文件是一组逻辑上相互关联的数据集合，是操作系统组织计算机中数据的方式。

▶ 6.1.1 文件名

为了区别文件，必须给每一个文件起一个名字，叫**文件名**。**文件命名规则**因操作系统不同而不尽相同，一般由文件名和扩展名组成。文件名用于标识文件，当前的操作系统通常规定文件名不多于 255 个字符；扩展名可用于标识文件类型，通常由 1～3 个字符组成，两者之间用一个圆点"."隔开。文件名和扩展名可以由字母、数字及一些特殊字符组成；有的操作系统不区分字母的大小写（如 Windows），有的操作系统则严格区分大小写字母（如 UNIX 和 Linux 系统）；特殊字符因文件系统的不同而不同，但下画线字符"_"一般都是有效字符。

▶ 6.1.2 文件的类型

很多操作系统支持多种文件类型，如 UNIX 和 Windows 中有普通文件和目录文件，UNIX 和 Linux 中还有字符特殊文件和块特殊文件等设备文件。字符特殊文件用于串行 I/O 类设备，如键盘、打印机和网络等；块特殊文件用于磁盘类块设备。把设备看成文件的好处在于：文件和设备的输入/输出便于统一；文件名与设备名有相同的文法和意义；文件和设备可以使用统一保护机制。目录文件是存储目录信息的系统文件，将在 6.2 节讨论。

普通文件可以分为 ASCII 码文件和二进制文件两种类型。ASCII 码文件又称为文本文件，由多行正文组成，每行以回车或换行结束；ASCII 码文件可显示、打印和编辑，易于用户识别与理解，源代码和可编辑文档等一般都是 ASCII 码文件。二进制文件由二进制字符所组成，有一定的内部结构，使用特定程序才能解析其结构，源代码编译后生成的目标文件和链接后生成的执行文件一般都是二进制文件。

普通文件的类型还可以进一步细分，可使用文件扩展名来标识文件类型，由操作系统根据文件扩展名关联对应的应用程序。如扩展名为 doc 或 docx 的文件，Windows 一般将其关联到 Word 字处理软件。常见的扩展名和文件类型之间的关系如表 6-1 所示。

表 6-1　常见文件扩展名及其代表的文件类型

文 件 类 型	文件扩展名	功　　能
可执行文件	exe,com,bin,或无	可执行机器语言程序
目标文件	obj,o	已编译,机器语言,未链接
源文件	c,cpp,cc,java,pas,asm,bas,perl	各种语言的源程序
标记	xml,html,tex,txt	文本数据,文档
批处理文件	bat,sh	发送给命令解释器的命令
文字处理文件	doc,docx,wps,rtf	各种文字处理格式
库文件	lib,dll,a,so	为程序员提供的库文件
打印或视图文件	gif,pdf,jpg	用于打印或视图的 ASCII 码或二进制文件
压缩文件	rar,zip,tar	一个文件或相关的几个文件压缩成一个压缩文件
多媒体文件	mpeg,mov,rm,mp3,mp4,avi	音频或视频的二进制文件

▶ 6.1.3　文件属性

文件除了文件内容外还包含文件属性，文件属性用于标识和描述文件，如文件名、文件创建时间、文件长度、文件的物理地址、存取权限等信息。不同操作系统中文件属性差别很大，表 6-2 中列出了一些可能的属性。

表 6-2　常见的文件属性

域	含　　义
文件名	文件的名字
文件物理地址	指明文件内容在存储设备的具体位置
保护	谁能访问该文件,以何种方式访问
口令	访问该文件所需口令
创建者	文件创建者的 id
所有者	当前文件的所有者
只读标志	0 表示读/写,1 表示只读
隐藏标志	0 表示正常,1 表示不在列表中显示
系统标志	0 表示正常文件,1 表示系统文件
存档标志	0 表示已备份过,1 表示需要备份
ASCII 码/二进制标志	0 表示 ASCII 码文件,1 表示二进制文件
随机存取标志	0 表示只能顺序存取,1 表示随机存取
临时标志	0 表示正常,1 表示在进程退出时删除文件

域	含　　义
锁标志	0 表示未锁，非零表示已锁
记录长度	一条记录的字节数
关键字位置	每条记录中关键字偏移
关键字长度	关键字域的字节数
创建时间	文件创建日期和时间
最后存取时间	文件最后存取日期和时间
最后修改时间	文件最后修改日期和时间
当前长度	文件字节数
最大长度	文件最大允许字节数

表 6-2 中的保护、口令、创建者和所有者 4 个文件属性与文件保护有关，决定了用户对文件的存取权限。

标志通常是一位或者一个短域，用来禁止或者允许某些特定性质。例如，存档标志位记录文件是否备份过，在文件修改后操作系统设置存档标志位，这样备份程序可以区分哪些文件需要备份。临时标志位表示在创建该文件的进程终止后，它会被自动删除。

记录长度、关键字位置和关键字长度等域只出现在那些能够用关键字查找记录的文件之中，它们提供了查找关键字所需的信息。

各个时间域记录了文件的创建时间、最近存取时间以及最近修改时间等。例如，修改源文件后，可根据目标文件中这些域的信息判断是否要重新编译。

当前长度域给出了文件当前的大小。文件创建时，需要指明文件的最大长度，以便操作系统事先保留一定的存储空间。

▶ 6.1.4　文件的操作

文件系统为用户提供了一系列操作文件的接口，典型的文件操作如下。

（1）创建：定义一个新文件，同时分配一个文件结构。

（2）删除：删除文件结构，释放相关资源。

（3）打开：进程通过"打开"操作打开一个已经存在的文件，以对该文件进行操作。

（4）关闭：进程使用"关闭"操作关闭已经打开的文件，关闭后该进程将不能对该文件进行操作。

（5）读：进程读取文件的部分或全部数据。

（6）写：进程将数据添加到文件中或更新文件中对应的内容。

▶ 6.1.5　文件数据的访问方法

文件数据访问方法是访问存储设备中文件数据的方法。常见的文件数据访问方法有顺序法、直接法和索引法。

（1）顺序法。顺序法访问文件内容如图 6-1 所示，是指严格按照数据记录的排列顺序依次存取，即若要访问放在文件中的第 i 条记录，则要从文件第一条记录开始，再访问文件的第二条记录，依次下去，直到第 i 条记录为止。顺序法既可用于顺序存取设备（如磁带），也可

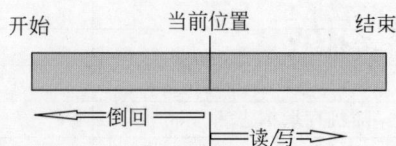

图 6-1　顺序法访问文件内容

用于直接存储设备(如磁盘)。

(2) **直接法**。直接法是指允许用户随意读写文件的任意一条记录,而不管上次读写到哪条记录。直接存取方法适用于直接存取设备。对于流式文件,直接存取方法必须先定位到所要读写的位置,然后才能进行读写。对于定长记录式文件,则可以直接定位到某条记录进行读写。对于变长记录式文件,则无法直接定位到某条记录进行读写,而是通过对文件进行索引组织后,对索引表进行直接存取来定位所要读写的某条记录。

(3) **索引法**。索引法建立在直接法之上,需要创建文件索引。查找文件中的记录时,需要先根据记录的关键字搜索文件索引得到对应记录块的指针,再根据指针直接访问文件获得所需的记录。

▶ 6.1.6　文件数据的逻辑结构

文件数据的逻辑结构是用户所观察到的文件数据组织形式。可分成两种形式:一种是无结构的流式文件,是指对文件内信息不再划分单位,它是由一串串字符流依次构成的文件;另一种是有结构的记录式文件,是用户把文件内的信息按逻辑上的独立含义划分成一定单位,每个单位称为一个逻辑记录(简称记录),记录是一个具有特定意义的信息单位,它由该记录在文件中的逻辑地址(相对位置)与记录所对应的一组键、属性及其属性值所组成,有着相同或不同数目的数据项,记录可分为定长和不定长记录两类。

一般情况下,为了方便用户对文件数据的访问,文件数据逻辑结构应遵循下述原则。

(1) 当用户对文件信息进行修改操作时,给定的逻辑结构应能尽量减少对已存储好的文件信息的变动。

(2) 当用户需要对文件信息进行操作时,给定的逻辑结构应使文件系统在尽可能短的时间内查找到需要查找的记录或基本信息单位。

(3) 应使文件信息占据最小的存储空间。

(4) 便于用户进行操作。

字符流的无结构文件管理简单,但查找文件中的内容,例如某个单词,是比较困难的,常用于源程序文件和目标代码文件等。

记录式的有结构文件可把文件中的记录按照各种不同的方式排列,以便用户对文件中的记录进行修改、追加、查找和管理等操作。记录式文件可以多种不同的方式组织这些记录,目前常用的有:堆文件、顺序文件、索引顺序文件、索引文件和哈希文件(直接文件)。

1. 堆文件

对于大小和结构不同的记录,可采用堆(pile)文件来组织。堆文件如图 6-2 所示,是按照记录到达的时间顺序组织的,记录之间用界定符隐式地区分或指定每一记录的起始位置和长度来显式地区分。

对于堆文件中记录的访问只能顺序进行,查找特定记录需要遍历它之前的所有记录。

堆文件适合组织记录大小和结构不同的文件,在图 6-2 中,每行代表一条记录,从图中可以看出每条记录的长度不尽相同。当文件中的记录大小是一致时,用堆文件来组织文件的逻辑结构,其效率不高。

2. 顺序文件

顺序文件如图 6-3 所示,每条记录格式和长度相同,并且由相同数目、长度固定的域按照特定的顺序组成。每个域的域名和长度是该文件结构的属性。每条记录都有一个特殊的域用于唯一标识该记录,称为关键域。不同记录的关键域值是不相同的。此外,所有记录按关键字顺序组织成文件。每一行代表一条记录,其中某一列是关键字,所有记录结构相同,长度相同。

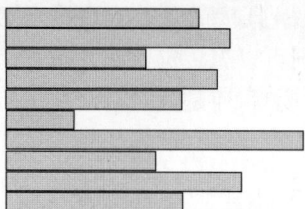

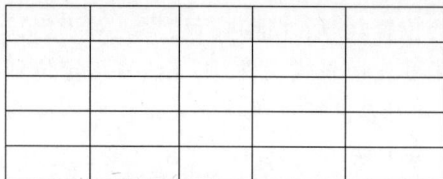

图 6-2　堆文件　　　　　　　　　　图 6-3　顺序文件

顺序文件的主要优点是顺序存取速度快,适用于顺序存取和成批处理多条记录的场合。如果涉及所有记录的处理,顺序文件是最佳的。顺序文件是唯一同时适合在磁带和磁盘中存储的文件数据逻辑结构。

但在交互式应用场合,由于涉及对单个或少数几条记录的查询或更新,顺序文件的性能较差。此时,每查询一条记录,需要顺序搜索文件,对文件中的记录逐个进行关键字匹配操作。如果文件很大,就需要多次访问外存,造成很大的时间延迟。而在添加记录时,为了保证文件的顺序结构,需要对文件进行大量的插入和移动操作。为了解决这个问题,可以将新记录放在一个单独的堆文件中,称为日志文件或事务文件。周期性地执行一批更新操作,把日志文件合并到主文件中,形成一个更新后的顺序文件。另一种解决方法是把顺序文件组织成链表形式。每个物理块存储一个或多个逻辑记录,并且每个物理块含有指向下一个物理块的指针。这样,新记录的插入仅涉及指针的修改操作而不再要求新记录占用特定物理块的更新操作,但会增加额外的处理开销。

3. 索引顺序文件

索引顺序文件如图 6-4 所示,保留了顺序文件按照记录的关键域的顺序组织的关键特性,通过增加文件索引和溢出文件,提高文件数据的随机访问性能。

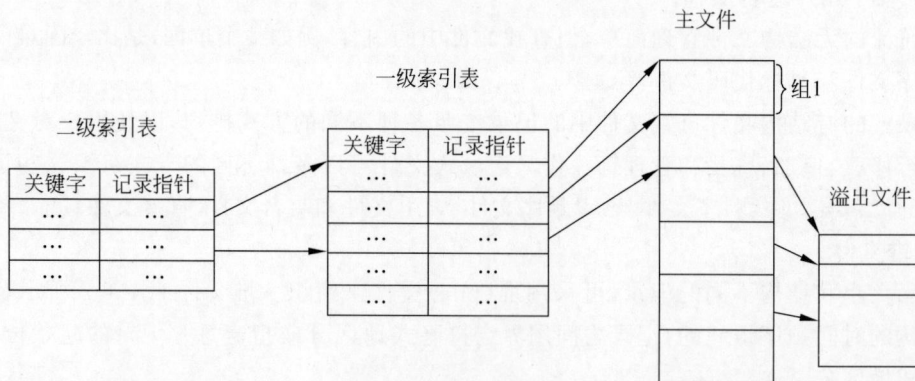

图 6-4　索引顺序文件

（1）文件索引。将顺序文件中的所有记录分为若干组(关键字按组排序),为所有组建立一张索引表,每一组在索引表中有一个表项,该表项包含该组的第一条记录的关键字值和指向该记录的指针。由此可见,索引提供了快速查找目标记录的能力。

索引可以进行多次,分别称为一级索引、二级索引和多级索引。一级索引顺序文件是最简单的索引顺序文件。在一级索引顺序文件中,为查找特定目标记录,首先利用用户所提供的目标关键字以及某种检索方法(如二分法)搜索索引表,找到该关键字所在记录组中第一条记录的表项,从而得到该索引指针所指的主文件中的位置。然后,再利用某种搜索方法在主文件中查找所要求的记录。

（2）**溢出文件**。溢出文件用于添加新记录,类似于顺序文件中的日志文件,但溢出文件中的记录可以根据主文件中记录的指针进行定位。

主文件中的每条记录包含一个附加指针域,该指针用来指向溢出文件的某一位置,如图 6-4 所示。因此,当向文件插入一条新记录时,该新记录被添加到溢出文件中,然后修改主文件中逻辑顺序位于这条新记录之前的记录,使其附加指针域指向溢出文件中该新记录的位置。如果新记录逻辑顺序前面的那条记录也在溢出文件中,则修改这条记录的指针。在对主文件检索过程中,若遇到一个指向溢出文件的指针,则到溢出文件中查找,直至遇到一个空指针,然后返回到主文件中继续检索。在删除记录时,只需找到待删除的记录,在其存储位置上做删除标记即可。在经过多次的增删后,溢出文件可能有大量记录,而主文件中又浪费很多的空间,因此,和顺序文件一样,索引顺序文件也要定期将溢出文件合并到主文件中。

4. 索引文件

索引顺序文件和顺序文件都是基于关键字进行组织,当需要用其他属性来检索记录时,还是需要顺序遍历整个文件。为此,采用多索引,为每种可能成为搜索条件的属性构建相应的索引表,构建索引文件。称按关键字建立的索引表为主索引表（或称完全索引）,它包含主文件中每条记录的索引表项;而按其他属性建立的索引表为辅助索引表（或称部分索引）。此时,主文件中的记录不再要求顺序性,记录也可以是变长记录。当往主文件中添加记录或从主文件中删除记录时,与之对应的所有索引都必须更新。为了提高检索速度,可将索引组织成顺序文件。

例如,对单位职工档案文件,可以职工编号为关键字建立主索引表,而对感兴趣的职工姓名这个数据域作为一个辅助关键字建立辅助索引表,辅助索引表也按辅助关键字顺序排列。辅助索引表中的表项也是由两部分组成:辅助关键字和指向主文件的指针。索引顺序文件如图 6-5 所示,其能支持随机直接访问,多用于对信息处理及时性要求较高的场合,如飞机订票系统。

5. 直接文件

直接文件如图 6-6 所示,也称为哈希文件或散列文件,是用散列技术组织文件数据。直接文件具有直接访问磁盘中任何一个已知块的能力,和顺序文件以及索引顺序文件一样,直接文件使用关键字进行散列。

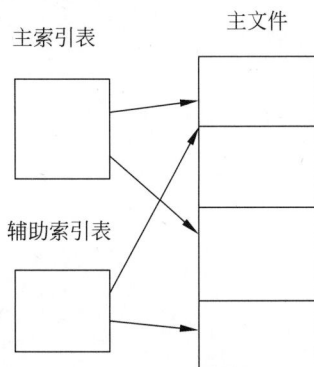

图 6-5　索引顺序文件

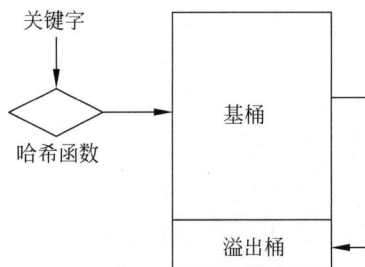

图 6-6　直接文件

直接文件中的记录通常是成组存放的。若干条记录组成一个存储单位,称为桶。假设一个桶中存放 K 条记录,则 K 条互为同义词的记录将存放在同一个地址的桶中,只有出现第 $K+1$ 个同义词时,才会出现"溢出"现象。通常将发生溢出的记录放在另一个桶中,称该桶为溢出桶,而前 K 条同义词所放置的桶,则称为基桶。

直接文件具有随机存取、记录不需排序、插入删除方便、存取速度快、不需要索引区和节省存储空间等优点,但直接文件不能顺序存取。直接文件常在要求快速访问时使用,并且记录的长度是固定的,通常一次只访问一条记录,例如,目录、价格表、调度和名字列表。

6.2　目录

文件系统中,为了对文件进行有效管理,如实现"按名存取",用目录来管理文件,并把目录也作为文件看待,称为**目录文件**。

目录具有将文件名转换为该文件在外存的物理位置的功能。对目录的管理通常有以下几个要求。

（1）实现"按名存取"。这是目录管理中最基本的功能,其含义是用户只需提供文件名,系统就可对该文件进行存取,而不必关心文件的具体存放位置。

（2）提高对目录的检索速度。这是设计文件系统时所追求的主要目标,即要合理组织目录结构。

（3）文件共享。在多用户系统中,通过文件共享,不仅方便用户使用文件,而且节省大量的磁盘存储空间,维护文件内容的一致性。

（4）允许文件重名。目的是方便不同用户按照自己的习惯命名和使用文件。

▶ 6.2.1　目录与目录操作

从用户的角度来说,目录在文件名与文件自身之间提供一种映射。因此,为了能对文件进行正确的存取,必须提供用于描述文件和控制文件信息的数据结构,称为文件控制块（File Controlling Block,FCB）。每一文件有一个与之对应的文件控制块,文件系统中所有文件的文件控制块按一定方式组合在一起就构成了目录表,每一文件控制块对应目录表中的一个目录项。

1. 文件控制块

1）基本信息

（1）文件名:由创建者(即用户或程序)标识文件的符号名,该符号名必须在一个目录中唯一。

（2）文件类型:指诸如文本文件、二进制文件、普通文件和特殊文件等。

（3）文件组织:指文件的逻辑组织和文件的物理组织。

2）文件的地址信息

（1）卷:指文件所存放的设备。

（2）起始地址:指文件在辅存中存放的起始物理地址(如磁盘柱面号、磁头号和扇区号)。

（3）文件使用大小:指文件的当前大小。

（4）文件分配大小:指分配文件的最大尺寸。

3）访问控制信息

（1）文件的所有者：指被指定为控制该文件的用户，也称为文件主。

（2）访问信息：指每个授权用户的用户名和口令，即用户的访问权限的信息。

（3）许可的行为标记：即文件属性标记（表 6-2 中的标志位或短域），它控制文件读、写、执行以及网上传送等行为。

4）使用信息

（1）文件建立日期：指文件第一次放置在目录中的日期。

（2）上一次读日期：指到目前为止最后一次读文件的日期。

（3）上一次读用户名：指到目前为止最后一次读文件的用户。

（4）上一次修改日期：指到目前为止最后一次修改文件的日期。

（5）上一次修改用户名：指到目前为止最后一次修改文件的用户。

（6）上一次备份日期：指到目前为止最后一次备份文件到另一个存储介质的日期。

（7）当前文件活动状态：指有关当前文件的活动信息，如文件是否在主存已经修改但还没有存入磁盘、文件的使用者个数等。

2. 索引节点

实际上，FCB 可以进一步细分为文件名和除文件名之外的其他部分。索引节点或 i 节点（index node）是将除文件名之外的其他信息放在索引节点中，在目录表中仅放文件名和与之对应的索引节点的位置，每一文件对应一个索引节点；这样可使目录瘦身，减少目录加载内存的开销，从而提高目录检索的速度。一个文件在创建后，将创建与之对应的一个磁盘索引节点；若该文件被调入内存，将创建对应的一个内存索引节点。UNIX 和 Linux 都采用了这种做法。

对于目录的操作，各文件系统各不相同，通常包括如下操作。

（1）创建目录：在某个目录下，创建一个新的目录。

（2）删除目录：删除用户不需要的目录。

（3）修改目录：修改目录的名称及其属性。

（4）显示目录：显示用户请求的某个目录下所有文件及其子目录，以及每个文件的某些属性。

（5）搜索目录：通过搜索目录找到相应文件的入口地址。

（6）创建文件：当创建一个新文件时，必须在相应的目录中增加一个文件入口。

（7）删除文件：当删除文件时，必须在相应的目录中删除该文件的入口。

▶ 6.2.2　目录的类型

1. 单级目录

单级目录如图 6-7 所示，是指为系统中所有文件建立一个目录，即为所有文件建立一张目录表，每个文件的文件控制块占有目录表中的一个目录项。

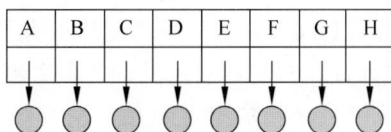

图 6-7　单级目录

单级目录结构简单,使用方便,易于实现。但随着文件数量的增加和系统用户的增加,这种结构的局限也显现出来,主要表现在以下三方面。

(1)重名问题。由于系统只有一个目录表,每个文件对应一个目录项,要实现"按名存取",文件名就成为目录表中的关键字,因此,文件名不允许重名,否则无法实现文件名和文件之间的一一对应关系。但在系统中有大量文件或多用户系统情况下,难以实现,对用户来说也极不方便。

(2)搜索效率低。当文件数量很大时,目录表项数就很多,查找时间就会较长。

(3)难以实现文件共享。如果允许不同用户使用不同文件名来共享一个文件,就要求这个共享文件具有不同的名字,这在单级目录中是很难实现的。

为了解决上述问题,操作系统往往采用两级或多级目录结构,使得每名用户有各自独立的目录。

2. 两级目录

两级目录如图 6-8 所示,是文件系统为每名用户建立一个目录,称为用户目录(User File Directory,UFD)或叫第二级目录,以解决单级目录中各用户之间存在的同名问题;再为所有的用户目录建立一个高层目录,称为主目录(Main File Directory,MFD)或叫第一级目录。主目录的目录项包含系统接受的用户名及该用户目录的地址。在用户目录表中该用户的每个文件对应一个目录项,其内容与单级目录的目录项相同,每一用户只允许查看自己的目录。

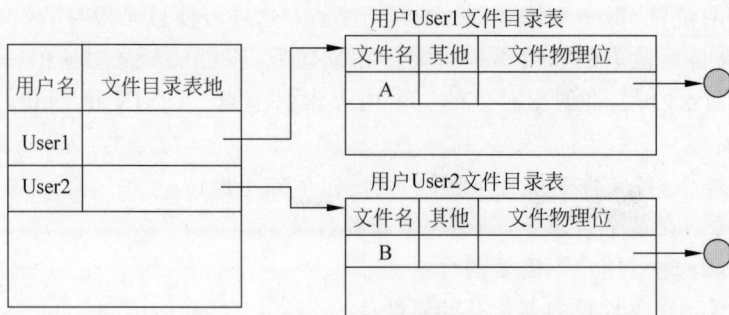

图 6-8 两级目录

当一个新用户作业进入系统执行时,系统为其在主目录表中添加一个目录项,登记其用户名,准备一个存放这名用户目录的区域,并将该区域的地址填入主目录中对应的目录项中。当用户需要访问某个文件时,系统根据用户名从主目录中找出该用户的目录的物理位置,其余的工作与单级目录类似。

采用两级目录管理文件时,任何文件的存取都通过主目录,可以检查访问文件者的存取权限,避免一名用户未经授权就存取另一名用户的文件,使用户文件的私有性得到保证,实现了对文件的保密和保护。特别是不同用户具有同名文件时,由于各自有不同的用户目录而不会导致混乱。对于文件的共享,原则上只要把对应目录项指向同一物理位置的文件即可。

两级目录结构与单级目录结构相比具有以下优点。

(1)解决了不同用户之间的重名问题。由于不同用户具有不同的用户目录,因此,不同用户可以取相同的文件名,只需要保证用户自身目录下的文件名唯一即可。

(2)提高了检索速度。在单级目录结构中需要在整个文件范围内检索,而在两级目录结构中只要在用户自身文件范围内检索即可,缩小了检索范围,提高了检索速度。如果系统有 m 名用户,每名用户有 n 个文件,那么,在单级目录结构中的检索复杂度为 $O(mn)$,而在两级目录结构中的检索复杂度为 $O(m+n)$。

（3）允许不同用户之间的文件共享。不同用户可以通过不同的文件名共享存取系统中的同一文件。

采用两级目录结构将不同用户的文件隔离开来,其好处是可有效实现文件保护,但也限制了用户之间的协作与文件共享。

3. 多级目录

在两级目录结构的基础上,允许用户创建子目录,这就形成了多级目录,如图 6-9 所示,也称为树形目录(Tree Structured Directory,TSD)。多级目录结构是一棵倒向的有根树,树根是根目录(主目录),根目录中的每个目录项可以对应一个文件,也可以对应一个子目录;从根向下,每一个树枝是一个子目录,子目录结构与根目录结构类似。数据文件称为树叶,根目录为根节点,子目录为树的中间节点,每一级目录既可包含文件也可包含子目录,树叶可出现在任何一级。

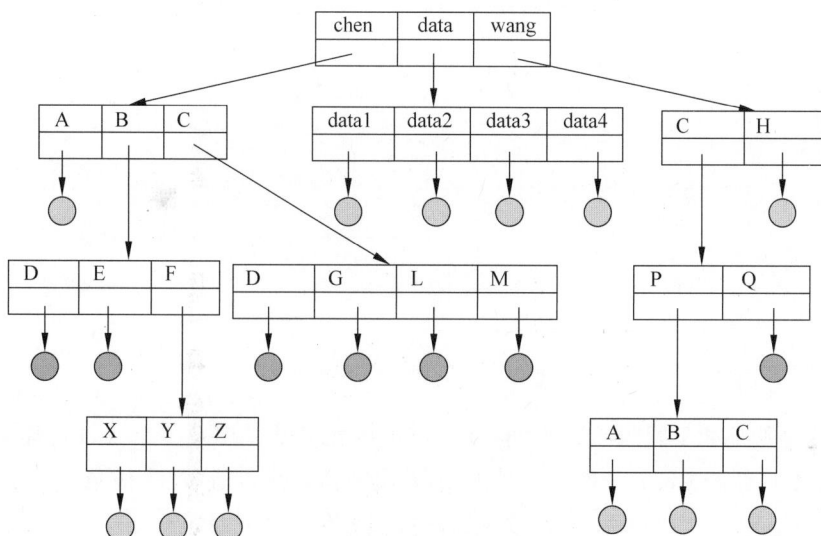

图 6-9　树形多级目录结构

树形多级目录有许多优点:较好地反映现实世界中具有层次关系的数据集合和较确切地反映系统内部文件的分支结构;不同文件可以重名,只要它们不是在同一末端的子目录中;易于规定不同层次或子树中文件的不同存取权限,便于文件的保护、保密和共享等。

在树形目录结构中,查找一个文件是根据该文件的路径完成的。文件的路径分为绝对路径和相对路径。

（1）绝对路径。在树形目录结构中,从根目录到任何数据文件或目录文件之间,只存在一条通路。将从根目录出发,一直到所要找的数据文件或目录的通路上经过的目录名或数据文件名用“/”连起来,就形成了可用来访问该数据文件或目录的路径名,称为绝对路径。如图 6-9 中的文件 Z 的绝对路径为/chen/B/F/Z。

（2）相对路径。当一个文件系统中含有多级目录时,每访问一个文件都要从根目录开始,直到树叶的数据文件为止,包括各中间节点(目录)名的全路径名。这样做非常费时,而且在很多情况下是不必要的。因为在一段时间内进程所访问的文件,大多仅局限在某个范围内如某个子目录下,此时可为进程设置一个“当前目录”,又称为“工作目录”(Current Directory)。进程对文件的访问都相对于当前目录而进行。此时只需要从当前目录开始,逐级经过中间的目录文件,最后到达要访问的数据文件,把这条从当前目录开始直到数据文件为止所构成的路径称为相对路径。如图 6-10 中,如果当前目录为 B,那么文件 Z 的相对路径为 F/Z。进程可以通过系统调用来改变工作目录。很多系统还支持两种特殊的路径分量:第一个路径分量是".",它代表当前工作目录;第二个分量是"..",它代表当前工作目录的父目录(或上一级目录)。

4. 无环图目录

树形目录结构限制了文件和目录的共享,通过将树形目录改进为无环图目录可克服这一局限,如图 6-10 所示。在无环图中,同一文件或子目录可出现在不同目录中,其中,/C/data 和 /Pascal/data 指向同一个文件,/C/Test1 和 /Pascal/Test2 指向同一目录。

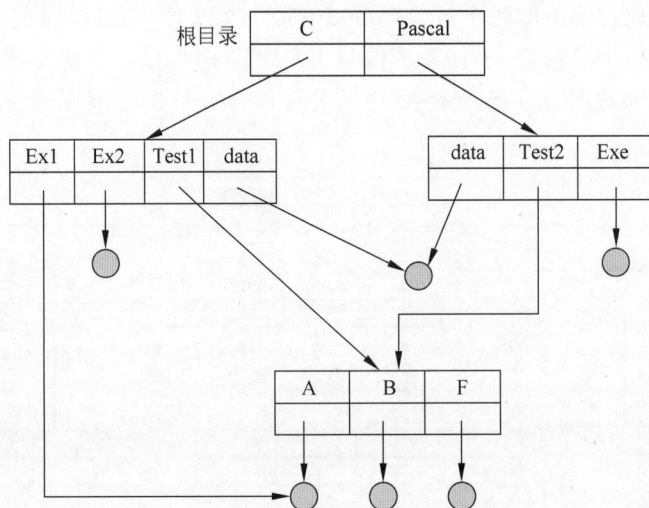

图 6-10　无环图多级目录

无环目录结构比树形目录结构更加灵活,但也更加复杂。现在一个文件可能有多个绝对路径名,会出现不同文件名表示同一文件的现象。因此,在文件查找、文件数量的统计、备份和删除等方面与树形目录结构相比有其特殊性。特别是在文件或目录的删除上需要注意以下两方面。

(1) 当某名用户删除共享文件或目录,并释放其所占的磁盘空间时,其他共享该文件或目录的指针就出现悬空或指向其他文件(被释放的磁盘空间被分配给其他文件)。采用与访问其他非法文件名或目录名一样处理的方法来解决这个问题。即当用其他共享该文件或目录的指针访问该文件或目录时,如果访问文件或目录不存在或已被替换处理,则删除该链接指针。

(2) 删除共享文件或目录的另一种处理办法是:保留被删除的共享文件或目录直到删除所有共享指针为止。为了实现这种方法,需要为每个共享文件或目录保留一个引用列表,当删除共享文件或目录时,仅删除引用表中对应的目录项,直到引用列表空时才删除文件或目录本身。

5. 通用图目录

在无环图目录结构中,进一步允许子目录对上层目录的引用,就产生了通用图目录,如图 6-11 所示,/C/Test/C 就是一个有环子图,从而使无环图变成了有环的通用图。

通用图目录结构的主要优点是:可用简单的算法来遍历图并确定是否存在文件引用。

通用图目录结构在使用时面临的难点如下。

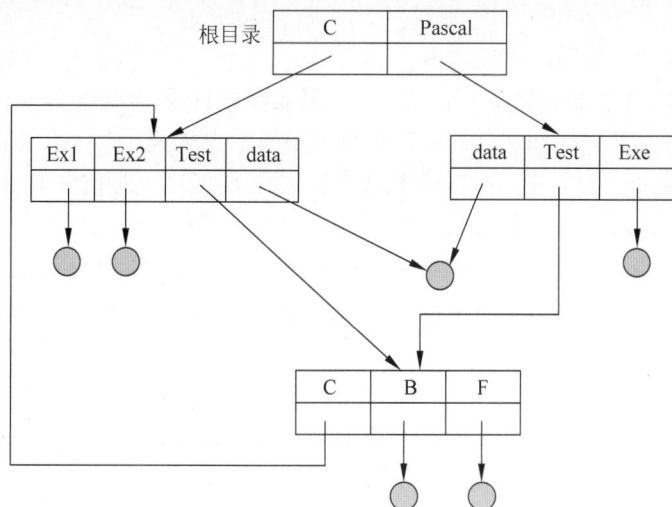

图 6-11　通用图目录

（1）由于图中存在环，在搜索某个子目录时要避免无穷地循环搜索。这个问题可以通过限制访问目录的次数来确定。

（2）在判断一个文件是否可删除时，由于存在文件的自我引用，所以不能简单地通过引用计数是否为 0 来判断是否可被删除。

▶ 6.2.3　文件的共享

文件共享是指一个文件被若干用户或进程共同使用。例如，两个工作在同一课题中的程序员，往往把与该课题有关的文件单独放在一个子目录中，并都想把它置于自己的用户目录的管辖之下，因此这个公共子目录就是可共享的。文件系统的一个重要任务就是为用户提供共享文件的手段，这样，避免了复制文件的开销，节省占用的存储空间。实现文件共享的常用方法有以下几种。

1. 符号链接法

用符号链接实现共享采用无环图目录结构，如图 6-11 所示。在图 6-11 中，假设用户 Pascal 是文件 data 的文件主，用户 C 要共享文件 data，则由系统在用户 C 中创建一个 LINK 类型的新文件。在新文件中写入被链接文件 data 的路径名，将新文件登记在用户 C 的用户目录中，以实现 C 的目录与文件 data 的链接，称这样的链接方式为符号链接。新文件的路径名，则只被看作符号链，当 C 要访问被链接的文件 data 且正要读 LINK 类型的新文件时，被操作系统截获，操作系统根据新文件的路径名去读该文件，于是实现了用户 C 对文件 data 的共享。

在利用符号链接法实现共享时，只有文件主才拥有指向其索引节点的指针，而共享该文件的其他用户，只有该文件的路径名，而没有指向索引节点的指针。这样就不会发生在文件主删除共享文件后留下悬空指针的问题。在文件主删除共享文件后，其他共享用户若要访问该文件，将因找不到文件而返回错误，这时就会自动删除该 LINK 类型文件。符号链接法类似于 Windows 中的快捷方式。

符号链接法的优点是能够用于链接计算机网络上任何位置中的文件，此时只需要提供该文件所在机器的网络地址及该机器中的文件路径名即可。其不足之处是访问共享文件时，系统根据给定的路径名，逐个分量地去查找目录，可能需要多次访问磁盘，时间开销较大，也要消耗一定磁盘空间。

2. 索引节点法

基于索引节点的共享方式如图 6-12 所示,采用无环图目录,其思想是对要共享的文件,引入一个索引节点,将文件中诸如文件的物理地址及其文件属性等信息,不放在目录表中,而是放在索引节点中,参阅 6.2.1 节。在目录中只设置文件名及其指向相应索引节点的指针。此时,由任何用户对文件进行追加或修改文件等操作所引起的相应节点内容的改变,如增加了新的盘块号和文件长度等,都对其他用户可见,从而实现了多用户共享文件。在索引节点中还有一个链接计数器,用于表示链接到索引节点的用户数量,即共享文件的用户数量。当用户创建文件,链接计数器的值为 1,并且文件主为创建该文件的用户。当其他用户要共享该文件时,在对应的用户目录表中增加一个目录项,并使该目录项指向该共享文件的索引节点,链接计数器的值增 1,而共享文件的文件主不变。进程 B 链接前后的情况如图 6-13 所示,A 和 B 共享文件,但文件主是 A,count 为链接到索引节点的用户数量。

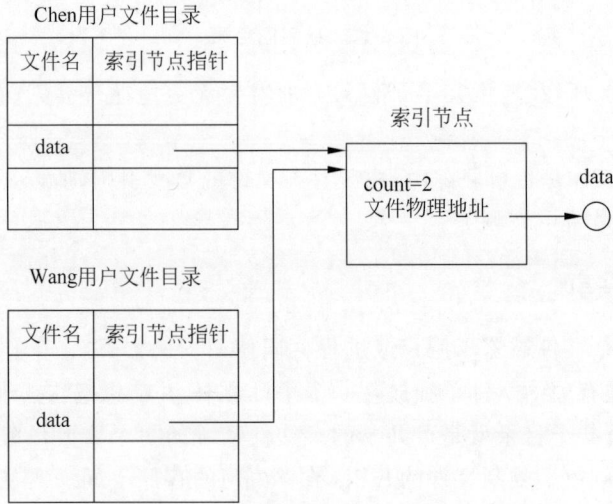

图 6-12　基于索引节点的共享方式

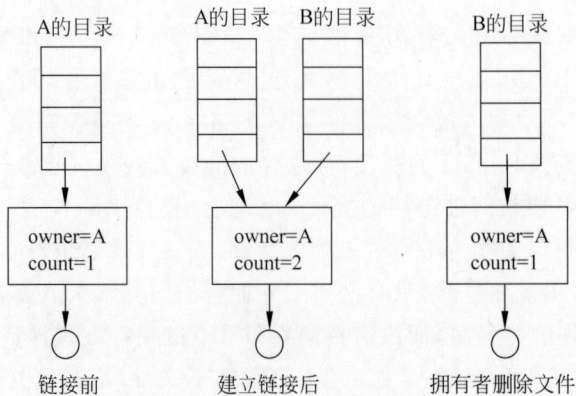

图 6-13　进程 B 链接前后的情况

删除共享文件时可能会出现指针悬空的问题,如图 6-13 中,文件主 A 删除共享文件,那么与之对应的索引节点也一并删除,这就造成其他共享用户的指针悬空问题,如 B 用户的链接指针就出现悬空问题。解决办法是,只有文件主才可删除共享文件,但保留索引节点,并使链接计数器减 1。由于共享文件已被删除,需要修改索引节点中的文件指针为一个特殊值,当其他链接到该索引节点上的用户访问该共享文件时,发现文件已被删除,从而删除链接指针,并使链接计数器减 1。当链接计数器为 0 时,删除索引节点。

基于索引节点的共享方式也称为硬链接共享方式,与符号链接方式的本质区别是不能实现跨文件系统和跨设备的共享,特别是不能基于网络的共享。因为不同设备上有各自的文件系统,每一文件系统下有自己的目录和索引节点表,而文件的目录仅与自身的索引节点表关联,因此,基于索引节点的共享方式不能实现跨文件系统的共享。

3. 基本目录法

前面已经知道一个目录表项包含常用的 4 种信息。在检索目录时,为了找到所需要的目录表项,需要将存放目录文件的多个物理块,逐块地读入内存进行查找,因此检索速度很慢。实际上,在目录检索时只使用文件符号名进行查找,而与目录表项的其他信息无关。因此,常常利用把目录表项进行分解的办法来加快检索速度,同时也便于实施文件的共享。

利用基本目录实现文件共享如图 6-14 所示,通过目录分解将一个目录表项分解为两部分:基本目录(Basic File Directory,BFD)部分与符号目录(Symbolic File Directory,SFD)部分。其中,BFD 表项包含除了文件符号名以外的全部信息,并赋予一个唯一内部标识符;SFD 表项只包含文件符号名以及相应的文件内部标识符 ID。操作系统将 ID 等于 0、1 和 2 的目录表项分别作为基本目录 BFD、空闲目录(Free File Directory,FFD)和主目录(Main File Directory,MFD)的唯一标识符。

利用基本目录实现文件共享的方法是在自己的相应符号目录中开辟一个表项,填上自定义的符号名和共享文件的唯一标识符 ID,而共享文件在基本目录中的相应表项基本不变,有的系统要求将标识共享的"用户计数"进行加 1。如图 6-14 中,用户 chen 要共享用户 wang 的 ID=6 的文件 Blackdog,则只要在用户 chen 的符号目录表中增加一个表项,填上符号名 Dog 和 ID,则在用户 chen 中就可以用符号名 Dog 直接访问用户 wang 的文件 Blackdog 了。

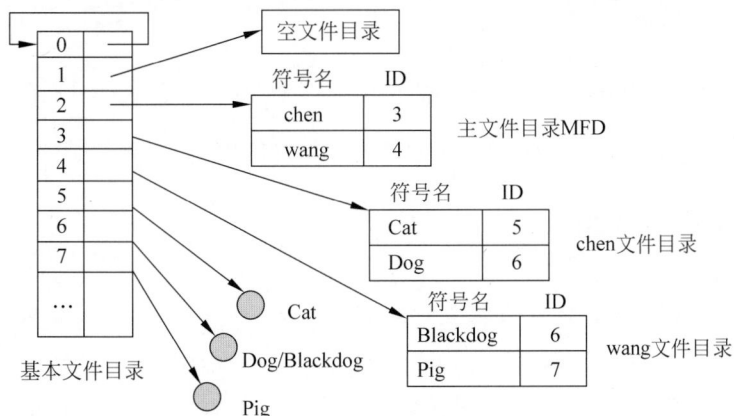

图 6-14　利用基本目录实现文件共享

6.3　文件系统的空间管理

文件系统的一个重要任务就是负责外存中存储空间的管理,其解决方法与内存的分配方式有许多相似之处,既可采取连续分配方式,也可采用离散分配方式。前者具有较高的文件访问速度,但可能产生较多的外存零头;后者能有效地利用外存空间,但访问速度较慢。不论哪种分配方式,存储空间分配的基本单位通常是块而非字节。

为了给文件分配存储空间,文件系统必须记住外存中存储空间空闲块的分布情况,建立为管理空闲块而需要的数据结构。

▶ 6.3.1 文件系统的布局

文件系统存放在外存上。通常情况下,将一个外存划分为一个或多个逻辑分区,每个分区中有一个独立的文件系统。下面以磁盘为例,介绍文件系统在外存中的布局。

磁盘的基本分配单位是扇区。0 号扇区称为主引导记录(Master Boot Record,MBR),用来引导计算机。在 MBR 的尾部是分区表,该表给出了每个逻辑分区的起始和结束地址,其中一个逻辑分区被标记为活动分区。在计算机被引导时,BIOS 读入并执行 MBR。MBR 做的第一件事就是确定活动分区,读入它的第一个块,称为引导块(Boot Block),并执行之。引导块中的程序将装载该分区的操作系统。为统一起见,每个逻辑分区的第一个均是引导块,即使该分区不含有可启动的操作系统。

逻辑分区的布局随着文件系统的不同而变化,一个文件系统布局的例子如图 6-15 所示。第一个是超级块(Superblock),包含文件系统的所有关键参数,在计算机启动时或者在该文件系统首次使用时,超级块会被读入内存。超级块中的典型信息包括文件系统的类型、文件系统中块的数量以及其他重要的管理信息。接着是文件系统中空闲块的信息,可以用位图或指针列表的形式给出。后面是一组对应每个文件的 inode 节点,inode 节点中包含文件的属性等信息。接着是文件系统的根目录。最后,磁盘的其他部分存放其他所有的目录和文件。

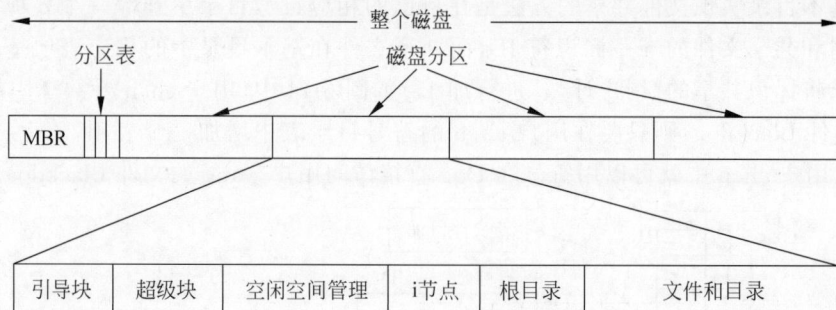

图 6-15 一个文件系统布局的例子

▶ 6.3.2 存储空间的组织

1. 空闲表法

空闲表法属于连续分配方式,与内存的动态分配方式类似,为每个文件分配一块连续的存储空间。为此,把存储介质中一个连续的未分配区域称为"空闲区"。系统为存储介质上的所有空闲区建立一张空闲表,每一个空闲区对应表中的一个表项,其内容包括空闲区起始盘块号、该空闲区的盘块总数等信息。将所有空闲区按起始盘块号的大小排列,如表 6-3 所示。

表 6-3 空闲表

序 号	首 块 号	空 闲 块 数
1	6	20
2	36	15
3	100	30
...	...	...

空闲区的分配与内存的动态分配类似,同样可采用最先适应分配算法、最佳适应分配算法和最坏适应分配算法。例如,在系统为某新建的文件分配空闲块时,依次扫描该空闲表中的各表项,直到找到一个其大小能满足要求的空闲区为止,再将空闲区分配给用户(进程),同时修改空闲表。当某用户删除一个文件时,系统回收空间的办法与内存的回收方法类似,即要考虑回收区是否与空闲区表中插入点的前区和后区相连接,对相邻接者予以合并。空闲表法适用于连续分配文件,管理方法简单,但当空闲区过多时,将大大影响使用效率。

2. 空闲链表法

空闲链表法是将所有的空闲盘区拉成一条空闲链。根据构成链的基本元素的不同,可以有两种链表形式:空闲盘块链和空闲区链。

(1) 空闲盘块链。空闲盘块链是指将磁盘上所有空闲区,以盘块为基本元素拉成一条链。当用户因创建文件而请求分配存储空间时,系统从链首开始,依次摘下适当数目的空闲盘块分配给用户。当用户删除文件时,系统将回收的盘块依次链入空闲盘块链的链尾。该方法的优点是:分配与回收一个盘块的过程非常简单。该方法的缺点是:空闲盘块链可能很长,影响效率。

(2) 空闲区链。空闲区链是指将磁盘上所有的空闲区(每个空闲区可能包含若干个盘块)拉成一条链。在每个空闲区上含有用于指示下一个空闲区的指针和标有该空闲区大小的信息。分配与回收类似于内存的动态分区管理中的分配与回收。优点是空闲区链较短,但分配与回收的过程较复杂。

3. 位示图法

位示图法是使用较多的一种管理盘块的方法。该方法的基本思想是利用一个二进制位来表示存储空间中一个盘块的使用状态,当某位的值为"0"时,表示相应的盘块为空闲;当为"1"时,表示已经分配。每个存储空间都有一张由连续的二进制位组成的图,称该图为位示图,如图 6-16 所示。用于磁盘空间的位示图常称为盘图,盘块的分配与回收是在内存中进行的。

	0	1	2	3	4	5	6	7	8	9	10	11	12	13	14	15
0	1	1	1	0	0	1	0	0	0	1	1	1	0	0	1	0
1	0	1	0	1	1	1	1	0	0	0	1	1	1	0	0	1
2	0	0	1	1	1	1	0	0	0	1	0	1	1	1	1	0
...
15

图 6-16   位示图

设存储空间中可用的盘块数为 T 块,用 m 个 n 位长的字来构成位示图,则 $T = m \times n$,可表示为二维数组 map:array$[0..m-1, 0..n-1]$,其中每个元素是 1b。

当分配一个盘块时,从位示图中找到一个其值为"0"的二进制位,设该二进制位于图中的第 i 行第 j 列的位置,则它对应的盘块号为 $b = n \times i + j$。然后令 map$[i, j] = 1$,表示 b 号盘块已分配出去了。当回收一个盘块时,又需将盘块号 b 变换成相应的行号 i 和列号 j。换算公式如下。

$$i = b \text{ div } n$$
$$j = b \text{ mod } n$$

然后令 map$[i, j] = 0$,表示第 b 盘块号为空闲状态。

由于位示图所占空间小,并在文件使用期间存放在内存中,所以使用方便、速度较快。

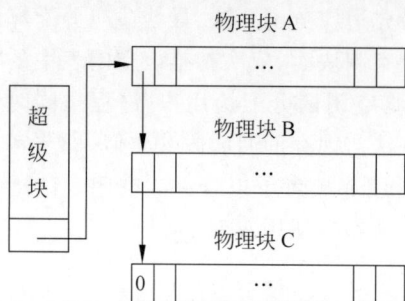

图 6-17　链接索引表法

4. 链接索引表法

链接索引表法如图 6-17 所示,也叫成组链接法,其基本思想是使用若干个空闲盘块作为索引表块,来指出存储空间中所有空闲盘块。设一个盘块大小为 1KB,而每个表项占 16b,则每个盘块可设置 512 个表项。每个表项指向一个空闲盘块。

每个索引表块的第 0 个表项作为指向下一个索引表块的指针。

链表的头指针在超级块中,超级块(也叫基本块)是一个特殊的盘块,它的内容主要包括结构和管理两方面的信息,它在空闲盘块的分配与回收中表现为栈的功能。

当为文件分配空闲盘块时,系统从链表头的索引表块(如图 6-17 中的 A 索引块)的尾部开始分配。如果该索引表块已经到了第 0 个表项,则将该表项指针(图 6-17 中的指向块 B 的指针)读入超级块中作为索引链表表头指针,并将该盘块(索引表块 A)分配给请求空闲块的文件。当用户回收文件释放的空闲块时,系统将释放的空闲块添加到索引链表头指出的索引表块的空闲表项中(链表中只有头指针指出的索引表块是不满的,其他索引表块全是满的)。

▶ 6.3.3　文件空间的分配

文件空间分配是指如何分配外存中的空白块来存放文件的数据,也叫文件数据的物理组织,即文件在外存存储空间上的存储结构。文件空间分配是从管理者的角度来研究分配方法问题。分配方法的优劣,将直接影响文件系统的性能。在文件空间分配中将涉及以下几方面的问题。

(1) 采用静态分配(预分配)还是动态分配? 静态分配是指创建一个文件时就给文件一次性分配所需的最大文件存储空间;动态分配是指随文件动态增长动态分配所需的文件存储空间。

(2) 分区大小应该是多少? 分区大小的选择不仅应该考虑单个文件的效率,还要考虑整个系统的效率。一般来说有两种选择:一是可变的大连续分区;二是块(或簇)。

(3) 文件空间的管理。指采用什么数据结构来描述分配给文件的分区信息,一般采用文件分配表(File Allocation Table,FAT)来进行管理。FAT 的表项内容主要有文件名、文件分区的起始块号和分配给文件的文件存储空间块的个数(即文件长度)。

(4) 文件分配方法。在实现文件存储中最重要的问题是如何记录各个文件分别用到哪些磁盘块,这种记录各个文件分别用到哪些磁盘块的方法就称为文件分配方法。主要有三种分配方法:连续分配、链接分配和索引链接分配。

总之,如何有效地利用文件存储空间和提高对文件数据的访问速度是文件空间分配时要考虑的主要问题。不同操作系统采用不同的方法,下面讨论其中一些常用的方法。

1. 连续分配

文件空间的连续分配如图 6-18 所示,是指在创建文件时,给文件分配一组连续的外存物理块。因此,一组物理块的地址定义了磁盘上的一段线性空间。例如,给文件分配的第一块号为 B,则第二块号为 $B+1$,以此类推。在具有 1KB 大小块的磁盘上,50KB 的文件要分配 50 个连续的块。在采用连续分配方法时,可把逻辑文件中的记录,顺序地存储到邻接的各物理块中,这样形成的物理文件称为顺序文件(或称连续文件)。

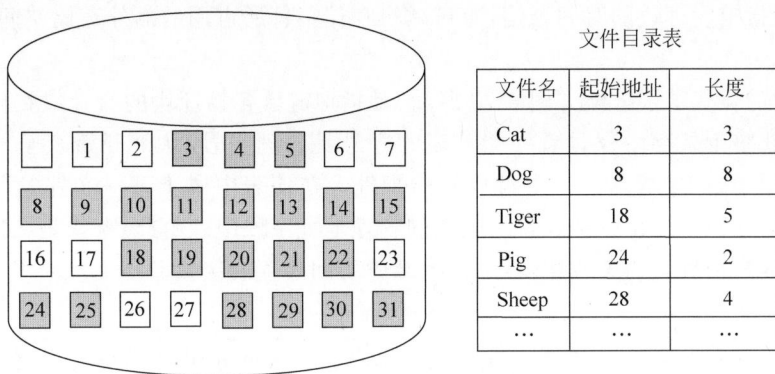

文件目录表

文件名	起始地址	长度
Cat	3	3
Dog	8	8
Tiger	18	5
Pig	24	2
Sheep	28	4
…	…	…

图 6-18　文件空间的连续分配

连续分配使用静态分配策略,用户必须在分配前给出文件的大小。连续分配方法有两大优点。首先,简单、容易实现。记录每个文件用到的物理块仅须记住第一块的地址。从单个顺序文件角度看,从第一物理块号开始,可顺序地、逐个访问所有物理块,顺序访问性能良好。其次,连续分配也支持直接存取,即检索一个物理块也非常容易。例如,已知起始物理块地址从 B 开始,若要求文件的第 I 块,则可直接访问 $B+I-1$ 号物理块,因此随机访问性能同样良好。

连续分配也有两大不足:首先,需要在文件创建时就确定文件的最大长度;第二个不足之处是该会造成磁盘碎片,很难找到足够连续的磁盘空闲块,降低外存的利用率。

2. 链接分配

文件空间分配的第二种方法是为每个文件构造物理块的链接表,每个物理块中有一个指向下一个物理块的指针,称为链接分配方法。链接分配方法可分为隐式链接和显式链接。

文件空间的隐式链接分配如图 6-19 所示,在目录的每个目录表项中保存指向链接文件第一物理块的指针和文件长度(或最后一个物理块的指针),每个物理块中首先存放指向下一个物理块的指针,其余部分存放文件数据。

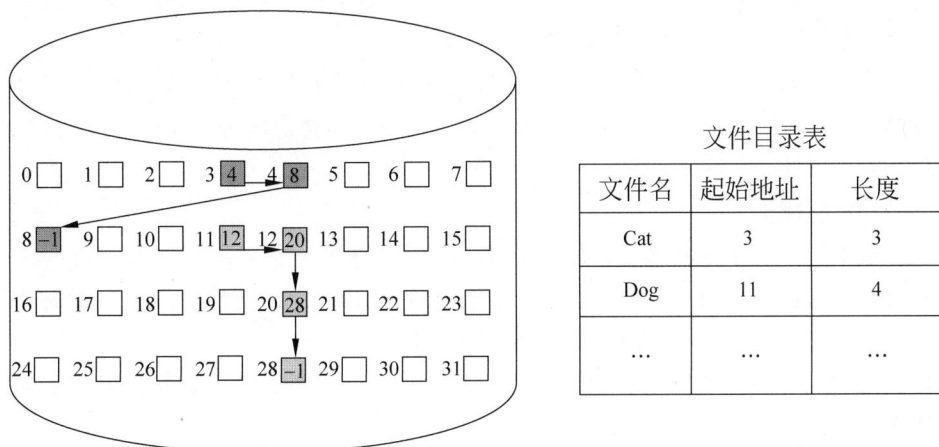

文件目录表

文件名	起始地址	长度
Cat	3	3
Dog	11	4
…	…	…

图 6-19　文件空间的隐式链接分配

隐式链接的主要不足是:它只适合顺序访问,随机访问性能很差;此外,可靠性也较差。为了提高检索速度和减小指针所占用的额外存储空间,可以将几个物理块组成一个簇

（cluster）。例如，一个簇可包含 4 个物理块，在进行物理块分配时以簇为单位进行分配。这样将会减小查找指定物理块的时间开销，也可减小存储指针所占用的额外存储空间，但却增大了内部碎片。

文件空间的显式链接分配如图 6-20 所示，是指把链接各物理块的指针放在内存的一张链接表中，该表在整个外存中仅设置一张。表的序号是物理块号，从 0 开始直至物理块总数减 1。在每个表项中，存放指向下一个盘块号的指针。在该表中属于某一文件的第一个物理块号，作为文件地址被填入相应文件目录表项的物理地址字段中。由此，查找是在内存中的链接表中进行，能提高物理块的查找速度，并大大减少访问外存的次数。

文件分配表

0	1	2	3	4	5	6	7	8	9	10	11	12	13	14	15	16	17	18	19	20	21	22	23	24	25	26	27	28	29	30	31
			4	8				−1			12	20								28								−1			

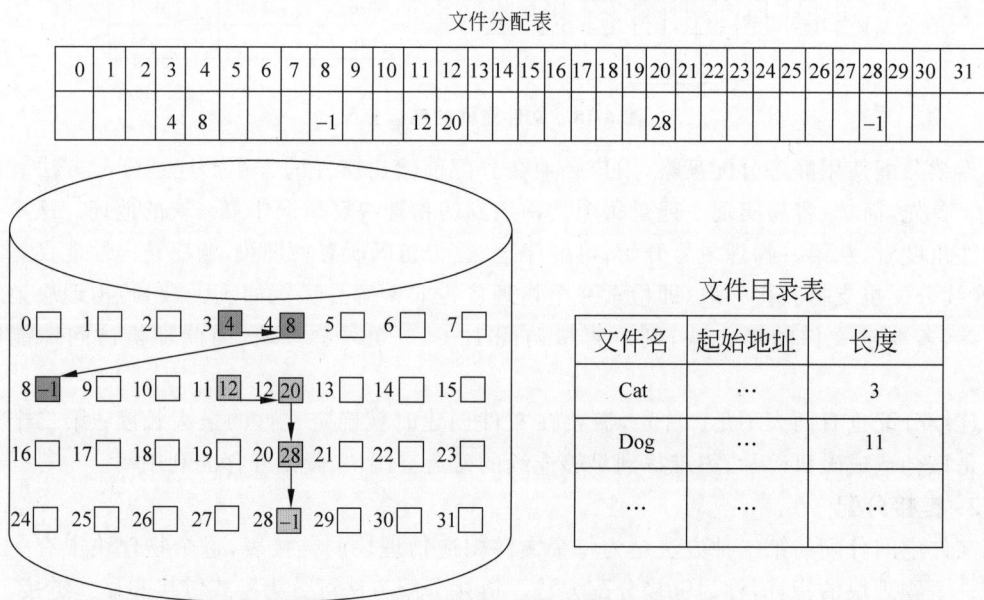

图 6-20　文件空间的显式链接分配

总之，链接分配与连续分配不同，外存中每个物理块都被利用，不会因为碎片而浪费存储空间（最后一个物理块或簇的内零头除外）。同时，在目录表项中，只需要存放第一块的磁盘地址，文件的其他块可以根据这个地址来查找。

然而，在链接分配法中，顺序读取文件性能良好，但随机存取性能较低。此外，指针会占用额外的存储空间，使得每个物理块所存储数据量不再是 2 的整数次幂大小（隐式链接法），这会降低文件访问的效率。

3. 索引链接分配

链接分配法虽然解决了连续分配法存在的问题，但由于一个文件所占用的物理块号是随机地分布在文件分配表中，这影响了文件数据分布的局部性，所以链接分配法不能支持高效地直接存取；此外，文件分配表需占用较大的内存空间。

根据文件的大小，可设计一级索引链接分配（或称为单级索引链接分配）、多级索引链接分配等方法。

文件空间的一级索引链接分配如图 6-21 所示，是为每个文件分配一个索引块（表），把分配给该文件的所有物理块号，都记录到该索引块中，该索引块就是一个含有许多盘块号的数组。在建立一个文件时，在该文件的目录表项中，填上指向该索引块的指针。如要读文件的第 I 个盘块，可以直接从索引块中找到第 I 个盘块的盘块号；此外，索引分配方式也不会产生外部碎片；当文件较大时,索引分配方法明显优于链接分配方法。索引分配方法需占用辅存空间作为索引块,当文件较小时,索引块大部分空间未使用,存在索引块利用率低的问题。

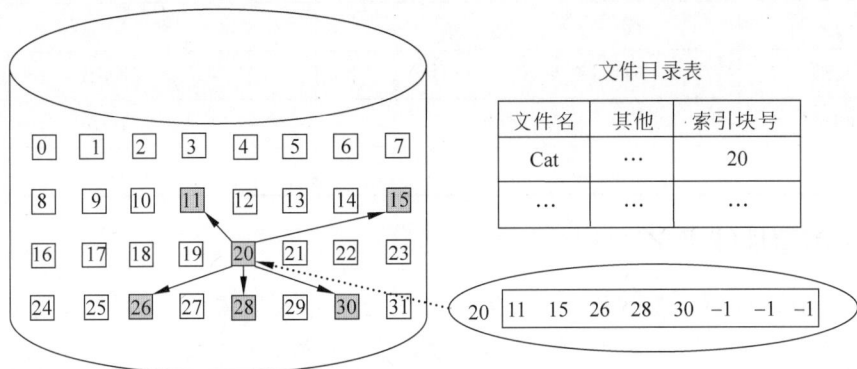

图 6-21　文件空间的一级索引链接分配

文件空间的多级索引链接分配如图 6-22 所示,对大文件所需的索引块数量较多,各索引块之间也必须用指针链接起来；当检索第 I 块时,需将该文件的所有索引块读入内存才能进行检索,这极大地影响了检索效率。此时,可把索引表看作一个文件,并通过另一级索引来查找它,这样就形成了二级索引。以此类推,对于更大的文件,还可以引入三级索引或四级索引。

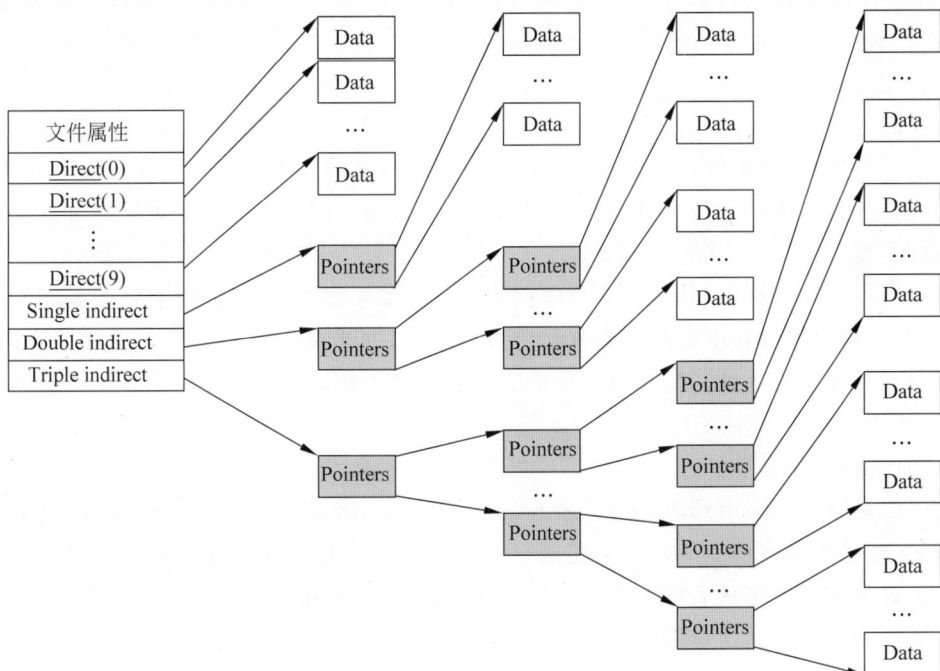

图 6-22　文件空间的多级索引链接分配

采用多级索引链接分配法时,一个文件的容量取决于操作系统中物理块的容量。如当物理块的大小为 4KB,每个物理块最多存放 512 个块地址时,文件最大可以超过 500GB(如表 6-4 所示)。采用多级索引链接分配法有以下几个好处。

(1) 索引节点大小固定,并且相对比较小,可以在主存中保留比较长的时间。

(2) 小文件可以通过很少的间接访问,或不通过间接访问,减少了访问延迟。

(3) 理论上,文件大小对所有的应用程序来说都足够。

表 6-4   采用多级索引链接分配法时文件的容量

级	块　数	字　节　数
直接	12	48KB
一级间接	512	2MB
二级间接	$512 \times 512 = 256K$	1GB
三级间接	$512 \times 256K = 128M$	512GB

▶ 6.3.4　读写性能优化

访问外存比访问内存慢得多。读内存中一个 32 位字大概需要 10ns,而从磁盘上读取数据的速度大约是 100MB/s,每读一个 32 位字要比读内存慢 4 倍,还必须加上 5～10ms 寻道时间和延迟时间。如果只需要读一个字,内存访问速度要比磁盘访问速度快百万数量级。因此,许多文件系统都设计了各种优化措施来提高访问外存的性能。

1. 缓存

减少外存访问次数最常用的技术是块缓存或缓冲缓存,高速缓存是由一系列位于内存中的块组成,逻辑上属于外存,保存外存中的部分数据,提高上层应用访问数据的速度,也减少在访问数据过程中实际访问外存的次数。此外,有些操作系统使用页面缓存来缓存文件数据,页面缓存是将部分文件数据以页为单位缓存在内存中,从而提高访问文件的速度。

缓存的管理可以使用各种算法,常见的方法是检查所有的读请求,以确定所访问的块是否在缓存中。如果在,则可以在不访问外存的情况下从高速缓存获得数据。如果块不在缓存中,则首先将其读入高速缓存,然后将其反馈给上层应用,而对同一块的后续访问则可以从高速缓存中直接获得。

由于缓存是在内存中,其容量受到内存的限制。如果缓存已满,此时需要调入新的块或页面(或两者),则要把缓存中的某一块或页面调出缓存,如果调出的块或页面已经被修改,则需重新写回到外存上。这种情况与第 5 章中的页面置换类似,所以常用的页面置换算法均可以使用。

2. 预读取与异步写

预读取是指在需要用到块(页面)之前,提前将其放入缓存中以提高缓存的命中率。特别是,许多文件是按顺序读取的。如果在访问文件的第 k 块时,可以将第 $k+1$ 块通过预读取调入缓存。这种预读策略只适用于实际按顺序读取的文件,如果一个文件被随机访问,预读取则没有帮助。为了检查预读是否值得,文件系统可以跟踪文件的访问模式是"顺序访问模式"还是"随机访问模式"。

文件系统的写入有同步和异步两种方式。同步写是按照外存接收数据块的顺序同步写入外存,并且不写入缓存,此时上层应用程序必须等待数据到达外存后才能继续执行。异步写是将数据写入缓存后,就给上层应用返回写入结束的信号,从而减少上层应用等待的时间。现代文件系统大部分时候采用异步写,但元数据等信息的写入则一般采用同步写,以保护数据的可靠性。操作系统在系统调用 open 中包含一个标识,以标识是同步写还是异步写。例如,数据库管理系统中使用同步写实现原子事务,以确保数据按给定顺序写入外存中。

6.4 文件系统的可靠性

▶ 6.4.1 文件系统的一致性

文件系统在将数据块修改后写回到外存前,如果发生系统崩溃等故障,可能会丢失部分修改后的数据块,这样文件系统可能出现一致性相关的错误;特别是未被写回的块是 i 节点块、目录块或者包含空闲表的磁盘块时,这个问题尤为严重。为了解决文件系统的一致性问题,在操作系统初启和在崩溃之后重新启动时,需要使用文件系统检验程序检查文件系统的一致性。

一致性检查分为两种:块和文件系统的一致性检查。在检查块的一致性时,该程序建立两张表。在每张表中,每块对应一个计数器,初始值设为 0。第一张表的计数器记录了每块在文件中出现的次数,第二张表的计数器记录了每块在空闲块链表(或空闲块位图)中出现的次数。

检验程序读取所有的 i 节点,从 i 节点开始,可以建立相应文件中使用的所有块的块号表。每当读到一个块号时,该块在第一张表中的计数器加 1,接着这个程序检查空闲块链表或位图,查找所有未使用的块。当在空闲表中找到一个块时,则将第二张表中的计数器加 1。

文件系统一致性检查中,每个块要么在第一张表中为 1,要么在第二张表中为 1,如图 6-23(a)所示。可是在系统崩溃后,这两张表可能出现的错误如图 6-23(b)所示,磁盘块 2 不出现在任何一张表中,这时报告块丢失。尽管块丢失不会造成损害,但却浪费了磁盘空间,减少了外存容量。文件系统检验程序只需要把它们加到空闲表中,就可以解决块丢失的问题。

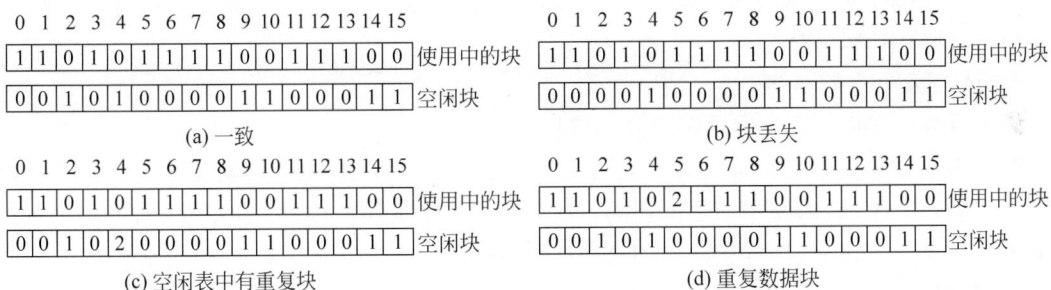

图 6-23 文件系统状态

另一种可能出现的情况如图 6-23(c)所示,磁盘块 4 在空闲表中出现了两次(只有在空闲表是一张真正意义上的链表时,才会出现重复,在位图中这种情况不会发生)。它的解决方法也是很简单的:只需要重新建立空闲表。

如图 6-23(d)所示,最糟糕的情况是,同一个数据块在两个或多个文件中出现,如图 6-23(d)中的磁盘块 5。如果删除任何一个文件,磁盘块 5 会加到空闲表中,导致一个磁盘块同时出现在文件和空闲表中。两个文件都删除后,这个磁盘块会在空闲表中出现两次。文件系统检验程序可以这样来处理,先分配一个空闲块,把磁盘块 5 中的内容复制到空闲块中,然后把它插到其中一个文件之中。这样,文件中的内容未改变,而文件系统的结构保持了一致。这一错误应该报告出来,以便用户检查。

除了检查外存中的每个物理块外,文件系统检验程序还应检查目录。这时也要用到一张计数器表,每个计数器对应于一个文件。检验程序从根目录开始,沿着目录树递归下降,检查文件系统中的每个目录。对每个目录中的文件，其 i 节点对应的计数器加 1。

当全部检查完成后，得到一张表，对应于每个 i 节点号。表中给出了指向这个 i 节点的目录数目，然后，检验程序把这些数字与存储在文件 i 节点中的链接数目相比较。在一致的文件系统中，这两个数目相吻合。

但是，有可能出现两种错误：i 节点中的链接数偏多或偏少。如果 i 节点的链接数大于指向 i 节点的目录项个数，这时，即使所有的文件都被移除，文件链接数仍然为非 0 值，文件 i 节点不会被删除。这一错误并不严重，但浪费了外存空间。可以把 i 节点中的文件链接数设置成正确的值来进行修正。

另一种错误则是一种潜在的灾难。如果两个目录项都链接到同一个文件，但其 i 节点的文件链接数只为 1，如果删除任何一个目录项，i 节点链接数变为 0。文件系统将该 i 节点标识为"未使用"，并释放该文件的所有外存物理块。这将导致一个目录指向一个未使用的 i 节点，而其外存物理块很可能马上分配给其他文件。同样，纠正方法是把 i 节点中的链接数设置为目录项的实际数目。

▶ 6.4.2 基于日志的文件系统

通过一致性检查和扫描所有 i 节点来纠正时纠错将涉及整个文件系统，时间开销很大。现代操作系统更偏向于用日志来解决该问题。

日志的基本想法是记录文件系统下一步将要做什么，以便发生崩溃后，在重新启动时可以通过查看日志，获取崩溃前计划完成的任务，并完成它们，这样的文件系统被称为日志文件系统。Windows 中的 NTFS、Linux 中的 ext3 和 ReiserFS 都是日志文件系统。例如，删除文件操作通常需要以下三个步骤来完成。

(1) 在目录中删除文件。

(2) 释放 i 节点到空闲 i 节点池。

(3) 释放该文件所有外存物理块到空闲块池。

如在第一步完成后系统崩溃，i 节点和文件块将不会被释放，也不会被文件系统再分配和使用，从而减少了外存系统中可用的空间。如果崩溃发生在第二步后，那么该文件对应的外存物理块会丢失，文件系统同样无法使用这些存储空间。

如果更改操作顺序，第一步就释放 i 节点，这样在系统重启后，i 节点可以被再分配，但是目录中原有文件入口仍然会继续指向它，使得目录会访问到错误的文件。如果优化释放外存物理块，同时在 i 节点被释放前发生系统崩溃，这会使得 i 节点对应到了错误的外存物理块，有可能出现两个或更多个文件分享同样外存物理块的情况。

在日志文件系统中，先在日志中先写一个日志项，列出三个将要完成的动作；然后将日志项写入外存，为了保证写入操作正确实施，可以从外存读回来验证它的完整性；只有当日志项已经被写入外存后，相应操作才可以开始执行；当所有的操作成功完成后，擦除日志项。如果发生崩溃，恢复后日志文件系统可以通过检查日志来查看是不是有未完成的操作；如果有，则重新运行所有未完成的操作，直到文件操作被正确地执行。

为了增加文件系统的可靠性，可以引入数据库中原子事务的概念。一组动作可以被界定在开始事务和结束事务操作之间。这样，文件系统就会知道或者必须完成所有操作，或者什么也不做。

NTFS 是 1993 年随 Windows 一起发行的一个日志文件系统，它的结构几乎不会因系统崩溃而受到破坏。Linux 上第一个日志文件系统是 ReiserFS,但是因为它和 ext2 文件系统不相匹配,推广受到阻碍。相比之下,ext3 也是日志文件系统,并兼容 ext2 文件系统。

6.5　虚拟文件系统

现代操作系统的最重要特征之一就是支持多种文件系统,早期的 DOS 操作系统仅支持 FAT 一种文件系统,而 Linux 可以支持 15 种以上的文件系统,毫无疑问,新文件系统类型还在不断增加中。除了要求操作系统能支持多种文件系统以外,还要求操作系统所安装的不同文件系统能表现出一致的用户接口,包括支持分布式和网络式文件系统,以及为了满足应用程序开发者专门需求而定制的专门文件系统。现代操作系统,如 Linux 等都引入了虚拟文件系统(Virtual File System,或者称为 Virtual Filesystem Switch,VFS)来实现这些新的需求。

VFS 与具体文件系统的关系如图 6-24 所示,像 I/O 子系统可以分层一样,文件的操作也可以分成两个层次,一个是与具体文件系统无关的层次(如打开文件目录表目、检查文件访问权限等),另一个是与具体的文件系统有关的层次(如指定具体设备进行读操作)。把各个不同的具体文件系统的共同存储特征(如文件名称、类型、长度、有关日期等)和操作特征(如文件的建立、打开、读、写、关闭等)抽象出来形成一个抽象层次,能给用户空间的程序提供一个统一的、抽象的和虚拟的文件系统界面,这就是虚拟文件系统。

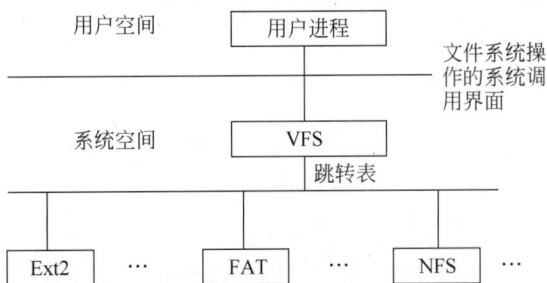

图 6-24　VFS 与具体文件系统的关系

为了实现多种具体文件系统的共存,虚拟文件系统接口提供了具体文件系统的注册和安装等系统调用,下面以 Linux 系统为例说明具体文件系统安装的实现。已注册的具体文件系统示例如图 6-25 所示,每个具体文件系统有一个包含其特征的 file_system_type 结构体;在具体文件系统初始化过程中,需要向虚拟文件系统进行注册,将其加入 file_system 链表中,从而让虚拟文件系统可以通过查询该链表找到该具体文件系统。

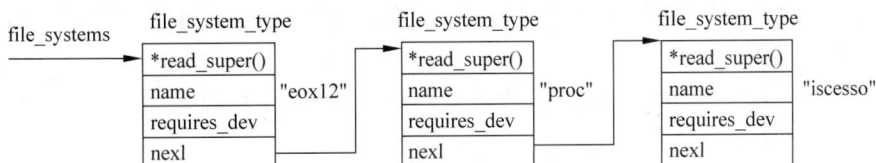

图 6-25　已注册的具体文件系统示例

已挂载的文件系统示例如图 6-26 所示,操作系统内核提供跳转表来决定怎样访问每个具体文件系统的接口函数。Linux 中,具体文件系统通常挂载在某个目录下。在访问该目录时,通过查找 file_systems 链表可以找到具体文件系统的 i 节点;通过该 i 节点,可以加载具体文件系统的 file_operations,从其中可以获得具体文件系统中执行各类操作函数的指针,从而针对不同具体文件系统，执行相关的操作。

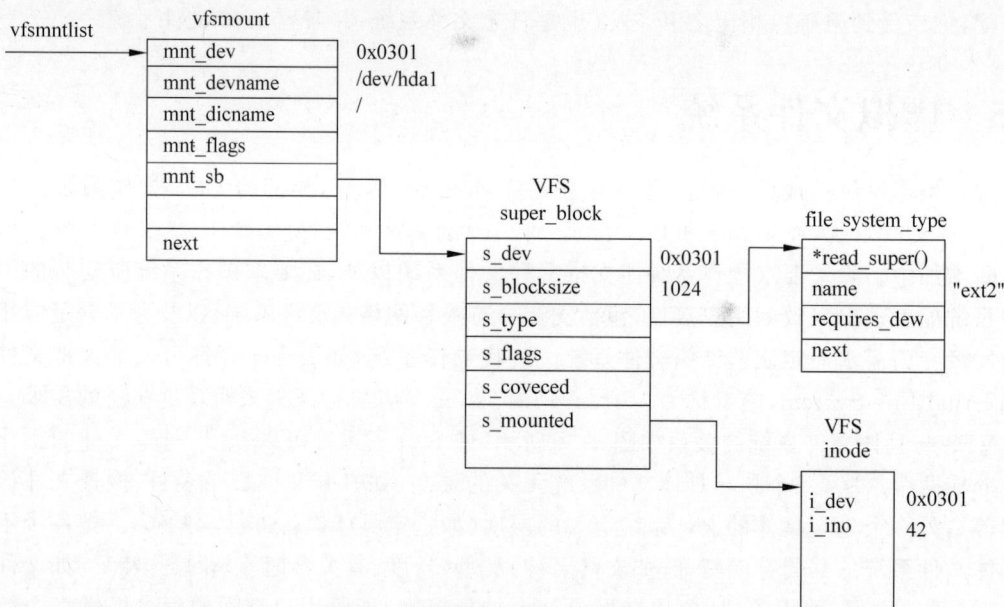

图 6-26　已挂载的文件系统示例

6.6　文件系统的类型

文件系统的基本数据单位是文件，它的目的是对磁盘上的文件进行组织管理，组织的方式不同，就会形成不同的文件系统。

文件系统按类型可分成以下 4 种。

（1）磁盘文件系统：是一种设计用来利用数据存储设备来保存计算机文件的文件系统。最常用的数据存储设备是磁盘驱动器，可以直接或者间接地连接到计算机上。例如，FAT、exFAT、NTFS、HFS、HFS＋、ext2、ext3、ext4、ODS-5、btrfs、XFS、UFS、ZFS。

（2）闪存文件系统：是一种设计用来在闪存上存储文件的文件系统。随着移动设备的普及和闪存容量的增加，这类文件系统越来越流行。尽管磁盘文件系统也能在闪存上使用，但闪存文件系统是闪存设备的首选，理由如下。

① 擦除区块：闪存的区块在重新写入前必须先进行擦除。擦除区块会占用相当可观的时间。因此，在设备空闲的时候擦除未使用的区块有助于提高速度，而写入数据时也可以优先使用已经擦除的区块。

② 随机访问：由于在磁盘上寻址有很大的延迟，磁盘文件系统有针对寻址的优化，以尽量避免寻址。但闪存没有寻址延迟。

③ 写入平衡：闪存中经常写入的区块往往容易损坏。闪存文件系统的设计可以使数据均匀地写到整个设备。

JFFS2（Journaling Flash File System Version2）是 Red Hat 公司开发的闪存文件系统，其前身是 JFFS，最早只支持 NOR Flash，自 2.6 版以后开始支持 NAND Flash，适合使用于嵌入式系统。

YAFFS（Yet Another Flash File System）是由 Aleph One 公司所发展出来的 NAND

Flash 嵌入式文件系统。

（3）**伪文件系统**：启动时动态生成的文件系统，包含有关当前正在运行的内核的许多信息、配置和日志，由于它们放置在易失性存储器中，因此它们仅在运行时可用，而在关闭时消失。这些伪文件常挂载到以下目录：sysfs（/sys），procfs（/proc），debugfs（/sys/kernel/debug），configfs（/sys/kernel/config），tracefs（/sys/kernel/tracing），tmppfs（/dev/shm，/run，/sys/fs/cgroup，/tmp/，/var/volatile，/run/user/<id>），devtmpfs（/dev）。

① procfs 是进程文件系统（file system）的缩写，用于内核访问进程信息。这个文件系统通常被挂载到/proc 目录。由于/proc 不是一个真正的文件系统，它也就不占用存储空间，只是占用有限的内存。

② tmpfs（temporary file system）是类 UNIX 系统上暂存档存储空间的常见名称，通常以挂载文件系统方式实现，并将资料存储在易失性存储器而非永久存储设备中。所有在 tmpfs 上存储的资料在理论上都是暂时借放的，那也表示说，文件不会创建在硬盘上面。一旦重启，所有在 tmpfs 里面的资料都会消失不见。

③ sysfs 是 Linux 2.6 所提供的一种虚拟文件系统。这个文件系统不仅可以把设备（devices）和驱动程序（drivers）的信息从内核输出到用户空间，也可以用来对设备和驱动程序做设置。sysfs 的目的是把一些原本在 procfs 中的，关于设备的部分独立出来，以设备层次结构架构（device tree）的形式呈现。

④ devtmpfs 是在 Linux 核心启动早期建立一个初步的/dev，令一般启动程序不用等待 udev，缩短 GNU/Linux 的开机时间。将设备也看成为文件，突出了 Linux 文件系统的特点：一切皆文件。

（4）**网络文件系统**：NFS（Network File System）是一种将远程主机上的分区（目录）经网络挂载到本地系统的一种机制，是一种分布式文件系统，力求客户端主机可以访问服务器端文件，并且其过程与访问本地存储时一样。它的特点是将网络也看成了文件，再次体现一切皆文件的思想。

6.7　文件系统实例

▶ 6.7.1　Linux 的文件系统

文件系统是 Linux 的重要内核模块，甚至有 Linux 的设计哲学是"一切皆文件"的说法。Linux 将文件抽象成一个宽泛的概念，将文档、目录、键盘、监视器、硬盘、可移动媒体设备、打印机、进程间通信（IPC）和网络通信等输入/输出资源都看成文件来统一操作。因为它们都具有共同的读和写特性，可以抽象成统一的模型，简化操作系统的设计；用户可以使用统一的方式去访问任何资源，再由中间件适配不同的底层模块。Linux 系统把硬件设备映射成文件，例如，将摄像头映射为 /dev/video，然后可以使用访问文件的函数操作它。如对应图像采集设备，首先用 open（）函数连接设备，再用 read（）函数读取设备采集的图像，最后用 write（）函数保存图像；而在操作声卡设备时，read（）函数对应录音功能，write（）函数对应播放功能。

文件系统层次结构标准（Filesystem Hierarchy Standard，FHS）定义了 Linux 操作系统中的主要目录及目录内容。FHS 由 Linux 基金会维护，当前版本为 3.0 版，于 2015 年发布。基本目录如下。

/：根目录。

/home：用户主文件夹。

/etc：系统主要的配置文件几乎都放置在这个目录内。

/root：系统管理员（root）的主文件夹。

/bin：可以被 root 与一般账号所使用。

/sbin：这些命令只有 root 才能够利用来"设置"系统。

/lib：开机时会用到的函数库。

/opt：用于安装第三方应用程序。

/dev：任何设备与接口设备都是以文件的形式存在于这个目录当中。

/proc：一个虚拟的文件系统，它放置的数据都是在内存当中。

/sys：一个虚拟的文件系统，主要是记录与内核相关的信息。

/media：可删除的设备。

/mnt：暂时挂载某些额外的设备。

/srv：一些网络服务启动之后，这些服务所需要取用的数据目录。

/tmp：正在执行的程序暂时放置文件的地方，系统会不定期删除。

/usr："UNIX 操作系统软件资源"所放置的目录。

/usr/bin/：绝大部分的用户可使用命令。

/usr/include/：C/C++等程序语言的头文件 header 与包含文件 include 放置处。

/usr/lib/：包含各应用软件的函数库、目标文件以及一些不被一般用户惯用的执行文件或脚本。

/usr/local/：系统管理员在本机自行安装下载的软件建议安装到此目录。

/usr/sbin/：非系统正常运行所需的系统命令。

/usr/share/：放置共享文件的地方。

/usr/src/：一般源码建议放置到这里。

/var：该目录主要针对常态性可变动文件。

/var/cache/：应用程序本身运行过程中会产生的一些暂存文件。

/var/lib/：程序本身执行的过程中需要的数据文件放置的目录。

/var/lock/：目录下的文件资源一次只能被一个应用程序所使用。

/var/log/：放置登录文件的目录。

/var/mail/：放置个人电子邮件信箱的目录。

/var/run/：某些程序或服务启动后的 PID 目录。

/var/spool/：放置排队等待其他应用程序使用的数据。

Linux 最重要的特征之一就是支持多种文件系统，如 ext、ext2、xia、minix、umsdos、msdos、fat32、ntfs、proc、stub、ncp、hpfs、affs，以及 ufs 等，使多种文件系统能够共存。由于每一种文件系统都有各自的组织结构和文件操作函数，并且相互之间的差别很大，为了支持多种文件系统，Linux 采用了 VFS。VFS 之所以能衔接各种不同的文件系统，是因为它定义了所有文件系统都需要支持的基本抽象接口和数据结构，同时具体的文件系统也将自己的诸如"文件如何打开""目录如何定义"等函数在形式上与 VFS 的定义保持一致。对于不同的文件系统，必须经过封装，提供符合 VFS 规范的接口。例如，一个文件系统不支持 inode，它也必须在内存中装配 inode，就像它本身包含 inode 一样。这使得不同的文件系统能够满足 VFS 的需求，这样一来，接口统一、相互兼容,只是性能上会有少许影响。Linux 中虚拟文件系统的上下文如图 6-27 所示。用户进程通过使用 VFS 文件接口发起文件系统调用,VFS 将系统调用转换到内部的一个特定文件系统(如 ext3)的操作函数。例如,假如应用程序执行文件操作 write(fd,&buf,len),要求将 buf 指针指向的长度为 len 字节的数据写入文件描述符 fd 对应的文件的当前位置。用户执行的系统调用首先被 VFS 的 sys_write() 处理,该函数首先处理一些与设备无关的操作,并找到 fd 所在的文件系统,再根据 VFS 及它的 inode 提供的信息,重定向到具体文件系统中相对应的写函数,由它来处理与特定设备相关的操作,并把数据写到存储设备上。

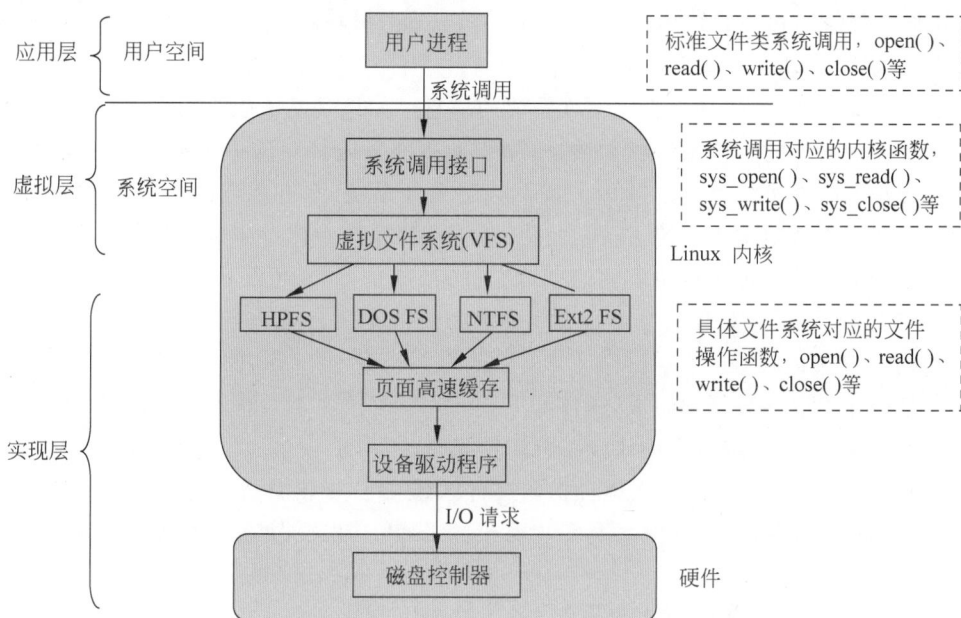

图 6-27 Linux 虚拟文件系统的上下文

VFS 在 Linux 内核中的作用如图 6-28 所示。当进程发起一个面向文件的系统调用时,内核调用 VFS 中的一个函数;该函数处理完与具体文件系统无关的处理后,调用目标文件系统中的相应函数;这个调用通过 VFS,调用具体文件系统中对应的函数来完成相应功能。VFS 独立于任何具体文件系统。

图 6-28 VFS 在 Linux 内核中的作用

Linux 中 VFS 实现了记录可用的文件系统类型、将文件系统与对应的存储设备联系起来、处理面向文件的通用操作和将操作映射到具体文件系统等功能。Linux VFS 采用了面向对象设计思想,文件系统中定义的 VFS 相当于面向对象系统中的抽象基类,从它出发可以派生出不同的子类,以支持多种具体文件系统;但从效率考虑内核纯粹使用 C 语言实现,并没有使用 C++,而是使用了结构体 struct 实现相应功能。Linux VFS 包含超级块(super block)结构体、索引节点(inode)结构体、目录项(dentry)结构体和文件(file)结构体。

Linux 中的文件系统与 UNIX 类似,采用多层目录。在 Linux 和 UNIX 中,目录使用包含该目录下的文件名和子目录名,文件操作能同时适用于文件或目录。

上面的 4 个结构体每个都包含一个操作结构体,它描述了 Linux 内核对这个结构体能执行的操作,分别是 super_operation 结构体、inode_operation 结构体、dentry_operation 结构体和 file_operation 结构体。操作结构体是使用指针结构体来实现的,包含对相应结构体的一系列函数指针,默认可以使用 VFS 中的通用函数,也可以在具体文件系统中实现自己的函数。

VFS 使用了大量结构体,除上述 4 个主要结构体外,还有描述文件系统特性和能力,在注册时使用的 file_system_type 结构体;描述安装标志、位置,在安装时使用的 vfsmount 结构体;以及与进程密切相关的结构体 file_struct、fs_struct 和 namespace。

1. 超级块结构体

代表一个文件系统,描述了特定文件系统的信息。如果是基于磁盘的文件系统,该结构体对应于存放在磁盘上的文件系统控制块,亦即每个文件系统都对应一个超级块结构体。超级块存储在磁盘上的一个特定的扇区中。每个特定文件系统,都有各自的超级块,如 ext2 超级块。当内核对一个特定文件系统进行初始化和注册时,系统在内存中为其分配一个超级块,并从磁盘读取特定文件系统超级块中的信息填充进来,这是 VFS 超级块。也就是说,VFS 超级块是各个特定文件系统安装时才建立的,并在这些特定文件系统卸载时被自动删除,因此 VFS 超级块仅存于内存中。

超级结构体由许多数据项组成,具体如下。

(1) Device:文件系统所在的块设备标识信息。

(2) Inode pointers:索引节点指针指向文件系统中已安装索引节点的第一个索引节点。而 covered inode 指针指向此文件系统安装目录的 inode。根文件系统的 VFS 超级块不包含 covered 指针。

(3) Blocksize:文件系统基本块的大小(以字节为单位)。

(4) Superblock operations:指向此文件系统一组超级块操作例程的指针。这些例程被 VFS 用来读写 inode 和超级块。

(5) File System type:指向已安装文件系统的 file_system_type 的指针。

(6) File System specific:指向文件系统所需信息的指针。

每个被安装的文件系统都有一个 super_block 体,以环形双向链表把它们链接在一起,指向该链表第一个元素和最后一个元素的指针存放在该超级块的成员 s_list 域中。

结构体中的成员 super_block.u 是实现支持多种文件系统的关键,它指向 Linux 文件系统所支持的各种具体文件系统的超级块,当系统上安装另一个文件系统时,那么磁盘上的 hpfs 的超级块被复制到内存的 hpfs_sb_info 中,由 super_block.u.hpfs_sb 指向该结构体,此后允许该文件系统直接对内存超级块的 u 联合体操作,无须再去读盘。

与超级块结构关联的是超级块操作结构体(super_operation):

```
struct super_operation {
    viod ( * write_super)(struct super_block * );      //把超级块信息写回磁盘
    viod ( * put_super)(struct super_block * );        //释放超级块结构体
    viod ( * read_inode)(struct inode * );             //读取文件 inode
    viod ( * write_inode)(struct inode * ,int);        //回写文件 inode
    viod ( * put_inode)(struct inode * );              //逻辑上释放 inode
    viod ( * delete_inode)(struct inode * );           //物理上释放 inode
    …
};
```

结构体中的每一项是一个指向超级块操作函数的指针,而超级块操作函数执行文件系统和索引节点的底层操作。

2. 索引节点结构体

代表一个文件,存放一个具体文件的所有信息。如果是基于磁盘的文件系统,该结构体对应存放在磁盘上的文件控制块,亦即每个文件都有一个 inode,而每个 inode 都有一个 inode 索引节点号,这个索引节点号标识某个文件系统中的指定文件。一个 inode 索引节点与一个文件相关联。索引节点结构体包含关联文件的除了文件的文件名和文件数据内容之外的所有信息,文件名可以更改,但索引节点对文件是唯一的,且随文件的存在而存在。索引节点信息可以从磁盘索引节点中直接读入 VFS 的 inode 结构体中。如果一个文件系统没有索引节点,那么,不管这些相关信息在磁盘上是如何存放的,文件系统都必须提取这些信息,并构造它的 inode。可以把具体文件系统存放在磁盘上的 inode 称为静态节点,它的内容被读入内存 VFS 的 inode 才能工作,后者也称为动态节点。每个 VFS inode 包含下列数据项。

(1) device:索引节点所在的块设备标识信息。

(2) inode number:文件系统中唯一的 inode 号。在虚拟文件系统中,device 和 inode 号的组合是唯一的。

(3) mode:表示此 VFS inode 的存取权限。

(4) user ids:所有者的标识符。

(5) times:VFS inode 创建、修改和写入时间。

(6) block size:文件块的大小(以字节为单位)。

(7) inode operations:指向一组例程地址的指针。这些例程和文件系统相关,且对此 inode 执行操作,如截断此 inode 表示的文件。

(8) count:使用此 VFS inode 的系统部件数。一个 count 为 0 的 inode 可以被自由地丢弃或重新使用。

(9) lock:用来对某个 VFS inode 加锁,如用于读取文件系统时。

(10) dirty:表示这个 VFS inode 是否已经被修改过,如果是则底层文件系统需要更新。

一个索引节点代表文件系统中的一个文件,它也可以是设备、套接字或管道这类特殊文件,故索引节点中会包含特殊的项。与索引节点结构体关联的是索引节点操作结构体(inode_operation):

```
struct inode_operation {
    int (*create)(struct inode *,struct dentry *,int);        //创建一个新的 inode
    struct dentry * (*lookup) (struct inode *,struct dentry *);   //查找一个 inode 所在的目录
    int (*link)(struct dentry *,struct dentry *);             //创建一个硬连接
    int (*unlink)(struct dentry *,struct dentry *);           //删除一个硬连接
    int (*symlink)(struct inode *,struct dentry *,const char *);  //为符号链接创建一个 inode
    int (*mkdir)(struct inode *,struct dentry *,int);         //为目录项创建一个 inode
    int (*rmdir)(struct inode *,struct dentry *);             //为目录项删除一个 inode
    ...
};
```

3. 目录项结构体

代表路径中的一个组成部分,存放目录项与对应文件进行链接的信息。目录名或为文件名,为文件和目录的访问提供方便。例如,在路径/bin/vi 中,VFS 为根目录/、bin 和 vi 分别创建了三个目录项结构体,前两个是目录文件,后一个是普通文件。每一个文件除了有一个 inode 外,还有一个 dentry 与之关联。dentry 中的 d_inode 指针指向相应的 inode,引入 dentry

的主要目的是对目录进行缓冲,加快对文件的快速定位,改进文件系统效率。dentry 代表逻辑意义上的文件,描述文件的逻辑属性,它在磁盘上并没有对应的映像;而 inode 代表物理意义上的文件,记录文件的物理属性,它在磁盘上有对应的映像。dentry 的定义如下。

```
struct dentry {
    atomic_t d_count;                               //目录项 dentry 引用计数
    unsigned int d_flags;                           //dentry 状态标志
    struct inode * d_inode;                         //与文件关联的索引节点
    struct dentry * d_parent;                       //父目录的 dentry
    struct list_head d_hash;                        //dentry 形成的散列表
    struct list_head d_lru;                         //未用的 LRU 双向链表
    struct list_head d_child;                       //父目录的子目录项 dentry 形成双向链表
    struct list_head d_subdirs;                     //该目录项的子目录形成的双向链表
    struct list_head d_alias;                       //索引节点别名的链表
    int d_mounted;                                  //目录项的安装点
    struct qstr d_name;                             //目录项名,用于快速查找
    unsigned long d_time;                           //重新生效时间
    struct dentry_operations * d_op;                //操作目录项的函数
    struct super_block * d_sb;                      //目录项树的根
    void * d_fsdata;                                //文件系统特殊数据
    unsigned char d_iname[DNAME_INLINE_LEN];        //文件名前 16 个字符
};
```

一个有效的 dentry 必定对应一个 inode,这是因为目录项要么代表一个目录,要么代表一个文件,目录实际上也是文件。所以,只要 dentry 有效,则其指针 d_inode 必定指向一个 inode。反之不然,一个 inode 可能对应多个 dentry 体,也就是说,一个文件可以有多个文件名或路径名,这是因为一个已经建立的文件可以被链接到其他文件名。所以在 inode 体中有一个队列 i_dentry,凡代表同一个文件的所有目录项都通过其 dentry 中的 d_alias 域链接相应 inode 中的 i_dentry 队列。

在内核中有一个散列表 dentry_hashtable,是一个 list_head 的指针数组,一旦在内存中建立一个目录节点的 dentry,就通过它的 d_hash 域链入散列表中的某个队列中。内核中还有一个队列 dentry_unused,凡是已经没有用户使用的 dentry 就通过其 d_lru 域挂入空闲队列。dentry 中除了 d_alias、d_hash 和 d_lru 三个队列外,还有 d_vfsmntd_child 及 d_subdirs 队列,第一个仅在 dentry 为安装点时使用;当该目录节点有父目录时,则其 dentry 就通过 d_child 挂入其父节点的 d_subdires 队列中,同时,通过 d_parent 指向其父目录的 dentry,而它自己各个子目录的 dentry 则挂在其 d_subdirs 域指向的队列中。

一个文件系统中所有目录项结构体可以使用散列表或树或链表进行组织,这将为文件访问和文件路径搜索奠定良好基础。与目录项结构体关联的是目录项操作结构体(dentry_operation):

```
struct dentry_operation {
    int ( * d_revalidate)(struct dentry * ,int);                        //判定目录项是否有效
    int ( * d_hash)(struct dentry * ,struct qstr * );                   //生成一个散列值
    int ( * d_compare)(struct dentry * ,struct qstr * ,struct qstr * ); //比较两个文件名
    int ( * d_delete)(struct dentry * );                                //删除 d_count 为 0 的目录
//项结构体
    int ( * d_release)(struct dentry * );                               //释放一个目录项结构体
    int ( * d_iput)(struct dentry * , struct inode * );                 //丢弃目录项对应的索引节点
    …
};
```

4. 文件结构体

文件结构体代表一个进程所打开的一个文件,存放已打开的文件与进程的交互信息,这些信息仅当进程访问文件期间才存于内存中。文件结构体在系统调用 open()时创建,在系统调用 close()时撤销。文件结构体包含如下一些数据项。

(1) 与该文件相关联的目录结构体。

(2) 包含该文件的文件系统。

(3) 文件结构体使用计数器。

(4) 用户 ID。

(5) 用户组 ID。

(6) 文件指针,即文件中下一次操作发生的当前位置。

文件结构体包含一个描述 VFS 能在该文件结构体上调用的文件系统的实现函数的文件操作结构体。与文件结构体关联的是文件操作结构体(file_operation):

```
struct file_operation {
    loff_t( * llseek)(struct file * ,loff_t,int);                        //修改文件指针
    ssize_t( * read)(struct file * , char * ,size_t,loff_t * );          //从文件中读出若干字节
    ssize_t( * write)(struct file * , const char * ,size_t,loff_t * );   //向文件中写入若干字节
    int ( * mmap)(struct file * ,struct vm_area_struct * );              //文件到内存的映射
    int ( * open)(struct inode * ,struct file * );                       //打开一个文件
    int ( * fiush)(struct file * );                                      //关闭文件时减少 f_count
//计数
    int ( * release)(struct dentry * );                                  //释放文件结构体
    int ( * fsync)(struct file * , struct dentry * , int datasync);      //将文件在缓冲的数据写回
//磁盘
    ...
};
```

5. 主要结构体之间的关系

超级块是对一个文件系统的描述,索引节点是对一个文件物理属性的描述,而目录项是对一个文件逻辑属性的描述。此外,文件与进程之间的关系是由另外的数据结构来描述的,一个进程所处的位置是由 fs_struct 来描述的,而进程打开的文件是由 files_struct 来描述的,整个系统打开的文件由 file 来描述。Linux 中与进程和文件系统相关的数据结构间的关系如图 6-29 所示。

6. Linux 文件系统的安装和管理

同其他操作系统一样,Linux 支持多个物理硬盘,每个物理磁盘可以划分为一个或多个磁盘分区,在每个磁盘分区上都可以建立一个文件系统。一个文件系统在物理数据组织上一般划分成引导块、超级块、inode 区以及数据区。引导块位于文件系统开头,通常为一个扇区,存放引导程序、用于读入并启动操作系统。超级块记录文件系统的管理信息,因此不同的文件系统对应的超级块中存储的信息也不相同。inode 区用于登记每个文件的目录项,第一个 inode 是该文件系统的根节点。数据区则存放文件数据或一些管理数据。

一个安装好的 Linux 操作系统究竟支持几种不同类型的文件系统,是通过文件系统类型注册链表来描述的,VFS 以链表形式管理已注册的文件系统。向系统注册文件系统类型有两种途径,一是在编译操作系统内核时确定,并在系统初始化时通过函数调用向注册链表登记;另一种是把文件系统当作一个模块,通过 kerneld 或 insmod 命令在装入该文件系统模块时向注册链表登记它的类型。

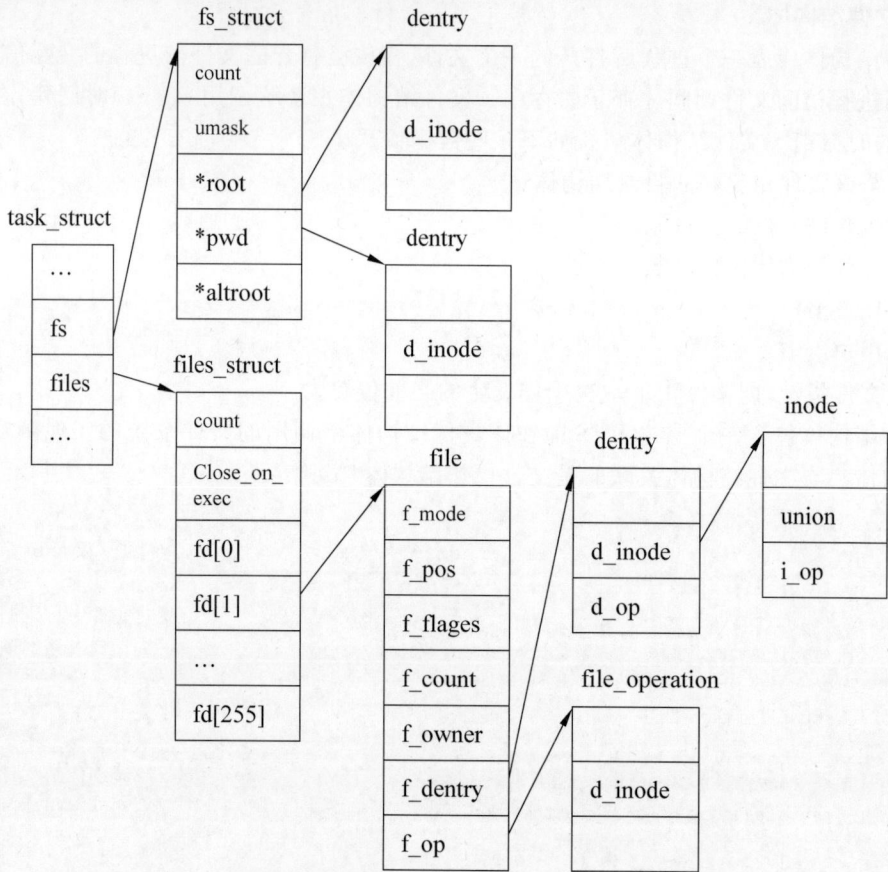

图 6-29 Linux 中与进程和文件系统相关的数据结构间的关系

▶ 6.7.2 OpenHarmony 的文件系统

OpenHarmony 支持 JFFS2、YAFFS、tmpfs、procfs、FAT 和 NTFS 等文件系统。

1. 文件类型

从 OpenHarmony 的内核视角，文件可以分成 7 种类型：普通文件、目录文件、块设备文件、字符设备文件、套接字文件、管道文件和符号链接文件。

1）普通文件

大部分文件属于此类，如文档、图片和视频等。

```
root@xdw:~/MyProject# ls - hil
total 668K
3064400 - rw - r - - r - - 1 root root    6 Mar 10 12:04 readme.md
   1651 - rw - r - - r - - 1 root root 663K Feb 13 15:02 test.png
```

执行 ls -hil 命令后，可以看到这类文件第二列的第一个标识位为-，表示该文件类型是普通文件。

2）目录文件

目录也称为文件夹，在 OpenHarmony 中也是文件。

```
root@xdw:~/oh_4.0release# ls - hil
total 88K
1435631 drwxr - xr - x 4 root root 4.0K Jan 30 17:31 applications
```

```
1465080 drwxr-xr-x 6 root root 4.0K Jan 30 17:31 arkcompiler
1484372 drwxr-xr-x 24 root root 4.0K Jan 30 17:31 base
1515398 drwxr-xr-x 20 root root 4.0K Jan 31 11:13 build
```

执行 ls -hil 命令后,可以看到这类文件第二列的第一个标识位为 d,表示该文件类型是目录文件。

3) 块设备文件

通常在 /dev 目录下,对应块接口的设备,最常用的就是对应硬盘的块设备文件,如第一个硬盘对应的是 /dev/hda1。

```
root@xdw:/dev# ls -hil
total 0
132 brw------- 1 root root 8, 0 Mar 10 12:03 sda
135 brw------- 1 root root 8, 16 Mar 10 12:03 sdb
```

执行 ls -hil 命令后,可以看到这类文件第二列的第一个标识位为 b,表示该文件类型是块设备文件。

4) 字符设备文件

通常在/dev 目录下,对应串行接口的设备,如键盘、鼠标等。

```
root@xdw:/dev# ls -hil
128 crw------- 1  root root  10, 234 Mar 10 12:03 btrfs-control
 10 crw------- 1  root root   5, 1   Mar 10 12:03 console
127 crw------- 1  root root  10, 61  Mar 10 12:03 cpu_dma_latency
 84 crw------- 1  root root  10, 203 Mar 10 12:03 cuse
```

执行 ls -hil 命令后,可以看到这类文件第二列的第一个标识位为 c,表示该文件类型是字符设备文件。

5) 套接字文件

通常在 /var/run 目录下,此类型文件通常用于网络连接;如在启动一个程序来监听客户端请求后,客户端就可以通过该文件作为套接字来进行数据通信。

```
root@xdw:/var/run/WSL# ls -hil
total 0
7 srwxrwxrwx 1 root root 0 Mar 10 12:03 14_interop
6 srwxrwxrwx 1 root root 0 Mar 10 12:03 1_interop
```

执行 ls -hil 命令后,可以看到这类文件第二列的第一个标识位为 s,表示该文件类型是套接字文件。

6) 管道文件

此类型文件主要用于进程间通信,如使用 mkfifo 命令可以创建一个 FIFO 文件,可以作为不同进程之间交换数据的方式。

```
root@xdw:/var/run# ls -hil
total 4.0K
9 prw-r--r-- 1 root root 0 Mar 10 12:34 myfifo
```

执行 ls -hil 命令后,可以看到这类文件第二列的第一个标识位为 p,表示该文件类型是管道文件。

7) 符号链接文件

此类型文件是用于软链接的文件,类似 Windows 里面的快捷方式,主要存在于/bin 和/usr/bin 目录下。

```
root@xdw:/bin# ls - hil
total 216M
   1997 lrwxrwxrwx 1 root root    14 May 14 2023 iscsiadm -> /sbin/iscsiadm
78458 lrwxrwxrwx 1 root root    23 Jan 30 15:53 jaotc -> /etc/alternatives/jaotc
78345 lrwxrwxrwx 1 root root    21 Jan 30 15:53 jar -> /etc/alternatives/jar
78356 lrwxrwxrwx 1 root root    27 Jan 30 15:53 jarsigner -> /etc/alternatives/jarsigner
78249 lrwxrwxrwx 1 root root    22 Jan 30 15:53 java -> /etc/alternatives/java
```

执行 ls -hil 命令后,可以看到这类文件第二列的第一个标识位为 l,表示该文件类型是符号链接文件。

2. 文件属性

文件属性包括权限、所属用户、所属用户组。下面是执行 ls -hil 命令后显示的文件属性。

1435631	drwxr-xr-x	4	root	root	4.0K	Jan 30 17:31	applications
[0]	[1]	[2]	[3]	[4]	[5]	[6]	[7]
[vnode编号]	[权限]	[硬链接]	[拥有者]	[群组]	[文件容量]	[修改日期]	[文件名]

1) vnode 编号

vnode 编号是每个文件在文件系统中的唯一编号。普通用户使用文件的路径和文件名访问,不需要知道文件的 vnode 编号,但在 OpenHarmony 内核层中仅使用 vnode 编号区别不同的文件。

2) 权限

对于多用户多群组的系统,可以分成以下 4 部分。

```
d, rwx, r-x, r-x
```

第一个字符 d 单独成组,表示文件类型,这里表示是一个目录文件(directory file)。剩下的三个主要由[rwx]组成:r-read,w-write,x-execute。[-]表示占位符,即没权限。第二组为文件拥有者的权限,rwx 表示文件拥有者可读可写可执行。第三组为同群组的权限;r-x 表示文件所属组可读可执行但不可写。第四组为其他非本群组的权限,r--表示其他人可读。权限除了用字母表示外还可以用数字表示。

```
r = 100 = 4, w = 010 = 2, x = 001 = 1,  -= 0
rwxr-xr-- 可表示为
111101100 = 754
```

文件权限修改命令:

```
chmod [ - R] xxx 文件或目录
root@xdw:~/oh_4.0release# ls -hli
2265653 - rwxr-xr-x 1 root root 776 Jan 31 11:48 ohos_config.json
root@xdw:~/oh_4.0release# chmod 777 ohos_config.json
root@xdw:~/oh_4.0release# ls -hli
2265653 - rwxrwxrwx 1 root root 776 Jan 31 11:48 ohos_config.json
```

3) 拥有者

文件所属的用户,修改文件拥有者的命令如下。

```
root@xdw:~/oh_4.0release# sudo chown -R xiadewang:xiadewang ohos_config.json
root@xdw:~/oh_4.0release# ls -lhs
- rwxrwxrwx 1 xiadewang xiadewang 776 Jan 31 11:48 ohos_config.json *
```

4) 群组

文件所属的用户群组,修改文件所属群组的命令如下。

```
root@xdw:~/oh_4.0release# sudo chgrp - R root ohos_config.json
root@xdw:~/oh_4.0release# ls - lhs
4.0K - rwxrwxrwx 1 xiadewang root 776 Jan 31 11:48 ohos_config.json
```

3. Vnode

Vnode 是 OpenHarmony 中文件或目录对应的内核中表示形式,对应 Linux 中的 inode。Vnode 由 vnode 结构体表示,每个活动文件、每个当前目录、每个挂载文件、文本文件和根分配了一个唯一的 vnode 结构体。

Vnode 是具体文件或目录在 VFS 中的抽象封装,它屏蔽了不同文件系统的差异,实现了统一管理。Vnode 通过哈希和 LRU(Least Recently Used,即最近最少使用,一种常见的页面配置算法)进行管理,当系统启动后,对文件或目录的访问会优先从哈希链表中查找 Vnode 缓存,若缓存没有命中,则从对应文件系统中搜索目标文件或目录,创建并缓存对应的 Vnode。当 Vnode 缓存数量达到上限时,将淘汰长时间未访问的 Vnode,其中挂载点 Vnode 与设备节点 Vnode 不参与淘汰。Vnode 节点包括挂载点(挂载具体文件系统)、设备节点和文件/目录节点等几种主要类型。Vnode 的源码在 kernel/liteos_a/fs/vfs/include/vnode.h 中。

```
struct IATTR { //此结构用于记录 Vnode 的属性
    /* This structure is used for record vnode attr. */
    unsigned int attr_chg_valid;    //节点改变有效性 (CHG_MODE | CHG_UID | … )
    unsigned int attr_chg_flags;    //额外的系统与用户标志(flag),用来保护该文件
    unsigned attr_chg_mode;         //确定了文件的类型,以及它的所有者、它的 group、其他用户访问
                                    //此文件的权限 (S_IWUSR | …)
    unsigned attr_chg_uid;          //用户 ID
    unsigned attr_chg_gid;          //组 ID
    unsigned attr_chg_size;         //节点大小
    unsigned attr_chg_atime;        //节点最近访问时间
    unsigned attr_chg_mtime;        //节点对应的文件内容被修改时间
    unsigned attr_chg_ctime;        //节点自身被修改时间
};
//对 IATTR 的修改最终将落到 vnode - > vop - > Chattr(vnode, attr);
enum VnodeType {//节点类型
    VNODE_TYPE_UNKNOWN,             /* unknown type */      //未知类型
    VNODE_TYPE_REG,                 /* regular file */      //vnode 代表一个正则文件(普通文件)
    VNODE_TYPE_DIR,                 /* directory */         //vnode 代表一个目录
    VNODE_TYPE_BLK,                 /* block device */      //vnode 代表一个块设备
    VNODE_TYPE_CHR,                 /* char device */       //vnode 代表一个字符设备
    VNODE_TYPE_BCHR,                /* block char mix device */  //块和字符设备混合
    VNODE_TYPE_FIFO,                /* pipe */              //vnode 代表一个管道
    VNODE_TYPE_LNK,                 /* link */              //vnode 代表一个符号链接
};
struct Vnode {//vnode 并不包含文件名,因为 vnode 和文件名是 1:N 的关系
    enum VnodeType type;            /* vnode type */        //节点类型 (文件|目录|链接…)
    int useCount;                   /* ref count of users */  //节点引用(链接)数,即有多少
//文件名指向这个 vnode,即上层理解的硬链接数
    uint32_t hash;                  /* vnode hash */        //节点哈希值
    uint uid;                       /* uid for dac */       //文件拥有者的 User ID
    uint gid;                       /* gid for dac */       //文件的 Group ID
    mode_t mode;                    /* mode for dac */      //chmod 文件的读、写、执行权限
    LIST_HEAD parentPathCaches;     /* pathCaches point to parents */   //指向父级路径缓
//存,上面的都是当了父节点
    LIST_HEAD childPathCaches;      /* pathCaches point to children */   //指向子级路径缓
//存,上面都是当了别的节点的子节点
    struct Vnode * parent;          /* parent vnode */      //父节点
    struct VnodeOps * vop;          /* vnode operations */
//相当于指定操作 Vnode 方式 (接口实现|驱动程序)
```

```
    struct file_operations_vfs * fop;              /* file operations */
//相当于指定文件系统
    void * data;                                   /* private data */
//文件数据 block 的位置,指向每种具体设备私有的成员,例如（drv_data | nfsnode | ….）
    uint32_t flag;                                 /* vnode flag */
//节点标签
    LIST_ENTRY hashEntry;                          /* list entry for bucket in hash table */
//通过它挂入散列表 g_vnodeHashEntrys[i], i:[0,g_vnodeHashMask]
    LIST_ENTRY actFreeEntry;                       /* vnode active/free list entry */
//通过本节点挂到空闲链表和使用链表上
    struct Mount * originMount;                    /* fs info about this vnode */
//自己所在的文件系统挂载信息
    struct Mount * newMount;                       /* fs info about who mount on this vnode */
//其他挂载在这个节点上的文件系统信息
};
```

VnodeType 包括 7 种文件类型,OpenHarmony 增加了一种 VNODE_TYPE_BCHR,去掉了 UNIX 中的 socket 类型。

useCount 代表硬链接数,任何目录下都会有 . 和 .. 两个文件,前者指向当前目录,后者指向父目录。这样做的好处是由索引页指向的数据块中存有父目录和当前目录的索引号,有了索引号就能很快地找到对应的索引页。

uid、gid 和 mode 代表文件所属用户/用户组和权限。

parentPathCaches 和 childPathCaches 是路径缓存链表,用于快速查找父子信息。

parent 指向父节点,父节点不管是什么内容,一样也是文件,都用 Vnode 描述。

VnodeOps * vop 是对 vnode 操作结构体 VnodeOps 的指针。

file_operations_vfs 是对数据块操作函数的结构体。由具体文件系统注册时提供,用于执行具体文件系统的相关操作。

```
struct file_operations_vfs
{
  int     ( * open)(struct file * filep);
  int     ( * close)(struct file * filep);
  ssize_t ( * read)(struct file * filep, char * buffer, size_t buflen);
  ssize_t ( * write)(struct file * filep, const char * buffer, size_t buflen);
  off_t ( * seek)(struct file * filep, off_t offset, int whence);
  int     ( * ioctl)(struct file * filep, int cmd, unsigned long arg);
  int     ( * mmap)(struct file * filep, struct VmMapRegion * region);
};
struct file_operations_vfs fatfs_fops = {
  . open = fatfs_open,
  . read = fatfs_read,
  . write = fatfs_write,
  . seek = fatfs_lseek,
  . close = fatfs_close,
  . mmap = OsVfsFileMmap,
  . fallocate = fatfs_fallocate,
  . fallocate64 = fatfs_fallocate64,
  . fsync = fatfs_fsync,
  . ioctl = fatfs_ioctl,
};
```

file_operations_vfs 是给 vnode 的上层使用的,它是在应用层和 vnode 中间的一层,对 vnode 起承上启下作用,通过 file 找到 vnode,从而对 vnode 指向的内容区进行修改。在应用层比如修改一个 PPT 和创建一个 Word 文档这些操作就是通过 file_operations_vfs 完成的。

VnodeOps 和 file_operations_vfs 二者的区别是一个是对索引页的操作，一个是对索引页指向内容的操作。

data 是 void 类型，具体文件系统运行时才确定其具体类型。

hashEntry 指向一个链表，可以使用哈希算法来检索 vnode。

originMount 和 newMount 与挂载具体文件系统相关，任何文件系统都需要先挂载到根文件系统下才能使用。

4．OpenHarmony 的 VFS

OpenHarmony 中 VFS 是通过在内存中的树结构来实现的，树的每个节点都是一个 Vnode 结构体，父子节点的关系以 PathCache 结构体保存。VFS 最主要的两个功能：查找节点和统一调用接口。

VFS 层具体功能包括：通过三大函数指针操作接口，实现对不同文件系统类型调用不同接口实现标准接口功能；通过 Vnode 与 PathCache 机制，提升路径搜索以及文件访问的性能；通过挂载点管理进行分区管理；通过 FD 管理进行进程间 FD 隔离等。

VFS 层通过函数指针的形式，使用统一调用接口，按照不同的文件系统类型，将操作分发到不同文件系统中进行底层操作。各文件系统各自实现一套 VnodeOps、MountOp 以及 file_operations_vfs，并以函数指针结构体的形式存储于对应 Vnode、挂载点和 File 中，实现 VFS 层与具体文件系统之间的转换。

1) Vnode 操作结构体 VnodeOps

```
struct VnodeOps {
    int ( * Create)(struct Vnode * parent, const char * name, int mode, struct Vnode ** vnode);
                                                        //创建节点
    int ( * Lookup)(struct Vnode * parent, const char * name, int len, struct Vnode ** vnode);
                                                        //查询节点

    //Lookup 向底层文件系统查找获取 inode 信息
    int ( * Open)(struct Vnode * vnode, int fd, int mode, int flags);      //打开节点
    int ( * Close)(struct Vnode * vnode);                       //关闭节点
    int ( * Reclaim)(struct Vnode * vnode);                     //回收节点
    int ( * Unlink)(struct Vnode * parent, struct Vnode * vnode, const char * fileName);
                                                        //取消硬链接
    int ( * Rmdir)(struct Vnode * parent, struct Vnode * vnode, const char * dirName);
                                                        //删除目录节点
    int ( * Mkdir)(struct Vnode * parent, const char * dirName, mode_t mode, struct Vnode **
vnode);                                             //创建目录节点

    int ( * Readdir)(struct Vnode * vnode, struct fs_dirent_s * dir);    //读目录节点
    int ( * Opendir)(struct Vnode * vnode, struct fs_dirent_s * dir);    //打开目录节点
    int ( * Rewinddir)(struct Vnode * vnode, struct fs_dirent_s * dir); //定位目录节点
    int ( * Closedir)(struct Vnode * vnode, struct fs_dirent_s * dir);   //关闭目录节点
    int ( * Getattr)(struct Vnode * vnode, struct stat * st);           //获取节点属性
    int ( * Setattr)(struct Vnode * vnode, struct stat * st);           //设置节点属性
    int ( * Chattr)(struct Vnode * vnode, struct IATTR * attr);    //改变节点属性(change attr)
    int ( * Rename)(struct Vnode * src, struct Vnode * dstParent, const char * srcName, const
char * dstName);                                    //重命名
    int ( * Truncate)(struct Vnode * vnode, off_t len);             //缩减或扩展大小
    int ( * Truncate64)(struct Vnode * vnode, off64_t len);         //缩减或扩展大小
    int ( * Fscheck)(struct Vnode * vnode, struct fs_dirent_s * dir);  //检查功能
    int ( * Link)(struct Vnode * src, struct Vnode * dstParent, struct Vnode ** dst, const char
* dstName);
    int ( * Symlink)(struct Vnode * parentVnode, struct Vnode ** newVnode, const char * path,
const char * target);
```

```
    ssize_t (*Readlink)(struct Vnode * vnode, char * buffer, size_t bufLen);
};
```

LiteOS-A 内核中的 FAT 文件系统对这些接口的实现如下，源码文件为 kernel/liteos_a/fs/fat/os_adapt/fatfs.c。

```
//文件系统(FAT)实现对索引节点的操作
struct VnodeOps fatfs_vops = {
    /* file ops */
    .Getattr = fatfs_stat,
    .Chattr = fatfs_chattr,
    .Lookup = fatfs_lookup,
    .Rename = fatfs_rename,
    .Create = fatfs_create,
    .Unlink = fatfs_unlink,
    .Reclaim = fatfs_reclaim,
    .Truncate = fatfs_truncate,
    .Truncate64 = fatfs_truncate64,
    /* dir ops */
    .Opendir = fatfs_opendir,
    .Readdir = fatfs_readdir,
    .Rewinddir = fatfs_rewinddir,
    .Closedir = fatfs_closedir,
    .Mkdir = fatfs_mkdir,
    .Rmdir = fatfs_rmdir,
    .Fscheck = fatfs_fscheck,
    .Symlink = fatfs_symlink,
    .Readlink = fatfs_readlink,
};
```

2）挂载点操作结构体 MountOps

```
//挂载操作
struct MountOps {
    int (*Mount)(struct Mount * mount, struct Vnode * vnode, const void * data);   //挂载
    int (*Unmount)(struct Mount * mount, struct Vnode ** blkdriver);               //卸载
    int (*Statfs)(struct Mount * mount, struct statfs * sbp);   //统计文件系统的信息,如该文
//件系统的类型、总大小、可用大小等信息
};
```

3）文件操作结构体 file_operations_vfs

```
struct file_operations_vfs
{
    int     (*open)(struct file * filep);                            //打开文件
    int     (*close)(struct file * filep);                           //关闭文件
    ssize_t (*read)(struct file * filep, char * buffer, size_t buflen);     //读文件
    ssize_t (*write)(struct file * filep, const char * buffer, size_t buflen); //写文件
    off_t (*seek)(struct file * filep, off_t offset, int whence);       //寻找、检索文件
    int     (*ioctl)(struct file * filep, int cmd, unsigned long arg); //对文件的控制命令
    int     (*mmap)(struct file* filep, struct VmMapRegion * region); //内存映射实现<文件/设
                                                                     //备-线性区的映射>
    /* The two structures need not be common after this point */
#ifndef CONFIG_DISABLE_POLL
    int     (*poll)(struct file * filep, poll_table * fds);          //轮询接口
#endif
    int     (*stat)(struct file * filep, struct stat * st);          //统计接口
    int     (*fallocate)(struct file * filep, int mode, off_t offset, off_t len);
    int     (*fallocate64)(struct file * filep, int mode, off64_t offset, off64_t len);
    int     (*fsync)(struct file * filep);
```

```
ssize_t ( * readpage)(struct file * filep, char * buffer, size_t buflen);
int     ( * unlink)(struct Vnode * vnode);
};
```

5. OpenHarmony 的根文件系统

根文件系统就是挂到根目录/上的文件系统,后续的文件系统只能挂到它下面的目录上,最终形成整棵目录树。一个操作系统可以存在多个不同的文件系统,谁作根文件系统取决于内核在启动阶段选择了谁,OpenHarmony 中的文件系统可存在于诸多介质上,如硬盘(MMC)、闪存(Flash)和内存(RAM),每种介质上有其最合适配套的文件系统,MMC 一般是 FAT 或 ext,Flash 是 JFFS2,内存则使用 proc、sys、tmpfs 或 ramfs。内核启动后必须有一个文件系统用于挂载到/下。以 liteos_a 内核为例,OpenHarmony 根文件系统目录结构如下。

```
├── app
├── bin
│   ├── init
│   ├── shell
│   └── tftp
├── data
│   └── system
│       └── param
├── etc
├── lib
│   ├── libc++.so
│   └── libc.so
├── system
│   ├── external
│   └── internal
└── usr
    ├── bin
    └── lib
```

以 liteos_a 内核为例,制作根文件系统的方法如下。

```
root@xdw:~/oh_4.0release/kernel/liteos_a# make help
Targets:
    help:     display this help and exit
    clean:    clean compiled objects
    cleanall: clean all build outputs
    all:      make liteos kernel image and rootfs image (Default target)
    apps:     build all apps
    rootfs:   make an original rootfs image
    libs:     compile all kernel modules (libraries)
    liteos:   make liteos kernel image
    update_config: update product kernel config (use menuconfig)
    xxconfig: invoke xxconfig command of kconfiglib (xxconfig is one of setconfig allmodconfig
menuconfig allnoconfig listnewconfig oldconfig allyesconfig defconfig genconfig olddefconfig
alldefconfig guiconfig savedefconfig)
Parameters:
    FSTYPE:   value should be one of (jffs2 vfat yaffs2)
    TEE:      boolean value(1 or y for true), enable tee
    RELEASE:  boolean value(1 or y for true), build release version
    CONFIG:   kernel config file to be use
    args:     arguments for xxconfig command
```

支持制作 rootfs 的文件系统类型为 jffs2、vfat、yaffs2 三种。在 kernel/liteos_a 目录下执行 make rootfs FSTYPE=jffs2 命令即可开始根文件系统的制作。完成了 OpenHarmony 根文件系统的制作过程之后,将会看到新增加的一个 out 目录,其内容如下。

```
root@xdw:~/oh_4.0release/kernel/liteos_a/out/hispark_taurus# ll
total 2180
drwxr-xr-x 10 root root     4096 Mar 10 18:33 ./
drwxr-xr-x  3 root root     4096 Mar 10 18:33 ../
drwxr-xr-x  2 root root     4096 Mar 10 18:33 bin/
drwxr-xr-x  2 root root     4096 Mar 10 18:33 etc/
-rw-r--r--  1 root root     4929 Mar 10 18:33 liteos_a_custom.config
drwxr-xr-x  4 root root     4096 Mar 10 18:33 mksh_build/
drwxr-xr-x  2 root root     4096 Mar 10 18:33 musl/
drwxr-xr-x  4 root root     4096 Mar 10 18:33 obj/
drwxr-xr-x 11 root root     4096 Mar 10 18:33 rootfs/
-rw-r--r--  1 root root   988010 Mar 10 18:33 rootfs.zip
-rw-r--r--  1 root root  1188264 Mar 10 18:33 rootfs_jffs2.img
drwxr-xr-x  4 root root     4096 Mar 10 18:33 sysroot/
drwxr-xr-x 13 root root     4096 Mar 10 18:33 toybox_build/
```

rootfs 是制作出的 OpenHarmony 根文件系统，rootfs_jffs2.img 为镜像文件，可以烧录到 Flash 中。

此时，查看编译完成之后输出的根文件系统目录结构如下。

```
root@xdw:~/oh_4.0release/kernel/liteos_a/out/hispark_taurus/rootfs# ll
total 44
drwxr-xr-x 11 root root 4096 Mar 10 18:33 ./
drwxr-xr-x 10 root root 4096 Mar 10 18:33 ../
drwxr-xr-x  2 root root 4096 Mar 10 18:33 app/
drwxr-xr-x  2 root root 4096 Mar 10 18:33 bin/
drwxr-xr-x  3 root root 4096 Mar 10 18:33 data/
drwxr-xr-x  2 root root 4096 Mar 10 18:33 dev/
drwxr-xr-x  2 root root 4096 Mar 10 18:33 etc/
drwxr-xr-x  2 root root 4096 Mar 10 18:33 lib/
drwxr-xr-x  2 root root 4096 Mar 10 18:33 proc/
drwxr-xr-x  4 root root 4096 Mar 10 18:33 system/
drwxr-xr-x  4 root root 4096 Mar 10 18:33 usr/
```

下面是根文件系统启动的相关代码，位于 kernel/liteos_a/kernel/common/los_config.c 中。

```c
STATIC UINT32 OsSystemInitTaskCreate(VOID)
{
    UINT32 taskID;
    TSK_INIT_PARAM_S sysTask;
    (VOID)memset_s(&sysTask, sizeof(TSK_INIT_PARAM_S), 0, sizeof(TSK_INIT_PARAM_S));
    sysTask.pfnTaskEntry = (TSK_ENTRY_FUNC)SystemInit;
    sysTask.uwStackSize
    LOSCFG_BASE_CORE_TSK_DEFAULT_STACK_SIZE;
    sysTask.pcName = "SystemInit";
    sysTask.usTaskPrio = LOSCFG_BASE_CORE_TSK_DEFAULT_PRIO;
    sysTask.uwResved = LOS_TASK_STATUS_DETACHED;
#if (LOSCFG_KERNEL_SMP == YES)
    sysTask.usCpuAffiMask = CPUID_TO_AFFI_MASK(ArchCurrCpuid());
#endif
    return LOS_TaskCreate(&taskID, &sysTask);
}
```

首先，内核创建 SystemInit 来处理系统初始化代码，入口函数为 SystemInit，SystemInit 层层调用到 MountPartitions，挂载分区。

```
SystemInit(void)
  …
  OsMountRootfs()
    AddPartitions //注册分区驱动程序
```

```
MountPartitions()
    #define ROOT_DEV_NAME      "/dev/spinorblk0"
    #define ROOT_DIR_NAME        "/"
    ret = mount(ROOT_DEV_NAME, ROOT_DIR_NAME, fsType, mountFlags, NULL);
```

　　根文件系统烧录在 Flash 介质设备的第一个分区上,分区名称/dev/spinorblk0 是一个虚拟设备对应的文件名,其对应一个具体文件系统。将它挂到根目录上,使得 Flash 的第一个分区成为根文件系统。

小结

　　本章首先介绍了文件的命名规则、文件类型、文件属性、文件操作、文件数据存取方法和文件数据逻辑结构。

　　接着介绍了文件系统的目录,分别给出了目录的概述和相关操作,目录类型和为文件共享。

　　接下来介绍了文件系统的空间管理,分别阐述了文件系统布局、存储空间的组织、文件空间的分配和读写性能优化。

　　接着,从文件系统一致性和基于日志的文件系统两方面介绍了文件系统的可靠性。

　　然后,讲述了虚拟文件系统。

　　此外,还介绍了典型的文件系统类型。

　　最后,简要介绍了典型的文件系统实例。

习题

　　1. 选择题(单选题)

　　(1) 位示图方法可用于(　　　)。

　　A. 磁盘空间的管理　　　　　　　　B. 磁盘的驱动调度

　　C. 目录的查找　　　　　　　　　　D. 页式虚拟存储管理中的页面调度

　　(2) 磁带作为文件存储介质时,文件只能组织成(　　　)。

　　A. 顺序文件　　　　B. 链接文件　　　　C. 索引文件　　　　D. 目录文件

　　(3) 在文件系统中通常采用(　　　)方法,来解决不同用户文件的命名冲突问题。

　　A. 链接　　　　　　B. 索引　　　　　　C. 路径　　　　　　D. 多级目录

　　(4) 磁盘与主机之间传递数据是以(　　　)为单位进行的。

　　A. 块　　　　　　　B. KB　　　　　　　C. 磁道　　　　　　D. 文件

　　(5) 设置当前工作目录的主要目的是(　　　)。

　　A. 节省外存空间　　　　　　　　　B. 节省内容空间

　　C. 加快文件的检索速度　　　　　　D. 加快文件的读写速度

　　(6) 从用户角度看,引入文件系统的最基本目标是(　　　)。

　　A. 文件保护　　　　B. 文件共享　　　　C. 按名存取　　　　D. 目录管理

　　(7) 下列文件物理结构中,适合随机访问且易于文件扩展的是(　　　)。

　　A. 连续结构　　　　　　　　　　　B. 索引结构

　　C. 链式结构且磁盘块定长　　　　　D. 链式结构且磁盘块变长

（8）文件系统中，文件访问控制信息存储的合理位置是（　　　）。

A. 文件控制块　　　B. 文件分配表　　　C. 用户口令表　　　D. 系统注册表

（9）设文件索引节点中有 7 个地址项，其中 4 个地址项为直接地址索引，2 个地址项是一级间接地址索引，1 个地址项是二级间接地址索引，每个地址项大小为 4B，若磁盘索引块和磁盘数据块大小均为 256B，则可表示的单个文件的最大长度是（　　　）KB。

A. 33　　　　　　　B. 519　　　　　　　C. 1057　　　　　　D. 16513

（10）UNIX 操作系统中，文件的索引结构存放在（　　　）。

A. 超级块　　　　　B. inode 节点　　　C. 目录项　　　　　D. 空闲块

2. 文件系统的功能是什么？有哪些基本操作？

3. 什么是文件的存取方法？常用的文件存取方法有哪些？适用于哪类存储设备？

4. 对目录管理的基本要求是什么？

5. 目录内容有哪些？

6. 有些文件系统要求文件名在整个文件系统中是唯一的，有些系统只要求文件名在其用户的范围内是唯一的，还有的只要求文件名在一目录范围内是唯一的，请指出这几种方式在实现和应用两方面有何优缺点。

7. 提出多级目录结构的原因是什么？

8. 常用的文件共享方式有几种？试说明基于符号连接的共享方式的优缺点。

9. 基于索引节点的文件共享方式有何优点和缺点？

10. 比较基于索引节点和基于符号链接的文件共享方法有何区别？

11. 文件存储空间管理的常用方法有哪些？试说明每种方法的优缺点。

12. 试说明采用链接索引表法（成组链法）的分配与回收原理。

13. 假设一个计算机系统利用位示图来管理空闲盘块，当某文件需要 n 个盘块时，试说明盘块的具体分配过程。

14. 文件分配时会涉及哪几个方面的问题？

15. 文件分配的常用方法有哪些？

16. UNIX 将文件属性信息和文件数据块索引指针信息放在索引节点（inode）中。现有一个 UNIX 使用 4KB 磁盘块和 4B 磁盘地址。如果每个索引节点中有 10 个直接数据块指针以及一个一次间接块指针、一个二次间接块指针和一个三次间接块指针。要求：

（1）画出索引节点与磁盘数据块的组织结构示意图。

（2）求出文件的最大尺寸。（说明：为简化起见，文件大小用类似 1PB2TB4GB4MB50KB 形式表示。）

17. 什么是虚拟文件系统？采用虚拟文件系统的主要意义是什么？VFS 通过什么与具体文件系统联系？

18. 简要描述 OpenHarmony 中 LittleFS 文件系统的特点（liteos_m/components/fs/littlefs/，third_party/littlefs/）。

19. 简要说明 OpenHarmony 中 LiteOS-M 内核支持的文件系统操作命令以及作用（liteos_m/components/shell/src/cmds/vfs_shellcmd.c）。

第 7 章 输入/输出管理

本章知识要点：本章知识要点包括输入/输出管理子系统的组成,输入/输出控制方式(包括轮询方式、中断控制方式、DMA 控制方式和通道控制方式),输入/输出缓冲技术,设备驱动程序的功能与特点,设备分配与回收,磁盘驱动调度算法,磁盘阵列技术;同时包括 UNIX、Linux、Windows、OpenHarmony 的输入/输出管理实例概况。

预习准备：了解目前与计算机相连的输入/输出设备的种类、特点及使用状况,了解磁盘的功能与特点;接着考虑计算机如何有效处理种类繁杂、功能多样的设备,以及如何方便用户使用。如何有效解决快速的主机和慢速的外设之间速度不相匹配的矛盾?

兴趣实践：设计实现磁盘的驱动调度算法,包括 FCFS、SSTF、SCAN、CSCAN、FSCAN 等算法,设备驱动程序的设计与实现,以及阅读与分析 Linux 系统中输入/输出子系统的源程序。

探索思考：现代计算机外围设备种类越来越多,如何有效地分配与回收? 如何有效实现设备与设备、设备与 CPU 之间的并行工作能力? 如何方便用户使用?

在计算机系统中,信息的输入/输出是通过输入/输出设备与用户交互完成的。因此,操作系统中的输入/输出系统是一个专门负责用户(进程)与计算机之间进行输入/输出活动全过程的职能机构,可提供有效的设备管理与控制,方便用户对设备的使用。

本章主要内容包括输入/输出管理概述、输入/输出控制方式、输入/输出缓冲、设备驱动程序、设备分配、磁盘存储管理、磁盘阵列和输入/输出管理实例。

7.1 输入/输出管理概述

输入/输出系统是用于实现数据输入/输出及数据存储的系统。在输入/输出系统中,除了需要直接用于输入/输出和存储信息的设备外,还需要有相应的设备控制器和数据总线。在有的大、中型计算机系统中,还配置了输入/输出处理器。

▶ 7.1.1 输入/输出管理目标与功能

1. 输入/输出管理目标

计算机系统中配置的设备种类繁多、庞杂,并且存在快速的主机和慢速的输入/输出设备之间速度不相匹配的矛盾,为此输入/输出管理的目标如下。

(1) 为用户提供方便、统一的界面。所谓方便就是为用户屏蔽具体设备的复杂物理特性,让用户能够简单方便地使用设备。所谓统一就是对不同设备尽量使用统一的操作方式。也就是用户操作的是独立于具体物理设备的简单的逻辑设备,由操作系统完成逻辑设备到具体物理设备的映射及对具体的输入/输出物理设备的管理。

(2) 提高资源的利用率。提高 CPU 与输入/输出设备之间、设备与设备之间的并行操作程度,主要采用的技术有中断技术、DMA 技术、通道技术和缓冲技术。

2．输入/输出管理功能

为了实现上述目标,输入/输出管理应具有如下功能。

(1)设备控制。这一功能由设备处理程序完成。设备处理程序要根据用户提出的输入/输出请求,启动指定的输入/输出设备进行输入/输出操作。在处理输入/输出请求时,需要进行输入/输出调度,以提高系统的整体性能。

(2)设备分配与回收。这一功能由设备分配与回收程序完成。设备分配程序按照设备类型和相应的分配算法把设备分配给请求该设备的进程,并把未分配到所需输入/输出设备的进程放入等待队列。回收时修改输入/输出设备状态信息并插入对应的空闲设备队列。

(3)其他功能。其他功能包括:建立统一的独立于输入/输出设备的应用接口;完成设备驱动程序,实现真正的输入/输出操作;处理输入/输出设备的中断处理;管理输入/输出缓冲区;实现设备的虚拟性和独立性。

▶ 7.1.2 输入/输出系统组成

通常把输入/输出设备及其接口线路、控制部件、通道和管理软件称为输入/输出系统,把计算机的主存和外围设备的介质之间的信息传送操作称为输入/输出操作。因此,输入/输出系统首先要有输入/输出设备;其次,每台设备要有必要的控制装置控制其操作,即设备控制器;再有,设备与主机之间需要有数据传输通路,这些构成了输入/输出系统的硬件。因此,输入/输出系统硬件由设备、设备控制器和通路组成。现在的计算机系统通常采用总线或通道作为数据传输通路,总线型输入/输出系统组成如图 7-1 所示,通道型输入/输出系统组成如图 7-2 所示。

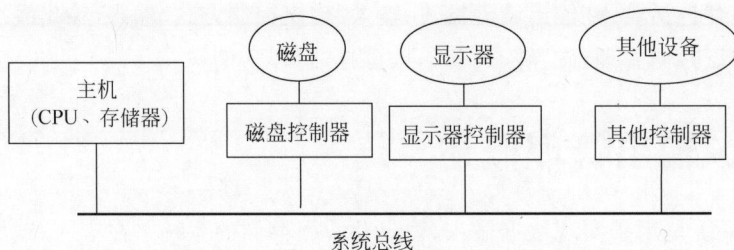

图 7-1　总线型输入/输出系统组成

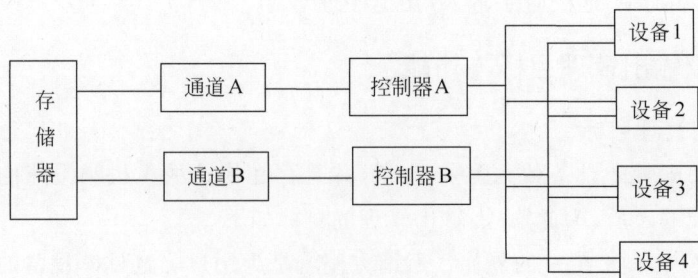

图 7-2　通道型输入/输出系统组成

为实现输入/输出系统的功能,输入/输出系统需要管理的功能部件如下。

(1)输入/输出设备:用于完成数据的输入与输出。

（2）控制器：用于控制对应的输入/输出设备。

（3）通路：用于数据传输。

（4）应用接口：为不同设备的使用提供统一的接口。

为管理好输入/输出系统，输入/输出管理需要解决的关键技术如下。

（1）输入/输出调度技术：当有一组输入/输出请求需要响应时，确定执行这些输入/输出请求的最佳顺序。使进程可以公平地共享设备访问，减少完成输入/输出需要的平均等待时间，从而提高系统的整体性能。

（2）缓冲区管理技术。组织好缓冲区，提供获得和释放缓冲区的方法。

（3）设备分配与回收技术。当某进程向系统提出输入/输出请求时，按一定策略分配设备、控制器等资源，形成一条数据传输通路，以供主机和输入/输出设备间的信息交换。

（4）虚拟设备技术。为解决设备数量少、速度慢等问题，需要将本质上独占的设备改造成逻辑上可共享的设备。

1. 输入/输出设备

输入/输出设备负责数据的输入/输出工作，其种类繁多，差异较大，一般从以下几个角度进行划分。

（1）按设备的从属关系分类。

① 系统设备：是指安装操作系统时就纳入系统管理范围的各种标准设备，例如，键盘、显示器和磁盘驱动器等。

② 用户设备：是指在安装操作系统时没有配置相应的管理程序，而由用户自己安装这些设备的有关使用程序，这样，用户才能通过操作系统管理这些设备。例如，网卡、条码阅读器和绘图仪等。

（2）按设备的共享属性分类。

① 独占设备：是指在一段时间只允许一个用户进程使用的设备，例如，打印机、键盘这类输入/输出设备。

② 共享设备：是指在一段时间内允许多个用户进程同时访问的设备（但某一时刻只能由一个进程访问），例如，硬盘、光盘等。

③ 虚拟设备：是指通过虚拟技术将一台独占设备变换为若干台逻辑设备，供多个用户进程同时使用，称这种经过虚拟技术处理后的设备为虚拟设备。

（3）按传输速率分类。

① 低速设备：是指传输速率为每秒几字节到几百字节的一类设备，例如，键盘、鼠标、语音输入和输出等设备。

② 中速设备：是指传输速率为每秒数千字节到数万字节的一类设备，例如，打印机。

③ 高速设备：是指传输速率为每秒数万字节到数兆字节的一类设备，如磁盘机、光盘机等。

（4）按信息交换单位分类。

在一般系统中按设备数据传输的单位是数据块还是字节，可将设备分为两类：块设备和字符设备。

① 字符设备：是指以字符为单位进行组织、信息处理的设备，属于无结构设备，在字符设备中存储或者传送的是不定长的数据。某些字符设备可以每次传送 1B，传送每字节后产生一个中断。而另一些字符设备有内部缓冲寄存器，内核的设备驱动程序把这些数据解释为可顺

序访问的连续字节流。对于字符设备不能随机访问，也不允许查找操作。例如，交互式终端、打印机等。

② 块设备：是指以数据块为单位进行组织、处理信息的设备，属于有结构设备，在块设备中存储的是定长且可随机访问的数据块。该设备的输入/输出操作也是以块为单位，块的大小是 256B 或更大的 2^nB 的数据块，例如，磁盘、光盘。

2. 设备控制器

设备控制器是 CPU 与输入/输出设备之间的接口，它接收从 CPU 发来的命令，然后去控制输入/输出设备工作，使处理器不需要直接进行设备控制，从而可以更高效地工作。设备控制器通常是一个印刷电路板，其上通常有一个插座，通过电缆与设备相连。输入/输出设备是由机械和电子两个部分构成的，设备控制器是设备中的电子部分（如图形卡），而机械部分就是设备本身（如显示器）。每种类型的设备都有设备控制器，一个控制器可以控制一个或多个设备。在图 7-1 表示的总线型输入/输出组织中，控制器本身也连接到计算机总线上。一台典型的微型计算机通常有一个磁盘控制器、一块图形卡、一块输入/输出卡，还可能有声卡和网络接口卡。

1) 设备控制器的功能

(1) 接收和识别命令。CPU 可以向控制器发送控制命令，设备控制器应能接收与识别这些控制命令，并对这些命令进行译码。

(2) 数据交换。能实现 CPU 与设备控制器之间、控制器与设备之间的数据交换。

(3) 获取设备的状态。控制器应能记下设备的状态，并向 CPU 报告。

(4) 地址识别。设备控制器应能识别它所控制的每个设备的地址。

2) 设备控制器的组成

现有的大多数设备控制器都是由以下三部分组成的。

(1) 设备控制器与处理器的接口。该接口通过数据线、地址线和控制线实现 CPU 与设备控制器之间的通信。该接口包含一个或多个数据寄存器、一个或多个控制/状态寄存器(CSR)。数据寄存器用于存放来自设备的数据或来自 CPU 的数据；控制/状态寄存器用于存放来自 CPU 的命令或来自设备的状态信息。

(2) 输入/输出控制逻辑。输入/输出控制逻辑对 CPU 的控制命令进行译码，利用输入/输出控制逻辑向控制器发出输入/输出命令，实现对输入/输出设备的控制。

(3) 设备控制器与设备的接口。一个接口连接一台设备，每个接口中都存在数据、控制和状态三类信号，控制器中的输入/输出逻辑根据处理器发来的地址信号，去选择一个设备接口。

3. 通道

在通道型输入/输出系统中，通道一方面作为输入/输出的通路，同时通过执行通道程序与设备控制器一起控制输入/输出设备。

采用 DMA 输入/输出控制方式，已经显著地减少了 CPU 的干预，提高了 CPU 与输入/输出设备的并行程度。但是在 DMA 输入/输出控制方式中，一旦开始交换信息后，CPU 要一直"让"出主存，CPU 只能进行不需要访问主存的局部工作，因此，DMA 输入/输出控制方式只解决了高速外存与主存传送数据快速性问题，并没有真正解决 CPU 与输入/输出设备并行操作问题，CPU 的效率并不高。除此之外，对输入/输出设备数量较多的计算机系统，如果为这些输入/输出设备都配置 DMA 控制器，那么该计算机系统的硬件成本将大幅度增加。

为了获得 CPU 与输入/输出设备之间更高的并行能力，也为了让种类繁多、物理特性各异的输入/输出设备能以标准接口的形式连接到系统中,计算机系统引入了能独立控制输入/输出设备操作的、自成体系的通道结构。引入通道后,才真正实现 CPU 与输入/输出设备间的并行工作。在设置了通道的计算机系统中,在需要使用输入/输出设备交换一批数据时,CPU 只干预通道两次,第一次是启动通道、设备和控制器;第二次是结束时的中断处理。

1) 什么是通道

通道指专门用来处理输入/输出工作的处理器(简称输入/输出处理器),它可以是简单的处理器,也可以是一台复杂的微型处理器,它有自己的指令系统,甚至有的通道也具有局部存储器。与中央处理器(CPU)相比,通道是一个比 CPU 功能弱、速度较慢、价格较为便宜的处理器。但是"通道"一词在目前微型计算机的有关著作中,常指与 DMA 或与输入/输出处理器相连设备的单纯的数据传送通路,它并没有处理器的功能,请注意区分。

2) 通道的种类

根据信息交换方式以及所连接的设备种类的不同,可将通道分成三种类型:字节多路通道、数据选择通道和数组多路通道。

(1) 字节多路通道。这是一种简单的共享通道,包括若干子通道,每个子通道可独立地执行一个通道程序。每个子通道至少连接一台低速设备,如行式打印机。字节指该通道以字节为传输单位,多路则是指可以分时执行多个通道程序。当一个通道程序控制某台设备传送 1B 之后,通道硬件就转去执行另一个通道程序,控制另一台设备的数据传送。

(2) 数据选择通道。这种类型的通道只有一个分配型子通道。所谓分配型子通道是指一个子通道可以连接多台输入/输出设备,但每次只能控制一台设备工作。一旦选中某台设备,即由该设备独占该通道,通道就进入"忙"状态,直到该设备的数据传输工作全部结束,即通道程序执行结束。然后通道再选择另一台输入/输出设备为其提供服务。这种类型通道只连接一些高速设备,如磁盘机。

(3) 数组多路通道。这种类型的通道分时地为多台输入/输出设备服务,每个时间片传送一个数据块。数组多路通道结合了数据选择通道传递速度高和字节多路通道能进行分时并行操作的特点,形成了另一种通道方式,它具有很高的传递速率,又可获得令人满意的通道利用率,因此它被广泛地用来连接高、中速输入/输出设备。

3) 通道程序

通道是一个输入/输出处理器,它同 CPU 一样,有运算和控制逻辑,有累加器、寄存器,有自己的指令系统。指令系统中的每条指令规定了设备的一种操作,称这种指令为通道命令(通道指令或通道命令字(CCW))。通道程序是由通道命令按照一定的控制要求组织起来的,它规定输入/输出设备所应执行的操作及顺序。通道命令中包含以下信息。

(1) 操作码。规定了指令所执行的操作,一般可分为三类:数据传输类(如读、反读、写、判定状态等),通道转移类,设备控制类(如磁盘查询、磁带反绕等)。

(2) 内存地址。标明了数据送入内存或从内存取出时的内存首址。

(3) 传送字节数。表明本指令所要读或写的字节数。

(4) 特征位。如用于表示通道程序是否结束的通道程序结束位;记录结束标志位表示本通道指令与下一条通道指令所处理的数据是同一个记录,或是处理某记录的最后一条指令。

通道程序是由中央处理器按数据传送的不同要求自动形成的(在大型计算机中,通道程序由操作系统中相应的设备管理程序按用户的输入/输出请求自动形成)。编制好的通道程序存放在主存储器中,并将该程序在主存中的起始地址通知输入/输出处理器。在大型计算机中,常将此起始地址存放在主存固定单元中,这个用来存放通道程序首地址的主存固定单元称为通道地址字(CAW)。而在微型计算机中,常将此起始地址存放在主存中的 CPU 与输入/输出处理器的通信区中。和 CPU 在执行指令中将执行情况记录在程序状态字(PSW)中一样,通道程序在执行过程中也把信息记录在主存的另一个固定单元中,该单元称为通道状态字(CSW)。通道状态字(CSW)中包括指出下一条通道命令的主存地址;通道及与之相连的控制器和设备的状态,以及数据传输的情况。

4. 输入/输出统一接口

计算机系统中的设备种类繁多,这些设备在数据传输模式、分配方式和传输速率等方面存在明显差异。为了方便对输入/输出设备的管理,为用户提供统一接口,操作系统采用抽象和分层的层次模型体系结构来实现输入/输出子系统。

在操作系统中,综合采用了抽象、封装与软件分层等手段来实现输入/输出应用接口。

首先,对输入/输出设备进行分类,抽象提取同类输入/输出设备具有共性的属性与操作,在此基础上为其设计一组通用的应用接口。用户(进程)只需通过这个统一接口就可访问同类设备。

其次,设备之间的具体差异由各设备的驱动程序封装起来。驱动程序完成与具体设备相关的操作,而统一接口为用户提供通用的系统调用,两者通过具体参数进行转接。

最后,将输入/输出应用接口作为系统软件的一个层次放在输入/输出核心子系统与设备驱动程序的中间。输入/输出子系统层次模型如图 7-3 所示。

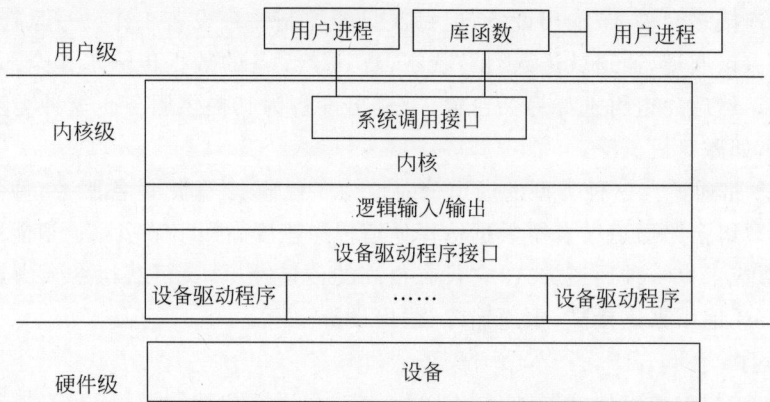

图 7-3　输入/输出子系统层次模型

操作系统软件结构设计所采用的方法是模块化程序设计以及分层放置和信息抽象的方法。抽象是根据一定的规则分步进行的,从而构成不同的抽象层次。操作系统根据复杂性、时间常数、抽象级形成不同的功能层次,每一层是实现所需要功能的相关子集,它依赖于下一个较低层所提供的功能,同时它还给相邻的较高层提供服务。在多层模型中,最底层实现与事物特性密切相关的功能,而最高层则抽象地反映了人们所要求的共同外部特性和形态。把这种原理应用于输入/输出子系统的功能设计中,便可得到比较广泛使用的层次模型,如图 7-3 所示。

其中,逻辑输入/输出层是最高层,它也称为核心输入/输出子系统层或叫作与设备无关的软件层。它的作用是为用户进程提供一个管理输入/输出功能的接口。该层将经过设备驱动程序所抽象的设备看作逻辑资源进行管理,通过该层用户根据设备标识符和诸如打开、读、写和关闭等逻辑操作所提供的统一接口来处理设备。该层实现了与具体输入/输出设备无关的功能。

设备驱动程序接口层接收上层所提出的输入/输出请求的操作和数据,并将输入/输出请求转换成适当的输入/输出指令序列、通道命令和控制器命令,即将抽象变为具体,将逻辑输入/输出的调用转换成对具体驱动程序的调用。

设备驱动程序层是与输入/输出设备进行交互的软件层,该层负责设置相应输入/输出设备有关寄存器的值,提供相应的输入/输出指令序列来实现每种功能,对输入/输出请求操作进行排队、调度和控制,处理中断,管理和报告输入/输出操作的状态等。

如图 7-3 所示的输入/输出子系统层次模型侧重于以字节流或记录流进行通信的本地外部设备。对于输入/输出设备是通信设备而言,主要差别是逻辑输入/输出层用通信结构层代替。而通信结构层如 TCP/IP 自身也是由多层组成的。

对用于支持文件系统的辅存设备上的输入/输出子系统层次模型,则将逻辑输入/输出层用更细化的三层取代:一是目录管理层,二是文件系统层,三是物理组织层。

目录管理层:通过该层将符号文件名转成标识符,用标识符可以通过文件描述符表或索引直接或间接地访问文件。这一层还影响文件目录的用户操作,如添加、删除、重新组织等。

文件系统层:该层的作用是处理文件的逻辑结构以及用户指定的操作,如打开、关闭、读、写等,管理访问权限。

物理组织层:该层的作用是将对文件和记录的逻辑访问转换成物理辅存地址,处理辅存空间和主存缓冲区的分配。

7.2　输入/输出控制方式

设备管理的主要任务之一是控制设备和主机之间的数据传输,这种控制可以采用不同的方式。随着计算机的发展,输入/输出控制方式也不断发展,主要经历了 4 个阶段:程序直接控制方式、中断控制方式、DMA 控制方式和通道控制方式。每种控制方式都是对前一种方式存在问题的改进,提高了 CPU 和外围设备并行工作的程度,CPU 对数据传输的干预越来越少,使得 CPU 从繁杂的输入/输出控制事务中解脱出来,提高了计算机执行效率和系统资源的利用率。

▶ 7.2.1　程序直接控制方式

程序直接控制方式也称为询问方式(polling),它是早期计算机系统中的一种输入/输出操作控制方式。在这种方式下,利用输入/输出指令或询问指令测试一台设备的忙/闲标志位,根据设备当前的忙或闲的状态,决定是继续询问设备状态还是由主存储器和外围设备交换一个字符或一个字。程序直接控制方式如图 7-4 所示,这是一个数据的输入过程。当在 CPU 上运行的现行程序需要从输入/输出设备读入一批数据时,CPU 程序首先设置交换的

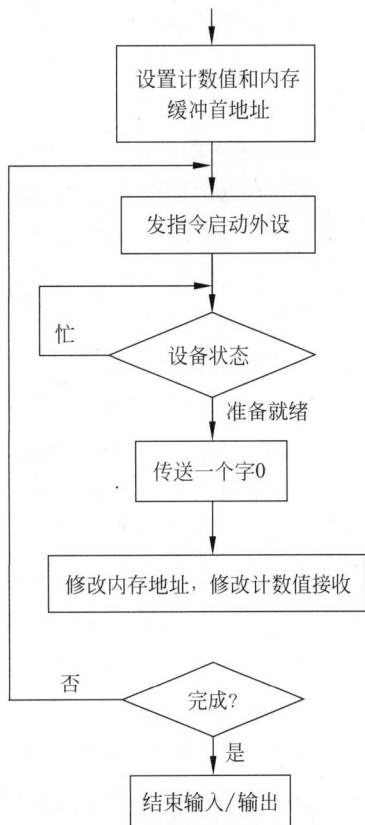

图 7-4　程序直接控制方式

字节数和数据读入主存的起始地址，然后向输入/输出设备发送读指令或查询标志指令，输入/输出设备将当前的状态返回给 CPU。如果输入/输出设备返回的当前状态为忙或未就绪，则测试过程不断重复，直到输入/输出设备就绪，开始进行数据传送，CPU 从输入/输出接口读一个字或一个字符，再写入主存。如果传送还未结束，再次向设备发出读指令，重复上述测试过程，直到全部数据传输完成再返回现行程序执行。

为了正确完成这种传送，通常要使用三条指令：①查询指令，用来查询设备的状态；②传送指令，当设备就绪时，执行数据交换；③转移指令，当设备未就绪时，执行转移指令转向查询指令继续查询。

在程序直接控制方式中，一旦 CPU 启动输入/输出设备，便不断查询输入/输出设备的准备情况，终止原程序的执行。另外，当输入/输出准备就绪后，CPU 还要参与数据的传送工作，此时 CPU 也不能执行原程序，由于 CPU 的高速性和输入/输出设备的低速性，致使 CPU 的绝大部分时间都处在等待输入/输出设备完成数据的输入/输出循环测试和低速的传送中，造成对 CPU 资源的极大浪费。由此可见，在这种设备控制方式下，CPU 和输入/输出设备完全处在串行工作状态，使主机不能充分发挥效率，整个系统的效率很低。

▶ 7.2.2　中断控制方式

为了克服在程序直接控制方式中的 CPU 低效问题，引入了中断控制方式（Interrupt-driven I/O），提高 CPU 和输入/输出设备之间的并行工作能力，以及系统整体效率。

1. 数据传输步骤

在输入/输出设备中断方式下，中央处理器与输入/输出设备之间数据的传输步骤如下。

（1）在某个进程需要数据时，发出指令启动输入/输出设备准备数据。

（2）在进程发出指令启动设备之后，该进程放弃处理器，等待相关输入/输出操作完成。此时，进程调度程序会调度其他就绪进程使用处理器。

（3）当输入/输出操作完成时，输入/输出设备控制器通过中断请求线向处理器发出中断信号，处理器收到中断信号之后，转向预先设计好的中断处理程序，对数据传送工作进行相应的处理。

（4）得到了数据的进程，转入就绪状态。在随后的某个时刻，进程调度程序会选中该进程继续工作。

2. 输入/输出设备中断方式的优缺点

输入/输出设备中断方式使处理器的利用率提高，且能支持多道程序和输入/输出设备的并行操作。

不过，中断方式仍然存在一些问题。首先，现代计算机系统通常配置有各种各样的输入/输出设备。如果这些输入/输出设备都通过中断处理方式进行并行操作，那么中断次数的急剧增加会造成 CPU 无法响应中断和出现数据丢失现象。其次，如果输入/输出控制器的数据缓冲区比较小，在缓冲区装满数据之后将会发生中断。那么，在数据传送过程中，发生中断的次数将会增加，这将消耗大量的 CPU 处理时间。

▶ 7.2.3　直接存储器存取方式

为了克服中断控制方式在高速输入/输出设备与主机之间交换数据时的低效问题，引入了直接存储器存取（Direct Memory Access，DMA）方式。DMA 是一种完全由硬件执行输入/输出功能的工作方式,可有效实现高速大容量存储器和主存之间的数据交换,实现在内存与输入/输出设备间直接进行成块数据传输。

1. DMA 技术特征

DMA 有两个技术特征,首先是直接传送,其次是块传送。

所谓直接传送,即在内存与输入/输出设备间传送一个数据块的过程中,不需要 CPU 的任何中间干涉,只需要 CPU 在过程开始时向设备发出"传送块数据"的命令,然后通过中断来得知过程是否结束和下次操作是否准备就绪。

2. DMA 控制器的组成

DMA 控制器组成同设备控制器相似,也由三部分组成:一是主机与 DMA 控制器的接口;二是 DMA 控制器与块设备的接口;三是输入/输出控制逻辑。主机与控制器的接口是由以下 4 类寄存器实现的。

(1) **命令/状态寄存器**:用于接收从 CPU 发来的输入/输出命令或有关的控制信息,或设备状态。

(2) **内存地址寄存器**:用于存放数据从设备传送到内存的目的地址,或由内存到设备的内存源地址。

(3) **数据寄存器**:用于暂存从设备到内存或从内存到设备的数据。

(4) **数据计数器**:用于存放本次 CPU 要读或写的字节数。

3. DMA 工作过程

DMA 方式是通过设置硬件逻辑来实现对其控制的,是用硬件逻辑换取了信息交换时间。各种 DMA 大都要执行以下三个阶段。

(1) **参数准备阶段**。在启动输入/输出设备进行数据交换前的准备工作:本次交换的字节数、主存存放地址、外存地址、交换类型等,送入主机与 DMA 控制器的接口。

(2) **DMA 工作阶段**。当数据准备好时,从输入/输出设备发出 DMA 请求,并根据读/写控制线表明是读还是写的请求。CPU 响应请求进行应答,并把 CPU 工作改成 DMA 操作模式,通过不断地窃取 CPU 工作周期,DMA 控制器从 CPU 接管对总线的控制。由 DMA 控制器对主存寻址,启动数据传送和数据传送个数的计数,直至数据交换完毕。

(3) **结束中断处理阶段**。用中断向 CPU 报告 DMA 操作结束。

4. DMA 与中断的区别

(1) **中断次数不同**。中断方式是在数据缓冲寄存器满之后发出中断,要求 CPU 进行中断处理;而 DMA 方式则是在所要求传送的数据块全部传送结束时要求 CPU 进行中断处理。这就大大减少了 CPU 进行中断处理的次数。

(2) **控制方式不同**。中断方式的数据传送是在中断处理时由 CPU 控制完成的,而 DMA 方式则是在 DMA 控制器的控制下,不经过 CPU 控制完成的。这就排除了 CPU 因并行设备过多而来不及处理以及因速度不匹配而造成数据丢失等现象。

5. DMA 方式的优缺点

DMA 方式的主要优点是速度快。由于 CPU 根本不参与传送操作,因此节省了 CPU 时间。该方式的其他优点如下。

(1) 数据传输的基本单位是数据块。

(2) 所传送的数据是从设备直接送入内存的,或者相反。

(3) 仅在传送一个或多个数据块的开始和结束时,才需要 CPU 干预,整块数据的传送是在 DMA 控制器控制下完成的。

DMA 方式的缺点是硬件线路比较复杂,其复杂程度差不多接近于 CPU。另外,DMA 方式窃取了 CPU 工作周期,CPU 处理效率降低了,要想尽量少地窃取 CPU 工作周期,就要设法提高 DMA 控制器的性能,这样可以较少地影响 CPU 处理效率。

▶ 7.2.4 通道控制方式

DMA 方式虽然解决了高速大容量存储设备与主存之间数据的快速交换问题,但由于 DMA 控制器窃取了 CPU 工作周期,所以 DMA 控制器与 CPU 难以并行工作。为了提高 CPU 与设备以及设备与设备之间的并行工作能力,引入了输入/输出通道(I/O Channel)。

输入/输出通道是一个独立于 CPU 的、专门管理输入/输出的处理器(I/O processor)。它控制设备与内存直接进行数据交换,有自己的通道指令。这些通道指令由 CPU 启动,并在操作结束时向 CPU 发出中断信号。通道型输入/输出系统组成如图 7-2 所示。

输入/输出通道控制是一种以内存为中心,实现设备和内存直接交换数据的控制方式。在通道方式中,数据的传送方向、存放数据的内存起始地址以及传送的数据块长度等都由通道进行控制。

另外,通道控制方式可以做到一个通道控制多台设备与内存进行数据交换。因而,通道方式进一步减轻了 CPU 的工作负担,增加了计算机系统的并行工作程度。

1. 输入/输出通道分类

按照信息交换方式和所连接的设备种类不同,通道可以分为以下三种类型。

(1) 字节多路通道。

字节多路通道用于连接多个慢速的和中速的设备,这些设备的数据传送以字节为单位。每传送 1B 要等待较长时间,如终端设备等。因此,通道可以以字节交叉方式轮流为多个外设服务,以提高通道的利用率。

字节多路通道是一种简单的共享通道,包括若干个子通道,每个子通道可独立地执行一个通道程序。字节指该通道以字节为传输单位,多路则是指可以分时执行多个通道程序。当一个通道程序控制某台设备传送 1B 之后,通道硬件就转去执行另一个通道程序,控制另一台设备的数据传送。它的操作模式有两种:字节交叉模式和猝发模式。在字节交叉模式中,通道操作分成较短的段。通道向准备就绪的设备进行数据段的传输操作。传输的信息可由 1B 的数据以及控制和状态信息构成。通道与设备的连接时间是很短的。如果需要传输的数据量比较大,则通道转换成猝发的工作模式。在猝发模式下,通道与设备之间的传输一直维持到设备请求的传输完成为止。通道使用一种超时机制判断设备的操作时间(即逻辑连接时间),并决定采用哪一种模式。如果设备请求的逻辑连接时间大于某个额定的值,通道就转换成猝发模式,否则就以字节交叉模式工作。

(2) 选择通道。

对于高速的设备,如磁盘等,要求较高的数据传输速率。对于这种高速传输,通道难以同时对多个这样的设备进行操作,只能一次对一个设备进行操作。这种通道可以连接多台输入/输出设备,但每次只能控制一台设备工作,一旦选中某台设备,即由该设备独占该通道,通道就进入"忙"状态,直到该设备的数据传输工作全部结束,即通道程序执行结束。然后通道再选择另一台输入/输出设备为其提供服务。这种类型的通道只连接一些高速设备,如磁盘。

（3）数组多路通道。

数组多路通道又称为成组多路通道。这种通道综合了字节多路通道分时工作和选择通道传输速率高的特点,其实质是:对通道程序采用多道程序设计技术,使得与通道连接的设备可以并行工作。这种通道方式具有很高的传递速率,又可获得令人满意的通道利用率,因此,它被广泛地用来连接高、中速输入/输出设备。特别是对于磁盘和磁带等一些块设备,它们的数据传输本来就是按块进行的。而在传输操作之前又需要寻找记录的位置,在寻找的期间让通道等待是不合理的。数组多路通道可以先向一个设备发出一个寻找的命令,然后在这个设备寻找期间为其他设备服务。在设备寻找完成后才真正建立数据连接,并一直维持到数据传输完毕。因此,采用数组多路通道可提高通道的数据传输的吞吐率。

字节多路通道和数组多路通道都是多路通道,在一段时间内可以交替地执行多个设备的通道程序,使这些设备同时工作。但两者也有区别。首先,数组多路通道允许多个设备同时工作,但只允许一个设备进行传输型操作,而其他设备进行控制型操作;而字节多路通道不仅允许多路同时操作,而且允许它们同时进行传输型操作。其次,数组多路通道与设备之间的数据传送的基本单位是数据块,通道必须为一个设备传送完一个数据块以后才能为别的设备传送数据块,而字节多路通道与设备之间的数据传送基本单位是字节。通道为一个设备传送 1B 之后,又可以为另一个设备传送 1B,因此各设备与通道之间的数据传送是以字节为单位交替进行的。

2．通道工作原理

在通道控制方式中,输入/输出设备控制器(简称为输入/输出控制器)中没有传送字节计数器和内存地址寄存器,但多了通道设备控制器和指令执行部件。CPU 只需发出启动指令,指出通道相应的操作和输入/输出设备,该指令就可以启动通道并使该通道从内存中调出相应的通道指令执行。

一旦 CPU 发出启动通道的指令,通道就开始工作。输入/输出通道控制输入/输出控制器工作,输入/输出控制器又控制输入/输出设备。这样,一个通道可以连接多个输入/输出控制器,而一个输入/输出控制器又可以连接若干台同类型的外部设备。

（1）通道的连接。

由于通道和控制器的数量一般比设备数量要少,因此,如果连接不当,往往会导致出现"瓶颈"。故一般设备的连接采用交叉连接,这样做的好处如下。

① 提高系统的可靠性:当某条通路因控制器或通道故障而断开时,可使用其他通路。

② 提高设备的并行性:对于同一个设备,当与它相连的某一条通路中的控制器或通道被占用时,可以选择另一条空闲通路,缩短了设备因等待通路所需要花费的时间。

（2）通道处理器。

通道相当于一个功能单纯的处理器,它具有自己的指令系统,包括读、写、控制、转移、结束以及空操作等指令,并可以执行由这些指令编写的通道程序。

通道的运算控制部件包括以下三部分。

① 通道地址字(Channel Address Word,CAW)。记录下一条通道指令存放的地址,其功能类似于中央处理器的指令寄存器。

② 通道命令字(Channel Command Word,CCW)。记录正在执行的通道指令,其作用相当于中央处理器的指令寄存器。

③ 通道状态字(Channel Status Word,CSW)。记录通道、控制器、设备的状态,包括输

入/输出传输完成信息、出错信息、重复执行次数等。

（3）通道对主机的访问。

通道一般需要与主机共享同一个内存，以保存通道程序和交换数据。通道访问内存采用"周期窃用"方式。

采用通道方式后，输入/输出的执行过程如下。

CPU 在执行用户程序时遇到输入/输出请求，根据用户的输入/输出请求生成通道程序（也可以是事先编好的）。放到内存中，并把该通道程序首地址放入 CAW 中。

然后，CPU 执行"启动输入/输出"指令，启动通道工作。通道接收"启动输入/输出"指令信号，从 CAW 中取出通道程序首地址，并根据此地址取出通道程序的第一条指令，放入 CCW 中；同时向 CPU 发回答信号，通知"启动输入/输出"指令执行完毕，CPU 可继续执行。

通道开始执行通道程序，进行物理输入/输出操作。当执行完一条指令后，如果还有下一条指令则继续执行；否则表示传输完成，同时自行停止，通知 CPU 转去处理通道结束事件，并从 CCW 中得到有关通道状态。

通道的执行过程可归纳为以下三个过程。

第 1 步，根据要求组织好通道程序，且把通道程序的首地址放在通道地址字中。

第 2 步，CPU 执行"启动输入/输出"指令启动通道工作，启动成功后，通道逐条执行通道程序中的通道命令，控制设备实现输入/输出操作。

第 3 步，通道完成输入/输出操作后，向 CPU 报告执行情况，CPU 处理来自通道的信息。

总之，在通道中，输入/输出运用专用的辅助处理器处理输入/输出操作，从而减轻了主处理器处理输入/输出的负担。主处理器只要发出一条输入/输出操作命令，剩下的工作完全由通道负责。输入/输出操作结束后，输入/输出通道会发出一个中断请求，表示相应操作已完成。

3．通道的发展

通道的思想是从早期的大型计算机系统中发展起来的。在早期的大型计算机系统中，一般配有大量的输入/输出设备。为了把对输入/输出设备的管理从计算机主机中分离出来，形成了输入/输出通道的概念，并专门设计出输入/输出通道处理器。

输入/输出通道在计算机系统中是一个非常重要的部件，它对系统整体性能的提高起到了相当重要的作用。不过，随着技术的不断发展，处理器和输入/输出设备性能的不断提高，专用的、独立输入/输出通道处理器已不容易见到。但是通道的思想又融入了许多新的技术，所以仍在广泛地应用着。

由于光纤通道技术具有数据传输速率高、数据传输距离远以及可简化大型存储系统设计的优点，新的通用光纤通道技术正在快速发展。这种通用光纤通道可以在一个通道上容纳多达 127 个大容量硬盘驱动器。显然，在大容量高速存储应用领域，通用光纤通道有着广泛的应用前景。

7.3 输入/输出缓冲

缓冲技术是为了缓解快速的主机和慢速的输入/输出设备速度不相匹配的矛盾。引入缓冲的主要原因，可以归结为以下几点。

（1）缓解 CPU 与输入/输出设备间速度不匹配的矛盾，提高 CPU 与输入/输出设备之间的并行性。

由于几乎所有的输入/输出设备都具有机械传动部件,其数据传输速度与 CPU 处理速度相比至少相差几个数量级。如果让 CPU 直接控制输入/输出设备进行数据的输入/输出,就会使 CPU 因等待输入/输出设备而长时间的处于等待状态,从而浪费大量 CPU 时间。解决的办法就是设置缓冲器。引入缓冲区后,CPU 可将计算处理后的数据放入缓冲区后继续进行计算处理,而不必等待数据的输出;或者只有在输入数据已经在缓冲区时才对数据进行处理,从而可避免 CPU 等待数据从输入设备上输入。数据的输入/输出参见 7.2 节的输入/输出控制方式。显然,有了缓冲区,利用输入/输出通道方式或 DMA 方式可提高 CPU 和输入/输出设备的并行工作能力。根据输入/输出控制方式,缓冲的实现方法有两种:一种是采用专用硬件缓冲器,另一种是在内存中划出一个具有 n 个单元的专用缓冲区,以便存放输入/输出的数据。内存缓冲区又称为软件缓冲。

(2) 可以减少对 CPU 的中断频率,放宽对中断响应时间的限制。

如果输入/输出操作每传送 1B 就要产生一次中断,那么设置了 nB 的缓冲区后,则可以等到缓冲区满才产生中断,这样中断次数就减少到 $1/n$,而且中断响应的时间也可以相应地放宽,便于进程共享缓冲区中的数据,减小系统设备(尤其是磁盘)的输入/输出压力,即减少中断 CPU 的次数,放宽了 CPU 对中断的响应时间。

常见的缓冲技术有单缓冲、双缓冲、循环缓冲和缓冲池。其中,目前广泛使用的是公用缓冲池。

▶ 7.3.1　单缓冲

操作系统中提供的最简单的类型是单缓冲。当用户进程发出输入/输出请求时,操作系统给该操作分配一个位于内存中系统部分的缓冲区。单缓冲区如图 7-5 所示。

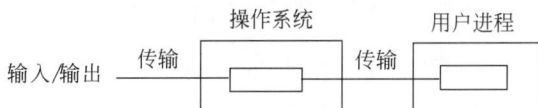

图 7-5　单缓冲区

当输入/输出请求为读操作时,输入传送的数据被放到系统缓冲区中。当传送完成或缓冲区已满时,进程把缓冲区中的数据移到用户空间,这称为预读。因为数据通常是被顺序访问的,通过预输入可减少 CPU 的等待时间。相对于无系统缓冲的情况,这种方法通常会提高系统速度。当输入/输出请求为写操作时,进程将输出数据放到缓冲区中,当缓冲区满或输出数据结束时,才将缓冲区中的数据输出到输入/输出设备上,这称为缓输出。

由于输入/输出发生在系统内存中而不是用户进程内存,因此操作系统可以将该进程换出。但是这种技术增加了操作系统的逻辑复杂度,操作系统必须记录给用户进程分配的系统缓冲区的情况。

由于缓冲器每次只能有一个进程进行输入或输出,不允许多个进程同时对一个缓冲器操作,因此,尽管单缓冲能缓解设备与处理器的处理速度矛盾,但是设备和设备之间不能通过单缓冲达到并行操作。

▶ 7.3.2　双缓冲

作为对单缓冲方案的改进,可以给操作分配两个系统缓冲区,双缓冲区如图 7-6 所示。在一个进程往一个缓冲区中传送数据的同时，操作系统正在清空另一个缓冲区，这种技术称作双缓冲或缓冲交换。

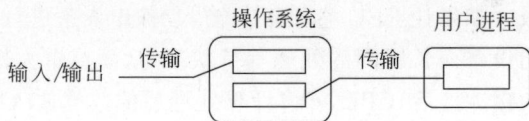

图 7-6　双缓冲区

双缓冲可解决两台外设之间的并行操作问题和进一步减少 CPU 等待时间。如一个缓冲用于输入，另一个缓冲用于输出，可使输入和输出设备并行工作。当用于磁盘数据的输入/输出时，当一个缓冲区满时，可交替利用另一个缓冲区，从而使设备和 CPU 并行工作。显然，双缓冲方式加快了输入/输出速度，提高了设备的利用率。

▶ 7.3.3　循环缓冲

双缓冲方案可以平滑输入/输出设备和进程之间的数据流。如果关注的焦点是某个特定进程的性能，那么需要相关输入/输出操作能够跟得上这个进程，如果该进程需要爆发式地执行大量的输入/输出操作，仅有双缓冲就不够了。在这种情况下，通常使用多于两个缓冲区的方案来缓解不足，因此，整个这组缓冲区就被当成循环缓冲区，其中每一个缓冲区是这个循环缓冲区的一个单元。循环缓冲区如图 7-7 所示。

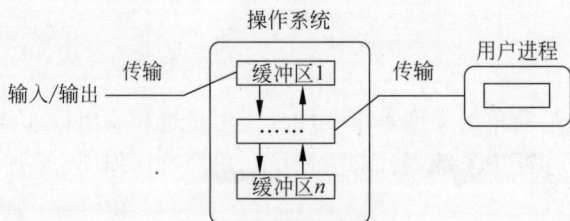

图 7-7　循环缓冲区

由多个缓冲区连接起来构成的循环缓冲可以一部分专门用于输入，另一部分专门用于输出。这样可有效实现多个输入/输出设备之间、输入/输出设备与 CPU 之间的并行工作能力。

▶ 7.3.4　缓冲池

当系统较大时，若进程之间的数据都使用循环缓冲，会消耗大量的内存空间，并且利用率也不高。为了提高缓冲区的利用率，现在一般使用缓冲池。

1. 缓冲池结构

缓冲池把多个缓冲区连接起来统一管理，是既可用于输入又可用于输出的缓冲结构。每个缓冲区由两部分组成：一部分是用来标识和管理该缓冲区的缓冲区首部，另一部分是用于存放数据的缓冲体。对缓冲池的管理是通过对每一个缓冲器的缓冲首部进行操作实现的。而缓冲区首部包括设备号、设备上的数据块号（用于块设备时）、互斥标识位以及缓冲队列链接指针和缓冲器号等。

系统把各缓冲区按其使用状况分别链接三种队列。

（1）空白缓冲队列 em。由所有的空闲缓冲区链接而成的队列。其队首指针为 F(em)，队尾指针为 L(em)，分别指向队列的首缓冲区和尾缓冲区。

（2）输入缓冲队列 in。由所有装满输入数据的缓冲区链接而成的队列。其队首指针为

F(in)，队尾指针为 L(in)，分别指向队列的首缓冲区和尾缓冲区。

(3) 输出缓冲队列 out。由所有装满输出数据的缓冲区链接而成的队列。其队首指针为 F(out)，队尾指针为 L(out)，分别指向队列的首缓冲区和尾缓冲区。

系统(或用户进程)从这三个队列中申请和取出缓冲区，并用申请得到的缓冲区进行存数和取数操作。在存取操作结束后，再将缓冲区放入相应的队列。这些缓冲区被称为工作缓冲区。另外，在缓冲池中还具有 4 种工作缓冲区。

收容输入缓冲区(hin)：用于收容输入数据的工作缓冲区。

提取输入缓冲区(sin)：用于提取输入数据的工作缓冲区。

收容输出缓冲区(hout)：用于收容输出数据的工作缓冲区。

提取输出缓冲区(sout)：用于提取输出数据的工作缓冲区。

可见，缓冲区工作有收容输入、提取输入、收容输出和提取输出 4 种工作方式，缓冲池的 4 种工作方式如图 7-8 所示。

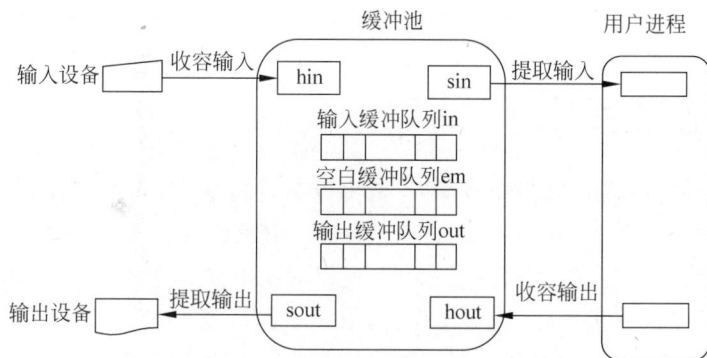

图 7-8　缓冲池的 4 种工作方式

2. 管理

对缓冲池的管理由如下 4 个操作组成。

(1) take_buf(type)：从三种缓冲区队列中按一定的选取规则取出一个缓冲区的过程。

(2) add_buf(type,number)：把缓冲区按一定的选取规则插入相应的缓冲区队列的过程。

(3) get_buf(type,number)：提供进程申请缓冲区使用的过程。

(4) put_buf(type,work_buf)：提供进程将缓冲区放入相应缓冲区队列的过程。

其中，type 表示缓冲队列类型，number 为缓冲区号，而 work_buf 则表示工作缓冲区类型。

3. 工作过程

使用这几个操作，缓冲池的工作过程可描述如下。

(1) 收容输入。当进程需要输入数据时，先调用 get_buf(em,number)过程，从空白缓冲区队列中取出一个缓冲号为 number 的空白缓冲区，将其作为收容输入缓冲区 hin；当 hin 中装满了由输入设备输入的数据之后，系统调用过程 put_buf(in,hin)，将该缓冲区插入输入缓冲区队列 in 中。

(2) 收容输出。当进程需要输出数据时，进程先调用过程 get_buf(em,number)从空白缓冲区队列中取出一个空白缓冲区 number 作为收容输出缓冲区 hout；待 hout 中装满输出数据之后，系统再调用过程 put_buf(out,hout)将该缓冲区插入输出缓冲区队列 out。

（3）提取输入。当进程需要提取输入数据时，先调用过程 get_buf(in,number)，从输入缓冲队列中取出一个装满输入数据的缓冲区 number 作为输入缓冲区 sin；当 CPU 从中提取完所需数据之后，系统调用过程 put_buf(em,sin)将该缓冲区释放和插入空白缓冲队列 em 中。

（4）提取输出。当需要提取输出数据时，先调用过程 get_buf(out,number)，从输出缓冲队列中取出装满输出数据的缓冲区 number 作为输出缓冲区 sout；当 sout 中数据输出完毕时，系统调用过程 put_buf(em,sout)将该缓冲区插入空白缓冲队列。

▶ 7.3.5 缓冲的作用

缓冲是用来平滑输入/输出需求峰值的一种技术，但是当进程的平均需求大于输入/输出设备的服务能力时，缓冲再多也不能让输入/输出设备与这个进程一直并驾齐驱。即使有多个缓冲区，所有缓冲区终将会被填满，进程在处理完每一个大块数据后不得不等待。但是，在多道程序设计环境中，当存在多种输入/输出活动和多种进程活动时，缓冲是提高操作系统效率和单个进程性能的一种方法。

7.4 设备驱动程序

输入/输出子系统使用户进程能与输入/输出设备进行通信，而控制设备直接进行各种操作的内核模块常称为设备驱动程序（Device Driver）。由于设备驱动程序和设备的特性紧密相关，即通常设备驱动程序与设备类型一一对应，所以对于不同类型的输入/输出设备，驱动程序是不一样的。即使是同一类的输入/输出设备，由于不同厂商生产，其设备驱动程序也不完全一样。但一个设备驱动程序也可以控制一种给定类型的许多物理设备，如一个终端驱动程序可以控制连接到系统的所有终端。利用设备驱动程序既方便用户操纵具体的物理设备，又降低了操作系统设计的复杂性。设备供应商或软硬件开发商提供了某一具体设备的驱动程序（如声卡驱动程序），系统初启时将自动装载标准设备的驱动程序以及用户配置好的设备驱动程序，从而方便了用户使用设备。

1. 设备驱动程序的模式
现代操作系统以两种模式来实现驱动程序。

（1）设备驱动程序作为内核过程实现。这是当前操作系统中使用的主要模式，UNIX、Window NT 均使用这种模式。其优点是便于实现输入/输出子系统的层次模型，便于与文件系统一起把设备作为特殊文件处理，提供统一的管理、统一的界面、统一的使用方法，并把设备、文件、网络通信组织成为一致的更高的抽象层次，使操作系统设计简单化、规范化，成为系统服务的统一界面与用户接口。

（2）把设备驱动程序作为独立的进程来实现，称为输入/输出进程。虽然进程方式具有灵活性，是一个主动实体。但是这种方式不便于输入/输出子系统的层次实现，因为进程通常处于层次结构的最高层。于是在层次模型中高层（逻辑输入/输出层）执行的与设备无关的操作必须重复地分散到各进程中去执行，这种做法是不好的；其次要耗费更多内核内存用于进程表格，以及进程管理和调度 CPU 的开销，当然设备也就不便于与文件一致地进行处理。

2. 设备驱动程序的功能
设备驱动程序的主要任务是接收上层软件发来的抽象要求（如 read、write 命令），再把它转换为具体要求后，发给设备控制器，启动设备去执行；此外，它也接收由设备控制器发来的信号,并将其传送给上层软件。其主要功能有以下 5 种。

(1) 将接收到的抽象要求转换为具体要求。

(2) 检查输入/输出请求的合法性,了解输入/输出设备的状态,传递有关参数,设置设备的工作方式。

(3) 发出输入/输出命令,启动分配到的输入/输出设备,完成指定输入/输出操作。

(4) 及时响应由控制器或通道发来的中断请求,并根据其中断类型调用相应的中断处理程序进行处理。

(5) 对于设置有通道的计算机系统,驱动程序还应能够根据用户的输入/输出请求,自动地构成通道程序。

3. 设备驱动程序的特点

设备驱动程序是一组由内核中的相关子例程和数据组成的输入/输出设备软件接口。每当内核意识到要对某个设备进行特殊的操作时,它就调用相应的驱动例程。这就使得控制从用户进程转移到了驱动例程,当驱动例程完成后,控制又被返回至用户进程。每个设备驱动程序都具有一整套的和硬件设备通信的例程,并且提供给操作系统一套标准的软件接口。

设备驱动程序的主要特点如下。

(1) 设备驱动程序主要是在请求输入/输出的进程与设备控制器之间的一个通信程序。它将进程的输入/输出请求传送给控制器,而把设备控制器中所记录的设备状态、输入/输出操作完成的情况,反映给请求输入/输出的进程。

(2) 设备驱动程序与输入/输出设备的特性紧密相关。

(3) 设备驱动程序与输入/输出控制方式紧密相关。

(4) 由于设备驱动程序与硬件紧密相关,因而其中的一部分程序是用汇编语言编写,目前有很多设备驱动程序,其基本部分已经固化在 ROM 中。

4. 设备驱动程序的处理过程

设备驱动程序所做的工作有以下四方面。

(1) 执行进程提出的输入/输出请求。

(2) 完成输入/输出后要用中断向 CPU 报告完成情况,并准备好执行下一个请求。

(3) 设备忙时要维护一个输入/输出请求队列。

(4) 当有新的输入/输出请求到来时,要进行输入/输出请求队列的重新排序(按某种优化策略)以优化系统性能,并按一定算法挑选下一个输入/输出请求,准备执行该请求。

在上述 4 项工作中,只有第一项工作是为当前输入/输出请求进程执行的,该项工作是设备驱动程序的主要工作。而后三项工作是为下一个进程做输入/输出准备工作。

设备驱动程序一般处理过程如下。

(1) 将抽象要求转为具体要求。驱动程序将用户及上层软件对设备控制器的抽象要求转为对设备控制器的具体要求。例如,将抽象要求中的盘块号转换为磁盘的盘面、磁道号及扇区号。

(2) 检查输入/输出请求的合法性。对于任何输入设备都只能完成一组特定的功能,如该设备不支持这次输入/输出请求,则认为这次输入/输出请求非法。

(3) 读出和检查设备的状态。要启动某个设备进行输入/输出操作,其前提条件是该设备正处于空闲状态。因此在启动设备之前,要从设备控制器的状态寄存器中,读出设备的状态。

(4) 传送必要的参数。有许多设备,特别是块设备,除必须向其控制器发出启动命令外,还需传送必要的参数。例如，在启动磁盘进行读/写之前，应先将本次要传送的字节数、数据到达的主存起始地址送入控制器的相应寄存器中。

（5）方式的设置。对于有多种工作方式的设备，必须先进行方式的设置。

（6）启动输入/输出设备。完成了上述各项准备工作后，驱动程序通过向设备控制器中的命令寄存器发出控制命令，启动输入/输出设备，进行输入/输出操作。通常输入/输出操作所要完成的工作较多，需要一定的时间，此时驱动程序进程把自己阻塞起来，直至中断到来时才将它唤醒。

7.5　设备分配

设备分配与回收是设备管理功能之一。当进程向系统提出输入/输出请求时，由设备分配程序负责按一定策略分配设备、控制器和通道，形成一条数据传输通路，以供主机和输入/输出设备之间进行信息交换。在输入/输出完成时，再由系统回收分配相应的设备资源。

▶ 7.5.1　设备分配原则与分配方式

由于系统设备资源有限，当多个进程申请使用设备时，需要遵循一定的分配原则。而设备分配的原则是根据设备特性、用户要求和系统配置情况决定的。

1. 设备分配原则
设备分配的总原则如下。

（1）提高设备利用率并避免死锁。既要充分发挥设备的使用效率，尽可能地让设备忙碌，又要避免由于不合理的分配方法造成进程死锁。

（2）方便用户使用设备。将用户程序和具体物理设备隔离开来，即实现设备无关性。用户程序只需要使用逻辑设备名，由设备分配程序负责把逻辑设备名转换成物理设备，再根据要求的物理设备号分配具体的物理设备。

2. 设备分配方式
设备分配方式有两种：静态分配和动态分配。

静态分配方式是在用户作业开始执行前，由系统一次性分配该作业所要求的全部设备、控制器（和通道）。一旦分配后，这些设备、控制器（和通道）就一直为该作业所占用，直到该作业被撤销。静态分配方式不会出现死锁，但设备的使用效率低。因此，静态分配方式并不符合分配的总原则。

动态分配方式是在进程执行过程中根据执行需要进行的。当进程需要设备时，通过系统调用命令向系统提出设备请求，由系统按照事先规定的策略给进程分配所需的设备、输入/输出控制器，一旦用完之后，便立即释放。动态分配方式有利于提高设备的利用率，但如果分配算法使用不当，则有可能造成进程死锁。

▶ 7.5.2　设备分配时应考虑的因素

为了使系统有条不紊地工作，在遵循上述分配原则的基础上，系统在进行设备分配时主要考虑的因素有输入/输出设备的固有属性、输入/输出设备的分配算法、设备分配的安全性，以及设备无关性。

1. 输入/输出设备的固有属性
设备分配时应根据设备类型，采取有针对性的分配策略。设备可分为独占设备、共享设备和虚拟设备。

（1）独占设备的分配。对于独占设备的分配，有两种分配方式，一种是静态分配，另一种是动态分配。静态分配方式的优点是可避免进程执行过程中对设备的竞争等待和因竞争设备资源而产生的死锁，缺点是设备的利用率低。而动态分配方式的优点是设备利用率高，缺点是可能会因竞争设备资源而产生死锁。

（2）共享设备的分配。对于共享设备，由于有多个进程同时访问，并且访问频繁，有可能影响整个设备的使用效率，影响系统效率。因此要考虑多个访问请求到达时服务的顺序，使平均服务时间越短越好。

（3）虚拟设备的分配。虚拟设备本质上是将独占设备转换为共享设备的技术，这就需要引入 SPOOLing 技术。

2. 输入/输出设备的分配算法

对设备的分配算法，与进程的调度算法有些相似，但相对要简单些，通常只采用先来先服务和优先级高者优先两种分配算法。

（1）先来先服务。当多个进程同时向某一设备提出输入/输出请求时，该算法就根据对该设备提出请求的先后次序将这些进程排列成一个设备请求队列，设备分配程序把设备首先分配给队首进程。

（2）优先级高者优先。对优先级高的进程所提出的输入/输出请求赋予高优先级，在形成设备队列时，将优先级高的进程排在设备队列前面，先得到分配。而对于优先级相同的输入/输出请求，则按先来先服务原则排队分配。

3. 设备分配的安全性

当多个进程竞争设备资源时，如果设备分配不当，可能导致系统不安全，出现死锁。因此，从进程运行的安全性考虑，设备分配有以下两种方式。

（1）安全分配方式。每当进程发出输入/输出请求后，便进入阻塞状态，直到其输入/输出操作完成时才被唤醒。这种方式能够保证系统不出现死锁，即设备分配是安全的；但其缺点是系统资源利用率低。

（2）不安全分配方式。进程发出输入/输出请求后仍继续运行，需要时又可发出第二个输入/输出请求、第三个输入/输出请求。仅当进程所请求的设备已被另一进程占用时，进程才进入阻塞状态。这种方式允许"占有且等待"，可能会造成系统死锁，因此在分配程序中需增加安全性测试功能。

4. 设备无关性

为了方便用户使用设备，提高操作系统的适应性和可扩展性，将用户程序和具体物理设备隔离开来，即实现设备无关性（**Device Independence**）或称为独立性。由操作系统完成逻辑设备到物理设备的映射，并为用户程序分配具体的物理设备。

逻辑设备是实际物理设备属性的抽象，它并不限于某个具体设备。例如，在 MS-DOS 中，最基本的输入/输出设备（键盘和显示器）用一个公共的逻辑设备名 CON（控制台），并由同一个设备驱动程序来驱动和控制；并行打印机的逻辑设备名为 PRN 或 LPTi 等。使用逻辑设备名是操作系统对用户程序的设备独立性的具体支持。

在系统实现了设备独立性的功能后，可以带来以下两方面的好处。

（1）设备分配时的灵活性。当进程以逻辑设备名请求某类设备时，如果一台设备已经分配给其他进程或正在检修，此时系统可以将其他几台相同的空闲设备中的任一台分配给该进程,只有当此类设备全部被分配完时,进程才会被阻塞。

（2）易于实现输入/输出重定向。所谓输入/输出重定向,是指用于输入/输出操作的设备是可以更换的,应用程序的输入/输出可以重定向,而不必修改应用程序。在 MS-DOS 中,默认标准的输入设备是键盘,输出设备是显示器,如果想改变标准的输入/输出设备,可以使用转向符。例如:

C:\> DIR > DIR. LST   将 DIR 命令的输出结果送文件 DIR. LST。

C:\> DIR > PRN   将 DIR 命令的输出结果送打印机。

为了实现设备的独立性,必须在驱动程序之上设置一层软件,称为设备独立性软件,其主要功能有以下两方面:执行所有设备的公有操作;向用户层（或文件层）软件提供统一的接口。

为了实现逻辑设备名到物理设备名的映射,系统必须设置一张逻辑设备表（Logical Unit Table,LUT）,能够将应用程序中所使用的逻辑设备名映射为物理设备名,并提供该设备驱动程序的入口地址。逻辑设备与物理设备映射表如表 7-1 所示。

表 7-1　逻辑设备与物理设备映射表

逻辑设备名	物理设备名	驱动程序首地址
…	…	…

▶ 7.5.3　设备分配中的数据结构

设备分配需要借助于一些数据结构（表格）的帮助。在进行设备分配时,所需的数据结构（表格）有设备控制表（Device Control Table,DCT）、控制器控制表（Controller Control Table,COCT）、通道控制表（Channel Control Table,CHCT）和系统设备表（System Device Table,SDT）。设备分配中的数据结构如图 7-9 所示。

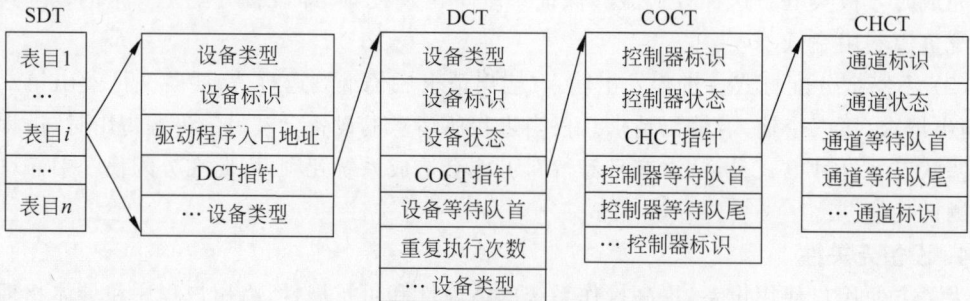

图 7-9　设备分配中的数据结构

1. 设备控制表

系统为每一台设备都配置了一张设备控制表,用于记录本设备的情况,如图 7-9 所示。设备控制表主要包括设备标识、设备类型、设备状态、与设备连接的控制器表指针、设备队列的队首指针和重复执行次数。

（1）设备状态:设备状态为“忙”或“闲”。当设备正在使用时,其状态为“忙”。若与之相连的控制器或通道正忙,设备状态也为“忙”。

（2）与设备连接的控制器表指针:该指针指向该设备所连接的控制器的控制表。

（3）设备队列的队首指针:指向等待该使用设备的进程等待队列。

（4）重复执行次数：由于外设在传输数据时较易发生数据传输错误，因此许多系统允许在传输数据错误的情况下可重复传输，直到传输成功或达到规定的重复传输次数为止终止传输。

2. 控制器控制表

控制器控制表用于记录设备控制器的状态信息和与之对应的通道连接状况，如图 7-9 所示。控制器控制表主要包括控制器标识、控制器状态、与控制器连接的通道表指针、控制器队列队首指针和控制器队列队尾指针。

3. 通道控制表

通道控制表用于记录通道的状态信息和与之对应的设备控制器连接状况，如图 7-9 所示。通道控制表主要包括通道标识、通道状态、与通道连接的控制器表指针、通道队列队首指针和通道队列队尾指针。

4. 系统设备表

系统设备表记录系统中全部设备的信息，每个设备占一个表目，如图 7-9 所示。其中包括设备类型、设备标识符、DCT 指针和设备驱动程序的入口地址。

▶ 7.5.4 输入/输出设备分配的基本流程

对于具有输入/输出通道的系统，在进程提出输入/输出请求后，系统的设备分配程序可按下述步骤进行设备分配。

（1）分配设备。系统根据输入/输出请求中的物理设备名查找 SDT，从中找出该设备的 DCT。若 DCT 中设备的状态为"空闲"，并满足安全性要求，则将该"空闲"设备分配给请求进程，然后转分配控制器；否则将进程 PCB 插入设备的等待队列。

（2）分配控制器。在 DCT 中查找与该设备连接的 COCT，检查控制器是否空闲，若是"空闲"，则将控制器分配给请求进程，然后转分配通道；否则请求进程 PCB 进入该控制器的等待队列。

（3）分配通道。在 COCT 中查找与该控制器连接的 CHCT，检查通道是否空闲，若是"空闲"，则将通道分配给该请求进程，然后启动输入/输出设备进行数据传送；否则该进程 PCB 进入该通道的等待队列。

▶ 7.5.5 SPOOLing 技术

对独占设备的分配使用静态分配策略时其利用率很低，使用动态分配策略时由于该类设备具有互斥使用条件，易造成死锁；而且计算进程直接与输入/输出进行交互，由于独占输入/输出设备的速度比 CPU 慢得多，所以严重降低了计算进程的速度。为了提高独占设备的利用率和输入/输出性能，提高计算进程的速度，目前大多数系统采用 SPOOLing 技术为用户提供虚拟设备。

SPOOLing（Simultaneous Peripheral Operation On-Line）技术就是用于将一台独占设备改造成共享设备的一种行之有效的技术。

1. 什么是 SPOOLing

早期为了缓和 CPU 的高速性与输入/输出设备的低速性之间的矛盾，引入了脱机输入、脱机输出技术。该技术是利用专门的外围控制机控制将低速输入/输出设备上的数据传送到高速磁盘上，或者相反。脱机工作模式如图 7-10 所示。因此，在这样的系统中，CPU 和外围控制机都是控制部件,CPU 可以集中承担自己的数据处理任务,而外围控制机主要负责数据的输入/输出工作。

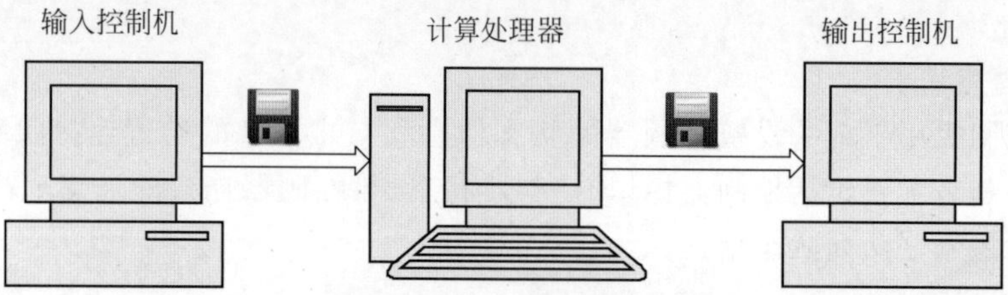

图 7-10　脱机工作模式

事实上,当系统中出现了多道程序后,完全可利用其中的一道程序来模拟脱机输入时的外围控制机的功能,把低速输入/输出设备上的数据传送到高速磁盘上;再用另一道程序来模拟脱机输出时外围控制机的功能,把数据从磁盘传送到低速输出设备上,这样,便可在主机的直接控制下,实现脱机输入/输出功能。此时的外围操作与 CPU 对数据的处理同时进行。我们把这种在联机情况下实现的同时外围操作称为 SPOOLing,或称为假脱机操作。

2. SPOOLing 的组成

SPOOLing 系统是对脱机输入/输出工作的模拟,它必须有高速大容量磁盘(作为共享设备)的支持。SPOOLing 系统的组成如图 7-11 所示。SPOOLing 系统主要有以下三部分。

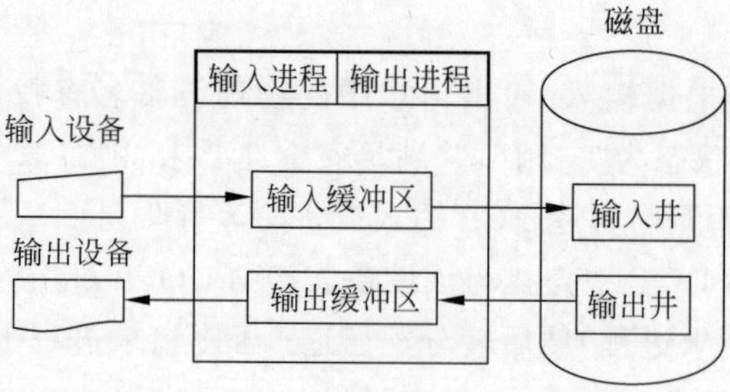

图 7-11　SPOOLing 系统的组成

(1) 输入井和输出井。这是在磁盘上开辟的两个存储区域。输入井模拟脱机输入时的磁盘,用于存放从输入设备上输入的数据。输出井模拟脱机输出时的磁盘,用于存放用户进程的输出数据。

(2) 输入缓冲区和输出缓冲区。为了缓和 CPU 和磁盘之间速度不匹配的矛盾,在主存设置了两个缓冲区:输入缓冲区和输出缓冲区。其中,输入缓冲区用于暂存由输入设备输入的数据,以后再传送到输入井;而输出缓冲区用于暂存从输出井送来的数据,以后再传送到输出设备。

(3) 输入进程和输出进程。输入进程模拟脱机时的外围输入控制机,负责将用户要求的数据从输入设备,通过输入缓冲区再送到输入井;输出进程模拟脱机时的外围输出控制机,负责将输出井中的用户数据在输出设备空闲时通过输出缓冲区送到输出设备上。

3. SPOOLing 系统的工作原理

SPOOLing 系统的工作原理如图 7-11 所示。作业执行前,先通过输入程序将输入数据预先输入存放到输入井中,称为预输入。作业执行过程中,当需要使用输入数据时,从输入井中获取;当需要输出数据时,先把输出数据输出到输出井中。待作业执行结束后,再由输出程序在 CPU 空闲时将输出井中的数据通过输出缓冲区输出到输出设备上,称为缓输出。这样在作业执行过程中就不需要直接与低速输入/输出设备进行交互,只需要与高速的磁盘进行交互,从而提高了作业执行速度。

4. SPOOLing 系统的特点

(1) 提高了输入/输出速度。通过输入井和输出井实现输入/输出设备与主机的数据传输,提高了输入/输出速度,缓和了 CPU 与低速输入/输出设备之间速度不匹配的矛盾。

(2) 将独占设备改造为共享设备。在 SPOOLing 系统中,实际上并没有给任何进程分配设备,或者说独占设备并没有分配给某个进程独占地使用,而只是在磁盘的输入井或输出井中为进程分配一个存储区域和建立一张输入/输出请求表。这样就将独占设备改造为共享设备。

(3) 实现了虚拟设备的功能。在 SPOOLing 系统中,虽然多个进程同时使用一台独占设备,而且每个进程都认为自己独占这台设备,而该设备只是逻辑上的设备。因此,SPOOLing 技术实现了虚拟设备功能。

7.6　磁盘存储器的管理

在过去的 40 年中,处理器和主存速度的提高远远超过了磁盘访问速度的提高,处理器和主存的速度提高了两个数量级,而磁盘的速度仅提高了一个数量级。其结果是当前磁盘的速度比主存至少慢了 4 个数量级,这个差距在可见的未来仍将继续存在。因此,磁盘存储系统的性能是至关重要的,当前有许多研究都致力于如何提高其性能。

1. 磁盘数据的组织

计算机中的磁盘可包含若干个盘片,每个盘片是由特殊材料制成的圆盘,盘表面上(双侧)涂以磁性材料构成。磁盘每面上一系列记录信息的同心圆称为磁道,通常每面有 500～2000 个磁道,磁道之间留有空隙。磁盘盘面上的每个磁道一般都划分为若干相等的扇形弧段(10～100 个),每个弧段称为一个扇区或物理记录。为了定位方便,将磁道上的扇区编号为 0,1,2,…,n。由于所处的磁道位置不同,扇区实际物理长度不同(离圆心近的磁道上的扇区长度短于离圆心远的)。每个扇区一般包括以下两个字段。

(1) 标识符字段。在温彻斯特磁盘中一个扇区的标识符字段含有三方面的信息:一是同步信息,作为该字段的定界符;二是标识扇区的信息;三是 CRC 校验信息。

(2) 数据字段。用于存放若干字节的数据。

磁盘中扇区所记录的信息一般是相等的,但现代的 SCSI 磁盘没有把每个磁道(柱面)划分成相同的扇区数。SCSI 磁盘利用磁盘外部磁道比内部磁道可以容纳更多数据的特点,将磁盘分成几个区,每个区内部的每个磁道有相同的扇区,所以一般来说外部磁道比内部磁道有更多扇区。不过这种变化只对驱动程序有些小影响。

2. 磁盘的类型

从不同的角度分,可以将磁盘分为软盘和硬盘、单片盘和多片盘、固定头磁盘和活动头磁盘。

(1) 固定头磁盘。在固定头磁盘中,所有的磁头都被装在一个刚性磁臂上,每条磁道上都有一个读/写磁头。在固定头磁盘中,能对所有磁道并行读写,有效地提高了磁盘输入/输出速度。这种磁盘结构较复杂,成本也较高,主要用于大型磁盘设备上。

（2）活动头磁盘。在活动头磁盘中，每个盘面只有一个磁头，通过移动磁头来访问盘面上的每个磁道，如图 7-12 所示。在活动头磁盘中，对磁道只能串行读/写，因此磁盘输入/输出速度较慢。这种磁盘结构简单，成本也较低，主要用于中、小型磁盘设备中，微型计算机上所配的就是这种磁盘。

在活动磁盘系统中为了对磁盘中的一个物理记录进行定位，需要以下三个参数。

（1）柱面号。随着磁盘臂的移动，各盘面所有的读写头同时移动，并定位在同样的垂直位置的磁道上，这些磁道形成一个柱面。通常由外向里给各柱面依次编号 0、1、2、3、4、…。

（2）磁头号。将一个磁盘组的全部有效盘面（除去最外层两个）从上到下依次编号为 0、1、2、3、4、…，称为磁头号，因此盘面号与磁头号是相对应的。

（3）扇区号。将磁道分成若干个大小相等的扇区，并编号为 0、1、2、3、4、…。

▶ 7.6.1 磁盘性能参数

磁盘输入/输出的实际操作细节取决于计算机系统、操作系统以及输入/输出通道和磁盘控制硬件的特性。活动磁头系统如图 7-12 所示，它通过三个时间参数来描述磁盘的性能。

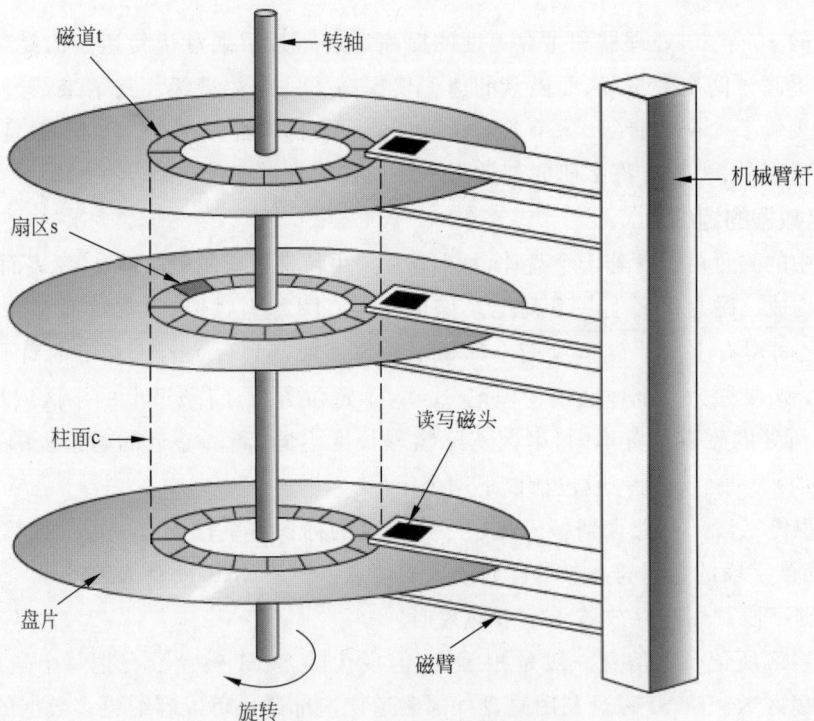

图 7-12 活动磁头系统

（1）寻道时间。称磁头定位磁道所需要的时间为寻道时间。在任何一种情况下，一旦选择好磁道，磁盘控制器就开始等待，直到适当的磁道旋转到磁头处。寻道时间是很难减少的。它由两个重要部分组成：最初启动时间以及一旦访问臂到达一定速度，横跨那些必须跨越的磁道所需要的时间。而横跨时间不是关于磁道数目的线性函数。目前磁盘的平均寻道时间为 5～10ms。

（2）旋转时间。称扇区到达磁头的时间为旋转延迟，简称为旋转时间。寻道时间和旋转时间的综合称为存取时间。这是磁头达到读或写位置所需要的时间。对于硬盘，其旋转速度为 5400～15 000r/min(r/min 表示转/分),10 000r/min 相当于 6ms 转一周,因此,当速度为 10 000r/min 时,平均延迟时间为 3ms。

(3) 传送时间。一旦磁头定位,并且扇区旋转到磁头下,就开始执行读或写操作,这是整个操作的数据传送部分,称为传送时间。

这三部分时间中寻道时间所占的比例最大,通常占整个访问时间的 70%。

除了存取时间和传送时间之外,一次磁盘输入/输出操作通常还有许多排队延迟。当进程发出一个输入/输出请求时,它必须首先在队列中等待该设备可用。到那时,该设备分配给这个进程。如果该设备与其他磁盘驱动器共享一个输入/输出通道或一组输入/输出通道,还可能需要额外的等待时间,等待该通道可用。在这之后才执行寻道,开始磁盘访问。

▶ 7.6.2　磁盘调度

磁盘是一个可共享的设备,当有多个进程请求访问磁盘时,应该采用一种合适的调度策略,以使各进程对磁盘访问的平均时间最少,从而提高磁盘输入/输出性能。在活动头磁盘系统中,影响磁盘输入/输出性能的主要参数是寻道时间,因此,磁盘调度的主要目标是使磁盘的平均寻道时间最少。磁盘调度策略有很多,下面主要介绍当前比较普遍使用的一些寻道优化策略。

1. 先来先服务策略

先来先服务策略(First-Come,First-Served,FCFS)是一种最简单也是最公平的磁盘调度策略。其思想是各进程对磁盘请求的等待队列按提出时间的先后次序进行排序。这个策略不管进程优先级多高,只要是新来的访问请求,就被排在队尾。

例如,有如下一个磁盘请求序列,其磁道号为 55、58、39、18、90、160、150、38、184。假定一开始时,读写头位于 100 号磁道。按照 FCFS 策略,其调度顺序是磁头先从 100 移到 55,然后再从 55 移到 58、39、…,最后到达 184,这样磁头总的移动量是 498 个磁道,平均寻道长度为 55.3。磁盘调度策略的比较如表 7-2 所示,表的第一列表示 FCFS 策略的调度次序。磁臂移动及其移动方向如图 7-13 所示。

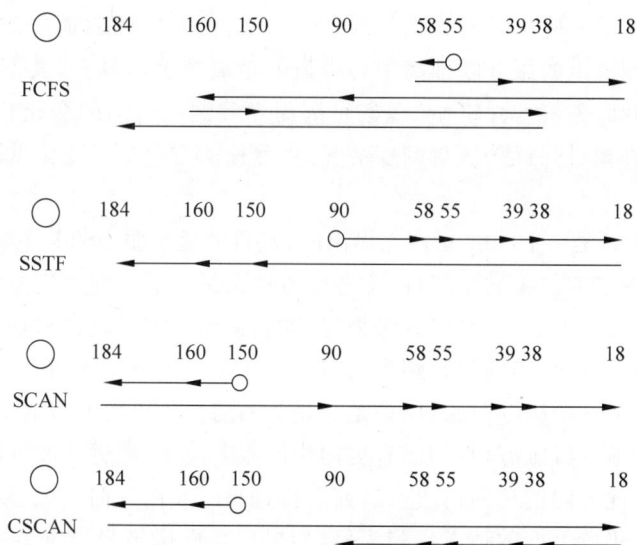

图 7-13　磁臂移动及其移动方向

表 7-2 磁盘调度策略的比较

FCFS（从磁道 100 处开始）		SSTF（从磁道 100 处开始，并设向磁道号增大方向移动）		SCAN（从磁道 100 处开始）		CSCAN（从磁道 100 处开始）	
下一个被访问的磁道	横跨的磁道数	下一个被访问的磁道	横跨的磁道数	下一个被访问的磁道	横跨的磁道数	下一个被访问的磁道	横跨的磁道数
55	45	90	10	150	50	150	50
58	3	58	32	160	10	160	10
39	19	55	3	184	24	184	24
18	21	39	16	90	94	18	166
90	72	38	1	58	32	38	20
160	70	18	20	55	3	39	1
150	10	150	132	39	16	55	16
38	112	160	10	38	1	58	3
184	146	184	24	18	20	90	32
平均寻道长度：55.3		平均寻道长度：27.5		平均寻道长度：27.8		平均寻道长度：35.8	

这种策略的优点是简单、公平，缺点是未对寻道进行优化，致使平均寻道时间可能较长。在对磁盘的访问请求比较多的情况下，此策略将降低设备服务的吞吐量和提高响应时间。但在访问请求不是很多的情况下，FCFS 策略是一个可以接受的策略。

2. 最短寻道时间优先策略

最短寻道时间优先策略（Shortest-Seek-Time-First，SSTF）以寻道优化为出发点，它把距离磁头最短的请求作为下一次服务的对象，而不论该请求是否排在队列的最前面。

如果对上述请求队列使用 SSTF 策略时，最接近当前磁头所在位置 100 的请求是 90 号磁道，而后是 58、55、39、38、18、150、160、184 号磁道。这样磁头总的移动量是 248 个磁道，平均寻道长度是 27.5，与采用 FCFS 策略相比，总移动量减少了 250 个磁道，大大加快了服务请求。由于磁头左右来回移动，所以该策略可以得到比较好的吞吐量和较低的平均响应时间。其缺点是对用户进程请求的响应机会不是均等的。一般来说，对中间磁道的访问请求得到最好的服务，而对内、外两侧磁道的服务随偏离中心磁道的距离越远而越差，甚至可能使一些请求在较长的时间内得不到服务（称为"饥饿"现象），因而导致响应时间的变化幅度很大。表 7-2 中第二列表示了最短查找时间优先磁盘调度情况，磁臂移动方向及其变化见图 7-13。

3. 扫描策略

扫描策略（SCAN）是由 Denning 首先提出的，其目的是克服 SSTF 策略的缺点。SSTF 策略只考虑磁道与磁头当前位置的距离，而不考虑该柱面是在磁臂的前进方向上，还是相反。扫描策略既考虑距离，又考虑方向，且以方向为先，即它首先考虑与磁臂移动方向一致的请求，然后优先选择访问柱面与磁头当前位置距离最近者作为下一个服务对象。也就是说，如果磁臂目前向内移动，那么下一个服务对象，应该是在磁头当前位置以内的柱面上的所有访问请求中之最近者，这样依次地进行服务，直到没有更内侧的服务请求，磁臂才改变移动方向，转而向外移动，并依次服务于此方向的访问请求。由此，由内向外，又由外向内，反复地进行扫描访问请求，依次给予服务。仍以上面的请求序列为例，如果磁头向磁道号增加的方向移动，则先服务150、160 和 184 号磁道上的请求，再改变方向移到 90、58、55、39、38、18 号磁道上进行服务。这样磁头总的移动量是 250 个磁道，平均寻道长度是 27.8。这种策略中磁头移动的规律颇似电梯的运行,故又常称为电梯调度算法。表 7-2 中第三列表示扫描策略磁盘调度情况,磁臂移动方向及其变化见图 7-13。此策略基本上克服了 SSTF 策略的服务集中于中间磁道和响应时间变化比较大的缺点,而具有 SSTF 策略的优点,即吞吐量比较大,平均响应时间较小,但是由于是摆动式的扫描方法,两侧磁道被访问的频率仍然低于中间磁道,只是不像上述 SSTF 那样严重而已。

4. 循环扫描策略

循环扫描(Circular-SCAN,C-SCAN)策略有较好的寻道性能,但在这种策略中,可能存在这样的问题:当磁头从里向外或从外向里到达磁盘的一端,并反向运动时,落在磁头之后的访问请求相对较少,这是由于这些磁道刚刚被处理,而磁盘另一端的请求相对较多,而且这些访问请求等待的时间也较长。为了解决这种情况,引入了循环扫描算法,以提供比较均衡的等待时间。

循环扫描策略规定磁头单向移动。例如,约定磁臂由外向内移动,则它对本次移动开始前到达的各访问要求,自外向内依次地给以服务,直到对最内柱面上的访问要求得到满足后,磁头立即返回到所有新的访问要求的最外边的柱面上。即将磁盘各磁道视为一个环形缓冲区似的构造,最小磁道号与最大磁道号构成循环,进行扫描。

如果仍以上面的访问请求为例,那么从当前磁头位置 100 号磁道出发,其以后的服务次序为 160、184、18、38、39、55、58、90 号磁道,这样总的移动量是 322 个磁道,平均寻道长度为 35.8。表 7-2 中第四列表示了循环扫描磁盘调度的情况,磁臂移动方向及其变化见图 7-13。

5. N-STEP-SCAN 策略

在 SSTF、SCAN 调度策略中,当某一个或多个进程对某一磁道有着较高的访问频率时,就会出现磁臂停留在某处不动的现象,称为磁臂黏着(即偏爱最近作业的现象),从而垄断了整个磁盘设备。N-STEP-SCAN 策略把磁盘请求队列分成长度为 N 的子队列,磁盘调度将按 FCFS 策略依次处理这些子队列,而每处理一个队列,又是用 SCAN 策略,从而避免出现磁臂黏着现象。在处理某一个队列时,新请求必须添加到其他某个队列中。如果在扫描的最后剩下的请求数小于 N,则它们全都在下一次扫描时处理。对于比较大的 N 值,N-STEP-SCAN 的性能接近 SCAN,当 N=1 时,实际上就是 SCAN。

6. FSCAN 策略

FSCAN 策略实质上是 N-STEP-SCAN 策略的简化。它只将磁盘请求访问队列分成两个子队列。一是当前所有请求磁盘输入/输出的进程形成的队列,由磁盘调度按 SCAN 策略进行处理。另一个队列是在扫描期间,新出现的所有请求磁盘输入/输出进程的队列,把它们排入另一个等待处理的请求队列。

磁盘调度策略有很多,各有利弊。提高磁盘输入/输出速度的主要途径之一是选择好的磁盘调度策略。选择好的磁盘调度策略应考虑磁盘的使用环境因素,例如,进程对磁盘的请求数量和方式有关。当磁盘的负荷不大、磁盘等待队列中的请求数量很少时,所有的策略几乎都是有效的。但在这种情况下,最好采用 FCFS 策略,因为它在队列维护上简单,对用户服务比较公平合理。

再如,文件在磁盘上的分配方法也大大影响对磁盘的服务请求。连续文件由于各信息块连在一起,所以即便文件比较大,磁头的移动距离却很小。而对一个链接文件或索引文件,由于文件的信息块可能分散在整个盘上,导致磁臂的大范围移动,从而使磁盘输入/输出负担加重,磁盘输入/输出的性能变差。

7.7　时钟管理和电源管理

▶ 7.7.1　时钟管理

时钟（clock，又称为定时器，timer），由于各种各样的原因决定了它对于任何多道程序设计系统的操作都是至关重要的。时钟负责维护时间，并且防止一个进程垄断 CPU，此外还有其他的功能。尽管时钟既不像磁盘那样是一个块设备，也不像鼠标那样是一个字符设备，时钟软件也可以采用设备驱动程序的形式。下面先考虑时钟硬件，然后再考虑时钟软件。

1. 时钟硬件

在计算机里通常使用两种类型的时钟，这两种类型的时钟与人们使用的钟表和手表有相当大的差异。比较简单的时钟被连接到 110～220V 的电源线上，这样每个电压周期产生一个中断，频率是 50Hz 或 60Hz。这些时钟过去曾经占据统治地位，但是如今却很罕见。

另一种类型的时钟由三个部件构成：晶体振荡器、计数器和存储寄存器。当把一块石英晶体适当地切割并且安装在一定的电压之下时，它就可以产生非常精确的周期性信号，典型的频率范围是几百兆赫，具体的频率值与所选的晶体有关。使用电子器件可以将这一基础信号乘以一个小的整数来获得高达 1000MHz 甚至更高的频率。在任何一台计算机里通常都可以找到至少一个这样的电路，它给计算机的各种电路提供同步信号，该信号被送到计数器，使其递减计数至 0。当计数器变为 0 时，产生中断。

可编程时钟通常具有几种操作模式。在一次完成模式下，当时钟启动时，它把存储寄存器的值复制到计数器中，然后，来自晶体的每一个脉冲使计数器减 1。当计数器变为 0 时，产生一个中断，并停止工作，直到软件再一次显式地启动它。在方波模式下，当计数器变为 0 并且产生中断之后，存储寄存器的值自动复制到计数器中，并且整个过程无限期地再次重复下去。这些周期性的中断称为时钟滴答。可编程时钟的优点是其中断频率可以由软件控制。如果采用 500MHz 的晶体，那么计数器将每隔 2ns 脉动一次。对于无符号 32 位寄存器，中断可以被编程为从 2ns 时间间隔发生一次到 8.6s 时间间隔发生一次。可编程时钟芯片通常包含两个或三个独立的可编程时钟，并且具有许多其他选项，例如，用正计时代替倒计时、屏蔽中断等。

为了防止计算机的电源被切断时丢失当前时间，大多数计算机具有一个由电池供电的备份时钟，它是由在数字手表中使用的那种类型的低功耗电路实现的。电池时钟可以在系统启动的时候读出。如果不存在备份时钟，软件可能会向用户询问当前日期和时间。对于一个连入网络的系统而言，还有一种从远程主机获取当前时间的标准方法。无论是哪种情况，当前时间都要像 UNIX 所做的那样转换成自 1970 年 1 月 1 日上午 12 时 UTC（Universal Time Coordinated，协调世界时，以前称为格林尼治平均时）以来的时钟滴答数，或者转换成自某个其他标准时间以来的时钟滴答数。Windows 的时间原点是 1980 年 1 月 1 日。每一次时钟滴答都使实际时间增加一个计数。通常会提供实用程序来手工设置系统时钟和备份时钟，并且使两个时钟保持同步。

2. 时钟软件

时钟硬件所做的全部工作是根据已知的时间间隔产生中断。涉及时间的其他所有工作都必须由软件——时钟驱动程序完成。时钟驱动程序的确切任务因操作系统而异，但通常包括：①维护日常时间；②防止进程超时运行；③CPU 的使用情况记账；④处理用户进程提出的报警系统调用；⑤为系统本身的各个部分提供监视定时器；⑥完成概要剖析、监视和统计信息收集。

时钟的第一个功能是**维持正确的日常时间**,也称为实际时间。这并不难实现,只需要将前面提到的时钟滴答计数器计数即可,唯一要当心的就是日常时间计数器的位数。对于一个频率为 60 的时钟来说,32 位的计数器仅超过两年就会溢出。很显然,系统不可能在 32 位寄存器中按照自 1970 年 1 月 1 日以来的时钟滴答数来保存实际时间。

可以采取三种方法来解决这一问题。第一种方法是使用 64 位的计数器,但这样做会使维护计数器的代价变得很高,因为 1s 内需要做很多次维护计数器的工作。第二种方法是以秒为单位维护日常时间,而不是以时钟滴答为单位,该方法使用一个辅助计数器来对时钟滴答计数,直到累计至完整的一秒。因 2^{32}s 超过了 136 年,所以该方法可以工作到 22 世纪。第三种方法是对时钟滴答计数,但是这一计数工作是相对于系统引导的时间,而不是相对于一个固定的外部时间。当读入备份时钟或者用户输入实际时间时,系统引导时间就从当前日时间开始计算,并且以任何方便的形式存放在内存中。以后,当请求日时间时,将存储的日时间值加到计数器上就可以得到当前的日时间。

时钟的第二个功能是**防止进程超时运行**。每当启动一个进程时,调度程序就将一个计数器初始化为 0,以时钟滴答为单位作为该进程时间片的取值。每次时钟中断时,时钟驱动程序将时间片计数器减 1。当计数器变为 0 时,时钟驱动程序调用调度程序以激活另一个进程。

时钟的第三个功能是 **CPU 记账**。最精确的记账方法是,每当一个进程启动时,便启动一个不同于主系统定时器的辅助定时器。当进程终止时,读出这个定时器的值就可以知道该进程运行了多长时间。为了正确地记账,当中断发生时应该将辅助定时器保存起来,中断结束后再将其恢复。一个不太精确但更加简单的记账方法是在一个全局变量中维护一个指针,该指针指向进程表中当前运行的进程的表项。在每一个时钟滴答时,使当前进程的表项中的相应域加 1。通过这一方法,每个时钟滴答由在该滴答时刻运行的进程“付费”。这一策略的一个小问题是:如果在一个进程运行过程中多次发生中断,即使该进程没有做多少工作,它仍然要为整个滴答付费。由于在中断期间恰当地对 CPU 进行记账的方法代价过于昂贵,因此很少使用。

在许多系统中,进程可以请求操作系统在一定的时间间隔之后向它**报警**。报警通常是信号、中断、消息或者类似的东西。需要这类报警的一个应用是网络,当一个数据包在一定时间间隔之内没有被确认时,该数据包必须重发。另一个应用是计算机辅助教学,如果学生在一定时间内没有响应,就告诉他答案。

如果时钟驱动程序拥有足够的时钟,它就可以为每个请求设置一个单独的时钟。如果不是这样的情况,它就必须用一个物理时钟来模拟多个虚拟时钟。一种方法是维护一张表,将所有未完成的定时器的信号时刻记入表中,还要维护一个变量给出下一个信号的时刻。每当日时间更新时,时钟驱动程序进行检查以了解最近的信号是否已经发生。如果是的话,则在表中搜索下一个要发生的信号的时刻。

注意在时钟中断期间,时钟驱动程序要做几件事情:将实际时间增 1,将时间片减 1 并检查它是否为 0,对 CPU 记账,以及将报警计数器减 1。然而,因为这些操作在每一秒之中要重复许多次,所以每个操作都必须仔细地安排以加快速度。

操作系统的组成部分也需要设置定时器,这些定时器被称为**监视定时**,并且经常用来检测死机之类的问题,特别是在嵌入式设备中。例如,监视定时器可以用来对停止运行的系统进行复位。在系统运行时,它会定期复位定时器,所以定时器永远不会过期。既然如此,定时器过期，则证明系统已经很长时间没有运行了，这就会导致纠正的行动，例如，全系统复位。

时钟驱动程序用来处理监视定时器的机制和用于用户信号的机制是相同的。唯一的区别是当一个定时器时间到时，时钟驱动程序将调用一个由调用者提供的过程，而不是引发一个信号。这个过程是调用者代码的一部分。被调用的过程可以做任何需要做的工作，甚至可以引发一个中断，但是在内核之中中断通常是不方便的并且信号也不存在。这就是为什么要提供监视定时器机制。值得注意的是，只有当时钟驱动程序与被调用的过程处于相同的地址空间时，监视定时器机制才起作用。

时钟最后要做的事情是**剖析**。某些操作系统提供了一种机制，通过该机制用户程序可以让系统构造它的程序计数器的一个直方图，这样它就可以了解时间花在了什么地方。当剖析是可能的事情时，在每一时钟滴答驱动程序都要检查当前进程是否正在被进行剖析，如果是，则计算对应于当前程序计数器的区间号（一段地址范围），然后将该区间的值加 1。这一机制也可用来对系统本身进行剖析。

3. 软定时器

大多数计算机拥有辅助可编程时钟，可以设置它以程序需要的任何速率引发定时器中断。该定时器是主系统定时器以外的，而主系统定时器的功能已经在上面讲述了。只要中断频率比较低，将这个辅助定时器用于应用程序特定的目的就不存在任何问题。但是当应用程序特定的定时器的频率非常高时，麻烦就来了。下面将简要描述一个基于软件的定时器模式，它在许多情况下性能良好，甚至在相当高的频率下也是如此。

一般而言，有两种方法管理输入/输出：中断和轮询。中断具有较低的响应时间，也就是说，中断在事件本身之后立即发生，具有很少的延迟或者没有延迟。另外，对于现代 CPU 而言，由于需要上下文切换以及对于流水线、TLB 和高速缓存的影响，中断具有相当大的开销。

替代中断的是让应用程序对它本身期待的事件进行轮询。这样做避免了中断，但是可能存在相当长的等待时间，因为一个事件可能正好发生在一次轮询之后，在这种情况下，它就要等待几乎整个轮询间隔。平均而言，等待时间是轮询间隔的一半。

对于某些应用而言，中断的开销和轮询的等待时间都是不能接受的。例如，考虑一个高性能的网络，如千兆位以太网。该网络能够每 $12\mu s$ 接收或者发送一个全长的数据包。为了以最佳的输出性能运行，每 $12\mu s$ 就应该发出一个数据包。

达到这一速率的一种方法是当一个数据包传输完成时引发一个中断，或者将辅助定时器设置为每 $12\mu s$ 中断一次。问题是在一个 300MHz Pentium II 计算机上该中断经实测要花费 $4.45\mu s$ 的时间。这样的开销比 20 世纪 70 年代的计算机好不了多少。例如，在大多数小型计算机上，一个中断要占用 4 个总线周期：将程序计数器和 PSW 压入堆栈并且加载一个新的程序计数器和 PSW。现如今涉及流水线、MMU、TLB 和高速缓存，更是增加了大量的开销。这些影响可能在时间上使情况变得更坏而不是变得更好，因此与更快的时钟速率相抵触。

软定时器避免了侦听。无论何时，当内核因某种其他原因在运行时，在它返回到用户态之前，它都要检查实时时钟以了解软定时器是否到期。如果这个定时器已经到期，则执行被调度的事件，例如，传送数据包或者检查到来的数据包，而无须切换到内核态，因为系统已经在内核态。在完成工作之后，软定时器被复位以便再次闹响。要做的全部工作是将当前时钟值复制给定时器并且将超时间隔加上。

▶ 7.7.2 电源管理

第一代通用电子计算机 ENIAC 具有 18 000 个电子管并且消耗 140 000W 的电力。结果,它迅速积累起非同一般的电费账单。晶体管发明后,电力的使用量戏剧性地下降,并且计算机行业失去了在电力需求方面的兴趣。然而,如今电源管理由于若干原因又像过去一样成为焦点,并且操作系统在这里扮演着重要的角色。

我们从桌面 PC 开始讨论。桌面 PC 通常具有 200W 的电源,其效率一般是 85%,15% 的能量损失为热量。如果全世界有 1 亿台这样的机器同时开机,它们合起来要用掉 2 万 MW 的电力。这是 20 座中等规模的核电站的总产出。如果电力需求能够削减一半,就可以削减 10 座核电站。从环保的角度看,削减 10 座核电站或等价数目的矿物燃料电站是一个巨大的胜利,非常值得追求。

另一个要着重考虑电源的场合是电池供电的计算机手机,包括笔记本电脑、Pad,以及手机等。问题的核心是电池不能保存足够的电荷以持续非常长的时间,至多也就是几小时。此外,尽管电池公司、计算机公司和消费性电子产品公司做了巨大的努力,但进展仍然缓慢。对于一个已经习惯于 18 个月性能翻一番(摩尔定律)的产业来说,毫无进展就像是违背了物理定律,但这就是现状。因此,使计算机使用较少的能量而使现有的电池能够持续更长的时间就高悬在每个人的议事日程之上。操作系统在这里扮演着主要的角色,我们将在下面看到这一点。

存在两种减少能量消耗的一般方法。第一种方法是当计算机的某些部件(主要是输入/输出设备)不用的时候由操作系统关闭它们,因为关闭的设备使用的能量很少或者不使用能量。第二种方法是应用程序使用较少的能量,这样为了延长电池时间可能会降低用户体验的质量。下面将依次看一看这些方法,但是,首先就电源使用方面谈一谈硬件设计。

1. 硬件问题

电池一般分为两种类型:一次性使用的和可再充电的。一次性使用的电池可以用来运转掌上设备,但是没有足够的能量为具有大面积发光屏幕的笔记本电脑供电。相反,可再充电的电池能够存储足够的能量为笔记本电脑供电几小时。在可再充电的电池中,镍镉电池曾经占据主导地位,但是它们后来让位给了镍氢电池,镍氢电池持续的时间更长并且当它们最后被抛弃时不如镍镉电池污染环境那么严重。锂电池更好一些,并且不需要首先完全耗尽就可以再充电,但是它们的容量同样非常有限。

大多数计算机厂商对于电池节约采取的一般措施是将 CPU、内存以及输入/输出设备设计成具有多种状态:工作、睡眠、休眠和关闭。要使用设备,它必须处于工作状态。当设备在短时间内暂时不使用时,可以将其置于睡眠状态,这样可以减少能量消耗。当设备在一个较长的时间间隔内不使用时,可以将其置于休眠状态,这样可以进一步减少能量消耗。这里的权衡是,使一个设备脱离休眠状态常常比使一个设备脱离睡眠状态花费更多的时间和能量。最后,当一个设备关闭时,它什么事情也不做并且也不消耗电能。并非所有的设备都具有这些状态,但是当它们具有这些状态时,应该由操作系统在正确的时机管理状态的变迁。

某些计算机具有两个甚至三个电源按钮。这些按钮之一可以将整个计算机置于睡眠状态,通过输入一个字符或者移动鼠标,能够从该状态快速地唤醒计算机。另一个按钮可以将计算机置于休眠状态,从该状态唤醒计算机花费的时间要长得多。在这两种情况下,这些按钮通常除了发送一个信号给操作系统外什么也不做,剩下的事情由操作系统在软件中处理。在某些国家，依照法律，电气设备必须具有机械的电源开关，出于安全性考虑，该开关可以切断电路并且从设备撤去电能。为了遵守这一法律，可能需要另一个开关。

电源管理提出了操作系统必须处理的若干问题，其中许多问题涉及资源休眠——选择性地、临时性地关闭设备，或者至少当它们空闲时减少它们的功率消耗。必须回答的问题包括：哪些设备能够被控制？它们是工作的还是关闭的，或者它们具有中间状态吗？在低功耗状态下节省多少电能？重启设备消耗能量吗？当进入低功耗状态时是不是必须保存某些上下文？返回到全功耗状态要花费多长时间？当然，对这些问题的回答是随设备而变化的，所以操作系统必须能够处理一个可能性的范围。

已有的研究表明，笔记本电脑电能消耗主要包括显示器、硬盘、CPU 和内存。下面主要聚焦在显示器、磁盘、CPU 和内存上，但对于其他外部设备而言原理是同样的。

2. 操作系统问题

操作系统在能量管理上扮演着一个重要的角色，它控制着所有设备。所以它必须决定关闭什么设备以及何时关闭。如果它关闭了一个设备并且该设备很快再次被用户需要，可能在设备重启时存在恼人的延迟。另外，如果它等待了太长的时间才关闭设备，能量就白白地浪费了。

这里的技巧是找到算法和启发式方法，让操作系统对关于关闭什么设备以及何时关闭能够做出良好的决策。问题是"良好"是高度主观的。一名用户可能觉得在未使用计算机之后计算机要花费 2s 时间响应按键是可以接受的。另一名用户在相同的条件下可能会因不耐烦而抱怨。下面来看看能量预算的几大消耗者，考虑一下对于它们能够做些什么。

（1）显示器。

在能量预算中最大的项目之一是显示器。为了获得明亮而清晰的图像，屏幕必须是背光照明的，这样会消耗大量的能量。许多操作系统试图通过当几分钟的时间没有活动时关闭显示器而节省能量。通常用户可以决定关闭的时间间隔，因此将屏幕频繁地熄灭和很快用光电池之间的折中推回给用户（用户可能实际上并不希望这样）。关闭显示器是一个睡眠状态，因为当任意键被按下或者定点设备移动时，它能够（从视频 RAM）即时地再生。一种可能的改进是让显示器由若干数目的域组成，这些区域能够独立地开启和关闭。

（2）硬盘。

另一个主要的祸首是硬盘，它消耗大量的能量以保持高速旋转，即使不存在存取操作。许多计算机，特别是笔记本电脑，在几秒钟或者几分钟不活动之后将停止磁盘旋转。当下一次需要磁盘的时候，磁盘将再次开始旋转。不幸的是，一个停止的磁盘是休眠而不是睡眠，因为要花费相当多的时间将磁盘再次旋转起来，导致用户感到明显的延迟。

此外，重新启动磁盘将消耗相当多额外的能量。因此，每个磁盘都有一个特征时间 Td 为它的盈亏平衡点，Td 通常在 5～15s 的范围。假设下一次磁盘存取预计在未来的某个时间 t 到来。如果 $t<$Td，那么使得磁盘停止而后在较长时间后再次启动磁盘是十分值得的。如果可以做出良好的预测，例如基于过去的存取模式，那么操作系统就能够做出良好的关闭预测并且节省能量。实际上，大多数操作系统是保守的，往往是在几分钟不活动之后才停止磁盘。

节省磁盘能量的另一种方法是在 RAM 中拥有一个大容量的磁盘高速缓存。如果所需要的数据块在高速缓存中，空闲的磁盘就不必为满足读操作而重新启动。类似地，如果对磁盘的写操作能够在高速缓存中缓冲，一个停止的磁盘就不必只为了处理写操作而重新启动。磁盘可以保持关闭状态直到高速缓存填满或者读缺失发生。

　　避免不必要的磁盘启动的另一种方法是：操作系统通过发送消息或信号保持将磁盘的状态通知给正在运行的程序。某些程序具有可以自由决定的写操作,这样的写操作可以被略过或者推迟。例如,一个字处理程序可能被设置成每隔几分钟将正在编辑的文件写入磁盘。如果字处理程序知道当它在正常情况下应该将文件写到磁盘的时候磁盘是关闭的,它就可以将本次写操作推迟直到下一次磁盘开启。

　　(3) CPU。

　　CPU 也能够被管理以节省能量。笔记本电脑的 CPU 能够用软件置为睡眠状态,将电能的使用减少到几乎为零。在这一状态下,CPU 能做的事情是当中断发生时醒来。因此,只要CPU 变为空闲,无论是因为等待输入/输出还是因为没有工作要做,它都可以进入睡眠状态。

　　在许多计算机上,在 CPU 电压、时钟周期和电能消耗之间存在着关系。CPU 电压可以用软件降低,这样可以节省能量但是也会(近似线性地)降低时钟速度。由于电能消耗与电压的平方成正比,将电压降低一半会使 CPU 的速度减慢一半,而电能消耗降低到只有 1/4。

　　对于具有明确的最终时限的程序而言,这一特性可以得到利用,例如,多媒体观察器必须每 40ms 解压缩并显示一帧,但是如果它做得太快就会变得空闲。假设 CPU 全速运行 40ms 消耗了 x 焦耳能量,那么半速运行则消耗 $x/4$ 焦耳的能量。如果多媒体观察器能够在 20ms 内解压缩并显示一帧,那么操作系统能够以全功率运行 20ms,然后关闭 20ms,总的能量消耗是 $x/2$ 焦耳。作为替代,它能够以半功率运行并且恰好满足最终时限,但是能量消耗是 $x/4$ 焦耳。

　　类似地,如果用户以每秒 1 个字符的速度输入字符,但是处理字符所需的工作要花费100ms 的时间,操作系统最好检测出长时间的空闲周期并且将 CPU 放慢 10 倍。简而言之,慢速运行比快速运行具有更高的能量效率。

　　有趣的是,放慢 CPU 核并不总是意味着性能的下降。例如,设想一个 CPU 有若干个快速的核,其中有一个核负责为运行在另一个核上的生产者传输网络包。生产者和网络栈通过共享内存直接通信,并且它们都运行在专门的核上。生产者执行相当数量的计算,并且不能很好地跟上运行网络栈的核的步伐。在典型的运行过程中,网络将传输它必须要传输的所有数据,并且要花一定时间来轮询共享内存,以了解是否真的没有更多的数据要传输。最后,它将放弃CPU 核并且睡眠,因为连续轮询造成的电能消耗是非常严重的。不久,生产者提供了更多的数据,但是此时网络栈正在熟睡,唤醒网络栈要花时间而且会降低吞吐量。一种可能的解决方案是永不睡眠,但是这样做也不招人喜欢,因为这会增加电能消耗——与我们要达到的目的正好相反。一种更加吸引人的解决方案是在较慢的核上运行网络栈,这样它就能持续地保持忙碌并且永不睡眠,与此同时还能够减少电能消耗。与所有的核都高速运行在这样的配置上相比,精心地放慢网络核的性能会更好一些。

　　(4) 内存。

　　对于内存,存在两种可能的选择来节省能量。首先,可以刷新然后关闭高速缓存。高速缓存总是能够从内存重新加载而不损失信息。重新加载可以动态并且快速地完成,所以关闭高速缓存是进入睡眠状态。

　　更加极端的选择是将主存的内容写到磁盘上,然后关闭主存本身。这种方法是休眠,因为实际上所有到内存的电能都被切断了,其代价是相当长的重新加载时间,尤其是如果磁盘也被关闭了的话。当内存被切断时,CPU 或者也被关闭,或者必须自 ROM 执行。如果被关闭,将其唤醒的中断必须促使它跳转到 ROM 中的代码,从而能够重新加载内存并且使用内存。尽管存在所有这些开销,将内存关闭较长的时间周期,例如几小时也许是值得的。与常常要花费一分钟或者更长时间从磁盘重新启动操作系统相比,在几秒钟之内重新启动内存想来更加受欢迎。

7.8 输入/输出管理实例

▶ 7.8.1 UNIX 系统输入/输出管理

在 UNIX 系统中,输入/输出设备分为块设备和字符设备两类,而输入/输出设备被抽象成一种特殊的文件,即设备文件。每台输入/输出设备与一个设备文件相关联,并且用户可以通过普通的文件操作接口操作输入/输出设备。常见的操作有 open、close、read 和 write 等。UNIX 系统输入/输出接口如图 7-14 所示。文件系统管理外存上的文件,此外,由于设备被当作文件,因而文件系统还充当设备的进程接口。

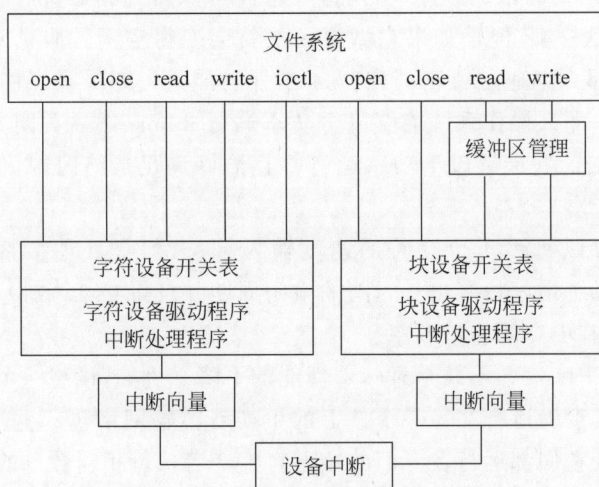

图 7-14　UNIX 系统输入/输出接口

UNIX 系统中有两种类型的输入/输出:有缓冲和无缓冲。有缓冲的输入/输出通过系统缓冲区传送,而典型的无缓冲的输入/输出(包括 DMA 机制)则直接在输入/输出模块和进程输入/输出区域之间传送。对于有缓冲的输入/输出,可以使用两种类型的缓冲区:块设备缓冲区和字符设备缓冲区。

1. 缓冲区管理

由于文件信息是存放在物理介质如磁盘或磁带上,因此,对文件系统的一切存取操作,实际上最终都是通过对块设备的读和写操作来实现的。磁盘、磁带的数据传输慢,直接影响着系统的响应时间和吞吐率。为了缓解文件系统的读写和系统处理之间的速度不匹配的矛盾,以及为了减少启动设备的次数,UNIX 系统设置了一个称为数据缓冲的数据结构。

UNIX 系统对块设备的缓冲区进行集中管理,将多个缓冲区组成一个缓冲池。每个缓冲区由缓冲区控制块(缓冲区首部)和缓冲区数据区两部分组成。其中,缓冲区控制块用于向系统提供操作控制信息,对缓冲区的分配、搜索和存取都是通过缓冲区控制块进行的;缓冲数据区为存放数据的区域。

缓冲控制块主要包括以下几方面信息。

（1）该缓冲区所对应的逻辑设备号。

（2）该缓冲区所对应的逻辑磁盘数据块号。

（3）该缓冲区当前所处的状态：指出缓冲区"上锁"或"开锁"状态、是否包含有效数据、"延迟写"状态、正在读写状态、进程正在等待使用缓冲区状态等。

（4）指向缓冲数据区的指针。

（5）指向空闲缓冲区队列的向前指针。

（6）指向空闲缓冲区队列的向后指针。

（7）指向设备缓冲区队列的向前指针。

（8）指向设备缓冲区队列的向后指针。

缓冲池结构由多个缓冲区队列组成，它们包括空闲缓冲区队列、设备缓冲区队列和设备输入/输出请求队列等。

空闲缓冲区队列又称为空闲 av 链，它指向系统所拥有的所有空闲缓冲区资源，空闲缓冲区队列结构如图 7-15 所示。在系统初始化时，所有的缓冲区按序号由高到低挂在空闲 av 链上。当文件系统申请一个缓冲区时，从空闲 av 链首部取下一个缓冲区，而释放一个缓冲区时则挂入空闲 av 链的末尾。

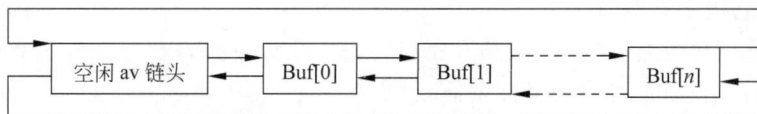

图 7-15　空闲缓冲区队列结构

设备缓冲区队列又称为设备 b 链，它链接所有分配给各类设备使用的缓冲区，这些缓冲区表示已被设备使用过或正在被设备使用。每类设备都有自己的设备 b 链，每类设备的设备 b 链按散列算法组成 n 个队列，称为散列队列。队列的个数 n 可由系统管理人员在生成操作系统时配置。散列函数为逻辑块号对 n 取余。另外，每个队列头部都有自己的头标。如取 64 个散列队列时，设备 b 链结构如图 7-16 所示。

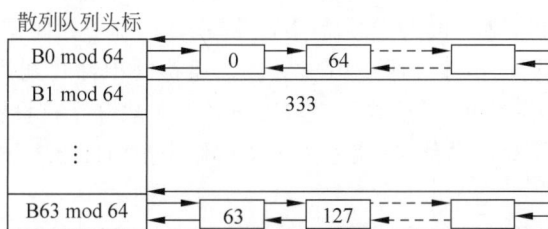

图 7-16　设备 b 链结构

设备输入/输出请求队列又称为设备 av 链，每个块设备都有一个输入/输出请求队列，设备输入/输出请求队列中的缓冲区属于设备 b 链，但不属于空闲 av 链。设备输入/输出请求队列是由正在请求该块设备进行读写操作的缓冲区所组成的队列。它采用单向链接。

当进程要读取一个磁盘数据块时，核心根据逻辑设备号和块号从设备 b 链中查找与之相对应的数据块。如果该块已在设备 b 链中，则核心不必启动磁盘，只需将缓冲区中的数据返回给进程。如果该块不在 b 链中，则核心从空闲 av 链中按最近最少使用算法摘取一个空闲缓冲区，改写缓冲控制块中的块号之后挂到对应的散列队列，并调用磁盘驱动程序安排一个读请求，而后去睡眠，等待输入/输出完成事件的发生。磁盘驱动程序操纵磁盘控制器读取指定的数据块到空闲缓冲区中。当输入/输出完成时，磁盘控制器中断处理器，由磁盘中断处理程序唤醒正在睡眠的进程,该进程可从缓冲区获得所需的数据。当不需要该缓冲区时,释放该缓冲区,以便其他进程能存取它。

当进程要写一个磁盘数据块时,核心根据逻辑设备号和块号从设备 b 链中查找与之相对应的数据块。如果该块已在设备 b 链中,则将数据写入此缓冲区;否则从空闲 av 链中分配一个缓冲区并将数据写入其中。之后通知磁盘驱动程序调度该块进行输入/输出。如果写是同步的,则调用者进程进入睡眠等待输入/输出完成,并且当它被唤醒时释放该缓冲区。如果写是异步的,则核心开始磁盘写,但是不等待写完成,当输入/输出完成时,核心释放该缓冲区。在某些场合下,核心并不是立即把数据写到磁盘上。如果它执行了一个"延迟写",则它相应地为该缓冲区做个标记,释放该缓冲区,并且不调度输入/输出就继续往下执行。在别的进程可能把该缓冲区重新分配给另一个数据块之前,核心再把该块写到磁盘上。在此期间,可能已有进程在该块写到磁盘之前存取了该块。如果那个进程后来又改变了该缓冲区的内容,则核心就节省了一次额外的磁盘操作。

字符设备缓冲区是由若干个字符缓冲块链接在一起的单向链表。每个字符缓冲块由指针、起始位移量、终止位移量和字符数组组成。对字符缓冲区的操作,核心也提供了缓冲区的分配和回收、缓冲区内字符的放入和取出等操作。

2. 设备驱动程序的接口

UNIX 系统包含两类设备:块设备和字符设备。块设备如磁盘、磁带,而字符设备是指终端和网络媒质。块设备也可以是字符设备。

设备管理的主要核心模块称为设备驱动程序。核心与驱动程序的接口是由块设备开关表和字符设备开关表来描述的,如图 7-14 所示。每一种设备类型在表中有若干表项,这些表项在系统调用时引导核心转入适当的驱动程序接口。硬件与驱动程序的接口是由与机器有关的控制寄存器、操作设备的输入/输出指令以及中断向量组成。当一个设备中断出现时,系统识别发出中断的设备,并调用适当的中断处理程序。

用户通过文件系统与设备打交道,每个设备有一个像文件名那样的名字,并对它像文件一样存取。设备文件有一个索引节点,因此在文件系统目录数中占据一个节点。如果一个设备既有块接口又有字符接口,则它由两个设备文件来表示。当进程使用系统调用 open、close、read 和 write 操作某个设备时,核心通过用户文件描述符的指针找到系统打开文件表项以及内存索引节点,并检查文件类型,根据需要存取块设备开关表和字符设备开关表。核心从内存索引节点中抽取主设备号和次设备号,使用主设备号作为索引值进入适当的开关表,调用驱动程序中的函数。

从 UNIX 系统 v4.2 开始就支持设备驱动程序的动态安装,既不需要重构内核,也不需要重启操作系统。这是通过核心预留有关设备驱动程序的核心数据结构,如设备开关表以及核心提供动态安装程序来实现的。

▶ **7.8.2 Linux 系统输入/输出管理**

Linux 系统输入/输出核心功能的实现与 UNIX 系统的输入/输出非常相似,也是把每台输入/输出设备关联到一个特殊的文件。在 Linux 系统中,输入/输出设备可以分为字符设备、块设备和网络设备。网络设备在 Linux 系统中是一种独立的设备类型,有一些特殊的处理方法。下面主要介绍 Linux 输入/输出模块的特殊之处。

1. Linux 系统网络设备

网络设备是传送和接收数据的一种硬件设备,如以太网卡,与字符设备和块设备不一样,网络设备文件在网络设备被检测到和初始化时由系统动态产生。在系统自举或网络初始化时,网络设备驱动程序向 Linux 系统内核注册。网络设备用 device 数据结构描述,该数据结构包含一些设备信息以及一些操作例程,这些例程用来支持各种网络协议,可以用于传送和接收数据包。device 数据结构包括以下几方面的内容。

(1) 名称。网络设备名称是标准化的,每一个名字都能表达设备的类型,同类设备从 0 开始编号,如/dev/ethN(以太网设备)、/dev/seN(SLIP 设备)、/dev/pppN(PPP 设备)、/dev/lo(回路测试设备)。

(2) 总线信息。总线信息被设备驱动程序用来控制设备,包括设备使用的中断(irq)、设备控制和状态寄存器的基地址(base address)、设备所使用的 DMA 通道编号(DMAchannel)。

(3) 接口标识。接口标识用来描述网络设备的特性和能力,如是否点到点连接、是否接收 IP 多路广播帧等。

(4) 协议信息。协议信息描述网络层如何使用设备,其中,mtu 表示网络层可以传输的最大数据包尺寸;协议表示设备支持的协议方案,如 Internet 地址方案为 AF_INET;类型表示所连接的网络介质的硬件接口类型,Linux 系统支持的介质类型有以太网、令牌环、X.25、SLIP、PPP,以及 Apple Localtalk;地址包括与网络设备有关的地址信息。

(5) 包队列。等待由该网络设备发送的数据包队列,所有的网络数据包用 sk_buff 数据结构描述,这一数据结构非常灵活,可以方便地添加或删除网络协议信息头。

(6) 支持函数。指向每个设备的一组标准子程序,包括设置、帧传输、添加标准数据头、收集统计信息等子程序。

2. 页面缓存

Linux 内核的虚拟文件系统层(Virtual File System,VFS)为标准文件输入/输出提供统一的缓存机制,以提高常用文件的访问效率。缓存的内容包括文件的元数据(meta-data)和数据两大类。

各文件系统通用的元数据主要包括文件内容的相关属性和文件名。相应的 VFS 维护了以下两个缓冲池。

icache:缓存最近打开过的文件 i 节点(inode)。对文件的 stat 和 open 操作都会打开它的 inode。inode 是 Linux 文件中的一个核心数据结构,用于存储文件、目录或其他对象的基本属性。这些属性包括大小、属主、权限、时间戳和文件类型等。

dcache:缓存最近查找过的文件名和目录项(dentry)。为了加快文件的查找,每一个最近被访问过的目录和文件都在 dcache 中缓存一个它的对象。一个打开的文件实例会指向一个唯一的 dentry 对象,后者又指向一个唯一的 inode 对象。属于同一文件系统名字空间的所有 dentry 对象通过引用关系构成一棵树。

数据缓存的基本单位是页面,因而一般称内核中的文件数据缓存为页面缓存。在 x86 体系结构中,页面大小一般是 4KB。本节将在一些例子中直接使用这一典型值。

页面缓存是文件数据在内存中的副本,因此页面缓存的管理和内存管理系统均与文件系统相关:一方面,页面缓存作为物理内存的一部分,需要参与物理内存的分配、置换和回收过程;另一方面,页面缓存中的数据来源于存储设备上的文件,需要通过文件系统与存储设备进行读写交互。从操作系统的角度考虑,页面缓存可以看作内存管理系统与文件系统之间的联系纽带。因此,页面缓存管理是 Linux 内核的一个重要组成部分,它的性能直接影响着文件系统和内存管理系统的性能。

在 Linux 内核中，文件的每个数据块对应唯一的一个缓存页面。这些页面由内存管理子系统和虚拟文件系统分别通过两种方式组织起来，以满足不同的需要。

内存管理为页面缓存选择的数据结构是双向链表。Linux 内核为每一片物理内存区域维护 active_list 和 inactive_list 两个双向链表，这两个 LRU 队列主要用来实现物理内存的置换和回收。这两个链表上除了文件缓存页面之外，主要还包括匿名页面。匿名页面中的数据不属于任何一个磁盘文件，但必要时可以临时保存到交换设备中去。用户态进程通过 malloc() 申请的内存，通过 MAP_PRIVATE、MAP_ANONYMOUS 映射的内存和共享内存，以交换设备作为后备存储的文件系统（tmpfs）等用的都是匿名页面。

虚拟文件系统用于索引页面缓存的数据结构是 radix tree。Linux 2.6 引入的 radix tree 可以根据一个文件的字节数偏移量，快速地确认此处的数据缓存页面是否存在，如果存在的话，获得该页面结构的地址。页面缓存的 radix tree 索引结构如图 7-17 所示，Linux 系统为每个文件 inode 创建一个 radix tree，用于管理属于该文件的所有缓存数据页面，并称之为该文件的地址空间。搜索树中的每个节点的分支数默认值为 64，对于内存较少的嵌入式系统可以配置为 16。很高的分支数意味着即使对大型文件，搜索树的高度也不大，从而可以达到很好的搜索效率。Linux radix tree 的容量如表 7-3 所示，表中列出了不同的树高可以支持的最大页面数和文件大小。可见对于常见的 1GB 以内文件，height 一般取值仅为 1～3，搜索代价大致上就是同等数量的内存访问次数。

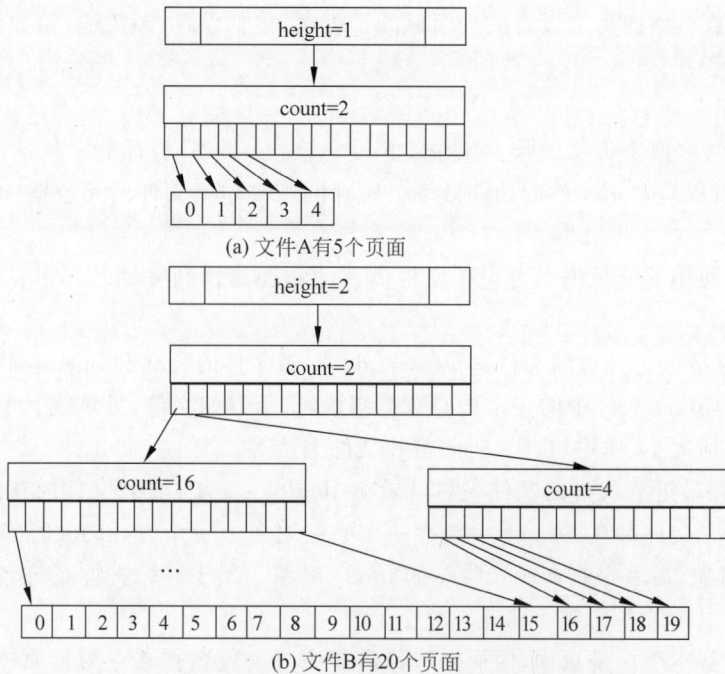

(a) 文件A有5个页面

(b) 文件B有20个页面

图 7-17　页面缓存的 radix tree 索引结构：假设分支数为 16

表 7-3　Linux radix tree 的容量（假设分支数为 64，字长为 64 位，页面大小为 4KB）

树高（height）	最大页面数	最大文件偏移量
0	1	4KB
1	64	256KB
2	4096	16MB
3	262 144	1GB

续表

树高（height）	最大页面数	最大文件偏移量
4	16 777 216	64GB
5	1 073 741 824	4TB
6	68 719 476 736	256TB
7	4 398 046 511 104	16PB

3. 页面缓存的预读

当用户进程发出一个 read() 系统调用时,内核以页面为单位逐次处理读请求和进行数据传送。首先,在请求文件的地址空间中查找相应的页面有没有被缓存。如果有,则不必再次从存储设备中去读,直接从该页面中复制数据到用户缓冲区即可。否则就要先申请一个空闲页面,并且将它插入该文件的地址空间 radix tree 以及该页面所在区域的 inactive_list,然后对新页面调用 read_page() 函数,向底层发送输入/输出请求,将所需的文件数据块从存储设备中读入存放在该页面中,最后再从该页面中将所需数据复制到用户缓冲区。

以上是在没有预读参与的情况下的文件读取过程。如果适当地对文件输入/输出的大小和时间进行调整优化,往往可以大幅度提高效率。预读算法预先向页面缓存中加入页面并发起输入/输出,就可以把应用程序的读请求与实际的磁盘输入/输出操作两者分离开来,从而获得进行输入/输出优化所需的自由度。

缓存文件输入/输出如图 7-18 所示。在以页面缓存为枢纽的架构中,标准的文件系统读请求只是简单地把数据从内核中的页面缓存复制到程序的读缓冲区,并不直接发起磁盘输入/输出。发起输入/输出并往页面缓存加入数据是预取例程的责任。通常这些内核设施是对上层透明的,应用程序并不知道缓存和预取的存在,因而也不会给预取算法任何提示。预取算法独立自主地决定进行预取输入/输出的最佳时机、位置和大小。它的主要决策依据来自对读请求和页面缓存的在线监控。它使用启发式的算法逻辑来预测上层程序的输入/输出意图。如图 7-18 所示,预取算法工作于 VFS 层,对上统一地服务于各种文件读取的系统调用 API,对下独立于具体的文件系统。当应用程序通过 read()、pread()、readv()、aio_read()、sendfile()、splice() 等不同的系统调用接口请求读取文件数据时,都会进入统一的读请求处理函数 do_generic_ file_read()。这个函数从页面缓存中取出数据来满足应用程序的请求,并在适当的时候调用预读例程进行必要的预读输入/输出。

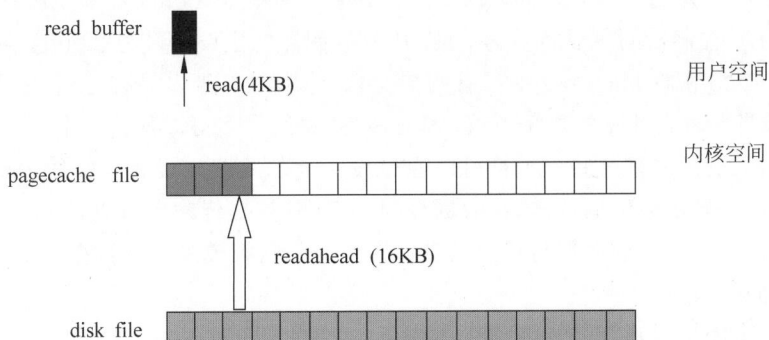

图 7-18　缓存文件输入/输出:以页面缓存为枢纽的读/预读架构

预读例程在 Linux 2.6.22 及之前的版本中是 page_cache_readahead(),从 2.6.23 版本开始改为根据是否同步预读分别调用 page_cache_sync_readahead() 或 page_cache_async_readahead(),进行简单的判断和预处理,如有必要再调用 ondemand_readahead() 运行按需预

读算法。

预读算法发出的预读输入/输出请求交由 do_page_cache_readahead() 进行预处理,该函数检查请求中的每一个页面是否已经在文件缓存地址空间中,若不在就申请一个新页面。如果该新页面的偏移量正好是预读参数 async_size 指向的位置,则为该页面置 PG_readahead 标记。最后,所有的新页面被传给 readpages(),它们在这里被逐个加入 radix tree 和 inactive_list,并调用所在文件系统的 readpage(),将页面交付输入/输出。当然,文件系统也可以提供自己的 readpages(),实现批量页面输入/输出的功能。

值得注意的是,Linux 中的预取算法对页面在块设备上的位置并不知情。它只是依据页面在文件中的逻辑偏移量进行预读决策,并期望每个文件在物理上是连续存储的。由于不连续的文件存储会严重影响输入/输出效率,Linux 下的主要文件系统都有一个重要的设计目标,即尽可能在各种恶劣条件下保证文件在存储设备上的顺序存储,把文件中连续的逻辑地址映射到存储设备中连续的物理地址。因而只要文件系统使用得当,不过分压榨可用的存储空间,就不会有严重的文件碎片问题。

4. Linux 系统硬盘管理

一个典型的 Linux 系统一般包括一个 DOS 分区、一个 ext2 分区（Linux 主分区）、一个 Linux 交换分区,以及零个或多个扩展用户分区。Linux 系统在初始化时要先获取系统所有硬盘的结构信息以及所有硬盘的分区信息,并用 gendisk 数据结构构成的链表表示,其细节可以参见/include/linux/genhd 文件。

在 Linux 系统中,IDE（Inergrated Disk Electronic,一种磁盘接口）系统和 SCSI（Small Computer System Interface,一种输入/输出总线）系统的管理有所不同。Linux 系统使用的大多数硬盘都是 IDE 硬盘,每一个 IDE 控制器可以挂接两个 IDE 硬盘,一个称为主硬盘,一个称为从硬盘。一个系统可以有多个 IDE 控制器,第一个称为主 IDE 控制器,其他的称为从 IDE 控制器。Linux 系统最多支持 4 个 IDE 控制器,每一个控制器用 ide_hwif_t 数据结构描述,所有这些描述集中存放在 ide_hwifs 向量中。每一个 ide_hwif_t 包括两个 ide_drive_t 数据结构,分别用于描述主 IDE 硬盘和从 IDE 硬盘。

初始化时,Linux 系统在 CMOS 中查找关于硬盘的信息,并以此为依据构造上面的数据结构。Linux 系统将按照查找到的顺序给 IDE 硬盘命名。主控制器上的主硬盘的名字为/dev/hda,以下依次为/dev/hdb、/dev/hdc、…。IDE 子系统向 Linux 注册的是 IDE 控制器而不是硬盘,主 IDE 控制器的主设备号为 3,从 IDE 控制器的主设备号为 22。这意味着,如果系统只有两个 IDE 控制器,blk_devs 中只有两个元素,分别用 3 和 22 标识。

SCSI 总线是一种高效率的数据总线,每条 SCSI 总线最多可以挂接 8 个 SCSI 设备。每个设备有唯一的标识符,并且这些标识符可以通过设备上的跳线来设置。总线上的任意两个设备之间可以同步或异步地传输数据,在数据线为 32 位时数据传输率可以达到 40MB/s。SCSI 总线可以在设备间同时传输数据与状态信息。源设备和目标设备间的数据传输步骤最多可以有以下 8 个不同的阶段。

(1) BUS FREE：没有设备在总线的控制下,总线上无事务发生。

(2) ARBITRATION：一个 SCSI 设备试图获得 SCSI 总线的控制权,这时它把自己的 SCSI 标识符放到地址引脚上。具有最高 SCSI 标识符编号的设备将获得总线控制权。

(3) SELECTION：当设备成功地获得了对 SCSI 总线的控制权之后,必须向它准备发送命令的那个 SCSI 设备发出信号。具体做法是将目标设备的 SCSI 标识符放置到地址引脚上。

（4）RESELECTION：在一个请求的处理过程中，SCSI 设备可能会断开连接。目标设备将再次选择源设备。不是所有的 SCSI 设备都支持这个阶段。

（5）COMMAND：源设备向目标设备发送 6B、10B 或 12B 命令。

（6）DATA IN、DATA OUT：数据在源设备和目标设备之间传输。

（7）STATUS：所有命令执行完毕后允许目标设备向源设备发送状态信息，以指示操作是否成功。

（8）MESSAGE IN、MESSAGE OUT：信息在源设备和目标设备之间传输。

Linux SCSI 子系统包括两个基本组成部分，其数据结构分别用 host 和 device 来表示。host 用来描述 SCSI 控制器，每个系统可以支持多个相同类型的 SCSI 控制器，每个均用一个单独的 SCSI host 来表示。device 用来描述各种类型的 SCSI 设备，每个 SCSI 设备都有一个设备号，登记在 device 表中。

5. Linux 系统设备驱动程序

Linux 系统设备驱动程序是内核的一部分，由于设备种类繁多、设备驱动程序也有许多种，为了能协调设备驱动程序和内核的开发，必须有一个严格定义和管理的接口。例如，UNIX SVR4 提出了 DDI/DKI（Device-Driver Interface/Driver-Kernel Interface、设备-驱动程序接口/设备驱动程序-内核接口）规范。Linux 系统的设备驱动程序与外界的接口与 DDI/DKI 类似，可分为三部分。

（1）驱动程序与内核的接口。输入/输出子系统向内核其他部分提供一个统一标准的输入/输出设备接口，这是通过数据结构 file-operations 来完成的。常用的访问接口有：重新定位读写位置 lseek()、从字符设备读数据 read()、向字符设备写数据 write()、多路设备复用 select()、把设备内存映射到进程地址空间 mmap()、打开设备 open()、关闭设备 release()、实现内存与设备间的同步通信 fsync() 和实现内存与设备间的异步通信等。

（2）驱动程序与系统引导的接口。这部分利用驱动程序对设备进行初始化。

（3）驱动程序与设备的接口。这部分描述了驱动程序如何与设备进行交互，这与具体设备密切相关。根据功能，设备驱动程序的代码可分成如下几部分：驱动程序的注册与注销；设备的打开与释放；设备的读写操作；设备的控制操作和设备的中断及轮询处理。系统引导时，通过 sys_setup() 进行系统初始化，而 sys_setup() 又调用 device_setup() 进行设备初始化。进一步还分成字符设备与块设备的初始化，将会调用不同的初始化程序 xxx_init() 完成初始化工作。最后，通过不同的注册过程向内核注册登记。同样，关闭字符或块设备时，通过不同的注销过程向内核注销。打开设备是由 open() 完成的，例如，lp_open() 打开打印机、hd_open() 打开硬盘。打开操作要执行以下任务：检查设备状态、初始化设备（首次打开）、确定次设备号、递增设备使用的计数器等。释放设备由 release() 完成，其任务与打开大致相反。

字符设备使用各自的 read() 和 write() 对设备进行数据读写，块设备则使用 block_read() 和 block_write() 来进行数据读写。对于块设备，除了使用内存缓冲区外，还会优化读写请求，以便缩短总的数据传输时间。除了读写操作外，有时还要控制设备，可以通过 ioctl() 完成，如对光驱控制可使用 cdrom-ioctl()。

对于不支持中断的设备，读写时需要轮询设备状态，以决定是否继续进行数据传输。例如，打印机驱动程序在默认时，轮流查询打印机的状态。如果设备支持中断，则可按中断方式处理。

▶ **7.8.3　Windows 系统输入/输出管理**

1. 基本输入/输出设施

Windows 系统输入/输出管理器与 4 种类型的内核组件密切配合。

（1）缓存管理器。缓存管理器处理所有文件系统的文件缓存。它可以根据可用物理内存的数量动态增加和减少分配给特定文件的缓存大小。系统仅记录缓存中的更新，而不记录在磁盘上。一个内核线程——惰性写者，定期将更新分批写入磁盘。批量写入更新可以使输入/输出更加高效。缓存管理器通过将文件的区域映射到内核虚拟内存中，然后依靠虚拟内存管理器来完成大部分工作，从磁盘上复制页面。

（2）文件系统驱动程序。输入/输出管理器将文件系统驱动程序视为另一个设备驱动程序，并将针对文件系统卷的输入/输出请求路由到该卷的适当软件驱动程序。文件系统进一步将输入/输出请求发送到管理硬件设备适配器的软件驱动程序。

（3）网络驱动程序。Windows 系统集成了网络功能，支持远程文件系统。这些设施作为软件驱动程序实现，而不是 Windows 系统可执行文件。

（4）硬件设备驱动程序。这些软件驱动程序使用硬件抽象层中的入口点访问外围设备的硬件寄存器。每个 Windows 系统支持的平台都有一组这些例程；由于这些例程名称在所有平台上都相同，因此 Windows 系统设备驱动程序的源代码可以在不同的处理器类型之间移植。

2. 异步和同步输入/输出

Windows 系统提供了两种输入/输出操作模式：异步和同步。异步模式尽可能地用于优化应用程序性能。在异步输入/输出中，应用程序发起一个输入/输出操作，然后可以在输入/输出请求被满足时继续处理。而在同步输入/输出中，应用程序会被阻塞，直到输入/输出操作完成。

异步输入/输出从调用线程的角度来看更高效，因为它允许线程在输入/输出操作被输入/输出管理器排队和执行之间继续执行。但是，调用异步输入/输出操作的应用程序需要一些方法来确定操作何时完成。Windows 系统提供了 5 种不同的信号输入/输出完成的技术。

（1）信号传递文件对象。使用此方法时，与文件对象关联的事件在该对象的操作完成时设置。调用输入/输出操作的线程可以继续执行，直到它达到必须停止等待输入/输出操作完成的点。此时，线程可以等待操作完成，然后继续。这种技术简单易用但不适合处理多个输入/输出请求。例如，如果一个线程需要对单个文件执行多个并行操作（例如，在文件的一个部分中读取并在另一个部分中写入），那么使用此技术，线程不能区分读取和写入完成。它只知道该文件上的一个请求的输入/输出操作已经完成。

（2）信号传递事件对象：此技术允许针对单个设备或文件进行多个并行输入/输出请求。线程为每个请求创建一个事件。稍后，线程可以等待其中一个请求或整个请求集合。

（3）异步过程调用：此技术利用与线程相关联的队列，称为异步过程调用（APC）队列。在这种情况下，线程发出输入/输出请求，指定一名用户模式例程，在输入/输出完成时调用该例程。输入/输出管理器将每个请求的结果放置在调用线程的 APC 队列中。下次线程在内核中阻塞时，APC 将被传递，每个 APC 都会使线程返回到用户模式并执行指定的例程。

（4）输入/输出完成端口：此技术用于 Windows 服务器，优化线程的使用。应用程序创建一个线程池来处理输入/输出请求的完成。每个线程都在完成端口上等待，内核唤醒线程来处理每个输入/输出完成。这种方法的优点之一是应用程序可以指定同时运行这些线程的限制。

（5）轮询：异步输入/输出请求在操作完成时将状态和传输计数写入进程的用户虚拟内存中。线程只需检查这些值，以查看操作是否已完成。

3. 软件磁盘阵列

Windows 支持以下两种磁盘阵列（RAID）配置。

（1）硬件 RAID：磁盘控制器或磁盘存储柜硬件将独立的物理磁盘组合成一个或多个逻辑磁盘。

（2）软件 RAID：容错软件磁盘驱动程序 FTDISK 将不连续的磁盘空间组合成一个或多个逻辑分区。

在硬件 RAID 中，控制器接口处理冗余信息的创建和恢复。而软件 RAID 是在 Windows 服务器上提出的，它将 RAID 功能作为操作系统的一部分实现，并可以与任何多个磁盘集合一起使用。软件 RAID 支持 RAID 1 和 RAID 5。在 RAID 1（磁盘镜像）的情况下，包含主分区和镜像分区的两个磁盘可以位于同一个磁盘控制器或不同的磁盘控制器上。后一种配置被称为磁盘复制。

▶ 7.8.4　OpenHarmony 系统输入/输出管理

本节主要讲解基于硬件驱动框架（Hardware Driver Foundation，HDF）的设备驱动开发。虽然驱动开发的主要目的是编写驱动代码，但是驱动开发过程中需要服务管理、消息机制管理，才能使驱动在代码编译过程中正常加载。下面将介绍驱动开发、驱动消息机制管理开发、驱动服务管理开发的步骤。

1. 驱动开发

基于 HDF 框架的驱动开发主要分为三部分：驱动代码实现、驱动编译脚本编写和驱动配置。

1）驱动代码实现

驱动代码实现包含驱动业务代码实现和驱动入口注册。

驱动业务代码具体示例如下。

```
#include "hdf_device_desc.h"          // HDF 框架对驱动开发相关能力接口的头文件
#include "hdf_log.h"                  // HDF 框架提供的日志接口头文件

#define HDF_LOG_TAG sample_driver     // 打印日志所包含的标签,如果不定义则用默认定义的
                                      // HDF_TAG 标签

//将驱动对外提供的服务能力接口绑定到 HDF 框架
int32_t HdfSampleDriverBind(struct HdfDeviceObject * deviceObject)
{
    HDF_LOGD("Sample driver bind success");
    return HDF_SUCCESS;
}

//驱动自身业务初始化的接口
int32_t HdfSampleDriverInit(struct HdfDeviceObject * deviceObject)
{
    HDF_LOGD("Sample driver Init success");
    return HDF_SUCCESS;
```

```
    }

    //驱动资源释放的接口
    void HdfSampleDriverRelease(struct HdfDeviceObject * deviceObject)
    {
        HDF_LOGD("Sample driver release success");
        return;
    }
```

将驱动入口注册到 HDF 框架的代码示例如下。

```
    //定义驱动入口的对象,必须为 HdfDriverEntry(在 hdf_device_desc.h 中定义)类型的全局变量
    struct HdfDriverEntry g_sampleDriverEntry = {
        .moduleVersion = 1,
        .moduleName = "sample_driver",
        .Bind = HdfSampleDriverBind,
        .Init = HdfSampleDriverInit,
        .Release = HdfSampleDriverRelease,
    };

    //调用 HDF_INIT 将驱动入口注册到 HDF 框架中。在加载驱动时,HDF 框架会先调用 Bind 函数,再调用
    //Init 函数加载该驱动;当 Init 调用异常时,HDF 框架会调用 Release 释放驱动资源并退出
    HDF_INIT(g_sampleDriverEntry);
```

2）驱动编译脚本编写

此处基于 LiteOS-A 内核编译驱动代码,涉及 Makefile 文件和 BUILD.gn 文件的修改。
首先修改 Makefile,驱动代码必须要使用 HDF 框架提供的 Makefile 模板进行编译。

```
    include $(LITEOSTOPDIR)/../../drivers/hdf_core/adapter/khdf/liteos/lite.mk #【必需】导入 HDF
    #预定义内容
    MODULE_NAME : =          #生成的结果文件
    LOCAL_INCLUDE : =        #本驱动的头文件目录
    LOCAL_SRCS : =           #本驱动的源代码文件
    LOCAL_CFLAGS : =         #自定义的编译选项
    include $(HDF_DRIVER)    #导入 Makefile 模板完成编译
```

编译结果文件链接到内核镜像,添加到 drivers/hdf_core/adapter/khdf/liteos 目录下的
hdf_lite.mk 中,示例如下。

```
    LITEOS_BASELIB += -lxxx    #链接生成的静态库
    LIB_SUBDIRS    +=          #驱动代码 Makefile 的目录
```

然后添加要编译驱动模块的 BUILD.gn,可参考如下示例。

```
    import("//build/lite/config/component/lite_component.gni")
    import("//drivers/hdf_core/adapter/khdf/liteos/hdf.gni")
    module_switch = defined(LOSCFG_DRIVERS_HDF_xxx)
    module_name = "xxx"
    hdf_driver(module_name) {
        sources = [
            "xxx/xxx/xxx.c",              #模块要编译的源码文件
        ]
        public_configs = [ ":public" ]   #使用依赖的头文件配置
    }
    config("public") {                   #定义依赖的头文件配置
        include_dirs = [
            "xxx/xxx/xxx",               #依赖的头文件目录
        ]
    }
```

把新增模块的 BUILD.gn 所在的目录添加到/drivers/hdf_core/adapter/khdf/liteos/

BUILD.gn 中。

```
group("liteos") {
    public_deps = [ ":$ module_name" ]
    deps = [
        "xxx/xxx", ♯新增模块 BUILD.gn 所在的目录,/drivers/hdf_core/adapter/khdf/liteos
    ]
}
```

3）驱动配置

HDF 使用 HCS 配置文件作为配置描述源码。

驱动配置包含两部分：HDF 框架定义的驱动设备描述和驱动的私有配置信息。HDF 框架加载驱动所需要的信息来源于 HDF 框架定义的驱动设备描述,因此基于 HDF 框架开发的驱动必须要在 HDF 框架定义的 device_info.hcs 配置文件中添加对应的设备描述。驱动的设备描述如下。

```
root {
    device_info {
        match_attr = "hdf_manager";
        template host {    //host 模板,继承该模板的节点(如下 sample_host)如果使用模板中的默认
//值,则节点字段可以默认
            hostName = "";
            priority = 100;
            uid = "";    //用户态进程 uid,默认为空,会被配置为 hostName 的定义值,即普通用户
            gid = "";    //用户态进程 gid,默认为空,会被配置为 hostName 的定义值,即普通
//用户组
            caps = [""];   //用户态进程 Linux capabilities 配置,默认为空,需要业务模块按照业
//务需要进行配置
            template device {
                template deviceNode {
                    policy = 0;
                    priority = 100;
                    preload = 0;
                    permission = 0664;
                    moduleName = "";
                    serviceName = "";
                    deviceMatchAttr = "";
                }
            }
        }
        sample_host :: host{
            hostName = "host0";    //host 名称,host 节点是用来存放某一类驱动的容器
            priority = 100;       //host 启动优先级(0~200),值越大优先级越低,建议默认配
//置为 100,优先级相同则不保证 host 的加载顺序
            caps = ["DAC_OVERRIDE", "DAC_READ_SEARCH"]; //用户态进程 Linux capabilities 配置
            device_sample :: device {    //sample 设备节点
                device0 :: deviceNode {    //sample 驱动的 DeviceNode 节点
                    policy = 1;          //policy 字段是驱动服务发布的策略,在驱动服务管理章
//节中有详细介绍
                    priority = 100;      //驱动启动优先级(0~200),值越大优先级越低,建议默
//认配置为 100,优先级相同则不保证 device 的加载顺序
                    preload = 0;         //驱动按需加载字段
                    permission = 0664;   //驱动创建设备节点权限
                    moduleName = "sample_driver";    //驱动名称,该字段的值必须和驱动入口
//结构的 moduleName 值一致
                    serviceName = "sample_service";    //驱动对外发布服务的名称,必须唯一
                    deviceMatchAttr = "sample_config"; //驱动私有数据匹配的关键字,必须和驱
//动私有数据配置表中的 match_attr 值相等
```

```
                }
            }
        }
    }
}
```

上述配置说明如下。

（1）uid、gid、caps 等配置项是用户态驱动的启动配置，内核态不用配置。

（2）根据进程权限最小化设计原则，业务模块 uid、gid 不用配置，如上面的 sample_host，使用普通用户权限，即 uid 和 gid 被定义为 hostName 的定义值。

（3）如果普通用户权限不能满足业务要求，需要把 uid、gid 定义为 system 或者 root 权限时，需要找安全专家评审。

（4）进程的 uid 在文件 base/startup/init/services/etc/passwd 中配置，进程的 gid 在文件 base/startup/init/services/etc/group 中配置，进程 uid 和 gid 的配置可以参考系统服务用户组添加方法。

（5）caps 值：格式为 caps = ["xxx"]，如果要配置 CAP_DAC_OVERRIDE，此处需要填写 caps = ["DAC_OVERRIDE"]，不能填写为 caps = ["CAP_DAC_OVERRIDE"]。

（6）preload：驱动按需加载字段。

如果驱动有私有配置，则可以添加一个驱动的私有配置文件，用来填写一些驱动的默认配置信息。HDF 框架在加载驱动时，会获取对应的配置信息，并将其保存在 HdfDeviceObject 的 property 中，通过 Bind 和 Init（参考驱动实现）传递给驱动。驱动的配置信息示例如下。

```
root {
    SampleDriverConfig {
        sample_version = 1;
        sample_bus = "I2C_0";
        match_attr = "sample_config"; //该字段的值必须和 device_info.hcs 中的 deviceMatchAttr
//值一致
    }
}
```

配置信息定义完成后，需要将该配置文件添加到板级配置入口文件 hdf.hcs，示例如下。

```
# include "device_info/device_info.hcs"
# include "sample/sample_config.hcs"
```

2. 驱动消息机制管理开发

驱动服务管理的开发包括驱动服务的编写、绑定、获取或者订阅。

1）驱动服务编写

```
//驱动服务结构的定义
struct ISampleDriverService {
    struct IDeviceIoService ioService;   //服务结构的首个成员必须是 IDeviceIoService 类型的
//成员
    int32_t ( * ServiceA)(void);   //驱动的第一个服务接口
    int32_t ( * ServiceB)(uint32_t inputCode); //驱动的第二个服务接口,有多个可以依次往下
//累加
};

//驱动服务接口的实现
int32_t SampleDriverServiceA(void)
{
    //驱动开发者实现业务逻辑
```

```
    return HDF_SUCCESS;
}

int32_t SampleDriverServiceB(uint32_t inputCode)
{
    // 驱动开发者实现业务逻辑
    return HDF_SUCCESS;
}
```

2）驱动服务绑定

开发者实现 HdfDriverEntry 中的 Bind 指针函数，如下面的 SampleDriverBind()，把驱动服务绑定到 HDF 框架中。

```
int32_t SampleDriverBind(struct HdfDeviceObject * deviceObject)
{
    //deviceObject 为 HDF 框架给每一个驱动创建的设备对象，用来保存设备相关的私有数据和服务
    //接口
    if (deviceObject == NULL) {
        HDF_LOGE("Sample device object is null!");
        return HDF_FAILURE;
    }
    static struct ISampleDriverService sampleDriverA = {
        .ServiceA = SampleDriverServiceA,
        .ServiceB = SampleDriverServiceB,
    };
    deviceObject->service = &sampleDriverA.ioService;
    return HDF_SUCCESS;
}
```

3）驱动服务获取和订阅

应用程序开发者获取驱动服务有两种方式：通过 HDF 接口直接获取和通过 HDF 提供的订阅机制获取。

（1）通过 HDF 接口直接获取。

当驱动服务获取者明确驱动已经加载完时，该驱动的服务可以通过 HDF 框架提供的接口直接获取，具体如下。

```
const struct ISampleDriverService * sampleService =
        (const struct ISampleDriverService * )DevSvcManagerClntGetService("sample_driver");
if (sampleService == NULL) {
    return HDF_FAILURE;
}
sampleService->ServiceA();
sampleService->ServiceB(5);
```

（2）通过 HDF 提供的订阅机制获取。

当内核态驱动服务获取者无法感知驱动（同一个 host）加载的时机时，可以通过 HDF 框架提供的订阅机制来订阅该驱动服务。当该驱动加载完时，HDF 框架会将被订阅的驱动服务发布给订阅者（驱动服务获取者），实现方式如下。

```
//订阅回调函数的编写，当被订阅的驱动加载完成后，HDF 框架会将被订阅驱动的服务发布给订阅者，通
//过这个回调函数给订阅者使用
//object 为订阅者的私有数据，service 为被订阅的服务对象
int32_t TestDriverSubCallBack(struct HdfDeviceObject * deviceObject, const struct HdfObject *
service)
{
    const struct ISampleDriverService * sampleService =
```

```
        (const struct ISampleDriverService * )service;
    if (sampleService == NULL) {
        return HDF_FAILURE;
    }
    sampleService->ServiceA();
    sampleService->ServiceB(5);
}
// 订阅过程的实现
int32_t TestDriverInit(struct HdfDeviceObject * deviceObject)
{
    if (deviceObject == NULL) {
        HDF_LOGE("Test driver init failed, deviceObject is null!");
        return HDF_FAILURE;
    }
    struct SubscriberCallback callBack;
    callBack.deviceObject = deviceObject;
    callBack.OnServiceConnected = TestDriverSubCallBack;
    int32_t ret = HdfDeviceSubscribeService(deviceObject, "sample_driver", callBack);
    if (ret != HDF_SUCCESS) {
        HDF_LOGE("Test driver subscribe sample driver failed!");
    }
    return ret;
}
```

3. 驱动开发完整代码示例

在 HDF 框架的配置文件（例如 vendor/hisilicon/xxx/hdf_config/device_info）中添加该驱动的配置信息，如下。

```
root {
    device_info {
        match_attr = "hdf_manager";
        template host {
            hostName = "";
            priority = 100;
            template device {
                template deviceNode {
                    policy = 0;
                    priority = 100;
                    preload = 0;
                    permission = 0664;
                    moduleName = "";
                    serviceName = "";
                    deviceMatchAttr = "";
                }
            }
        }
        sample_host :: host {
            hostName = "sample_host";
            sample_device :: device {
                device0 :: deviceNode {
                    policy = 2;
                    priority = 100;
                    preload = 1;
                    permission = 0664;
                    moduleName = "sample_driver";
```

```
                      serviceName = "sample_service";
                }
            }
        }
    }
}
```

基于 HDF 框架编写的 sample 驱动代码如下。

```c
#include <fcntl.h>
#include <sys/stat.h>
#include <sys/ioctl.h>
#include "hdf_log.h"
#include "hdf_base.h"
#include "hdf_device_desc.h"

#define HDF_LOG_TAG sample_driver

#define SAMPLE_WRITE_READ 123

static int32_t HdfSampleDriverDispatch(
    struct HdfDeviceIoClient * client, int id, struct HdfSBuf * data, struct HdfSBuf * reply)
{
    HDF_LOGI("%{public}s: received cmd %{public}d", __func__, id);
    if (id == SAMPLE_WRITE_READ) {
        const char * readData = HdfSbufReadString(data);
        if (readData != NULL) {
            HDF_LOGE("%{public}s: read data is: %{public}s", __func__, readData);
        }
        if (!HdfSbufWriteInt32(reply, INT32_MAX)) {
            HDF_LOGE("%{public}s: reply int32 fail", __func__);
        }
        return HdfDeviceSendEvent(client->device, id, data);
    }
    return HDF_FAILURE;
}

static void HdfSampleDriverRelease(struct HdfDeviceObject * deviceObject)
{
    //在此释放资源
    return;
}

static int HdfSampleDriverBind(struct HdfDeviceObject * deviceObject)
{
    if (deviceObject == NULL) {
        return HDF_FAILURE;
    }
    static struct IDeviceIoService testService = {
        .Dispatch = HdfSampleDriverDispatch,
    };
    deviceObject->service = &testService;
    return HDF_SUCCESS;
}

static int HdfSampleDriverInit(struct HdfDeviceObject * deviceObject)
{
    if (deviceObject == NULL) {
        HDF_LOGE("%{public}s::ptr is null!", __func__);
        return HDF_FAILURE;
```

```
    }
    HDF_LOGI("Sample driver Init success");
    return HDF_SUCCESS;
}

static struct HdfDriverEntry g_sampleDriverEntry = {
    .moduleVersion = 1,
    .moduleName = "sample_driver",
    .Bind = HdfSampleDriverBind,
    .Init = HdfSampleDriverInit,
    .Release = HdfSampleDriverRelease,
};

HDF_INIT(g_sampleDriverEntry);
```

基于 HDF 框架编写的用户态程序和驱动交互的代码如下（代码可以放在目录 drivers/hdf_core/adapter/uhdf 下面编译，BUILD. gn 可以参考 drivers/hdf_core/framework/sample/platform/uart/dev/BUILD. gn）。

```
# include < fcntl. h >
# include < sys/stat. h >
# include < sys/ioctl. h >
# include < unistd. h >
# include "hdf_log. h"
# include "hdf_sbuf. h"
# include "hdf_io_service_if. h"

# define HDF_LOG_TAG sample_test
# define SAMPLE_SERVICE_NAME "sample_service"

# define SAMPLE_WRITE_READ 123

int g_replyFlag = 0;

static int OnDevEventReceived(void * priv, uint32_t id, struct HdfSBuf * data)
{
    const char * string = HdfSbufReadString(data);
    if (string == NULL) {
        HDF_LOGE("fail to read string in event data");
        g_replyFlag = 1;
        return HDF_FAILURE;
    }
    HDF_LOGI(" %{public}s: dev event received: %{public}u %{public}s", (char * )priv, id, string);
    g_replyFlag = 1;
    return HDF_SUCCESS;
}

static int SendEvent(struct HdfIoService * serv, char * eventData)
{
    int ret = 0;
    struct HdfSBuf * data = HdfSbufObtainDefaultSize();
    if (data == NULL) {
        HDF_LOGE("fail to obtain sbuf data");
        return 1;
    }

    struct HdfSBuf * reply = HdfSbufObtainDefaultSize();
    if (reply == NULL) {
```

```
            HDF_LOGE("fail to obtain sbuf reply");
            ret = HDF_DEV_ERR_NO_MEMORY;
            goto out;
        }

        if (!HdfSbufWriteString(data, eventData)) {
            HDF_LOGE("fail to write sbuf");
            ret = HDF_FAILURE;
            goto out;
        }

        ret = serv->dispatcher->Dispatch(&serv->object, SAMPLE_WRITE_READ, data, reply);
        if (ret != HDF_SUCCESS) {
            HDF_LOGE("fail to send service call");
            goto out;
        }

        int replyData = 0;
        if (!HdfSbufReadInt32(reply, &replyData)) {
            HDF_LOGE("fail to get service call reply");
            ret = HDF_ERR_INVALID_OBJECT;
            goto out;
        }
        HDF_LOGI("Get reply is: %{public}d", replyData);
out:
    HdfSbufRecycle(data);
    HdfSbufRecycle(reply);
    return ret;
}

int main()
{
    char *sendData = "default event info";
    struct HdfIoService *serv = HdfIoServiceBind(SAMPLE_SERVICE_NAME);
    if (serv == NULL) {
        HDF_LOGE("fail to get service %s", SAMPLE_SERVICE_NAME);
        return HDF_FAILURE;
    }

    static struct HdfDevEventlistener listener = {
        .callBack = OnDevEventReceived,
        .priv = "Service0"
    };

    if (HdfDeviceRegisterEventListener(serv, &listener) != HDF_SUCCESS) {
        HDF_LOGE("fail to register event listener");
        return HDF_FAILURE;
    }
    if (SendEvent(serv, sendData)) {
        HDF_LOGE("fail to send event");
        return HDF_FAILURE;
    }

    while (g_replyFlag == 0) {
        sleep(1);
    }

    if (HdfDeviceUnregisterEventListener(serv, &listener)) {
```

```
        HDF_LOGE("fail to unregister listener");
        return HDF_FAILURE;
    }

    HdfIoServiceRecycle(serv);
    return HDF_SUCCESS;
}
```

用户态应用程序使用了 HDF 框架中的消息发送接口，因此编译用户态程序依赖 HDF 框架对外提供的 hdf_core 和 osal 动态库，需要在 gn 编译文件中添加如下依赖项。

```
deps = [

"//drivers/hdf_core/adapter/uhdf/manager:hdf_core",

"//drivers/hdf_core/adapter/uhdf/posix:hdf_posix_osal",

]
```

小结

本章首先介绍了输入/输出管理的目标、功能和输入/输出系统的组成。输入/输出系统由输入/输出设备及其接口线路、控制部件、通道和管理软件组成，并基于抽象和分层的层次模型体系结构为用户提供统一接口，从而方便了用户使用。其次介绍了输入/输出控制方式，即轮询方式、中断方式、DMA 方式和通道方式。

接着介绍了输入/输出缓冲技术，利用缓冲技术有效缓解了快速的主机和慢速的输入/输出设备速度不相匹配的矛盾，提高了设备与主机以及设备与设备之间的并行能力。常见的缓冲技术有单缓冲、双缓冲、循环缓冲和缓冲池。其中，目前广泛使用的是公用缓冲池。

接下来介绍了设备驱动程序。设备驱动程序将上层抽象的输入/输出请求转换为具体的输入/输出命令，有效支持了用户操作与设备的无关性，方便了用户使用。而设备驱动程序与设备的特性紧密相关，所以不同类型的输入/输出设备，其驱动程序也不相同。

接着介绍了设备的分配。设备分配主要包括设备的分配原则与分配方式，设备分配算法、设备分配的安全性和设备分配的无关性，以及与设备分配相关的数据结构和分配流程；虚拟设备概念和 SPOOLing 系统。

然后讲述了磁盘存储器的管理和磁盘阵列技术。重点讲述了磁盘驱动调度算法，包括FCFS、SSTF、SCAN、C-SCAN 和 N-STEP-SCAN 算法。讲述了磁盘阵列技术原理以及分类及其特点。

最后简要介绍了流行的操作系统 UNIX、Linux、Windows、OpenHarmony 等输入/输出管理技术。

习题

1. 选择题（单选题）

（1）程序员利用系统调用打开输入/输出设备时，通常使用的设备标识是（　　）。

A. 逻辑设备名　　　　B. 物理设备名　　　　C. 主设备号　　　　D. 从设备号

（2）操作系统中的 SPOOLing 技术实质上是将（　　）转换为共享设备的技术。

A. 独占设备　　　　B. 脱机设备　　　　C. 块设备　　　　D. 虚拟设备

（3）SPOOLing 技术可以实现设备的（　　　）分配。

A. 独占　　　　　B. 共享　　　　　C. 虚拟　　　　　D. 物理

（4）为了使多个进程能够有效地同时处理输入和输出，最好使用（　　　）结构的缓冲技术。

A. 单缓冲　　　　B. 双缓冲　　　　C. 循环缓冲　　　　D. 缓冲池

（5）使用 SPOOLing 系统的目的是提高（　　　）的使用效率。

A. 操作系统　　　B. 内存　　　　C. CPU　　　　D. 输入/输出设备

（6）对硬盘的输入/输出控制通常采用（　　　）方式。

A. 程序直接控制　B. 中断驱动　　　C. DMA　　　　　D. 通道

（7）大多数低速设备都属于（　　　）设备。

A. 独占　　　　　B. 共享　　　　　C. 虚拟　　　　　D. SPOOLing

（8）中断向量地址是（　　　）。

A. 子程序入口地址　　　　　　　　　B. 中断服务程序入口地址

C. 中断服务程序入口地址的地址　　　D. 程序入口地址

（9）用户程序发出磁盘输入/输出请求后，系统的正确处理流程是（　　　）。

A. 用户程序→系统调用处理程序→中断处理程序→设备驱动程序

B. 用户程序→系统调用处理程序→设备驱动程序→中断处理程序

C. 用户程序→设备驱动程序→系统调用处理程序→中断处理程序

D. 用户程序→设备驱动程序→中断处理程序→系统调用处理程序

（10）通道是一种（　　　）。

A. 输入/输出专用处理器　　　　　　B. 数据通道

C. 输入/输出端口　　　　　　　　　D. 软件工具

2. 设计输入/输出子系统的主要目标是什么？

3. 试述输入/输出子系统的层次模型，以及各层的作用。

4. 有哪几种输入/输出控制方式？各适用于何种场合？

5. 简述设备控制器的功能和组成。

6. 简述 DMA 的特点和工作流程。

7. 什么是通道？三种类型通道的主要特点是什么？

8. 什么是设备驱动程序？设备驱动程序的功能和特点是什么？

9. 简述设备驱动程序的一般处理过程。

10. 为何要引入缓冲技术？

11. 简述块缓冲区是如何管理的，以及块缓冲区的检索与分配过程。

12. 设备分配所用的数据结构有哪些？简述独占设备分配的步骤。

13. 试述系统调用接口的算法步骤。

14. 在活动磁盘系统中磁盘上的信息是如何定位的？影响磁盘性能的三个时间参数是什么？每个时间参数如何估算？

15. 简述磁盘寻道优化的几种策略的特点。

16. 假定某活动头磁盘有 200 个磁道，编号为 0～199，磁头已经完成对 125 号磁道的访问，并向磁道号增大方向移动，则对于下列请求序列：86、147、91、177、94、150、102、175、130，求在下列调度策略下词头的移动顺序及其移动量（以磁道数计）。① FCFS；② SSTF；

③SCAN；④CSCAN。

17. 什么是虚拟设备？什么是 SPOOLing 技术？把一台独占设备虚拟为多台虚拟设备应具备什么条件？

18. 简述 SPOOLing 系统的组成及其工作原理。

19. 简要描述 OpenHarmony LiteOS-A 内核中实现命令历史的原理和方法（kernel/liteos_a/shell/full/）。

20. OpenHarmony 存在一个 HDF（Hardware Driver Framework），说明其存在的价值。

第 8 章 操作系统安全

本章知识要点：本章知识要点包括操作系统安全的概述、安全评估方法与标准、安全机制、安全模型、安全体系结构和相关实例等几方面。

预习准备：了解自己曾经遇到过与操作系统安全相关的问题，收集你所了解的操作系统安全保护方法，思考你所认为最好的保护操作系统的办法。

兴趣实践：找到一个安全操作系统在自己个人计算机或移动设备上进行安装与调试。利用开源工具和资源，实现一个简单的安全模块。

探索思考：操作系统应用的范围越来越广泛，收集身边和所知道的与操作系统安全相关的案例，思考保护操作系统安全的作用，设想操作系统安全方面进一步的发展和应用。

计算机的广泛使用和互联网络的迅速发展，给人们带来了极大的便利，但日益增多的信息安全事件则给世人带来了近乎无奈的忧虑和难以回避的反思。信息安全问题已经成为当前研究的热点，而操作系统的安全性是保证信息安全的根基，缺乏这个安全的根基，构筑在其上的各类系统的安全性就得不到根本保障。本章首先介绍计算机系统安全的一些基本概念，接着从安全评估与标准、安全机制、安全模型和安全体系结构等方面来阐述操作系统的安全性，并给出了研究和开发安全操作系统的方法及实例。

8.1 概述

▶ 8.1.1 信息系统与计算机系统安全

信息系统安全是一个含义广泛的概念，一般来说，如果一个信息系统的软硬件资源在任何情况下都是按照预先设计的方式来使用和存取，那可以说这个信息系统是安全的。其目的是在保证信息和财产可被授权用户正常获取和使用的情况下，保护此信息和财产不受偷窃、污染、自然灾害等的损坏。由于它的目的在于防止不需要的行为发生而非使得某些行为发生，其策略和方法常常与其他大多数的计算机技术不同。从技术角度看，信息系统安全中最重要的是计算机系统的安全，其综合了计算机科学、网络技术、通信技术、密码技术、信息安全技术、应用数学、数论、信息论等多种学科的技术。

国际标准化组织(ISO)将"计算机系统安全"定义为"为数据处理系统建立和采取的技术和管理的安全保护，保护计算机硬件、软件数据不因偶然和恶意的原因而遭到破坏、更改和泄露。"此概念偏重静态信息保护。也有人将"计算机系统安全"定义为"计算机的硬件、软件和数据受到保护，不因偶然和恶意的原因而遭到破坏、更改和泄露，系统连续正常运行。"该定义着重于动态意义描述。

1. 计算机系统安全的特性

安全包括 5 个特性：可用性、可靠性、完整性、保密性和不可抵赖性。这 5 个特性定义如下。

（1）可用性（Availability）：得到授权的实体在需要时可访问资源和服务。可用性是指无论何时，只要用户需要，计算机系统必须是可用的，也就是说，计算机系统不能拒绝服务。计算机系统最基本的功能是向用户提供所需的信息服务，而用户的要求是随机的、多方面的（话音、数据、文字和图像等），有时还要求时效性。计算机系统必须随时满足用户的要求。攻击者通常采用占用资源的手段阻碍授权者的工作，这需要非授权用户使用计算机系统，从而保证计算机系统的可用性。增强可用性还包括如何有效地避免因各种灾害（如战争、地震等）造成的系统失效。

（2）可靠性（Reliability）：可靠性是指系统在规定条件下和规定时间内、完成规定功能的概率。可靠性是计算机系统安全最基本的要求之一，目前对于计算机系统可靠性的研究偏重硬件可靠性方面。研制高可靠性元器件设备，采取合理的冗余备份措施仍是最基本的可靠性对策，然而有许多故障和事故，则与软件可靠性、人员可靠性和环境可靠性有关。

（3）完整性（Integrity）：信息不被偶然或蓄意地删除、修改、伪造、乱序、重放、插入等破坏的特性。只有得到允许的人才能修改实体或进程，并且能够判别出实体或进程是否已被篡改。即信息的内容不能为未授权的第三方修改。信息在存储或传输时不被修改、破坏，不出现信息包的丢失、乱序等。

（4）保密性（Confidentiality）：保密性是指确保信息不暴露给未授权的实体或进程。即信息的内容不会被未授权的第三方所知。这里所指的信息不但包括国家秘密，而且包括各种社会团体、企业组织的工作秘密及商业秘密，个人的秘密和个人私密（如浏览习惯、购物习惯）。防止信息失窃和泄露的保障技术称为保密技术。

（5）不可抵赖性（Non-Repudiation）：也称作不可否认性。不可抵赖性是计算机系统中交换信息的双方（人、实体或进程）信息真实同一的安全要求，它包括收、发双方均不可抵赖。一是源发证明，它提供给信息接收者以证据，这将使发送者谎称未发送过这些信息或者否认它的内容的企图不能得逞；二是交付证明，它提供给信息发送者以证明，这将使接收者谎称未接收过这些信息或者否认它的内容的企图不能得逞。

除此之外，当前在讨论计算机系统安全问题时还经常涉及以下一些安全特性。

（1）可控性。可控性就是对信息及信息系统实施安全监控。管理机构对危害国家信息的来往、使用加密手段从事非法的通信活动等进行监视审计，对信息的传播及内容具有控制能力。

（2）可审查性。使用审计、监控、防抵赖等安全机制，使得使用者（包括合法用户、攻击者、破坏者、抵赖者）的行为有证可查，并能够对出现的安全问题提供调查依据和手段。审计是对计算机系统的各种访问情况记录日志，并对日志进行统计分析，是对资源使用情况进行事后分析的有效手段，也是发现和追踪事件的常用措施。审计的主要对象为用户、主机和节点，主要内容为访问的主体、客体、时间和成败情况等。

（3）认证。保证信息使用者和信息服务者都是真实声称者，防止冒充和重演的攻击。

（4）访问控制。保证信息资源不被非授权地使用。访问控制根据主体和客体之间的访问授权关系，对访问过程做出限制。

2．计算机系统安全的层次

计算机系统安全不仅与计算机系统本身相关，还与计算机系统的应用环境和人员相关。从整体来说，计算机系统安全可以分成内部安全和外部安全两个层次。其中，计算机系统内部安全包括硬件安全和软件安全两部分，计算机系统外部安全包括实体安全和人员安全两部分。

（1）硬件安全：为计算机系统提供存储和运行保护。存储保护是指保护用户所存储的数据，实现所存储数据的安全和可靠，不因为存储硬件的损坏而丢失数据；运行保护是将计算机系统划分为若干运行态，并对指令集进行划分，使某些指令只能在相应的运行态中执行。例如，可只运行特权指令执行于管态，而非特权指令运行于目态。

（2）软件安全：计算机系统中信息的存取、处理和传输满足安全策略。安全策略是使计算机系统安全的一组对信息存取和传递控制的规则，访问控制则根据安全策略对计算机系统中的信息存取进行控制。

（3）实体安全：使存储介质、外部设备得到保护，如防火、防盗、防电磁辐射等。

（4）人员安全：对计算机系统操作人员进行安全技术培训和安全意识教育。

▶ 8.1.2　操作系统安全性

操作系统是对计算机硬件第一层的扩充，是计算机的系统软件，是计算机系统资源的直接管理者，是计算机软件的基础与核心。因此，操作系统对计算机系统安全起着至关重要的基础作用。AT&T 实验室的分析结果表明，50% 的计算机系统安全问题的根源在于操作系统。因此，操作系统应该具备以下的功能。

1. 有选择的访问控制

有选择的访问控制包括使用多种不同的方式来限制计算机环境下对特定对象的访问，对计算机级的访问可以通过用户名和密码组合及物理限制来控制；对目录或文件级的访问则可以由用户和组策略来控制。在操作系统设计的初期定义有选择的访问控制是很重要的。

2. 内存管理与对象重用

内存管理是操作系统安全中的一个重要组成部分。在复杂的虚拟内存管理器出现之前，将含有机密信息的内容保存在内存中风险很大。系统中的内存管理器必须能够隔离开每个不同进程所使用的内存。在进程终止且内存将被重用之前，必须在再次访问它之前，将其中的内容清空。

3. 审计能力

安全系统应该具备审计能力，以便测试其完整性，并可追踪任何可能的安全破坏活动。审计功能至少包括可配置的事件跟踪能力、事件浏览和报表功能、审计事件、审计日志访问等。

4. 加密的数据传送

数据传送加密保证了在网络传送时所截获的信息不能被未经身份认证代理所访问。针对窃听和篡改，加密密钥具有很强的保护作用。

5. 加密的文件系统

对文件系统加密保证了数据只能被具有正确选择访问权的用户所访问。数据加密和解密的方式对用户来说应该是透明的。

6. 安全的进程间通信机制

进程间通信也是给系统安全带来威胁的一个主要因素，应对进程间的通信机制做一些必要的安全检查，禁止高安全等级进程通过进程间通信的方式传递信息给低安全等级进程。

为了保护操作系统安全，应该遵循以下一些原则。

（1）最小权限。每名用户及程序应使用尽可能小的权限工作。这样，由入侵者恶意攻击造成的破坏程度会降低到最小。

（2）机制的经济性。保护系统的设计应是小型化的。这样，安全系统就能被完全检测其可信性。

（3）开放式设计。保护机制必须是独立设计的，它必须能够防止所有潜在攻击者的攻击；它也必须是公开的，仅依赖于一些保密信息。

（4）完整的策划。每个存取都必须被检查。

（5）权限分离。对计算机系统中资源的存取应该不只是依赖于某一个条件，这样入侵者将不会拥有对系统全部资源的存取权。

（6）最少通用机制。可共享实体提供了信息流的潜在通道，系统为防止这种共享的威胁要采取物理或逻辑分离的措施。

▶ 8.1.3   相关概念

操作系统安全涉及面比较广。为了方便读者，以下列举一些重要的概念和术语。

（1）计算机信息系统（Computer Information System）：是一个由计算机实体、信息和人三部分组成的人机系统。确切地说，计算机信息系统是指由计算机及配套的设备、设施构成的，按照一定的应用目标和规则对信息进行采集、加工、存储、传输、检索等处理的人机系统。

（2）安全边界（Security Perimeter）：指用于处理敏感信息的设备在有效的物理和技术控制下，所形成的防止未授权的进入或敏感信息泄露的空间，该空间用半径来表示。

（3）安全策略（Security Policy）：是对资源进行分配、保护和管理的一组规则。

（4）安全模型（Security Model）：用形式化的描述如何实现机密性、完整性和可用性的安全要求。

（5）安全配置管理（Secure Configuration Management）：控制系统中硬件与软件结构更改的一组规程。

（6）安全内核（Security kernel）：计算机系统中控制对系统资源的访问来实现安全规程的中心部分。

（7）主体（Subject）：引起信息在客体之间流动的实体，通常是指人、进程或设备等。

（8）客体（Object）：系统中被动的主体活动承担者。

（9）授权（Authorization）：授予用户、程序或进程的访问权。

（10）访问类别（Access Category）：系统中为被授权访问资源或资源组的主体（用户、程序、进程等）设立的访问等级。

（11）访问控制（Access Control）：限制已授权访问主体或计算机网络中其他系统访问本系统资源的过程。

（12）自主访问控制（Discretionary Access Control）：有访问许可的主体能够直接或间接地向其他主体转让访问权。

（13）强制访问控制（Mandatory Access Control，MAC）：是"强加"给访问主体的，即系统强制主体服从访问控制政策。强制访问控制的主要特征是对所有主体及其所控制的客体（进程、文件、段、设备等）实施强制访问控制。

（14）敏感标记（Sensitivity Label）：这些标记是等级分类和非等级类别的组合，它们是实施强制访问控制的依据。系统通过比较主体和客体的敏感标记来决定一个主体是否能够访问某个客体。用户的程序不能改变它自己及任何其他客体的敏感标记，从而系统可以防止特洛伊木马的攻击。

（15）保密性（Confidentiality）：指网络信息不被泄露给非授权的用户、实体或过程的一种特性。

　　(16) 参照监视器(Reference Monitor)：系统中主客体之间授权访问关系的部件。

　　(17) 数据完整性(Data Integrity)：指数据的精确性和可靠性，指系统中的数据未遭受偶然或恶意的修改或破坏时所具有的性质。

　　(18) 最小权(Least Privileges)：完成某种操作时所赋予系统中每个主体(用户或进程)必不可少的特权。

　　(19) 最小权原则(Least Privileges Principle)：限定系统中每个主体所必需的最小特权，确保可能的事故、错误、部件的篡改等原因造成的损失最小。

　　(20) 隐藏通道(Covert Channel)：系统中不受安全策略控制的、违反安全策略的信息泄露途径。

　　(21) 可信计算机系统(Trusted Computer System)：一个使用了足够的硬件和软件完整性机制，能够用来同时处理大量敏感或分类信息的系统。

　　(22) 可信软件(Trusted Software)：可信计算机系统的软件部分。

　　(23) 客体重用(Object Reuse)：使用曾经存储一个或几个数据客体的存储介质存储新的数据客体。

　　(24) 角色(Role)：系统中访问权限的集合。

　　(25) 审计(Audit)：对系统中有关安全的活动进行记录、检查及审核。

8.2　安全评估与标准

　　国内外对计算机系统安全性的研究已有相当长的历史，自 20 世纪 70 年代以来，出现了大量研究，逐步形成了三大安全评估标准。

▶ 8.2.1　可信计算机系统评价标准

　　1983 年，美国国防部推出了"可信计算机系统评价标准(Trusted Computer System Evaluation Criteria，TCSEC)"，也称为"橙皮书"，并于 1985 年进行了修改。

　　TCSEC 将安全保护分成 D、C、B、A 4 等，每等又包含一个或多个级别。安全级按 D、C1、C2、B1、B2、B3、A1、A1 以上这 8 个级别渐次增强。

1. D 等

　　D 等只有一个级别：D1 级。D1 级是计算机系统安全的最低级，整个计算机系统是不可信任的，硬件和操作系统很容易被侵袭。另外，D1 级计算机系统标准规定不对用户进行验证，也就是说，任何人都可以自由地使用该计算机系统。达到 D1 级的操作系统有 DOS、Windows 3.x、Windows 95(不在工作组方式中)、Apple 的 System 7.x 等。

2. C 等

　　C 等为自主型保护，由 C1 和 C2 两个级别组成。

　　C1 级是无条件安全防护系统，要求硬件有一定的安全保护(如硬件有带锁装置，需要钥匙才能使用计算机)。用户在使用计算机系统前必须先登录。另外，作为 C1 级保护的一部分，无条件访问控制允许系统管理员为一些程序和数据设立访问许可权限。常见的 C1 级操作系统有 UNIX、XENIX、Novell 3.x 或更高版本、Windows NT。

　　C1 级防护的不足之处在于用户直接访问操作系统的根。C1 级不能控制进入系统的用户的访问级别，所以用户可将系统中的数据任意移走，还可以更改系统的配置，获取比系统管理员允许的更高的权限。

C2级在上述 C1 级的不足之处做了补充，引进了受控访问环境（用户权限级别）的增强特性。这一特性以用户权限为基础，进一步限制了用户执行某些系统指令。用户权限以个人为单位授权用户对某一目录进行访问，如果其他程序和数据在同一目录下，那么用户也将自动获得访问这些信息的权限。

授权分级使系统管理员能够给用户分组，授予他们访问某些程序或访问分级目录的权限。

C2级系统还采用了系统审计。审计特性跟踪所有的"安全事件"，如登录（成功的和失败的）以及系统管理员的工作（如改变用户访问权限和密码）等。达到 C2 级的常见操作系统有 UNIX、XENIX、Novell 3.x 或更高版本、Windows NT。

3. B 等

B 类为强制性保护，由三个级别组成。

B1 级称为"标记安全防护"级，支持多级安全，它满足 C2 级所有的要求。"标记"指网上的一个对象，该对象在安全防护计划中是可识别且受保护的。"多级"是指这一安全防护装在不同级别（如网络、应用程序和工作站等），对敏感信息提供更高级的保护。

安全级别分为保密和绝密，在计算机中有"特务"成员，如国防部和国家安全局系统。在这一级，对象（如磁盘、文件目录等）必须在访问控制之下，不允许拥有者修改他们的权限。

B1 级安全措施的计算机系统随操作系统而定。政府机构和防御承包商是 B1 级计算机系统的主要拥有者。目前国内达到 B1 级的操作系统有红旗安全操作系统 2.0 版、南京大学的 SoftOS 等。

B2 级称为"结构化防护"，要求计算机系统中所有对象加标签，而且给设备（如工作站、终端和磁盘驱动器）分配安全级别。例如，可以允许用户访问一台工作站，但不允许访问含有职员工资资料的磁盘子系统。

B3 级称为"安全域"，要求用户工作站或终端通过可信任途径连接网络系统，而且这一级采用硬件来保护安全系统的存储区。这一级支持安全管理者的实现，审计机制能实时报告系统的安全性事件，支持系统恢复。

4. A 等

A 类为"验证型保护"，由两个级别组成。

A1 级：从实现的功能上看，它等同于 B3 级，它的特色在于形式化的顶层设计规格、形式化验证与形式化模型的一致性和由此带来的更高的可信度。并且这一级还附加一个安全系统受监视的设计要求，合格的安全个体必须分析并通过这个设计要求。A1 级要求构成系统的所有部件来源必须有安全保证，以此保障系统的完善与安全。例如，在 A 级设置中，一个磁盘驱动器从生产厂房直至销售到计算机房的过程中都被严格跟踪。

A1 级以上：比 A1 级可信度更高的系统归入该级。

▶ 8.2.2　GB 17859—1999

在参考了美国可信计算机系统评估准则（DoD 5200.28-STD）和可信计算机网络系统说明（NCSC-TG-005）的基础上，我国于 1999 年就制定并发布了计算机信息系统安全保护等级划分准则，简称 GB 17859—1999。

该标准定义了计算机信息系统可信计算基的概念，即计算机系统内保护装置的总体，包括硬件、固件、软件和负责执行安全策略的组合体,并将计算机信息系统安全保护能力划分为 5 个等级。

第一级:用户自主保护级。

第二级:系统审计保护级。

第三级:安全标记保护级。

第四级:结构化保护级。

第五级:访问验证保护级。

计算机信息系统安全保护能力随着安全保护等级的增高逐渐增强。

1. 用户自主保护级

本级的计算机信息系统可信计算基通过隔离用户与数据,使用户具备自主安全保护的能力。它具有多种形式的控制能力,对用户实施访问控制,即为用户提供可行的手段,保护用户和用户信息,避免其他用户对数据的非法读写与破坏。

计算机信息系统可信计算基定义和控制系统命名用户对命名客体的访问。实施机制(如访问控制表)允许命名用户以与用户和(或)用户组的身份规定并控制客体的共享;阻止非授权用户读取敏感信息。

计算机信息系统可信计算基通过自主完整性策略,阻止非授权用户修改或破坏敏感信息。

2. 系统审计保护级

与用户自主保护级相比,本级的计算机信息系统可信计算基实施了粒度更细的自主访问控制,它通过登录规程、审计安全性相关事件和隔离资源,使用户对自己的行为负责。

自主访问控制机制根据用户指定方式或默认方式,阻止非授权用户访问客体。访问控制粒度是单名用户。没有存取权的用户只允许由授权用户指定对客体的访问权。

通过为用户提供唯一标识,计算机信息系统可信计算基能够使用户对自己的行为负责。计算机信息系统可信计算基还具备将身份标识与该用户所有可审计行为相关联的能力。

在计算机信息系统可信计算基的空闲存储客体空间中,对客体初始指定、分配或再分配一个主体之前,撤销该客体所含信息的所有授权。当主体获得对一个已被释放的客体的访问权时,当前主体不能获得原主体活动所产生的任何信息。

计算机信息系统可信计算基能创建和维护受保护客体的访问审计跟踪记录,并能阻止非授权的用户对它访问或破坏。

3. 安全标记保护级

本级的计算机信息系统可信计算基具有系统审计保护级的所有功能。此外,还需提供有关安全策略模型、数据标记以及主体对客体强制访问控制的非形式化描述;具有准确地标记输出信息的能力;消除通过测试发现的任何错误。

计算机信息系统可信计算基对所有主体及其所控制的客体(例如:进程、文件、段、设备)实施强制访问控制,为这些主体及客体指定敏感标记,这些标记是等级分类和非等级类别的组合,它们是实施强制访问控制的依据。计算机信息系统可信计算基支持两种或两种以上成分组成的安全级。计算机信息系统可信计算基控制的所有主体对客体的访问应满足:仅当主体安全级中的等级分类高于或等于客体安全级中的等级分类,且主体安全级中的非等级类别包含客体安全级中的全部非等级类别,主体才能读客体;仅当主体安全级中的等级分类低于或等于客体安全级中的等级分类,且主体安全级中的非等级类别包含于客体安全级中的非等级类别，主体才能写一个客体。计算机信息系统可信计算基使用身份和鉴别数据，鉴别用户的身份，并保证用户创建的计算机信息系统可信计算基外部主体的安全级和授权受该用户的安全级和授权的控制。

4. 结构化保护级

本级的计算机信息系统可信计算基建立于一个明确定义的形式安全策略模型之上，要求将第三级系统中的自主和强制访问控制扩展到所有主体与客体。此外，还要考虑隐蔽通道。本级的计算机信息系统可信计算基必须结构化为关键保护元素和非关键保护元素。计算机信息系统可信计算基的借口也必须明确定义，使其设计与实现能经受更充分的测试和更完整的复审。加强了鉴别机制：支持系统管理员和操作员的职能；提供可信设施管理；增强了配置管理控制。系统具有相当的抗渗透能力。

5. 访问验证保护级

本级的计算机信息系统可信计算基满足访问控制器需求。访问监控器仲裁主体对客体的全部访问。访问监控器本身是抗篡改的：必须足够小，能够分析和测试。为了满足访问监控器的需求，计算机信息系统可信计算基在其构造时，排除那些对实施安全策略来说并非必要的代码；在设计和实现时，从系统工程角度将其复杂性降低到最低程度。支持安全管理员职能；扩充审计机制，当发生与安全相关的事件时发出信号；提供系统恢复机制。系统具有很高的抗渗透能力。

▶ 8.2.3　信息技术安全评定标准

1991年，在欧洲共同体的赞助下，英、德、法、荷四国制定了拟为欧共体成员国使用的共同标准——信息技术安全评定标准（CC）。随着各种标准的推出和安全技术产品的发展，美国会同加拿大及欧共体国家制定共同的标准，该标准已于1999年7月通过国际标准化组织认可，确立为国际标准，即 ISO/IEC 15408—1999。

CC 本身由两部分组成，一部分是一组信息技术产品的安全功能需求定义，另一部分是对安全保证需求的定义。

安全功能需求：安全功能需求部分是按结构化方式组织起来的安全功能定义，分为类（Class）、族（Family）和组件（Component）三层。每个类侧重一个安全主题，ITSEC 共包括 11 个类，基本上覆盖了目前安全功能的所有方面。一个类下包含一个和多个族，每个族基于相同的安全目标，但侧重方面和保护强度有所不同。每个族包含一个和多个组件。一个组件确定了一组最小可选择的安全需求集合，即在从 CC 中选择安全功能时，不能对组件再做拆分。一个族中的组件排列顺序代表强度和能力的不同级别。

安全保证需求：安全保证需求组织方式与安全功能需求相同，即按"类-族-组件"方式结构化地定义了各种安全保证的需求，共包括 10 个类。为了能够有效地使用安全功能需求和安全保证需求，CC 还引入了"包"（Package）的概念，以提高已定义结果的可重用性。在安全保证需求之中，特别以包的概念定义了 7 个安全保证级别（EAL）。这 7 个级别定义如下。

EAL1：功能性测试。

EAL2：结构性测试。

EAL3：工程方法上的测试及校验。

EAL4：工程方法上的方法设计、测试和评审。

EAL5：半形式化设计和测试。

EAL6：半形式化地验证设计和测试。

EAL7：形式化地验证设计和测试。

安全保证级别测试并未对产品增加任何安全性，仅仅是告诉用户，产品在多大程度上是可信的。一般而言，安全要求越高、威胁越大的环境，应采用更可信的产品。

8.3　安全机制

为了实现操作系统安全，需要建立相应的安全机制，这将涉及许多概念，包括标识与鉴别机制、访问控制、监控与审计机制、存储保护、运行保护、I/O 保护、加密技术、恶意代码、备份与容错、隐通道分析与处理。

▶ 8.3.1　标识与鉴别机制

所谓标识是指用户向系统表明自己身份的过程，用户身份认证是系统核查用户的身份证明过程，就是查明用户是否具有存储权和使用权的过程。这两项工作统称为身份识别，或称为标识与鉴别。用户通过用户名、身份证号或智能卡等进行标识，同时利用口令、数字签名、指纹识别、声音识别等机制认证。用户一旦完成了身份识别，这个身份识别就要对该用户的所有行为负责，并利用标识跟踪用户的操作。所以说，用户的身份识别必须是唯一的，而且是不能被伪造的。

1. 口令

口令是计算机系统和用户双方都知道的某个关键字，相当于一个约定的编码单词或"暗号"。它一般由字母、数字和其他符号组成，在不同的系统中，其长度和格式也可能不同（例如大小写是否敏感等）。口令既可以由系统自动产生，也可以由用户自己选择。使用时，系统就会与口令文件中的口令进行比较匹配，若一致，则通过验证，否则拒绝登录或再次提供机会让用户进行登录。

传统的静态口令鉴别机制是利用用户名和口令核对的方法对系统进行维护。用户登录系统时，系统通过对比用户输入的口令和用户 ID 来判断用户身份的合法性。这种方式的实现和操作很简单，但是其安全性取决于用户口令的保密性，一旦用户 ID 和口令泄露，合法用户就会被冒充。所以为了解决这一缺陷，提出了动态口令鉴别机制。其基本原理是在客户端登录过程中，基于用户的秘密通行短语加入不确定因素，对通行短语和不确定因素进行变换，所得结果作为认证数据（即动态口令），提交给认证服务器，认证服务器接收到用户的认证数据后，以事先规定的算法去验算认证数据，从而实现对用户身份的认证。由于客户端每次生成认证数据都采用不同的不确定因素值，保证了客户端每次提交的认证数据都不相同，因此动态口令机制有效地提高了身份认证的安全性。

由于口令的位数是有限的，而组成口令的字符也是有限的，所以在理论上，任何的口令都可以破解。因此，它作为保护是有限的。另外，许多非法入侵者会采用各种手段窃取用户口令，如攻击口令文件，或者用特洛伊木马伪装成登录界面骗取用户的口令等。

2. 物理介质

检查用户是否有某些特定的"证件"是另一种不同的认证方法，一般是用磁卡或 IC 卡。卡片插入终端，系统可以查出卡片所有者，卡片一般和口令一起配合工作，用户要登录成功，必须有卡片,并且知道密码。银行的 ATM 就是这样工作的。

测量那些难以伪造的特征也是一种方法。如终端上的指纹或者声波波纹读取机可验证用户身份,还可直接用视觉辨认,当然这种认证方法对于终端设备的要求比较高。

签名分析是另一种技术。用户采用与终端相连的特殊笔签名后,计算机与在线已知样本进行比较。更好的方法是不比较签名,而是比较笔签名时笔的移动情况,模仿者或许可以模仿签名,但在签名时确切的行笔顺序,他就不了解了。

这些物理鉴别方法涉及的另一个问题是,用户可能不能接受。目前一般是在比较重要、保密要求高的系统中会采用物理鉴别手段。

3. 生物技术

针对生物特征的识别技术是指通过计算机对人体固有的生理或行为特征进行个人身份鉴别。人的生理特征与生俱来,多为先天性,行为特征则是习惯使然,多为后天性。常用的生物标识技术有脸像、虹膜、指纹、掌纹、声音、笔迹、步态等。

1）脸像

脸像识别具有非侵犯性,具有直接、友好、方便等特点,从而成为人们最容易接受的身份鉴别方式。脸像识别系统是通过 CCD 摄像机采集脸像,然后提取特征并存储在模板库中。在身份鉴别时首先将脸像从背景中分割出来,再把现场采集到的图像经特征提取后与库中的模板进行比对。脸像识别的优点在于其非接触性,用户不需要和设备直接接触。其缺点在于脸像会随着表情、年龄等的变化而发生改变,而且光线、背景和姿态等因素对脸像识别的效果影响也很大。

2）指纹

指纹识别具有较低的成本和可靠的性能,因而成为应用比较广泛的生物鉴别方法。指纹识别的方法已经有很久的历史了,早在公元前 3 世纪,我国就已经用指纹作为识别个人的手段,从那时开始已经使用指印来证实文件的真伪。指纹识别是最传统、最成熟的生物鉴别方式。

3）虹膜

虹膜是指位于眼球瞳孔外缘间的环形组织,每一个虹膜包含一个独一无二的基于像冠、水晶体、细丝、斑点、结构、凹点、射线、皱纹和条纹等特征的结构,没有任何两个虹膜是一样的。虹膜可以直接看到并可以用摄像设备获取其图像。基于虹膜的身份鉴别系统其关键技术之一是虹膜获取,虹膜扫描系统通过一个全自动照相机来寻找眼睛并发现虹膜,与此同时,开始聚焦成像。虹膜识别的优点在于其具有易用性和非接触性,只需用户位于设备之前而无须物理接触,而且虹膜的生理特征终身不变,一般性的疾病或损伤都不会改变虹膜的特征。

▶ 8.3.2　访问控制

随着多道程序的出现,在操作系统中的多个进程之间必须有一个保护机制,使得各个进程按照操作系统给它的授权来使用文件、内存、CPU 以及其他的资源。访问控制机制是现代操作系统常用的安全控制方式之一。访问控制中,通过保护规则定义了主体与客体可能的相互作用途径。它决定主体对客体的访问权限。目前常用的访问控制机制有自主访问控制（DAC）和强制访问控制（MAC）。

1. 自主访问控制

可以用如表 8-1 所示的存储矩阵,给出主体对客体的权限。

表 8-1　一个存取矩阵

客体\主体	文件 1	文件 2	文件 3	打印机
D1	R,W	X	R,W	
D2		W		P
D3	X		W	P

　　如果将主体本身也作为可以操作的对象，就可以把主体切换也包含在矩阵模型中。表 8-2 给出了表 8-1 的内容，只增加了作为客体的三个主体，并增加了"切换"操作（Switch）。表中主体 D1 可以切换到主体 D2，但不能返回。

表 8-2　存取矩阵把主体作为客体

客体\主体	文件 1	文件 2	文件 3	打印机	主体 D1	主体 D2	主体 D3
D1	R,W	X	R,W			Switch	
D2		W		P			
D3	X		W	P	Switch		

　　在实际应用中，实际上很少直接存储如表 8-2 那样的矩阵。可以按照行或列来存储非空元素。

　　1）存取控制表

　　将存取矩阵按列存放，这样每个客体被赋予一张排序的列表，其中列出了可以访问该客体的全部主体以及怎样访问，这张表就称为存取控制表（Access Control List，ACL）。具体实现时，可把每个文件的 ACL 放在磁盘的一个单独块中，并在文件的目录区链接这个磁盘块的块号。因为只存储了非空项，所需的全部 ACL 存储空间比整个矩阵存储所需的空间要少得多。例如，对应于表 8-1 的存取控制表可以如下描述。

　　文件 1：（D1，RW），（D3，X）

　　文件 2：（D1，X），（D2，W）

　　文件 3：（D1，RW），（D3，W）

　　打印机：（D2，P），（D3，P）

　　在 UNIX 和 Linux 系统中，文件都为文件主、文件主所在的用户组以及其他用户分别提供三位 rwx，这类方案也属于 ACL，只是把其压缩到 9 位。例如，一个基本的授权-rwxr-x---，表示文件主可读、写、执行，同一组的用户可读、执行，其他用户无权访问。9 位的 UNIX 方案尽管远没有 ACL 系统全面，实际上也已经基本够用了，而且它实现起来比较方便。

　　客体的所有者能随时改变客体的 ACL，可以方便禁止原先允许的访问。可能的问题是，ACL 改变很有可能不影响当前正在使用该客体的主体。

　　2）权能表

　　将存取矩阵按行存放，这样每个主体都赋予一张可能访问的客体表以及每个客体允许进行的操作，该表就称为权能表（Capability List），其中的每一项叫作权限。

　　一张权能表的描述可如表 8-3 所示，其中描述了表 8-1 中域 D1 的权限。表中给出了对象的类型以及对这个对象允许执行的合法操作，并给出指向客体本身的指针。权能表本身也是客体，可以从别的权能表中引用，因此很容易实现共享。

表 8-3　权能表

编　　号	客 体 类 型	权　　限	客 体 指 针
1	文件	RW-	指向文件 1
2	文件	--X	指向文件 2
3	文件	RW-	指向文件 3

除了依赖于具体客体的权限,如读、写和执行,往往还有用于全部客体的一般权限,如复制权限、复制客体、删除权限、删除客体等。另外,在使用权能表的系统中,很难撤销对某客体的访问权,系统很难找出全部权限并收回,因为这些权限事实上存储在遍及磁盘的权能表中。

2. 强制访问控制

用户可以利用自主访问控制来防范其他用户对自己客体的攻击,强制访问控制提供了不可逾越的、更强的安全保护层。在强制访问控制机制中,系统为每个进程、每个文件以及每个客体赋予了安全属性,同时用户或程序不能直接或间接地修改安全属性,统一由系统管理员或操作系统自动地按照严格的规则设置。

一个进程要想访问某个客体,首先要通过强制访问控制机制的检查,根据进程的安全属性和访问方式,比较进程的安全属性和客体的安全属性,从而确定能否允许该进程访问客体。强制访问控制为所有的主体和客体指定安全级别,如绝密级、秘密级和无密级。不同级别标记了不同的重要程度和能力。主体访问不同级别的客体应符合强制的安全策略。

▶ 8.3.3　可信通路

可信通路(Trusted Path,TP),也称为可信路径,是指用户能跳过应用层而直接同可信计算基之间通信的一种机制。构建可信通路的一个简单方法是为每名用户提供两台终端设备,一台完成日常的普通工作,一台用于实现与安全内核的硬连接及专职执行安全敏感操作。这种办法虽然十分简单,但代价昂贵,同时还会引入诸如如何确保"安全终端"的安全可靠及如何实现"安全终端"和"普通终端"的协调工作等新问题。

对用户建立可信通路的一种更为现实的要求是用户在执行敏感操作前,使用一般的通用终端和向安全内核发送所谓的"安全注意符"(即不可信软件无法拦截、覆盖或伪造的特定信号)来触发和构建用户与安全内核间的可信通路。

现代操作系统中,安全注意符一般由安全注意键(Secure Attention Key,SAK)即系统指定的一个或一组按键来激活。例如,x86 平台的 Linux 环境中,规定 Alt＋SysRq＋K 组合键为安全注意键。默认情况下,安全注意键处于关闭状态,需要用命令 echo"1"＞/proc/sys/kernel/sysrq 来打开(即将 CONFIG_MAGIC_SYSRQ 设置为真值)。在 Windows NT/2000/XP 系列操作系统中,也规定了具有类似作用的安全注意键(微软公司称其为 Secure Attention Sequence),即 Ctrl＋Alt＋Del 组合键。

▶ 8.3.4　安全审计机制

通过追查涉及系统安全操作的完整记录,可以通过审计机制提高操作系统的安全性。日志文件是安全系统的一个重要组成部分,它记录计算机系统所发生的情况:何时由谁做了一件什么样的事,结果如何等。日志文件可以帮助用户更容易地跟踪间发性问题或一些非法侵袭,可以利用它综合各方面的信息,去发现故障的原因、侵入的来源以及系统被破坏的范围。对于那些不可避免的事故,也至少有一个记录。因此,日志文件对于重新建立用户的计算机系统、进行调查研究、提供证据以及获得准确及时的现场服务都是必需的。但是,日志文件有一个致命的弱点：它通常记录在自身系统上,它们会受到修改或删除。有些技术方法可以帮助缓解这种问题,但无法完全消除隐患。有些系统支持将日志文件存到不同的机器上,这样对于日志文件的安全就有了很好的保证。

▶ 8.3.5　存储保护、运行保护和 I/O 保护

操作系统是软硬件之间的桥梁,因此保护硬件机制的安全也是操作系统安全中的重要问题。其目标是保证可靠性和为操作系统提供基本安全机制。

1. 存储保护

操作系统安全中存储保护是一个最基本的要求。所谓存储保护,是指保护用户在存储器中的数据。保护单元是存储器中的最小数据范围,如字、字块、页面或段。保护单元越小,则存储保护精度越高。存储保护机制应该防止用户程序对操作系统的影响,在多道程序运行的系统中,需要存储保护机制对进程的存储区域实行互相隔离。

存储保护与存储器管理是紧密相连的,存储保护负责保证系统各个任务之间互不干扰;存储器管理则是为了更有效地利用存储空间。将地址空间分为系统区和用户区后,应禁止在目态下的非特权进程写系统区,允许管态中的进程访问所有的地址空间。从目态到管态的转换由特殊指令完成,该指令限制进程只能对部分系统区进程进行访问。这些访问限制一般是由硬件根据该进程的特权模式决定的。

在计算机系统提供透明的存储管理之前,采用基于物理页号的访问判决方法,每个物理页号都被赋予一个密钥,系统只允许拥有该密钥的进程去访问该物理页,同时利用一些访问控制信息指明该页是可读的或是可写的。每个进程也分配一个密钥,该密钥由操作系统装入进程的状态字中。进程每次访问地址空间时,硬件都要对该密钥进行检验,只有当进程的密钥与物理页的密钥相匹配,并且相应的访问控制信息与该物理页的读写模式相匹配时,才允许该进程访问该物理页,否则禁止访问。

在采用基于描述符的地址解释机制中,每个进程都有一个"私有的"地址描述符,进程对地址空间某页或某段的访问模式都在该描述符中说明。可以有两类访问模式集,一类用于在目态下运行的进程,一类用于在管态下运行的进程。此处分别用一个比特表示是否允许进程对某页或某段进行写、读和执行的访问操作。由于在地址解释期间,地址描述符同时也被系统调用检验。所以这种基于描述符的存储访问控制方法,在进程转换、运行模式转换以及进程调出/调入内存等过程中,不需要或仅需要很少的额外开销。

2. 运行保护

要保护操作系统安全很重要的一点是进行分层设计,而运行域正是这样一种基于保护环的等级式结构。运行域是进程运行的区域,在最内层具有最小环号的环具有最高特权,而在最外层具有最大环号的环具有最小的特权。一般的系统不少于 3 个环。

设置两环系统是很容易理解的,它只是为了隔离操作系统程序与用户程序。对于多环结构,它的最内层是操作系统,它控制整个计算机系统的运行;靠近操作系统环之外的环是受限使用的系统应用环,如数据库管理系统或事务处理系统;最外一层环则是控制各种不同用户的应用环。最重要的是等级域机制应该保护某一环不被其外层环侵入,并且允许在某一环内的进程能够有效地控制与利用该环以及低于该环特权的环。进程隔离机制与等级域机制是互不相关的。一个进程可以在任意时刻在任何一个环内运行,在运行期间还可以从一个环转移

到另一个环,当一个进程在某个环内运行时,进程隔离机制将保护该进程免遭在同一环内同时运行的其他进程破坏,也就是说,系统将隔离同一环内同时运行的各个进程。

3. I/O保护

操作系统的所有功能中I/O最复杂。人们往往首先从系统的I/O部分寻找操作系统安全方面的缺陷。绝大多数情况下,I/O是仅由操作系统完成的一个特权操作,所有操作系统都对读写文件操作提供一个相应的高层系统调用,在这些过程中,用户不需要控制I/O操作的细节。

I/O介质访问控制最简单的方式是将设备看作一个客体,仿佛它们都处于安全防线外,由于所有的I/O不是向设备写数据就是从设备接收数据,所以进行I/O操作的进程必须受到设备的读/写两种访问控制。这就意味着设备到介质间的路径可以不受约束,而处理器到设备间的路径则需要一定的读写访问控制。若要对系统中的信息提供足够的保护,防止被未授权用户的滥用或毁坏,只靠硬件是不够的,必须由操作系统的安全机制与适当的硬件安全机制相结合才能提供强有力的保护。

▶ 8.3.6　加密技术

密码术是保持信息秘密的科学和艺术。密码术用在计算机中,可以保护数据不被非法泄露,可以确认一名用户或一个请求服务的程序的标识,也可以揭示非法的入侵行为。在操作系统中对文件和目录进行加密,可以使得非法入侵者即使获取了文件,也无法了解文件中的内容,使得系统的安全性提高了一个层次。在网络传输过程中,存在着同样的理由。另外,在身份认证方面,作为用户需要确认一个登录过程必须是安全的,要确认他所面对的是真正自己想要的系统,作为系统,也需要确认用户真正的合法性,用户输入的信息不会被篡改,这些都需要使用密码技术来实现。

1. 加密和解密

加密是将明文用一个数学函数和一个专门的密钥转换为密文的过程。

解密是一个相反的过程:密文用一个数学函数和一个密钥转换为明文。

有很多不同的计算机加密和解密方式,然而,每一个所谓的加密系统有相同的组成要素。

(1) 加密算法:对数据进行加密和解密操作的数学算法。

(2) 密钥:加密算法用于确定数据应如何被加密或解密的关键字。它类似于计算机的口令:当一个信息被加密时,用户需要说明这个关键字,以便日后用户可以访问这个被加密的信息。然而,与口令不同的是,加密程序不用这个关键字与用户输入的关键字相比较。加密程序用用户输入的关键字将密文还原为明文。如果用户提供的是正确的密钥,将得到原始的明文;如果用户试图用不正确的密钥还原一个密文,将得到一个垃圾文件。

(3) 密钥长度:密钥有一个规定的长度。较长的密钥可使攻击者更难于破解。不同长度的加密系统允许用户使用相应固定长度的密钥,也有一些加密系统允许使用变长度的密钥。

(4) 明文:用户打算加密的原始信息。

(5) 密文:被加密后的信息。

2. 常用密码算法

当前有如下的加密算法被应用。

1) 专用密钥系统

它用相同的密钥对消息加密和解密,因此又被称为"对称密钥"系统。常用的专用密钥系统有 ROT13、Crypt、DES、RC2、RC4、RC5、IDEA、Skipjack 等，其中使用得最广泛的是基于 DES 的加密方法。专用密钥系统常常被用于保护存在计算机硬盘上的信息或在两台计算机之间传送的信息。

2）公开密钥系统

它用一个公开的密钥对消息加密，使用另一个秘密的密钥对消息解密。之所以被称为公开密钥，是因为用户可以使加密消息用的密钥被公开，也不会影响该消息和解密的密钥的保密性。公开密钥系统也被称为"不对称密钥"系统。常用的公开密钥系统有 Diffie-Hellman、RSA、ElGamal、DSA 等，其中，RSA 是当前最流行的公开密钥加密系统。公开密钥系统常被用于为数据建立"数字签名"，如电子邮件，以便证明数据的原始性和完整性。

3）公开/专用混合密钥系统

在这些系统中，较慢的公共密钥系统被用于交换一个随机的"会话"密钥，然后会话密钥被用作专用密钥算法的基础。实际上，几乎所有的公开密钥系统都是"公开/专用混合密钥"系统。

▶ 8.3.7　恶意代码

计算机程序通常是用来完成特定的功能，例如，数值计算、图形设计、网络用户之间的通信等，但是所执行的指令有时可能会有意想不到的破坏作用。当这种破坏偶然发生时，称为"软件故障"，其原因是"非预期的程序行为"；当这种破坏的根源在于某个人或某些人的故意行为时，这些指令就称为"恶意代码"或"程序性威胁"。恶意代码（或程序性威胁）有许多种类，很多专家根据恶意代码的做法以及它们如何被触发和传播的方式，对其做了分类。目前，恶意代码几乎被传媒一致地描述为病毒，但实际上是不准确的。一般来说，恶意代码有以下几种：安全工具和工具箱、特洛伊木马、后门、病毒、蠕虫、逻辑炸弹、细菌等。

1. 安全工具

现在，许多现成的程序能自动地扫描计算机系统安全的弱点。这些程序能在短时间内快速探测出一台计算机或计算机网络的上百个脆弱点，如 SATAN、Tiger、ISS 等就是一些有名的工具。大多数安全工具是为计算机专业人员搜寻自身网站的问题而设计的，具有高自动化和高准确性。但是这些工具给那些试图寻找漏洞侵入的人提供了有用的工具，而且这些工具非常容易在 Internet 上获得，使用起来也非常容易，不需要特别的知识和经验。所以系统管理员首先意识到自己系统存在的潜在弱点，并及时进行修补，置系统于保护和监控之下。一般认为，只有在非法使用者采取行动之前，安全人员获得这些工具并运行它们才是最有效的策略。当然，这些安全工具本身必须是可靠的。

2. 特洛伊木马

特洛伊木马命名于古代神话中的特洛伊木马。同于其名，现代特洛伊木马貌似用户希望运行的程序，如游戏、报表或编辑程序，当程序外表显现正在做用户要做的事时，做的却是与显现无关的事，而且用户对此还无察觉，等到发现问题时，已经悔之晚矣。

特洛伊木马是以"诱导"的方式让用户去执行包含木马的程序。所以，从用户的角度，避开特洛伊木马的最好办法是在了解整个程序的来龙去脉前不要执行任何东西。特洛伊木马可以嵌入脚本、网页文件中，许多邮件的附件也带有木马，因此，不了解文件做什么，就不执行它，直到明白为止。除非绝对必需，否则不要用系统管理员身份执行任何东西。如果不依赖于一些强制手段，想防止特洛伊木马的破坏几乎是不可能的，但也可以采取对存取控制灵活性的限制。过程控制、系统控制、强制控制和仔细阅读软件源程序等措施都可以降低特洛伊木马攻击成功的可能性，不过，不管哪一种技术均有它的局限性。

3. 后门

后门是被写入应用程序或操作系统中的一些程序段，使程序开发者在存取程序时，无须经过正常的认证检查。它通常由程序开发人员所编写，用来作为调试和监控已开发程序的手段。后门是这样一段代码，这段代码或者能识别一些特定的输入序列，或者当运行某一用户 ID 时触发这段后门代码，然后它授权特定的访问。

当一些粗心的程序员用后门来获取非授权访问时，就变得有威胁性了。更严重的问题是，一旦最初的程序开发者在完成了系统调试后忘记删除后门，且又被其他人发现后门的存在。最著名的 UNIX 后门是 sendmail 程序的 DEBUG 选项，在 1988 年 11 月被 Internet 蠕虫所利用。DEBUG 选项是作为调试 sendmail 而附加的，但是它有一个后门，允许计算机通过网络不进行初始登录就能远程访问。

抵御后门是很复杂的。最重要的防卫方法是检查重要文件规则的完整性，以及文件和目录的许可权和所有权。同时，对新软件的审查也很重要，要有软件提供者的书面保证。可能的话，应仔细阅读和理解整个软件的源代码。

4. 病毒

真正的病毒是插入在其他可执行程序中的代码序列，因此，当正常程序执行时，病毒代码也被执行了。病毒代码将自身复制插入一个或多个其他程序中，病毒不能独自运行，它是宿主程序的一部分，它需要有宿主程序的执行来激活它们。

病毒主要具有以下特点。

（1）寄生性。病毒是寄生在某个可执行程序内的，它不是一个单独的程序。

（2）传染性。一旦系统中有程序感染了病毒，就可能传染整个系统。

（3）潜伏性。系统感染病毒后，往往一开始没有任何症状，因为病毒的发作一般需要触发条件，当条件满足时，病毒就会产生破坏作用。

（4）破坏性。只有具有破坏性的代码序列才能认为是病毒。

从用户的角度，对病毒的防御主要体现在对于系统的使用方法上，如及时升级操作系统及所用的各种应用软件，使用优秀的杀毒软件，并进行实时监控，注意避免通过软盘和网络感染病毒等。

从操作系统的角度，主要要有一个认证机制和保护机制，确保对重要文件或信息的修改必须获得足够的授权。例如，一个病毒在受保护的目录中只能运行而不能写，这样就无法传染给其他的程序。

5. 蠕虫

蠕虫是程序，它能独立运行且通过网络连接从一台机器移动到另一台机器，一部分蠕虫可以在不同种类的机器上运行。一旦蠕虫在一个系统内被激活，它就像病毒一样传播，它也可能植入特洛伊木马程序中，进行破坏活动。网络蠕虫利用一些网络设备来复制自身，例如：

（1）电子邮件装置。蠕虫可将其一个副本邮给其他系统。

（2）远程执行功能。蠕虫在其他系统上执行其一个副本。

（3）远程登录功能。蠕虫以一名用户的身份登录远程系统，然后复制到另一个系统。

于是蠕虫程序的一个新副本在远程系统上运行，除了在该系统上执行以外，它还以相同的方式向外传播。蠕虫在传播时的工作方式如下。

（1）通过检查主机表或远程系统地址的类似特性，找到要感染的其他系统。

（2）建立与远程系统的连接。

（3）将自身复制到远程系统，并运行该副本。

网络蠕虫在将自身复制到一个系统前先确定该系统是否已感染。在多道程序系统中，它取一个好像是系统进程的名字，或者用一个不会被系统操作员发现的名字。网络蠕虫程序比较难对付，抵御蠕虫就像抵御入侵一样。当发现系统中有蠕虫存在时，应该断开网络，以防止其扩散。蠕虫程序常常导致整个网络的瘫痪。

6. 逻辑炸弹

逻辑炸弹往往潜伏在通常所使用的软件里很长一段时间，直到有某个触发条件满足。包含在软件中的逻辑炸弹一旦触发，所执行的功能就不是意想中的程序功能了。通常逻辑炸弹由有合法存取权限的软件开发者放入程序中。触发逻辑炸弹的条件包括文件的存在与否、特定的日期或特定用户运行特定的应用程序等。一旦触发，逻辑炸弹可能会摧毁或修改数据，引起停机或系统损坏。一个典型的例子：一个逻辑炸弹检查某雇员 ID，一旦这个 ID 连续三次未出现在工资账上（表示该雇员已经离开公司），则触发逻辑炸弹。抵御后门的方法也可以抵御恶意性逻辑炸弹。不要安装未经彻底测试和仔细阅读的软件，正常备份以防不测，必要时可恢复数据。

7. 细菌

细菌不会明显损坏任何文件，它们的唯一目标是复制自身。典型的细菌程序，在多用户系统中同时执行两个自身的副本，或创建两个新文件，其中每个文件都是细菌程序原始源文件的拷贝，然后这些程序又延伸自己的副本，细菌数目就呈指数级的增长。细菌数目的增加，将会占有处理器的负载量、内存空间或磁盘空间，直至耗尽，排斥用户获取那些资源。

▶ 8.3.8　备份与容错

计算机系统中不论是硬件还是软件都会发生损坏和错误，更何况还有非法入侵者和病毒等的攻击，所以为了保证系统中的数据有更好的安全性，必须对保存在辅助存储器中的文件和数据另外采取保险措施。这些措施中最简便的方法是备份，使一些重要的文件有多个副本。下面介绍三种常用的备份方法。

1. 零时间备份

制作系统的原始备份。当系统第一次安装完成后，在开始使用之前，为系统上的每一个文件和程序制作备份。

2. 全量备份

也叫整体备份。把辅助存储器上所有需要备份的文件，定期（如每天一次）复制到磁带上。这种方法比较简单，但存在备份时必须停止向用户开放、需要的时间较长需要数小时和只能恢复前一次备份的信息等缺陷。

3. 增量备份

每隔一定时间，把所有被修改过的文件和新文件进行备份。通常系统对那些修改过的和新的文件做上标志，当用户退出时，将列有这些文件名的表传给系统进程，由它备份这些文件。全量备份和增量备份可以一起使用，如每两周进行一次全量备份，每天晚上为那些自从最后一次全备份后新修改的部分制作备份。制作好的备份一般不和原来的计算机系统存放在同一个地方，而应该保存到一个安全的地方。对于要求更高的系统，则要求进行异地备份。

▶ 8.3.9　隐通道分析与处理

信息通路指信息在操作系统中经过的道路。对信息通路的保护涉及两方面：一方面对显式信息道路的保护，防止非法信息经过显式通路；另一方面要防止恶意用户通过隐蔽信道进出。

正常信道的保护机制是由可信通路（Trusted Path）提供的。可信通路是终端人员能借以直接同可信计算基（TCB）通信的一种机制，该机制只能由有关终端人员或可信计算基启动，并且不能被不可信软件模仿。可信通路机制主要应用在用户登录或注册时。为防止某些不法用户利用特洛伊木马程序窃取合法用户名和口令，应构建登录过程的可信通路，以确保用户所见的登录界面是真正的系统登录界面，从而保证用户账号安全。可信通路机制一般是以安全注意键（Secure Attention Key，SAK）为基础实现的。SAK 是由终端驱动程序检测到的键的一个特殊组合。每当系统识别到用户在一个终端上输入的 SAK，便终止对应到该终端的所有用户进程，启动可信的会话过程，以保证用户名和口令不被窃走。

隐蔽通道是指利用那些本来不是用于通信的系统资源绕过强制存取控制非法通信的一种机制。特洛伊木马攻击系统的一个关键标志是通过一个合法的信息进行非法的通信。这些信道一般是用于交互进程通信的，如文件、交互进程信息或者共享内存。虽然强制存取控制能够防止利用这些信道进行非法通信，但是一个系统中往往存在不受强制存取控制的非法信道，这些信道就是隐蔽信道。

Kemmerer 在 1983 年总结了隐蔽信道的特征，给出了发现隐蔽信道的必要条件。

（1）发送进程与接收进程都具有访问一个共享资源的同一属性的权限。

（2）一发送进程可以修改一个共享资源的属性。

（3）接收进程可以检测该共享资源属性的改变。

（4）存在某种机制，能够启动发送进程与接收进程之间的通信，并正确调节通信事件的顺序。

衡量隐蔽信道的两个基本参数为容量和带宽。容量指隐蔽信道一次所能传递的信息量，用 B 来衡量。带宽指信息通过隐蔽信道传递的速度，用 B/s（单位为 b/s）来衡量。对隐蔽信道的常见处理技术包括消除法、宽带限制法和威慑法等，美国橘皮书 TCSEC 建议结合使用这三种方法。隐蔽信道处理的基本原则有以下几个。

（1）信道宽带低于某个预先设定值 b 的隐蔽信道是可以接收的。

（2）带宽高于 b 的隐蔽存储都应当可以审计。所有不能审计的存储信道的带宽要记入文档，这使得管理员可以觉察并从程序上采取纠正措施对付重大的威胁。

（3）带宽高于预先设定的上限 $B(B>b)$ 的隐蔽信道代表重大威胁，应当尽可能将其消除或者将其带宽降低到 B（单位为 b/s）以下。

8.4　安全模型

操作系统存在的安全问题主要来源于两方面：一个是安全控制机构有故障，这是一个软件可靠性的问题；另一个是安全定义有缺陷，这需要精确描述安全系统，通过运用形式化数学符号记录模型来表达对模型精度的要求，这就是本章要介绍的安全模型。安全模型是对安全策略所表达的安全需求的无歧义、抽象和简单的描述，它提供了一种框架来关联安全策略和实现机制。当前主要安全模型包括 Bell-LaPadula 模型、Biba 模型、Clark-Wilson 模型、中国墙模型、DTE 模型和无干扰模型等。

▶ 8.4.1　Bell-LaPadula 模型

最具有代表性的形式化信息安全模型为 Bell-LaPadula 模型，简称为 BLP 模型。该模型是由 David Bell 和 Leonard La Padula 于 1973 年提出并于 1976 年修订和完善的安全模型，是一种能模拟符合军事安全策略的计算机操作的模型，从系统保密性的角度描述了不同访问级别的主体和客体之间的联系，它是多级安全模型的基础，是公认的基本安全公理，也是最早的、最常使用的一种模型。

BLP 模型形式化地定义了系统状态及状态间的转换规则，并制定了一组约束系统状态间转换规则的安全理论。BLP 模型可以归纳为三方面的内容：元素、系统状态和状态转换规则。

（1）元素：BLP 模型中涉及主体集合、客体集合、访问权限、访问矩阵集合、类别集合、访问类函数、系统状态集合、请求元素、访问请求集合、请求结果集合、正整数、判断序列集合、状态序列集合、请求序列集合、状态转换规则和表示当前客体的密级树形结构。

（2）系统状态：由主体、客体、访问矩阵、访问属性以及标识主体和客体的访问类属性的函数组成的表示形式就是状态。

（3）状态转换规则：为了保证系统的每一个状态都是安全状态，除了保证初始状态是安全的，还要保证系统的每一次转换都从一个安全状态转移到另一个安全状态。

BLP 模型保证了低安全级的主体不能读高安全级的数据，同时阻止了高安全级主体把秘密泄露到一个较低的安全级上。总的来说，BLP 模型采用的是一种"向下读（Read-Down），向上写（Write-Up）"的机制，保证信息不会从高保密级别流向低保密级别，但这会严重影响系统的可用性。

BLP 模型在机密性、数据完整性和可用性方面都存在缺陷。

（1）BLP 模型机密性不高。根据 BLP 模型的"向下读，向上写"原则，低安全级主体不能读取高密级数据却可以修改高密级数据。同时限制了"向下写"，使得信息只能由低安全级向高安全级流动，杜绝了可能的泄密渠道。但是"向上写"为用户非法重写数据库提供了机会，此外，低安全级用户提供的信息并不一定可靠。

（2）高密级数据的数据完整性得不到保证。低安全级用户能够篡改高密级数据，因此高密级的数据有可能变成垃圾数据，完整性难以保证。

（3）BLP 模型可用性差。"向下读，向上写"的策略能够有效地防止低密级用户获取敏感信息，也限制了高密级用户向非敏感客体写数据的合理要求，降低了系统的可用性。

▶ 8.4.2　Biba 模型

20 世纪 70 年代，KenBLP 等提出了 Biba 模型，对数据提供了分级别的完整性保证。类似于 BLP 模型，Biba 模型也使用强制访问控制机制。Biba 模型对主体和客体按照强制访问控制机制的思想进行分类，这种分类方法一般应用于军事领域。Biba 模型中，系统的主体与客体的概念和 BLP 模型相同，为每个主体和每个客体分配一个完整级别，相当于 BLP 模型中的安全等级概念。其完整级别越高，可靠性就越高。高等级的数据比低等级的数据具备更高的精确性和可靠性。

Biba 模型的两个主要特征如下：

（1）禁止向上写，这样使得完整性级别高的文件是由完整性高的主体产生的，从而保证了完整性级别高的文件不会被完整性低的文件或进程中的信息所覆盖。

（2）禁止向下读，主体不能读取安全级别低于它的数据。

Biba 模型和 BLP 模型相对立，其修正了 BLP 模型中忽略的信息完整性问题，但忽视了保密性。

▶ 8.4.3　Clark-Wilson 模型

Clark-Wilson 数据完整性安全模型是在 1987 年被提出的，是一个完整性的应用级模型，用于保证数据的完整性，提供一个评估商用系统安全性的框架。它是为现代数据存储技术量身定制的，实现基于成形的事务处理机制。但该模型中对数据的操作与数据的安全级无关，主要是防止对数据的非法操作，不关注信息的机密性，因此容易发生信息的泄露。

Clark-Wilson 模型中控制数据完整性的方法有以下两个。

（1）职责分离原则：规定一个任务从开始到结束不能由一个人完成。该任务将分给至少两个人完成，其中一个人执行任务，一个人证明完整性，以防止个人可能造成的欺骗。

（2）良构事务原则：用户不能任意操作数据，只能用一种能够确保数据完整性的受控方式来操作数据。

Clark-Wilson 模型的三个组成部分如下。

（1）数据，即客体集合。在 Clark-Wilson 中，系统中的数据被分为两部分：被约束的数据条目（Constrained Data Item，CDI）和不受约束的数据条目（Unconstrained Data Item，UDI）。CDI 已经具有完整性约束，UDI 尚不具有完整性约束，如用户通过键盘输入的信息。

（2）完整性验证过程（Integrity Verification Procedure，IVP），该过程用于校验数据的完整性，这是由系统的安全官员执行的。

（3）变换过程（Transformation Procedure，TP），该过程是把 CDI 从一个有效状态转变为另一种有效状态。所谓有效状态是指数据处于被约束的状态。该过程是由一般用户执行，安全官员不执行 TP。TP 可以理解为主体对客体的访问方式。

▶ 8.4.4　中国墙模型

中国墙模型是在商业环境中一种典型的访问控制模型，这种模型最初来源于证券咨询业务的安全需求，根据有关法律法规要求，证券公司的咨询人员不能在知道一个企业的竞争对手的内部信息后为该企业咨询，以防止"利益冲突"。根据这些规定，Brewer 等提出了一种基于中国墙策略的安全模型（简称 BN 模型）。模型的基本思想是：只允许主体访问与其所拥有的信息没有利益冲突的数据集内的信息。主体第一次选择可以自由选择任何一个客体，这是因为主体中没有任何客体的信息，所以不存在任何冲突。但是，主体一旦做出选择并且访问了某个企业数据集内的客体，它的访问权限就会被限定，不能再对这个利益冲突类中的其他企业数据集中的客体进行访问，只能对这个企业数据集中的客体或其他利益冲突类中的客体进行访问。中国墙模型既继承了 BLP 模型的保密性策略，又承接了 Biba 模型和 CW 模型的完整性策略。模型中提出了中国墙的概念，设计了一个规则集使得主体不能访问"墙"另一边的客体。

▶ 8.4.5　基于角色的访问控制模型

计算机系统中，同一用户在不同的场合需要以不同的权限访问系统，用户量较大后对用户账号的管理非常复杂,此外,权限的层次化分权管理也非常困难。

基于角色的访问控制模式(RBAC)中,用户以一定的角色访问系统,而不是自始至终以同样的注册身份和拥有相同的权限,不同角色被赋予不同的访问权限,访问控制只针对角色,而不针对用户。用户在访问系统前,经过角色认证而获得特定角色,系统依然可以按照自主访问控制或强制访问控制机制控制角色的访问能力。角色是一组与特定活动相关联的动作和责任。主体担任角色,完成角色规定的责任,具有角色拥有的权限。一个主体可以同时担任多个角色,它的权限就是多个角色权限的总和。通过各种角色的搭配授权来实现主体的最小权限。

用户都分配适当的角色,因而获得角色的许可,简化了许可管理。角色可以根据一个部门的工作来创建,用户可以根据自身的责任和资格来分配角色。用户可以方便地从一个角色被分配到另一个角色。角色可以根据应用和系统的变化授予新的许可,也可以根据需要撤销许可。

8.5　安全体系结构

操作系统的安全是一个系统的问题,不从体系结构角度考虑操作系统的安全性、不考虑建立安全标准体系,会造成整体安全不完备、存在薄弱环节、部件功能重复、效率低下、评估困难、不适应需求和技术变化、互操作困难等问题。要全部满足操作系统的安全性要求、性能要求、可扩展性要求、容量要求、使用的方便性要求和成本要求,有时是非常困难或无法实现的,所以,就要在操作系统的各种要求之间进行全局性的统一优化。

操作系统的安全体系结构主要包含以下四方面的内容。

(1) 制定安全服务及措施。根据操作系统要达到的安全目标制定要提供的所有安全服务以及保护系统自身安全的所有安全措施,并使用自然语言或形式语言进行详细描述。

(2) 构建安全模块之间的关系。在抽象层次上按满足安全需求的方式来描述操作系统关键模块之间的关系。描述方式可以采用逻辑框图。

(3) 明确设计的基本原理。根据操作系统安全设计的要求以及工程设计的理论和方法,协调各方面的安全措施。

(4) 形成开发过程的大致框架体系与对应的层次结构。为了正确描述整个开发过程中操作系统安全需求的各方面,通常首先进行概念化设计,形成一个大致的安全框架体系,构建安全概念的最高抽象层次。然后,进行功能化设计,在确定大致体系的情况下,进一步细化安全体系反映整体结构。

安全体系结构在整个开发过程中具有指导者的地位,并具有模块化的特性。这就要求所有的开发者在开发之前要对安全体系结构达成共识,并在整个开发过程中自觉服从安全体系结构。即使在操作系统的实现阶段,开发人员也必须在来自于体系结构、编程标准、编码审查以及测试的指导原则下进行工作,这就要求安全体系结构只能是一个概要设计,而不能是系统功能的描述。

Flask 是常用的安全体系结构,它解决了策略的变化和动态策略的问题,实现了策略的可变通性。这种安全体系结构中清晰区分机制和策略,可以使用较少的策略来支持更多的安全策略集合。Flask 安全体系结构如图 8-1 所示。Flask 由客体管理器

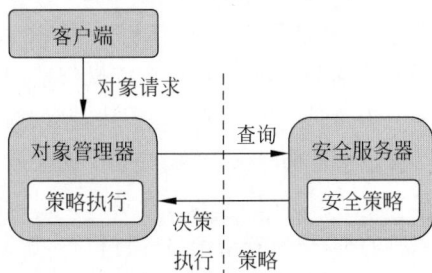

图 8-1　Flask 安全体系结构

和安全服务器组成,客体管理器负责实施安全策略,安全服务器负责安全策略决策。Flask 描述了客体管理器和安全服务器之间的交互,以及对它们内部组成部分的要求。Flask 体系由微内核来实施安全策略,但 Flask 并不依赖微内核。

Flask 的优点在于支持动态安全策略,能实现灵活的安全策略管理,支持广泛多样性的策略,并通过确保安全策略考虑了每个访问决策来控制访问权限的增长,此外还将服务提供组件执行机制直接集成到系统中,支持细粒度访问控制和允许对授权的撤销。但是 Flask 也存在难以支持自主存取控制策略,安全策略的实施难以及时响应环境变化和安全属性即时撤销机制不完善等问题。

8.6　相关实例

本节介绍目前较常见的安全操作系统 SE-Linux 和 EROS。

▶ 8.6.1　SE-Linux 系统

美国国家安全局(NSA)在 Linux 操作系统上实现 Flask 框架,并向开放源码社区发布了一个安全性增强型版本的 Linux ,称为 SE-Linux(Security-Enhanced Linux)。此外,NAI 实验室、SSC 和 MITRE 也做出了贡献。

SE-Linux 能够灵活地支持各种安全策略,从而适应特定需求及环境的策略,包括两部分:策略(Policy)和实施(Enforcement)。策略封装在安全服务器中,实施由对象管理器具体执行。

系统内核的对象管理器执行系统的具体操作,当需要对安全性进行判断时,向安全服务器提出请求,在对象管理器中,则只关心 SID。请求到达安全服务器后,实现与安全上下文的映射,进行计算,将决定的结果返回给对象管理器。

系统中关于安全的请求和决定有以下三种情况。

(1) Labeling Decision:确定一个新的主体或客体采用什么安全标签(如创建客体时)。

(2) Access Decision:确定主体是否能访问客体的某种服务(如文件读写)。

(3) Polyinstantiation Decision:确定一个进程在访问某个 polyinstantiation 客体时,可不可以转为另一个进程(如从 login-t 转到 netscape_t)。

安全服务器是内核的子系统,实现对策略的封装,并提供通用接口。SELinux 的安全服务器实现了一种混合的安全性策略,包括类型实施(Type Enforcement)、基于角色的访问控制(Role-based Access Control)和可选的多级别安全性(Optional Multilevel Security)。该策略由另一个称为 checkpolicy 的程序编译,它由安全性服务器在引导时读取,生成一个文件/ss_policy。这意味着安全性策略在每次系统引导时都会有所不同。策略甚至可以通过使用 security_load_policy 按口在系统操作期间更改(只要将策略配置成允许这样的更改)。此外还提供一个访问向量缓存(AVC)模块,允许对象管理器缓存访问向量,减小整体性能的损耗,在每次进行安全检查的时候,系统首先检查存放在 AVC 中的访问向量,如果存在此访问向量,则直接返回在 AVC 中的访问向量;否则向安全服务器提出查询请求,在安全服务器中根据主客体的 SID 及相应的类,根据安全策略进行检查,返回相应的访问矢量,并把此访问向量存放在 AVC 中。

SE-Linux 有两个用于安全性标签的与策略无关的数据类型:安全性上下文(security context)和安全性标识(sID)。安全性上下文是表示安全性标签的变长字符串,由用户、角色、类型和可选 MLs 范围组成。安全性标识(sID)是由安全服务器映射到安全上下文的一个整数。sID 作为实际上下文的简单句柄服务于系统,只能由安全服务器解释。SE-Linux 通过对象管理器的构造执行实际的系统绑定。它们处理 sID 和安全上下文,不涉及安全上下文的属性。任何格式上的更改不应该对对象管理器进行更改。

对象管理器根据主体和客体的 sID 对和对象的类查询安全服务器,以获得访问决定,即访问向量。类是标识对象是哪一种类(例如,常规文件、目录、进程、UNIX 域套接字还是 TCP 套接字)的整数。访问向量中的许可权通常由对象可以支持的服务和实施的安全性策略定义。访问向量许可权基于类加以解释,因为不同种类的对象有不同的服务。

SE-Linux 系统中的每个主体都有一个域,每个客体都有一个类型(在 SELinux 中将域和类型定义成为类型)。策略的配置决定对类型的存取是否被允许,以及一个域能否转移到另一个域等,类型的概念应用到应用程序中时,可以决定类型是否可以由域执行;某个类型被执行时,可以从一个域跳转到另一个,从而保证了每个应用程序属于它们自己的域,防止恶意程序进行破坏。角色也在配置中进行了定义,每个进程都有一个与之相关的角色:系统进程以 system_r 角色运行,而用户可以是 user-r 或 sysadim_r。配置还枚举了可以由角色输入的域。安全性策略配置目标包括控制对数据的原始访问、保护内核和系统软件的完整性、防止有特权的进程执行危险的代码,以及限制由有特权的进程缺陷所导致的伤害。策略可根据策略文件灵活生成,SE-Linux 中的策略定义非常广泛和灵活,客体的类型定义有 security、device、file、procfs、devpts、nfs、network;主体的域的策略定义有 admin、program、system、user。策略配置对用户是透明的。

▶ 8.6.2 EROS 系统

EROS(Extremely Reliable Operating System)是一种基于权能(Capability)的高性能微内核实时安全操作系统,是 GNOSIS(后命名为 KeyKOS,一种基于权能的操作系统)体系结构的第三代实现。EROS 最初由美国宾夕法尼亚大学开发,此项目后转入约翰斯霍普金斯大学。

现代软件开发方法常常将各个开发商独立开发的组件组合在一起,最终形成一个规模庞大的产品。除非运行平台中集成了具有对象粒度的访问控制机制,用户是无法信任这些应用程序的。对象必须被单独命名和保护,程序必须仅拥有对对象进行合法操作所需的权限。权能能提供一种面向对象的保护模式。权能是指发起者拥有的一个有效标签,它授权持有者能以特定的方式访问特定的目标,权能可以从一名用户传递给另一名用户,但不能修改和伪造,相对于访问控制列表(ACL),权能将访问控制策略集中在访问主体上实现,而访问控制列表则集中在客体上实现。一般将权能作为基本保护机制的系统称为基于权能的系统。

EROS 是一个完全基于权能的、高性能的、面向对象微内核的实时安全操作系统,其体系结构与传统的操作系统大相径庭。

(1)面向对象。EROS 将页作为构建对象的基本元素,不仅缩短了程序与机器之间的语义间隔,还将访问控制策略的粒度细化到了页。内核定义了 6 种基本的对象类型。

① 数字(Number):可以存放一个最多 96 位长的无符号整数。该整数可以是一个寄存器值、一个地址空间偏移量等。全零的数字对象用于表示无效的权能或非法地址。

② 页(Page):页是用户数据的基本存储单位,与具体的机器相关。通常一页能存放 4KB 数据。

③ 权能页(Capability Page):专用于存放权能的页。

④ 节点（Node）：一个节点可以存放 16 个权。权能页和节点都不能映像到进程地址空间，也不能被进程直接操纵，以保证权能不能被伪造和篡改。页和节点是最基本的存储单位，也是构建其他对象，如地址空间对象和进程对象的基础。

⑤ 地址空间（Address Space）：该对象用于表示一个树状的存储空间，中间节点是"节点"对象类型，叶节点是页对象类型。地址空间对象可以在进程间共享。

⑥ 进程（Process）：在 EROS 中，进程表示为一个拥有特定权限的资源集合。每个进程都拥有一个地址空间对象（包含程序代码和数据）；一组寄存器值（用数字对象表示）；16 个系统定义的权能寄存器值和一个指向监护者（Keeper）进程的权能。当该进程运行出错时，系统便通过激活此进程的监护者进程来处理意外情况。

一个进程就是一个基本的保护域。进程的所有操作都在这个保护域内进行，进程间通过消息进行通信。一个消息包括消息码、4 个权能和 1 页数据。进程间必须有相应的权能才能进行信息交换。EROS 内核只提供一种系统调用——权能调用。一个权能被激活后，内核进行相应的检查，只允许进程在该权能指定的对象上进行指定权限的操作。EROS 中一个进程实现一组特定的服务，每个进程仅拥有实现这些服务所需的权限，从而实现最小权限管理。

（2）完全基于权能的体系结构。系统中所有资源和权限都只能通过权能进行管理，其控制粒度可以是页。EROS 将资源用对象表示，每个对象被唯一命名，权能可以用三元组（object、type、capinfo）表示，其中，object 是对象的唯一标识符，type 和 capinfo 表示对对象操作的权限。

（3）透明的全局系统持久性。权能需要进行定期保存，以防止因发生故障或停机带来的损失。EROS 实现了透明的全局系统持久性，内核定期对系统做快照，并将结果异步保存下来作为一个检查点。检查点对进程透明。当系统崩溃或意外断电后，EROS 可以快速恢复到最后一个检查点。EROS 的进程保护数据永久存在，除非内核将其杀死，因此 EROS 中没有文件系统的概念。

（4）安全性。由于进程在 EROS 中永久存在，因此进程拥有自己的权限集合而不是从用户那里继承。这使得用户的不同进程可以拥有不同的权限，从而可以实现更细粒度的权限控制与管理。用户登录代理将相应权能分发给对话内的进程，并在进程间传递，也可以根据需要改变，适应各种安全和访问控制策略。

小结

本章从介绍信息系统和计算机系统安全出发，给出了操作系统安全和相关基本概念的定义；接着介绍了国内外主要的三种计算机系统安全评估标准，包括 TCSEC、国标 GB 17859—1999 和 CC；重点介绍了操作系统中常用的安全机制，包括标识与鉴别、访问控制、监控与审计、存储保护、运行保护、I/O 保护、加密、恶意代码、备份与容错、隐通道分析与处理；然后介绍了 5 种流行的安全模型，包括 Bell-LaPadula 模型、Biba 模型、Clark-Wilson 模型、中国墙模型、RBAC 模型；再介绍了安全体系结构；最后介绍了两种常见的安全操作系统：SE-Linux 和 EROS。

习题

1. 影响一个计算机系统安全的特性主要有哪些？

2. 操作系统安全的原则有哪些？

3. 计算机系统安全评估的标准有哪些？

4. 常见的操作系统安全机制有哪些？

5. 存取控制表和权能表的主要差别是什么？

6. 描述两种主要的安全模型。

7. 解释操作系统安全体系结构。

8. 结合 OpenHarmony 源码，根据自己的理解，描述 MMU 机制是如何实现进程崩溃而系统不崩溃的(kernel/liteos_a/kernel/base/vm/)。

9. 请试图找出 OpenHarmony 支持的加密算法，及其所对应的源码位置。

第9章　OpenHarmony系统

　　知识要点：本章知识要点包括 OpenHarmony 的技术特性、多内核、系统类型划分、技术架构等，需要掌握内核子系统中的多种内核机制，熟悉 OpenHarmony 的子系统与组件组成机制，学会如何搭建 OpenHarmony 开发环境进行编码实践。

　　预习准备：了解其他操作系统的特点、架构，以及内核。

　　兴趣实践：①在 Windows 环境下搭建 OpenHarmony 开发环境；②选取 OpenHarmony 的轻量内核和小型系统内核分别进行操作系统镜像编译；③基于轻量系统内核，编译一个线程管理的实例程序。

　　探索思考：OpenHarmony 为何需要做多种内核？如何根据使用场景选用合适的内核？

　　OpenHarmony 是由开放原子开源基金会（OpenAtom Foundation）孵化及运营的一个开源项目，目标是面向全场景、全连接、全智能时代，基于开源的方式，搭建一个智能终端设备操作系统的框架和平台，促进万物互联产业的繁荣发展。

　　本章先简单介绍 OpenHarmony 系统以及技术特性，再分别介绍它支持的多种内核以及多种系统类型，然后分析 OpenHarmony 的系统架构设计和系统组成，最后讲解 OpenHarmony 操作系统源码开发环境搭建。该开发环境配合前面章节中的操作系统原理，有助于理解操作系统的源码，进行进程与线程、内存管理、文件系统等编程实践。

9.1　OpenHarmony 简介

　　OpenHarmony 是一款全智能时代的面向全场景、全连接的分布式操作系统。它在传统的单设备系统基础上，提出了基于同一套系统、适配多种终端形态的分布式理念，能够支持手机、平板、智能穿戴、智慧屏、车机等多种终端设备的统一和融合，向消费者呈现一个虚拟的超级终端界面，以提供无缝、流畅的全场景体验。

▶ 9.1.1　技术特性

1. 硬件互助，资源共享

　　OpenHarmony 通过使用分布式软总线、分布式数据管理、分布式任务调度、设备虚拟化等一系列技术，实现多终端设备之间的硬件互助和资源共享。

　　1）分布式软总线

　　分布式软总线是多设备终端的统一基座，为设备间的无缝互联提供了统一的分布式通信能力，能够快速发现并连接设备，高效地传输任务和数据。

　　2）分布式数据管理

　　分布式数据管理基于分布式软总线，实现了应用程序数据和用户数据的分布式管理。用户数据不再与单一物理设备绑定，业务逻辑与数据存储分离，应用跨设备运行时数据无缝衔接,为打造一致、流畅的用户体验创造了基础条件。

　　3）分布式任务调度

　　分布式任务调度基于分布式软总线、分布式数据管理、分布式 Profile 等技术特性,构建统一的分布式服务管理(发现、同步、注册、调用)机制,支持对跨设备的应用进行远程启动、远程调用、绑定/解绑,以及迁移等操作,能够根据不同设备的能力、位置、业务运行状态、资源使用情况并结合用户的习惯和意图,选择最合适的设备运行分布式任务。

　　4）设备虚拟化

　　分布式设备虚拟化平台可以实现不同设备的资源融合、设备管理、数据处理,将周边设备作为手机能力的延伸,共同形成一个超级虚拟终端。

2. 一次开发,多端部署

　　OpenHarmony 提供用户程序框架、Ability 框架以及 UI 框架,能够保证开发的应用在多终端运行时保证一致性,可以实现一次开发、多端部署的目标。

　　多终端软件平台 API 具备一致性,确保用户程序的运行兼容性。

　　(1) 支持在开发过程中预览终端的适配情况(CPU、内存、外设、软件资源等)。

　　(2) 支持根据用户程序与软件平台的兼容性来调整用户界面。

3. 统一 OS,弹性部署

　　OpenHarmony 通过组件化的设计方法,可以根据硬件能力的大小、资源的丰富程度和业务需求等实际情况,在多种终端设备间,按需弹性部署,全面覆盖了包含 ARM、RISC-V、x86、Loongarch 等多种指令集架构的 CPU,支持从百 KB 到 GB 级别的 RAM。

▶ 9.1.2　系统类型划分

　　根据系统支持的硬件性能和资源配置进行划分,OpenHarmony 系统支持如下三种系统类型。

1. 轻量系统

　　面向搭载 MCU 类处理器(如 Arm Cortex-M、RISC-V 32 位)的设备,硬件资源极其有限,支持的设备最小内存为 128KB,可以提供多种轻量级网络协议、轻量级的图形框架以及丰富的 IoT 总线读写部件等。可支撑的产品有智能家居领域的连接类模组、传感器设备、穿戴类设备等。

2. 小型系统

　　面向搭载应用处理器(如 Arm Cortex-A)的设备,支持的设备最小内存为 1MB,可以提供更高的安全能力、标准的图形框架、视频编解码的多媒体能力。可支撑的产品有智能家居领域的 IP Camera、电子猫眼、路由器以及智慧出行域的行车记录仪等。

3. 标准系统

　　面向搭载应用处理器(如 Arm Cortex-A)的设备,支持的设备最小内存为 128MB,可以提供增强的交互能力、3D GPU 以及硬件合成能力、更多控件以及动效更丰富的图形能力、完整的应用框架。可支撑的产品有高端的冰箱显示屏、智能商显设备、平板计算机等。

▶ 9.1.3　多内核

　　OpenHarmony 采用多内核设计,可以根据不同的硬件能力支持选择合适的内核进行编译裁剪。

1. LiteOS-M 内核

　　LiteOS-M 内核是华为自研的面向 IoT 领域构建的轻量级物联网操作系统内核,具有小体积、低功耗、高性能的特点。LiteOS-M 内核代码结构简单,主要包括内核最小功能集、内核抽象层、可选组件以及工程目录等,支持驱动框架 HDF(Hardware Driver Foundation),统一驱动标准,为设备厂商提供了更统一的接入方式,使驱动更容易移植。

LiteOS-M 内核主要应用于轻量系统,面向的 MCU(Microprocessor Unit)一般是百 KB 级内存,可支持 MPU(Memory Protection Unit)隔离,业界类似的内核有 FreeRTOS 或 ThreadX 等。

LiteOS-M 内核架构如图 9-1 所示。

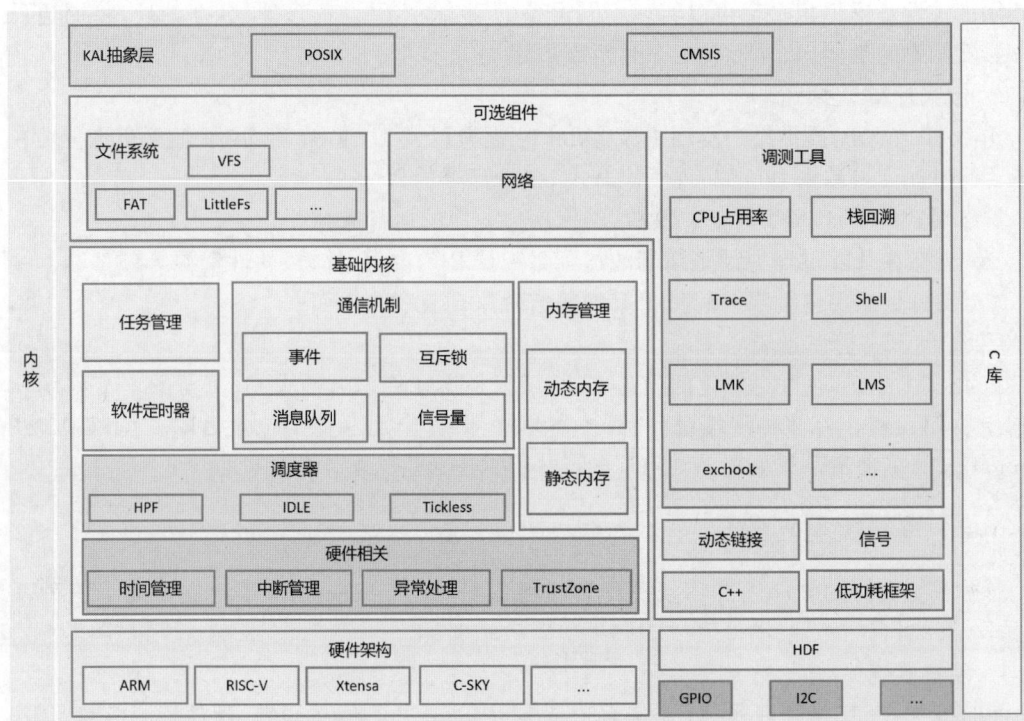

图 9-1　LiteOS-M 内核架构

由图 9-1 可以看出,LiteOS-M 内核包含硬件相关层和硬件无关层。

其中,硬件相关层按不同编译工具链、芯片架构分类,提供统一的 HAL(Hardware Abstraction Layer)接口,提升了硬件易适配性,满足 AIoT 类型丰富的硬件和编译工具链的拓展;其他模块则属于硬件无关层。

硬件无关层包含基础内核模块(提供基础的内核能力)、可选的扩展内核组件(提供网络、文件系统等组件能力)、调测工具组件(提供错误处理、调测等能力),这些模块和组件通过一个 KAL(Kernel Abstraction Layer)模块对外提供统一的内核抽象标准接口,这样上层应用就可以与底层的硬件实现解耦,方便应用代码的复用和迁移。KAL 模块又提供了 CMSIS 和 POSIX 两套标准接口,在内核的 kal/子目录下分别是这两套标准接口的声明头文件和实现源代码。

2. LiteOS-A 内核

LiteOS-A 内核也是华为自研的面向 IoT 领域构建的轻量级物联网操作系统内核。LiteOS-A 内核主要应用于小型系统,面向设备一般是 MB 级内存,可支持 MMU(Memory Management Unit)隔离,业界类似的内核有 Zircon 或 Darwin 等。

相较于 LiteOS-M 内核，LiteOS-A 内核通过引入如下一系列相对复杂的特性，使得它具有了更强大的功能和更高的安全性，新引入的特性如下。

1) 新增了丰富的内核机制

新增虚拟内存、系统调用、多核、轻量级 IPC(Inter-Process Communication，进程间通信)、DAC(Discretionary Access Control，自主访问控制)等机制，丰富了内核能力；新增支持多进程机制，应用之间实现内存隔离、相互不影响，提升了系统的健壮性、兼容软件和开发者体验。

2) 引入统一驱动框架 HDF

引入统一驱动框架 HDF(Hardware Driver Foundation)，提供统一的驱动开发标准，为设备厂商提供了更统一的接入方式，使驱动更加容易移植，力求做到一次开发，多系统部署。

3) 支持 1200＋标准 POSIX 接口

更加全面地支持 POSIX 标准接口，使得应用软件易于开发和移植，给应用开发者提供了更友好的开发体验。

4) 内核和硬件高解耦

轻量级内核与硬件高度解耦，新增单板时内核代码不用修改。

LiteOS-A 内核架构如图 9-2 所示。

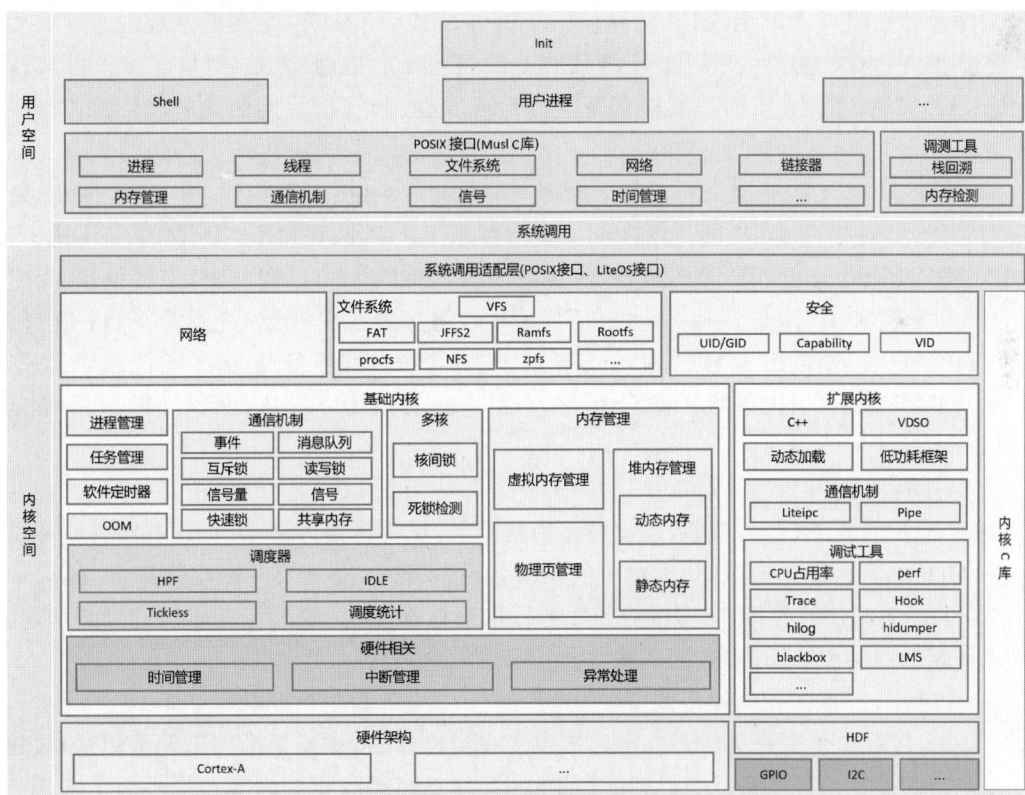

图 9-2　LiteOS-A 内核架构

LiteOS-A 的架构与常见的宏内核架构基本类似，主要由基础内核组件、扩展内核组件、HDF 框架和兼容 POSIX 标准的系统调用接口等部分组成。

（1）基础内核组件。

LiteOS-A 基础内核主要包括内核的基础机制，如调度、内存管理、中断异常、内核通信等。

① 进程管理：支持进程和线程，基于 Task 实现进程，每个进程有独立的 4GB 地址空间。

② 多核调度：支持任务和中断亲核性设置，支持绑核运行。

③ 实时调度：支持高优先级抢占，同优先级时间片轮转。

④ 虚拟内存：内核空间静态映射到 0～1GB 地址，用户空间映射到 1～4GB 地址。

⑤ 内核通信：事件、信号量、互斥锁、队列。

⑥ 时间管理：软件定时器、系统时钟。

（2）扩展内核组件。

LiteOS-A 还对基础内核的功能进行扩展，提供一组重要的机制和独立的功能模块。

① 动态链接：支持标准 ELF 链接执行、加载地址随机化。

② 进程通信：支持轻量级 LiteIPC，同时也支持标准的 Mqueue、Pipe、Fifo、Signal 等机制。

③ 系统调用：支持 170＋系统调用，同时支持 VDSO 机制。

④ 权限管理：支持进程粒度的特权划分和管控，UGO 三种权限配置。

⑤ 文件系统：支持 FAT、JFFS2、NFS、Ramfs、procfs 等众多文件系统，并对外提供完整的 POSIX 标准操作接口；内部使用 VFS 层作为统一的适配层框架，方便移植新的文件系统，各个文件系统也能自动利用 VFS 层提供的丰富的功能。LiteOS-A 文件系统的主要特性包括：完整的 POSIX 接口支持、文件级缓存（pagecache）、磁盘级缓存（bcache）、目录缓存（pathcache）、DAC 能力、支持嵌套挂载及文件系统堆叠等、支持特性的裁剪和资源占用的灵活配置。

⑥ 网络协议：支持的网络协议基于开源 lwIP(lightweight IP)构建，对 lwIP 的 RAM 占用进行优化，同时提高 lwIP 的传输性能。支持包括 IP、IPv6、ICMP、ND、MLD、UDP、TCP、IGMP、ARP、PPPoS、PPPoE 等网络协议，提供了完善的 socket API，支持多网络接口 IP 转发、TCP 拥塞控制、RTT 估计和快速恢复/快速重传等多种扩展特性，还提供了 HTTP(S)服务、SNTP 客户端、SMTP(S)客户端、ping 工具、NetBIOS 名称服务、mDNS 响应程序、MQTT 客户端、TFTP 服务、DHCP 客户端、DNS 客户端、AutoIP/APIPA（零配置）、SNMP 代理等众多应用程序的实现。

（3）HDF 框架。

LiteOS-A 集成 HDF 框架，可以支持多内核平台、支持用户态驱动、可配置组件化驱动模型、基于消息的驱动接口模型、基于对象的驱动和设备管理，提供统一的硬件接口（Hardware Device Interface，HDI）等特性，可以为开发者提供更精准、更高效的设备驱动开发环境，力求做到设备驱动的一次开发，多系统部署。

（4）POSIX 标准的系统调用接口。

LiteOS-A 在内核实现了 Musl C 库，提供了一组符合 POSIX 标准的系统调用接口，使得位于用户空间的应用程序可以通过标准的 POSIX 接口使用内核各组件所提供的丰富内核功能，丰富了应用程序的能力，也提高了应用程序的可移植性和健壮性。

3. 其他内核

Linux 内核作为一个非常成熟和成功的操作系统内核，无论是从技术角度、生态角度，还是商业角度上，它都是无可替代的，因此，OpenHarmony 适配 Linux 内核也是显而易见的。OpenHarmony 的轻量系统选用的是 LiteOS-M 内核，小型系统选用的是 LiteOS-A 内核，标准系统则选用的是 Linux 内核，目前 OpenHarmony 4.1 标准系统基于 Linux 5.10 版本内核进行开发和维护。

UniProton 内核也是华为自研和贡献出来的轻量级实时操作系统内核,其定位与 LiteOS-M 内核类似,但它支持硬实时,具备极致的低时延和灵活的混合关键性部署特性,既支持微控制器 MCU,也支持算力强的多核 CPU,更适用于对实时性有要求的工业控制场景。

9.2　OpenHarmony 的架构

▶ 9.2.1　系统架构概览

OpenHarmony 的系统架构整体上遵从分层设计,从下向上依次为内核层、系统服务层、框架层和应用层。系统功能则按照"系统 > 子系统 > 组件"逐级展开,在多设备部署场景下,可以根据实际需要裁剪某些非必要的子系统和组件。

OpenHarmony 的系统架构如图 9-3 所示。

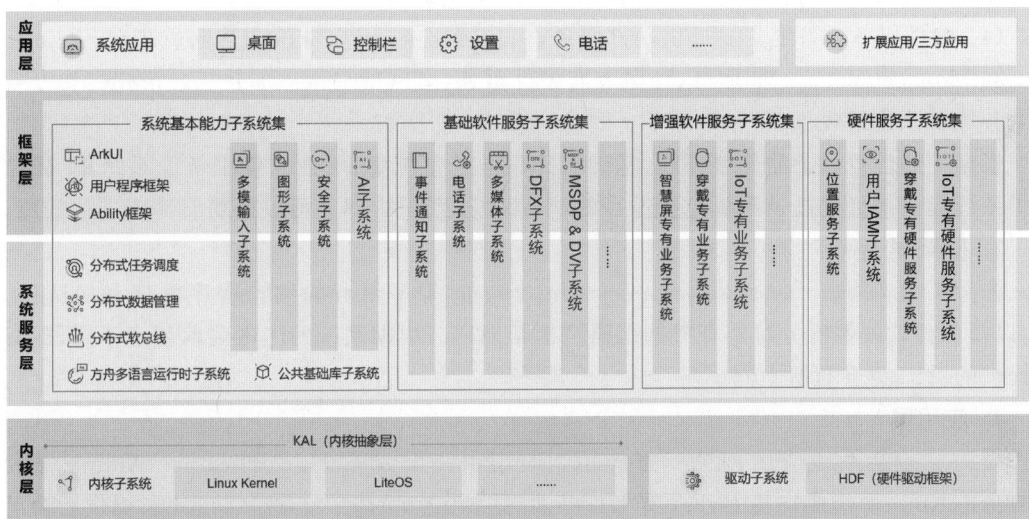

图 9-3　OpenHarmony 的系统架构

下面按照从下到上的顺序对图 9-3 中的各层进行简单介绍。

1. 内核层

内核层适配了多个尺寸不一、功能各异的内核,并通过内核抽象层(KAL)对上层提供统一的内核抽象接口,实现一个多内核的架构。

内核层主要由内核子系统和驱动子系统构成。

(1) 内核子系统:采用多内核架构设计,适配了 Linux、LiteOS-A、LiteOS-M、UniProton 等内核,可以针对不同的资源受限设备选用适合的 OS 内核。

(2) 驱动子系统:硬件驱动框架(Hardware Driver Foundation,HDF)是系统硬件生态开放的基础,它提供了统一外设访问能力和驱动开发、管理框架。

另外,内核抽象层(Kernel Abstract Layer,KAL)通过屏蔽多内核的差异,为系统服务层提供基础的内核能力(包括进程/线程管理、内存管理、文件系统、网络管理和外设管理等)。而操作系统抽象层(Operating System Abstract Layer,OSAL)则位于内核与硬件驱动框架之间,通过屏蔽多内核的差异,为硬件驱动框架(HDF)提供统一的内核抽象接口,使基于硬件驱动框架的设备驱动程序能做到"一次开发，多系统部署"，这是 OpenHarmony 的开放硬件生态建设的基础。

2. 系统服务层

系统服务层是 OpenHarmony 的核心能力的集合，它通过框架层对应用程序提供服务。系统服务层包含若干个耦合度低、能够根据实际需要进行深度裁剪的子系统和功能组件。

根据基本的功能类型，可以将系统服务层众多的子系统归并为以下 4 个子系统集。

（1）系统基本能力子系统集。为分布式应用在多设备上的运行、调度、迁移等操作提供了基础能力，由分布式软总线、分布式数据管理、分布式任务调度、公共基础库、多模输入、图形、安全、AI 等子系统组成。

（2）基础软件服务子系统集。提供公共的、通用的软件服务，由事件通知、电话、多媒体、DFX（Design For X）等子系统组成。

（3）增强软件服务子系统集。提供针对不同设备的、差异化的能力增强型软件服务，由智慧屏专有业务、穿戴专有业务、IoT 专有业务等子系统组成。

（4）硬件服务子系统集。提供硬件服务，由位置服务、用户身份和访问管理（Identity and Access Management，IAM）服务、穿戴专有硬件服务、IoT（Internet of Things，物联网）专有硬件服务等子系统组成。

根据不同设备形态的部署环境，基础软件服务子系统集、增强软件服务子系统集、硬件服务子系统集内部可以按子系统粒度进行裁剪，每个子系统内部又可以按功能粒度进行裁剪。

3. 框架层

框架层为应用的开发提供了 C、C++、JavaScript 等多语言的用户程序框架和 Ability 框架，以及各种软硬件服务对外开放的多语言框架 API。根据系统的组件裁剪程度不同，框架层所提供的 API 也会有所不同。

4. 应用层

应用层包括系统应用和第三方应用。应用由一个或多个 FA（Feature Ability）或 PA（Particle Ability）组成。其中，FA 有 UI，提供与用户交互的能力；而 PA 无 UI，提供后台运行任务的能力以及统一的数据访问抽象能力。

在进行用户交互时，FA 所需的后台数据访问也需要由对应的 PA 提供支持。基于 FA、PA 开发的应用，能够实现特定的业务功能，支持跨设备的调度与分发，为用户提供一致的、高效的应用体验。

▶ 9.2.2 子系统与组件概述

OpenHarmony 的系统架构，从系统功能角度是按照"系统 ＞ 子系统 ＞ 组件（部件）"逐级展开的。在实际的项目开发和产品实现中，运行在具体硬件里的软件产品（即操作系统），是对 OpenHarmony 系统功能进行裁剪、拼装和适配而得到的软件产品。OpenHarmony 系统组成结构如图 9-4 所示。

1. 产品

产品包含硬件本身和运行在硬件里的软件产品（即操作系统），但图 9-4 中的产品更多的是指软件产品。软件产品是基于芯片解决方案按需对 OpenHarmony 的系统功能进行裁剪和配置的产物，它由多个子系统组成一个复杂的、完整的操作系统软件。

产品解决方案相关的配置文件部署在//vendor/$ { device _ company}/$ { product _

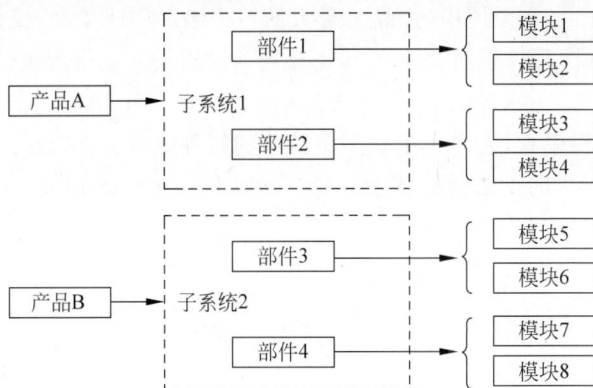

图 9-4　OpenHarmony 系统组成结构

name}/目录下,其中的 config.json 文件的基本格式如下。

```
{
        "device_company": "device_company",      #芯片厂商
        "product_name": "product_name",           #产品名称
        "board": "board_name",                    #开发板名称
        "version": "3.0",                         #config.json 的版本号,最新是 3.0 版本
        "type": "small",                          #系统类型,可选[mini,small,standard]
        "ohos_version": "OpenHarmony 4.0",        #选择的 OS 版本
        "kernel_type": "linux",                   #系统内核类型
        "kernel_version": "5.10",                 #系统内核版本
        "target_cpu": "arm",                      #目标开发板 CPU 的指令集架构
        "target_os": "ohos",                      #目标 OS
        "third_party_dir": "//third_party",       #依赖的三方库部署路径
        #开发板的编译路径
        "device_build_path": "device/board/device_company/board_name",
        #产品适配路径
        "product_adapter_dir": "//vendor/device_company/product_name/hals",
        "subsystems": [                           #子系统列表
          {
            "subsystem": "kernel",                #子系统名称
            "components": [                       #部件列表和特性配置
            { "component": "linux", "features":[] }
            ]
          },
          …
        ]
}
```

config.json 是最重要的产品配置文件,其包含开发板配置、OS 的部件配置、内核配置等信息。此外,不同类型的产品,在与 config.json 文件同级目录下还会有其他一些重要的配置文件,这些配置文件主要为当前开发板的功能定制提供必要的服务。例如,init_configs/子目录下的文件,包含一组启动脚本,用于在 init 进程启动之前配置一些基础的软硬件环境,主要包括创建设备节点、创建目录、扫描设备节点、修改文件权限等。再如 hdf_config/子目录下的文件,主要包含开发板适配 HDF 驱动框架时的平台驱动和外设驱动的相关设备节点的各种配置信息等。

编译构建子系统以 config.json 文件为主入口,并结合其他的配置文件,开始编译整个软

件产品。在 OpenHarmony 系统中，产品是最大的一个编译构建单元，编译的最终产物是一组可烧录的系统镜像文件，可以通过烧录工具烧录到开发板上并运行起来。

2. 子系统

子系统是一个逻辑概念，它由一个或多个具体的组件组成。

OpenHarmony 提供的子系统列表见 //build/subsystem_config.json 文件，文件的基本组织结构如下。

```
{
    "arkui": {
    "path": "foundation/arkui",        ＃子系统源代码部署路径
    "name": "arkui"                    ＃子系统名称
    },
    "ai": {
    "path": "foundation/ai",
    "name": "ai"
    },
    …
}
```

文件中的每一条数据项都记录了一个子系统的名称和子系统相关的源代码部署路径，在这个路径下的各个子文件夹内就是组成该子系统的多个组件的源代码。

3. 组件和部件

在 OpenHarmony 中，组件等同于部件(二者并无严格的区分，后文统称为部件)，它由一个或多个具体的模块组成。部件是对子系统进行进一步拆分的、可裁剪的和可复用的软件单元，它包含源码、配置文件、资源文件和编译脚本等，是一个可以并行开发、独立编译、独立测试、以二进制方式集成的功能单元。

部件由其所在子系统源码部署路径下的子目录内的所有资源组成。在部件的根目录下，会有一个 bundle.json 文件以键值对的形式描述部件的属性和关键信息，如 ai 子系统的 ai_engine 部件。

```
{
        "name": "@ohos/ai_engine",        ＃HPM 部件英文名称,格式为"@组织/部件名称"
        "description": "AI engine framework.",  ＃部件功能的简单描述
        "version": "3.1",                 ＃部件版本号
        "license": "Apache License 2.0",  ＃部件的开源许可证
        "publishAs": "code - segment",
        "segment": {
          "destPath": "foundation/ai/ai_engine"
        },
        "dirs": {},
        "scripts": {},
        "component": {                     ＃部件的属性列表
        "name": "ai_engine",              ＃部件名称
        "subsystem": "ai",                ＃部件所属的子系统
        ＃部件为应用提供的系统能力
        "syscap": [ "SystemCapability.Ai.AiEngine" ],
        "feature": [],                    ＃部件对外提供的可配置特性列表
        "adapted_system_type": [ "small" ],  ＃部件适配的系统类型
        "rom": "130KB",                   ＃部件占用的 ROM 大小
        "ram": "～337KB",                 ＃部件运行时占用的 RAM 估值
        "deps": {                         ＃部件的依赖列表
          "components": [                 ＃部件依赖的其他部件
            "hilog",
            "utils_base",
```

```
        "ipc",
        "samgr_lite"
    ],
    "third_party": [          ♯部件依赖的第三方开源软件
      "bounds_checking_function"
    ]
  },
  "build": {                  ♯部件的编译配置
    "sub_component": [        ♯部件的模块列表
      "//foundation/ai/ai_engine/services:ai"
    ],
    "inner_kits": [],         ♯部件间的接口
    "test": [                 ♯部件的测试用例列表
      "//foundation/ai/ai_engine/test"
    ]
  }
 }
}
```

在部件配置中需要配置部件的名称、源码路径、功能简介、是否必选、编译目标、RAM、ROM、编译输出、已适配的内核、可配置的特性和依赖等属性定义。为子系统新增部件时,需要在对应子系统的 JSON 文件中添加相应的部件定义。产品所配置的部件必须在某个子系统中被定义过,否则会校验失败,无法通过编译。

4.模块

模块也称为子组件(sub_component),是对部件进行进一步拆分的独立的编译目标(包括静态库、动态库、可执行文件、配置文件等),也是 OpenHarmony 系统中最小的编译构建单元,可以方便快速地对某个具体的功能进行修改、编译、部署和验证。

模块需要定义归属于哪个部件,一个模块只能归属于一个部件。

OpenHarmony 通过定制和扩展 Gn 内建的模板来配置模块规则,常用的 OpenHarmony 定制模板包括:

```
♯C/C++模板
ohos_shared_library
ohos_static_library
ohos_executable
ohos_source_set

♯预编译模板
ohos_prebuilt_executable
ohos_prebuilt_shared_library
ohos_prebuilt_static_library

♯hap模板
ohos_hap
ohos_app_scope
ohos_js_assets
ohos_resources

♯rust模板
ohos_rust_executable
ohos_rust_shared_library
ohos_rust_static_library
ohos_rust_proc_macro
ohos_rust_shared_ffi
ohos_rust_static_ffi
```

```
ohos_rust_cargo_crate
ohos_rust_systemtest
ohos_rust_unittest
ohos_rust_fuzztest

#其他常用模板
#配置文件
ohos_prebuilt_etc

#sa 配置
ohos_sa_profile
```

OpenHarmony 通过这些定制模板可以提供内容丰富、功能灵活的模块实现方案，也有助于模块的增、删、组合和使用，实现产品功能的多样化和差异化。

5. 特性

部件在不同的产品中可以有差异化的呈现，这些差异就表现为不同的特性。在部件的 bundle.json 文件中可以通过 feature_list 来声明部件的特性列表，每个特性都必须以"{部件名}"开头。示例如下。

```json
{
  "name": "@ohos/xxx",
  "component": {
    "name": "partName",
    "subsystem": "subsystemName",
    "features": [
      "{partName}_feature_A = true",
      "{partName}_feature_B"
    ]
  }
}
```

在部件内可以定义特性的默认配置值。而在定制产品时，则可以在 config.json 中对应的部件列表中通过为特性配置新的有效值来选择启用不同的特性，在编译部件时，编译构建系统会根据特性的重载配置值编译出具有差异性的部件。

OpenHarmony 的产品解决方案、芯片解决方案、子系统、部件、模块、特性之间，通过前面一系列的配置规则来进行逐级细化的描述，实现松耦合的关系。OpenHarmony 的编译构建子系统根据这些配置对系统功能进行裁剪和配置，最后编译出满足特定需求的软件产品。

9.3　OpenHarmony 开发实践

为了更加方便学习与研究 OpenHarmony 操作系统源码，需要在本地 PC 上搭建一套可以查阅源码、编辑源码、编译源码、烧录镜像进行验证的开发环境。

▶ 9.3.1　安装适用于 Linux 的 Windows 子系统

Windows Subsystem for Linux 2 简称 WSL2，适用于 Linux 的 Windows 子系统（WSL）是 Windows 的一项功能，可用于在 Windows 计算机上运行 Linux 环境，而无须单独的虚拟机或双引导。WSL 旨在为希望同时使用 Windows 和 Linux 的开发人员提供无缝高效的体验。

安装 Linux 发行版时，WSL2 是默认发行版类型。WSL 2 使用虚拟化技术在轻量级实用工具虚拟机（VM）中运行 Linux 内核，Linux 发行版作为独立的容器在 WSL2 托管 VM 内运行。在 WSL2 中,用户可以直接从 Microsoft Store 或其他渠道下载和安装各种 Linux 发行版,如 Ubuntu、Debian、Fedora 等。

WSL2 安装步骤如下。

(1) 安装 WSL 命令。

在管理员 PowerShell 或 Windows 命令提示符中输入 wsl --install 命令,然后重启计算机来安装并运行适用于 Linux 的 Windows 子系统(WSL)所需的全部内容。

(2) 启用适用于 Linux 的 Windows 子系统。

需要先启用"适用于 Linux 的 Windows 子系统"可选功能,然后才能在 Windows 上安装 Linux 分发。以管理员身份打开 PowerShell(单击"开始"菜单→PowerShell 选项,右击"以管理员身份运行"选项),然后输入以下命令。

```
dism.exe /online /enable - feature /featurename:Microsoft - Windows - Subsystem - Linux /all /norestart
```

(3) 启用虚拟机功能。

安装 WSL2 之前,必须启用"虚拟机平台"可选功能,计算机需要虚拟化功能才能使用此功能,以管理员身份打开 PowerShell 并运行下面的命令,然后按要求重启使设置生效。

```
dism.exe /online /enable - feature /featurename:VirtualMachinePlatform /all /norestart
```

(4) 下载 Linux 内核更新包。

下载最新包:适用 x64 计算机的 WSL2 Linux 内核更新包(下载地址详见前言二维码),然后运行安装包即可。

(5) 将 WSL2 设置为默认版本。

使用如下命令将新安装的 Linux 默认设置为 WSL2。

```
wsl -- set - default - version 2
```

(6) 安装所选的 Linux 分发版本。

打开 Microsoft Store,选择合适的 Linux 分发版本。编译 OpenHarmony 推荐安装 Ubuntu 20.04 版本。

▶ 9.3.2　安装库和工具集

1. 修改默认 Shell

Ubuntu 默认的 Shell 是 dash,OpenHarmony 要求使用 bash,因此需要修改系统默认的 Shell 为 bash。可以打开终端工具,执行以下命令。

```
$ sudo dpkg - reconfigure dash
```

输入超级用户的密码后,在弹出的菜单中单击 No 按钮。修改默认 Shell 如图 9-5 所示。

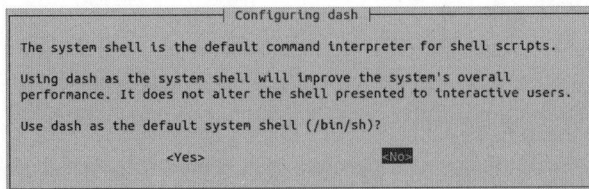

```
┌──────────────── Configuring dash ────────────────┐
│ The system shell is the default command interpreter for shell scripts. │
│                                                                        │
│ Using dash as the system shell will improve the system's overall       │
│ performance. It does not alter the shell presented to interactive users.│
│                                                                        │
│ Use dash as the default system shell (/bin/sh)?                        │
│                                                                        │
│          <Yes>                              <No>                       │
└────────────────────────────────────────────────────┘
```

图 9-5　修改默认 Shell

将默认的 Shell 修改为 bash,再通过执行如下命令进行查看和确认。

```
$ ls - l /bin/sh
lrwxrwxrwx 1 root root 9 May 28 2022 /bin/sh -> /bin/bash
```

2. 安装依赖工具

在终端执行以下命令，可以一次性更新或安装参数中列出的所有依赖工具。

```
$ sudo apt update && sudo apt install - y vim net - tools tree ssh locales \
binutils binutils - dev gnupg flex bison gperf build - essential zip unzip \
curl zlib1g - dev gcc gcc - multilib g++g++ - multilib libc6 - dev - i386 \
libc6 - dev - amd64 libstdc++6 x11proto - core - dev libx11 - dev lib32z1 - dev \
ccache libgl1 - mesa - dev libxml2 - dev libxml2 - utils xsltproc m4 bc \
gnutls - bin genext2fs device - tree - compiler make libffi - dev e2fsprogs \
pkg - config perl openssl libssl - dev libelf - dev libdwarf - dev mtd - utils \
cpio doxygen liblz4 - tool texinfo dosfstools mtools apt - utils wget tar \
rsync lib32z - dev grsync xxd libglib2.0 - dev libpixman - 1 - dev kmod \
jfsutils reiserfsprogs xfsprogs squashfs - tools pcmciautils quota ppp \
libtinfo - dev libtinfo5 libncurses5 libncurses5 - dev \
lib32ncurses5 - dev libncursesw5
```

这些工具中有部分可能 Ubuntu 系统已经自带了，可以跳过，不需要重复安装；有些工具可能会在安装过程中出现异常，导致安装中断，可以将这些依赖工具分成若干批次，分别安装完成即可。

3. 安装 Python

编译 OpenHarmony 系统需要 Python 3，建议安装 Python 3.8 版本，可在 Linux 命令行下执行以下命令。

```
$ sudo apt install - y Python 3.8
$ sudo ln - sf /usr/bin/Python 3.8 /usr/bin/Python 3
$ sudo ln - sf /usr/bin/Python 3 /usr/bin/python
```

另外，还需要安装或升级 Python 3 的一组工具，在终端执行命令：

```
$ sudo apt install - y Python 3 - yaml Python 3 - crypto Python 3 - xlrd Python 3 - dev
```

安装并升级 Python 3 包管理工具 pip3，在终端执行命令：

```
$ sudo apt install - y Python 3 - pip
$ sudo pip3 install -- upgrade pip
```

然后，设置 pip 3 镜像源，在终端执行命令：

```
$ pip3 config set global.trusted - host repo.huaweicloud.com
$ pip3 config set global.index - url https://repo.huaweicloud.com/repository/pypi/simple
$ pip3 config set global.timeout 120
```

再安装 Python 的 setuptools 工具和 GUI menuconfig 工具 kconfiglib（建议安装 kconfiglib 13.2.0＋版本），在终端执行命令：

```
$ sudo pip3 install setuptools kconfiglib
```

还需要安装升级文件签名依赖的 Python 组件包 pycryptodome、six、ecdsa。由于在安装 ecdsa 时依赖 six，所以需要先安装 six，然后再安装 ecdsa，在终端执行命令：

```
$ sudo pip3 install pycryptodome
$ sudo pip3 install six -- upgrade -- ignore - installed six
$ sudo pip3 install ecdsa
```

4. 安装代码管理工具

OpenHarmony 使用 Git 和 repo 工具来统一管理源代码，需要在 Ubuntu 中安装这两个工具软件。

1）安装 Git

在终端执行如下命令安装 Git。

```
$ sudo apt install - y git - core git - lfs
```

在下载 OpenHarmony 的代码之前，还需要对 Git 工具配置用户信息和注册 ssh 公钥，即对获取代码步骤进行说明。

2）安装 repo 并增加 repo 执行权限

在终端执行如下命令安装 repo。

```
$ sudo curl https://gitee.com/oschina/repo/raw/fork_flow/repo - py3 > /usr/local/bin/repo
```

注意：在安装 repo 时，如果出现"bash：/usr/local/bin/repo：Permission denied"异常，无法将 repo-py3 安装到/usr/local/bin/repo，可以先将 repo-py3 下载到当前目录，再将其移动到/usr/local/bin/目录下。可以执行以下命令：

```
$ sudo curl https://gitee.com/oschina/repo/raw/fork_flow/repo - py3 > ./repo
$ sudo mv repo /usr/local/bin/
```

再执行以下命令，增加 repo 程序的执行权限即可，然后再安装 requests 库。

```
$ sudo chmod a + x /usr/local/bin/repo
$ sudo pip install - i https://pypi.tuna.tsinghua.edu.cn/simple requests
```

5. 安装构建编译工具链

在 OpenHarmony 系统上编译不同类型的系统或不同芯片方案的产品，都可能会使用不同的编译工具链，所以需要先安装一些通用的编译工具，然后在具体的项目中再根据需要安装特定的工具链。

（1）安装 SCons 并确认版本信息。

在终端执行如下命令安装 Scons 并确认版本信息。

```
$ sudo apt install scons
$ scons -- version
SCons by Steven Knight et al. :
    SCons: v4.1.0.post1.dc58c175da659d6c0bb3e049ba56fb42e77546cd, 2021 - 01 - 20 04:32:28, by
bdbaddog on ProDog2020
    SCons path: ['/usr/local/lib/Python 3.8/dist - packages/SCons']
Copyright (c) 2001 - 2021 The SCons Foundation
```

（2）安装 Java 环境并确认版本信息。

在终端执行如下命令安装 Java 并确认版本信息。

```
$ sudo apt install - y default - jre default - jdk ca - certificates - java
$ java -- version
openjdk 11.0.11 2021 - 04 - 20
OpenJDK Runtime Environment (build 11.0.11 + 9 - Ubuntu - 0ubuntu2.20.04)
OpenJDK 64 - Bit Server VM (build 11.0.11 + 9 - Ubuntu - 0ubuntu2.20.04, mixed mode, sharing)
```

（3）安装编译工具 Node.js、Gn、Ninja、gcc_riscv32 并确认版本信息。

通过 sudo apt install node 命令自动安装的 Node.js 版本是 v10.19.0，该版本过低，需要按 OpenHarmony 官方文档说明下载 node-v12.18.4-linux-x64.tar.gz，或者在 Node.js 官网下载并安装最新版本的 Node.js。

将下载后的 Node.js 软件包解压到/opt/目录下，并授予用户 ohos 读写/opt/node-v12。

18.4-linux-x64 文件夹的权限(用户名 ohos 需要根据实际的用户名字进行替换)。

```
$ sudo tar - xvf node - v12.18.4 - linux - x64.tar.gz - C /opt/
$ sudo chown - R ohos:root /opt/node - v12.18.4 - linux - x64
```

根据 OpenHarmony 官方文档的说明下载 Gn、Ninja、gcc_riscv32 等工具的压缩包到本地备用。

解压 Gn 可执行程序到/opt/gn/路径下。

```
$ sudo mkdir /opt/gn/
$ sudo tar - xvf gn - linux - x86 - 1717.tar.gz - C /opt/gn/
```

解压 Ninja 可执行程序到/opt/ninja/路径下。

```
$ sudo mkdir /opt/ninja/
$ sudo tar - xvf ninja.1.9.0.tar - C /opt/ninja/
```

解压 gcc_riscv32 安装包至/opt/路径下。

```
$ sudo tar - xvf gcc_riscv32 - linux - 7.3.0.tar.gz - C /opt/
```

设置环境变量,把 Node.js、Gn、Ninja、gcc 的安装路径分别添加到.bashrc 文件的最后一行,保存并退出。然后对该文件执行 source 命令,使环境变量生效。

```
$ sudo vim ~/.bashrc
#nodejs
export NODE_HOME = /opt/node - v12.18.4 - linux - x64
export PATH = $ NODE_HOME/bin: $ PATH
export PATH = /opt/gn: $ PATH
export PATH = /opt/ninja: $ PATH
export PATH = /opt/gcc_riscv32/bin: $ PATH

$ source ~/.bashrc
```

安装完毕之后,可以执行下列命令来查询各个工具的版本信息。

```
$ node -- version
$ gn -- version
$ ninja -- version
$ riscv32 - unknown - elf - gcc - v
```

▶ 9.3.3 下载 OpenHarmony 源码

在 Ubuntu 中获取 OpenHarmony 系统源代码之前,需要先配置开发者的码云开发者账号信息和注册 SSH 公钥。可以在终端中执行如下命令,将码云上注册的用户名和电子邮件地址配置到 Git 中。

```
$ git config -- global user.name "yourname"
$ git config -- global user.email "your - email - address"
$ git config -- global credential.helper store
```

然后执行如下命令,确认配置信息是否写入.gitconfig 文件内。

```
$ cat ~/.gitconfig
[user]
    name = yourname
    email = your - email - address
```

接下来参考码云"帮助中心"页面的"账户管理/SSH 公钥设置"的相关说明,配置码云 SSH 公钥。配置完成后,可以在终端中执行以下命令进行确认。

```
$ ssh - T git@gitee.com
Hi yourname! You've successfully authenticated, but GITEE.COM does not provide shell access.
```

确认 SSH 公钥设置完毕后,就可以通过 repo 的相关命令从码云上获取 OpenHarmony 的源代码。

在终端中切换路径到指定的共享目录下(如 /home/ohos/Ohos/code/ 目录下),执行以下命令。

```
$ repo init - u https://gitee.com/openharmony/manifest.git - b OpenHarmony - 4.0 - Release -- no
- repo - verify
$ repo sync - c - j4
$ repo forall - c 'git lfs pull'
```

这三条命令会通过网络获取 OpenHarmony 4.0-Release 分支的全量代码到本地,由于 OpenHarmony 的代码量比较大,这一步会花费较长的时间,请耐心等待其执行完毕。

待获取代码成功后,再执行如下命令。

```
./build/prebuilts_download.sh
```

继续获取一组预编译的工具到本地,这一步也会花费较长时间,请耐心待执行成功。

▶ 9.3.4　编译源码

在获取完源代码和预编译的工具链之后,即可编译 OpenHarmony 的源代码。

OpenHarmony 支持通过 build.sh 脚本进行编译,同时还支持 hb 工具进行编译。

如果需要通过 hb 工具进行编译,需要预先安装命令行编译工具 hb。在终端进入 OpenHarmony 源代码的根目录,执行如下命令进行安装。

```
$ python - m pip install -- user build/hb
$ vim ~/.bashrc
export PATH = ~/.local/bin: $ PATH

$ source ~/.bashrc
```

后续即可以使用 hb 进行系统源码编译,注意 hb 命令必须在源码根目录下执行。

1. 编译轻量 OpenHarmony

使用 hb 命令进行编译,先执行如下命令设置产品类型。

```
$ hb set
```

在弹出的菜单列表中选择 mini 选项,继续在弹出的菜单列表中选择 hisilicon→wifiiot_hispark_pegasus 选项,然后执行如下命令,进入编译步骤。

```
$ hb build - f
```

耐心等待编译完成,编译成功后生成的可烧录镜像文件为//out/hispark_pegasus/wifiiot_hispark_pegasus/OHOS_Image.bin(注意,4.0 以前的版本是生成 Hi3861_wifiiot_app_allinone.bin 文件)。

2. 编译小型 OpenHarmony

使用 hb 命令进行编译,先执行如下命令设置产品类型。

```
$ hb set
```

在弹出的菜单列表中选择 small 选项,继续在弹出的菜单列表中选择 hisilicon→ipcamera_hispark_taurus 选项或选择 hisilicon→ipcamera_hispark_taurus_linux 选项,这两个产品分别

是适配了 LiteOS-A 内核和 Linux 内核的小型系统，然后执行如下命令，进入编译步骤。

```
$ hb build - f
```

耐心等待编译完成，编译成功后生成的可烧录镜像文件在//out/hispark_taurus/ipcamera_hispark_taurus(_linux)/子目录下，其中适配了 LiteOS-A 内核的小型系统可烧录镜像包括 OHOS_Image. bin、rootfs_vfat. img(或 mksh_rootfs_vfat. img)和 userfs_vfat. img，适配了 Linux 内核的小型系统可烧录镜像包括 uImage_hispark_taurus_smp、rootfs_ext4. img 和 userfs_ext4. img。

3. 编译标准 OpenHarmony

使用 hb 命令进行编译，先执行如下命令设置产品类型。

```
$ hb set
```

在弹出的菜单列表中选择 standard 选项，继续在弹出的菜单列表中选择 hihope→rk3568 选项，然后执行如下命令，进入编译步骤。

```
$ hb build
```

也可以直接使用 build. sh 脚本进行编译，在源码根目录下，执行如下命令开始编译。

```
./build.sh -- product - name rk3568 -- ccache
```

编译标准系统需要的时间比较长，请耐心等待编译完成。

编译成功后生成的可烧录镜像位于//out/rk3568/packages/phone/images/目录下，镜像文件包括 MiniLoaderAll. bin、chip_prod. img、parameter. txt、resource. img、system. img、updater. img、vendor. img、boot_linux. img、config. cfg、ramdisk. img、sys_prod. img、uboot. img、userdata. img。

▶ 9.3.5 烧录镜像

不同的开发板会有不同的烧录工具和烧录方式，9.3.4 节中成功编译出了 OpenHarmony 系统的可烧录镜像文件，下面讲解如何烧录和验证这些镜像文件。

1. 烧录轻量 OpenHarmony 镜像（以 HI3861 开发板为例）

在烧录开发板之前，需要先下载并安装好 USB 转串口的 CH341 驱动程序和 HiBurn 烧录工具（下载地址详见前言二维码）。

通过 Type-C 的 USB 数据线连接好开发板与 PC 主机，确保 PC 能识别开发板所接入的串口。

HiBurn 默认界面如图 9-6 所示。

再选择 Setting→Com Settings 选项，在 HiBum 界面，设置 Baud 为 2000000，可以加快镜像的烧写速度。HiBurn 串口速率配置如图 9-7 所示。

选择 Select file 选项；在 COM 的下拉菜单中选择开发板连接到计算机端的对应串口号；在 Select file 输入框中输入 OHOS_Image. bin（编译 OpenHarmony 源代码时生成的可烧录镜像）；选中 Auto burn 复选框后，单击 Connect 按钮，让烧录工具通过串口连接上开发板。HiBurn 烧录配置如图 9-8 所示。

在控制台区域打印出 Connecting... 之后，按开发板 USB 口旁边的 RST 按键（Reset），系统复位后就开始烧写流程了。控制台区域会打印出烧写进度，并在烧写完成后显示 Execution Successful 信息，此时单击 Disconnect 按钮断开连接即可。

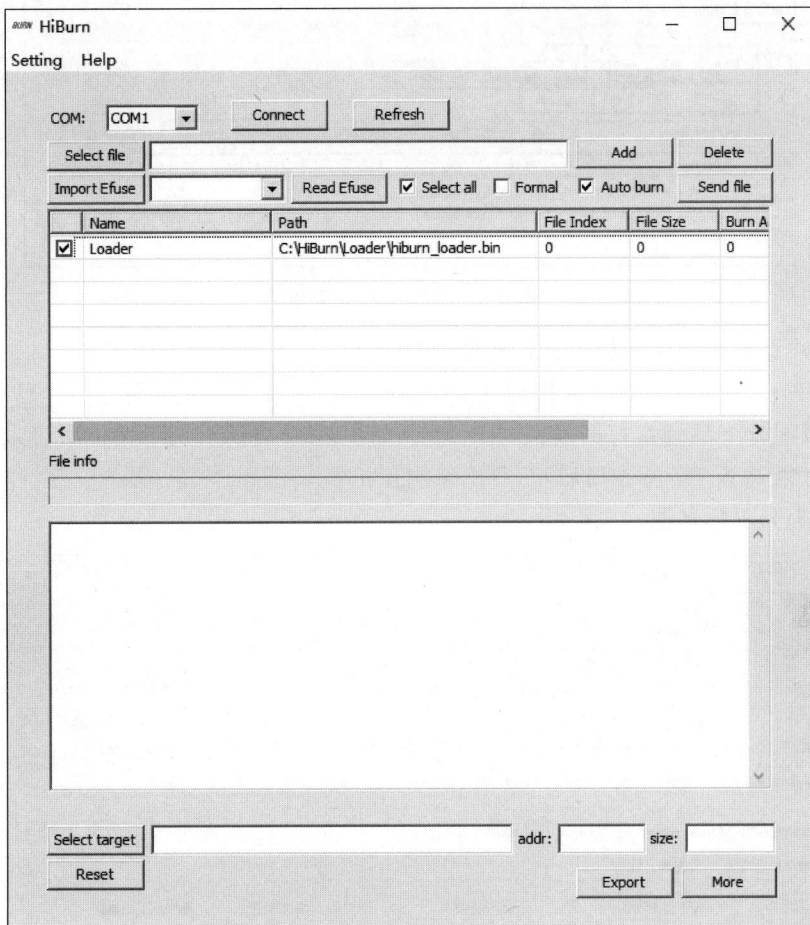

图 9-6　HiBurn 默认界面

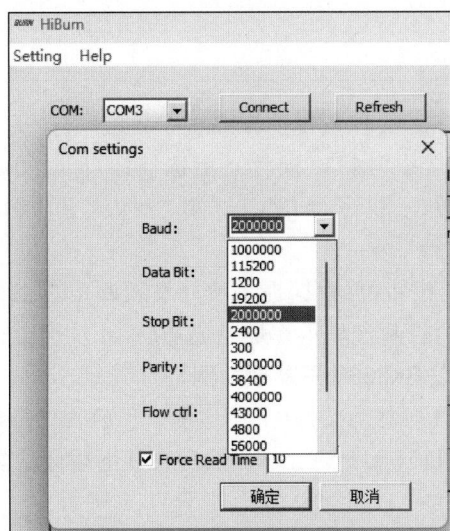

图 9-7　HiBurn 串口速率配置

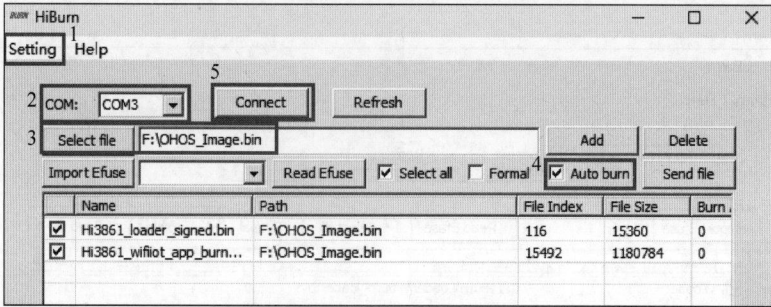

图 9-8　HiBurn 烧录配置

2. 烧录小型系统镜像（以 HI3516 开发板为例）

在烧录开发板之前，需要先下载 HiTool 烧录工具（下载地址详见前言二维码）。

通过标配的串口线连接好开发板与 PC 主机，确保 PC 能识别到开发板所接入的串口；通过网线将开发板接入 PC 所在局域网，并确保能互相 ping 通。

HiTool 默认界面如图 9-9 所示。

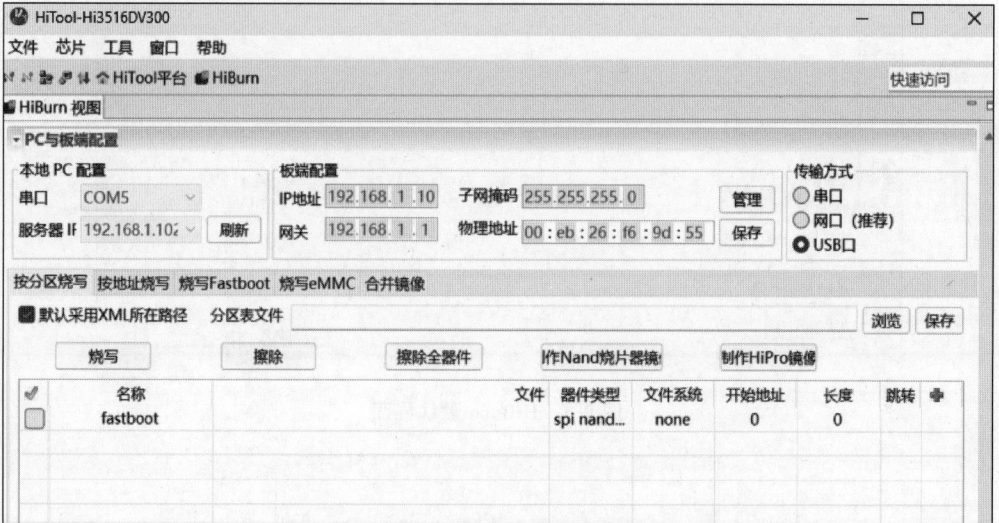

图 9-9　HiTool 默认界面

将"传输方式"选项区域选中"网口（推荐）"单选按钮，配置好正确的串口、服务器 IP（即 PC 的 IP）、板端 IP 地址等，单击"烧写 eMMC"标签，导入或手动编辑分区表。HiTool 烧录配置如图 9-10 所示。

确认无误后，单击"烧写"按钮，再根据提示给开发板断电再上电即可开始自动烧录，烧录过程会在 HiTool 工具下方的控制台显示。烧录成功后，开发板会自动重启并运行起来。

3. 烧录标准系统镜像（以 RK3568 开发板为例）

（1）下载与安装烧录工具与驱动文件（下载地址详见前言二维码）。

安装下载好的驱动软件 DriverInstall.exe，然后打开下载好的烧录工具 RKDevTool.exe，默认是 Maskrom 模式。RKDevTool 默认界面如图 9-11 所示。

（2）导入配置文件并且选取实际对应的各个镜像文件。

在 RKDevTool 中导入配置文件 config.cfg，该文件在编译好的 rk3568 产品的镜像文件中可以获取。导入 config.cfg 文件如图 9-12 所示。

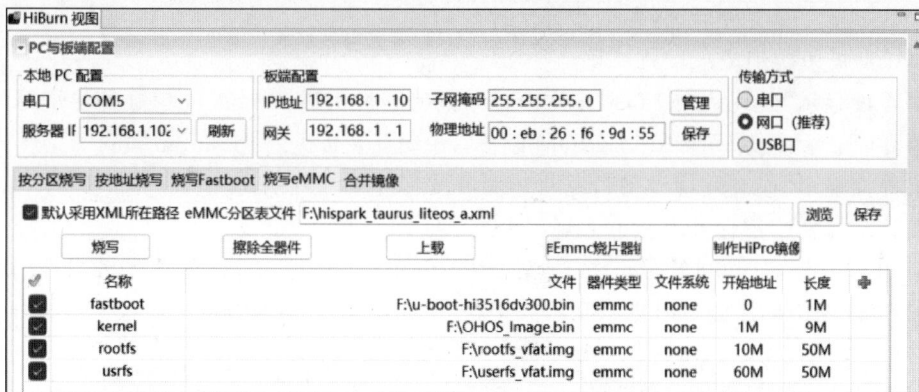

图 9-10 HiTool 烧录配置

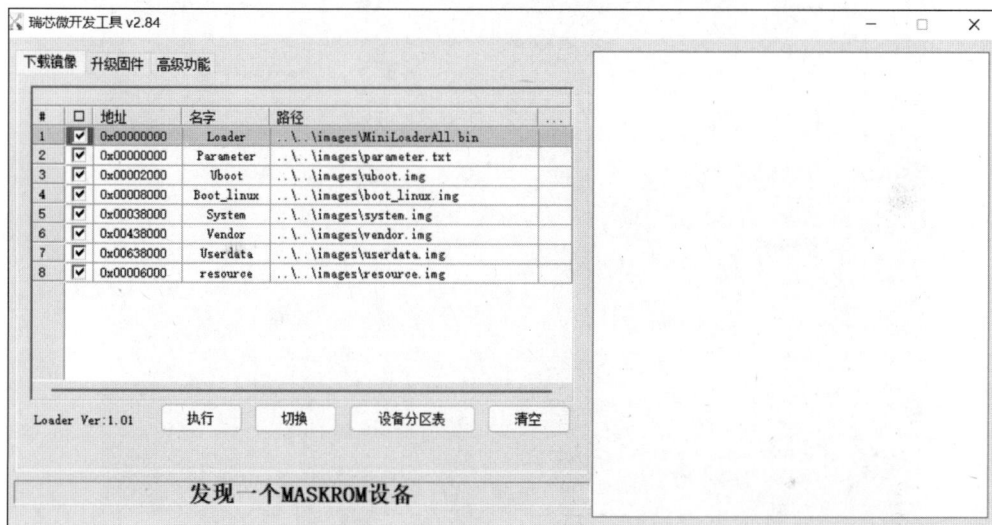

图 9-11 RKDevTool 默认界面

图 9-12 导入 config.cfg 文件

导入 config.cfg 文件后，将各个镜像文件对应的地址修改为实际地址即可。

（3）开发板切换到烧录模式。

如果界面显示"发现一个 LOADER 设备"，说明开发板进入 Loader 模式等待烧写固件。

如果界面显示"发现一个 MASKROM 设备"，说明开发板进入 Maskrom 模式等待烧写固件。

如果界面显示"没有发现设备"，说明开发板没有进入烧写模式。

请按以下操作步骤让开发板进入烧写模式。

rk3568 开发板如图 9-13 所示，按住 MASKROM 按键（图中标注的 2 号键），同时再按一下 RESET 键（图中标注的 1 号键），几秒后再松开 MASKROM 按键。

图 9-13　rk3568 开发板

烧录工具会显示"发现一个 LOADER 设备"，说明此时已经进入烧写模式，如图 9-14 所示。

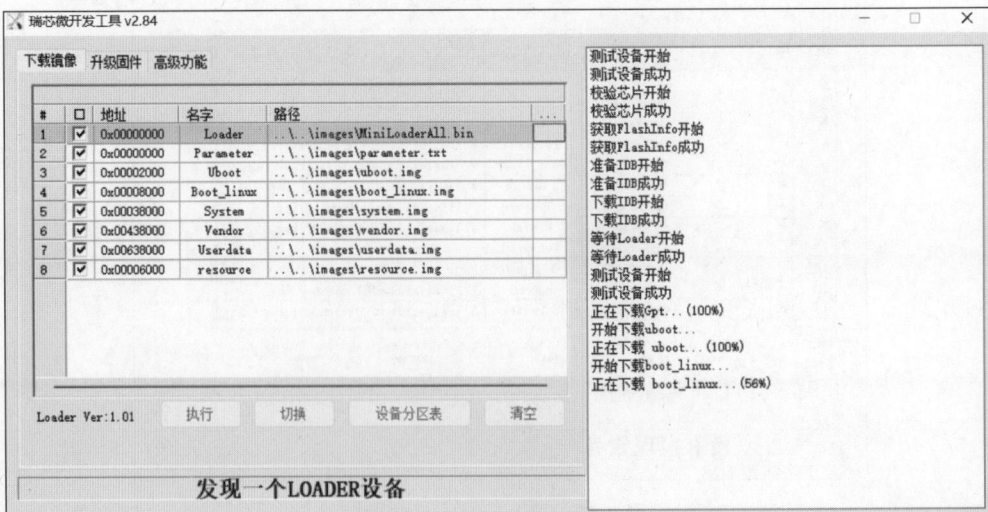

图 9-14　进入烧写模式

单击图 9-14 中的"执行"按钮进行烧录,如果烧写成功,在工具界面右侧会显示下载完成;如果烧写失败,则在工具界面右侧会用红色的字体显示烧写错误信息。

烧写成功后,再按一次图 9-13 中的 RESET 键(图中标注的 1 号键),即可复位并启动开发板。

▶ 9.3.6 编程实例

基于 OpenHarmony 的软件开发,按大的方向可分为应用程序开发和设备驱动开发两个方向。

因为 OpenHarmony 轻量系统实际上是一个 MCU 控制系统,在轻量系统上的应用程序实际上也是设备驱动程序或直接使用设备驱动接口对硬件进行操作,因此,轻量系统的应用程序开发其实就是设备驱动程序开发。

而 OpenHarmony 小型系统和标准系统的应用程序,又可分为带交互界面的复杂逻辑应用程序和不带交互界面的系统服务程序。前者主要用 C++、JavaScript、ArkTS 为编程语言,按照一定的编程范式开发应用程序,可以实现复杂的 UI 交互逻辑和业务逻辑;后者主要以 C/C++为编程语言,根据功能需求来实现后台系统服务,为其他的系统服务或应用程序提供支持。

OpenHarmony 小型系统和标准系统的设备驱动开发,直接与内核、驱动框架、硬件相关,以 C 语言为开发语言,针对平台设备和特定的外围设备编写对应的硬件驱动程序,为系统上层提供基础的硬件操控接口和硬件服务能力。

下面以一个简单的 HelloWorld 程序为例,演示 OpenHarmony 小型系统的一个无界面应用程序的开发流程。

1. 代码实现

在 OpenHarmony 的//applications/sample/camera/目录下新建一个子目录"helloworld",并在 helloworld/子目录下新建两个文件:BUILD.gn 和 main.c。

BUILD.gn 是应用程序的编译脚本,用 Gn 的语法描述将 main.c 这个源代码文件编译生成一个可执行的 helloworld 二进制文件。

BUILD.gn 文件的内容如下。

```
if (defined(ohos_lite)) {
  import("//build/lite/config/component/lite_component.gni")
  executable("helloworld") {
    sources = [
      "main.c",
    ]
    include_dirs = [
    ]
  }
}
```

main.c 文件是使用标准 C 语言实现的应用程序代码,只简单打印若干次"Hello OpenHarmony",默认打印 10 次,可以通过参数指定打印次数。

main.c 文件的内容如下。

```
#include <stdio.h>
#include <unistd.h>

int main(int argc, char **argv)
```

```
{
    int cnt = 10;
    if (argc >= 2) {
        cnt = atoi(argv[1]);
        printf("[helloworld] main: cnt[%d]\n", cnt);
    }
    for (int i = 0; i < cnt; i++) {
        printf("[helloworld] main: cnt[%d - %d]: Hello OpenHarmony\n", cnt, i);
        sleep(1);
    }
    printf("[helloworld] main: cnt[%d] Exit\n", cnt);
    return 0;
}
```

2. 编译和烧录

要将上述 helloworld 示例程序编译进 OpenHarmony 系统中，还需要修改//applications/sample/camera/bundle.json 文件。bundle.json 是 camera_sample_app 这个组件的配置描述文件，在其中的 sub_component 字段中添加上述 helloworld 示例程序的路径和编译目标，如下。

```
        "build": {
        "sub_component": [
"//applications/sample/camera/helloworld:helloworld",
"//applications/sample/camera/launcher:launcher_hap",
"//applications/sample/camera/setting:setting_hap",
"//applications/sample/camera/gallery:gallery_hap"
        ],
        "inner_kits": [],
        "test": []
    }
```

确认添加的信息无误后，可以执行"hb build -f"命令重新编译 OpenHarmony 系统镜像。

编译成功则会在//out/开发板名/产品名/bin/目录下生成一个可执行的 helloworld 二进制文件，该文件也会打包到根文件系统的/bin/目录下。

将新生成的根文件系统镜像（rootfs_vfat.img 或 rootfs_ext4.img）烧录到开发板中，并重启开发板到稳定运行状态。

3. 运行和验证

通过串口工具连接开发板后，在开发板的 Shell 上输入如下命令。

```
# ./bin/helloworld

[helloworld] main: cnt[10 - 0]: Hello OpenHarmony
[helloworld] main: cnt[10 - 1]: Hello OpenHarmony
…
[helloworld] main: cnt[10] Exit
```

即可看到程序运行的日志。

小结

OpenHarmony 是一款全智能时代的面向全场景、全连接的分布式智能终端操作系统，在大力推崇万物互联的时代，有着广阔的应用前景和巨大的潜力。

本章内容首先简单介绍了 OpenHarmony 的技术特性和三类系统的组成等基本概念，以及 OpenHarmony 的轻量、小型和标准这三类系统分别适用的硬件配置和应用场景。

接着从系统的层级架构和系统功能两个角度,对 OpenHarmony 的技术架构展开了详细的分析。从层级架构的角度来看,OpenHarmony 从上到下分别是应用层、框架层、系统服务层和内核层,每一个层级面向的功能需求、交互需求和业务逻辑需求各不相同,也都有着根据对应层级需求而实现的各种能力和对外暴露的接口;而从系统功能的角度来看,OpenHarmony 则逐级细分为子系统、组件、模块等,将 OpenHarmony 各层级的功能以尽可能小的粒度进行划分和实现,并且这些功能粒度保持了良好的独立性和极小的耦合性,便于功能的按需裁剪、灵活搭配、便捷测试和快速部署。

为引导读者进一步理解和上手 OpenHarmony 的开发,本章最后一节详细介绍了 OpenHarmony 的开发环境的搭建和使用流程,从开发环境的配置、系统源代码的获取、软件产品的编译和具体硬件开发板的烧录,到最后一个 helloworld 程序的实现和验证,带领读者走进 OpenHarmony 开发世界,为 OpenHarmony 生态的发展贡献力量。

习题

1. OpenHarmony 作为一款新型的智能终端操作系统,它典型的技术特性都有哪些?
2. OpenHarmony 的系统类型有几种?分别适合哪些应用场景?
3. OpenHarmony 的系统分层结构分为哪几层?
4. OpenHarmony 的系统服务层可以根据功能类型分成哪几个子系统集合?
5. OpenHarmony 已适配的内核都有哪些?分别适合哪些应用场景?
6. OpenHarmony 支持哪些开发语言?分别应用于哪些开发场景?

第 10 章　操作系统设计问题

本章知识要点：本章知识要点包括操作系统设计目标、界面设计、操作系统实现的系统结构和相关技术、操作系统性能优化、操作系统项目管理等问题。

预习准备：温习回顾前几章所学的操作系统设计原理，设想如何真正设计一个操作系统，再预览各知识点的基本概念和其设计与实现的相关技术。

兴趣实践：基于开源的操作系统基本功能，设计实现一个加入一些额外特征的扩展操作系统，并测试分析其正确性和可用性。

探索思考：现代操作系统项目均是一个复杂的系统工程，设计实现一个操作系统需要花费大量的人力、物力和财力，如何考虑权衡各种因素有效设计实现一个深受欢迎的且有市场前景的操作系统？

前面各章已介绍了操作系统的概念与设计原理，以及常见的操作系统实例，但各种操作系统的设计实现都有不同之处。如何来评价一个操作系统是好的还是不好的？由于使用场景不同、对象不同，这是难以一概而论的。一个操作系统是否被广泛应用与其设计实现时所考虑的问题及如何解决有很大关系。关于怎样以最好的方式去考虑设计实现一个操作系统，目前也是有一定争议的。本章借鉴 Tanenbaum、Lampson、Brooks 等操作系统研究者与教育家的经验与总结，介绍操作系统设计实现时应注意考虑的一些主要问题。

10.1　操作系统设计目标

操作系统的设计是一个复杂的工程项目，其设计的目标要比纯粹的科学考虑得多，很难清楚地设置目标并完全满足它们。使用场景不同，如嵌入式系统和服务器系统，操作系统的设计目标是有明显不同的，但总体来说，需要关注以下 4 方面的目标：①抽象定义；②原语操作提供；③隔离性保证；④硬件管理。

操作系统设计者最难又最重要的任务是定义一个非常恰当的抽象，如进程、线程、地址空间、文件等。如果多线程的进程有一个线程由于等待键盘输入而阻塞同时又派生了一个新线程，那么这个新线程里是否也有一个线程等待键盘输入呢？在传统的进程抽象中，应该是有的，但线程是一个新的可调度实体，是否应该根据具体操作系统重新定义这种进程抽象？另外，抽象定义还需考虑同步、信号、内存模式、I/O 的建模等其他相关方面。每一个对象抽象定义均需以一个具体的数据结构形式进行实例化。

原语操作就是处理这些数据结构，它以系统调用的形式实现。从用户的观点上看，操作系统的心脏是由这些抽象实体和其上的有效操作或系统调用形成的。

由于系统中的资源为多名用户共享，操作系统必须提供一个隔离机制保证他/她们使用系统时互不干扰。保证用户只执行授权的操作是设计操作系统的一个关键目标之一。可是用户总是要共享数据与资源的，故隔离是应该可选择的并在用户控制下实现，隔离性保证是有难度的。理想的方式是：保证操作失效隔离，即将操作系统的部件与其他进程隔离开使其独立失效。

硬件管理就是管理所有底层的芯片，如中断控制器、总线控制器等，它还要提供一个让设备驱动器去管理更多 I/O 设备的框架，如磁盘、打印机、显示器、即插设备等。

10.2　界面设计

操作系统是为用户或程序员服务的，任何一个抽象实体的使用均要通过界面形式来提供，以方便高效使用。界面的友好性是操作系统生存的重要因素之一。界面设计通常需要考虑三大问题，即界面设计的原则、界面设计的范式和系统调用界面。

界面设计的原则有三点，即简明性、完整性、高效性。简明性就是界面的操作命令及参数少比多好，足够即可，"愚者"能用，即 KISS(Keep It Simple,Stupid)原则。完整性的要求就是通过界面必须尽可能让用户去做他想做的任何事情。它还要求具有最少的机制和最大的清晰度，每个界面只做一件事情并做好一件事情。设计界面时要常考虑如果把一些特征、命令、系统调用删去是否会发生糟糕的事情？高效性是指界面的实现要考虑代价最小化，执行期间快速响应。

在界面设计时必须考虑界面给什么顾客使用，是给操作应用程序的用户还是给写程序的程序员使用？若给用户使用，直接操纵的图形用户界面(GUI)是最合适的，若给程序员使用，必须先考虑系统调用界面。GUI 设计常采用顶下法设计，即先考虑应有什么特征，接着考虑用户怎样操作，最后考虑如何设计支持该界面的实现手段。通常这种界面采用事件驱动的模式设计。系统调用界面常采用底上法设计，即考虑程序员通常需要什么类型的特征，由此逐步能实现各种界面。无论是 GUI 还是系统调用界面设计范式(隐喻)的考虑都非常重要。

界面设计的范式有用户界面范式、执行范式、数据范式。用户界面范式通常采用 WIMP(Windows,Icon,Menus,Pointing device)范式，该范式即在窗口、图标、菜单和指点设备的支持下实现所见即所得的操作。目前还有语音界面、多媒体界面、虚拟现实界面等范式。广泛使用的执行范式有算法范式和事件驱动范式。算法范式是用事先知道的函数去编写程序，包括使用系统调用依次实现用户的输入、获取操作系统服务等。事件驱动范式是将各种操作定义为事件，程序先进行一些初始化，等待操作系统告知事件到来，然后分情形处理该事件应完成的事情。该设计范式很适合交互式的程序设计。数据范式主要是考虑数据结构和设备怎样呈现给程序员。数据范式通常有设备、文件、对象、文档(来自 Web 的具有 URL 的文档)范式，现代的系统希望能将 4 类范式统一起来。

系统调用界面也必须采用最少机制原则同时借助统一的数据范式设计，有些情形需要提供各种变形的系统调用，但通常使用不同的库过程设计一个通用的系统调用可能更实用，因为它为程序员隐藏了这些细节。随着硬件对某些特定功能处理能力的提升，可能需要考虑增加一些系统调用，并明确抽象定义，以供程序员有效利用。另外一个问题是系统调用的可见性问题，让系统调用的参数公开可有利于用户考虑经济开销大小问题，如有些系统调用是运行在用户空间则经济开销小，有些系统调用是运行在内核空间则经济开销大。不公开系统调用参数的好处是：设计者改变实际底层系统调用更具有灵活性，可不引起用户程序的修改。

10.3　操作系统设计实现

在设计实现操作系统时，首先要考虑与实现相关的概念，然后着手选择相应的实现技术。

1. 系统结构的选择

系统结构有分层结构、外内核结构、微内核结构、可扩展结构、内核线程结构等。

（1）分层结构：多年来多数流行的操作系统均采用分层结构，如 UNIX、Windows 等。采用分层结构进行设计时，操作系统设计者必须要仔细地选择层次并为每一层定义各自的功能。最底层通常是考虑去隐藏硬件最复杂的个性化特性，可把它称为硬件抽象层（HAL），它隐藏了特定平台的硬件接口细节，为操作系统提供虚拟硬件平台，使其具有硬件无关性，更容易在多种平台上进行移植。紧接着，可能考虑中断处理、上下文切换、存储管理单元（MMU）作为上一层，这一层及以上实现代码多数是可以与硬件独立的。第三层可以安排管理线程的软件层，该层功能包括线程调度和同步等。第四层为设备驱动层，每一个设备驱动程序可以独立地线程运行，它拥有自己的状态、程序计数器和寄存器。也可以在内核地址空间中运行。这种设计可以简化 I/O 结构，因为当中断出现时，可以被转换进一个互斥的解锁操作并调用调度器去调度一个在互斥信号上阻塞的新近已就绪线程。当然中断处理也可以单独运行而不把它当作线程运行。I/O 在操作系统中是较复杂的，值得去考虑一个更容易处理的、更封装的技术实现 I/O。再接下来的层次，可以依次安排虚拟存储管理、文件系统和系统调用处理等层次。分层结构的好处是操作系统的功能实现可以从硬件底层开始逐步加以抽象，上一层的实现依赖底下软件层实现的功能，使得系统的功能易于实现和易于拓展。但各层的功能抽象必须要仔细考虑其完整性，否则会给上一层的实现带来麻烦。

（2）外内核结构：这是与分层结构对立的一种结构，它是一种纵向结构。这种结构是基于端到端的观点设计的，它的设计理念是让用户程序的设计者来决定硬件接口的设计。外内核本身非常小，通常只负责系统保护和系统资源复用相关的服务。传统的内核设计（包括单核和微内核）都对硬件做了抽象，把硬件资源或设备驱动程序都隐藏在硬件抽象层下。传统的系统中，如果分配一段物理存储，应用程序并不知道它的实际位置。而外内核的目标就是让应用程序直接请求一块特定的物理空间、一块特定的磁盘块等。系统本身只保证被请求的资源当前是空闲的，应用程序就允许直接存取它。由于外内核系统只提供了比较低级的硬件操作，而没有像其他系统一样提供高级的硬件抽象，所以就需要增加额外的运行库支持。这些运行库运行在外内核之上，给用户程序提供了完整的功能。

（3）微内核结构：这是一种所有操作系统功能都集成的分层结构且与操作系统功能均不集成的外内核结构折中的结构。微内核是内核的一种精简形式，将通常与内核集成在一起的系统服务层分离出来，变成可以根据需求选择加入的部件，使得操作系统的多数服务运行在用户进程空间中，完全保护了内核和其他服务，这样就可以提供更好的可扩展性和更加有效的应用环境。使用微内核设计，对系统进行升级，只要用新模块替换旧模块，不需要改变整个操作系统。基于微内核的操作系统具有如下特征：①微内核提供一组"最基本"的服务，如进程调度、进程间通信、存储管理、处理 I/O 设备，而其他服务如文件管理、网络支持等通过接口连到微内核进一步集成实现；②微内核具有很好的扩展性，并可简化应用程序开发，用户只运行他们需要的服务，这有利于减少磁盘空间和存储器需求；③厂商可以很容易地将微内核移植到其他处理器平台，并在上面增加适合其他平台需要的模块化部件；④微内核和硬件部件有接口,并向可安装模块提供一个接口。在微内核中,进程通过传递消息或运行"线程"来发生相互作用。线程可将一个任务分解为多个子任务,在多处理器环境下,线程可以在不同的处理器上独立运行。该结构的主要问题是:上下文转换引起的性能略有下降。但现在 CPU 速度越来越快,以交互为主的用户并不会有多少抱怨。该结构由于易扩展性和可靠性被广泛用于移动设备、嵌入式系统和军用系统中。

在结构选择中,还要考虑系统的可扩展性。无论是哪种结构都需要考虑系统应是受保护的,因此,可以从构建可使用多于一个机制的最小的系统开始,然后在内核中逐一加入保护模块直到满足用户环境需求。以这种方式,针对用户的实际需要可裁剪得到一个新的操作系统。

此外,无论选择哪种结构都需要考虑相关系统线程问题。这些内核线程要与用户进程分离开而运行在后台中,这些内核线程运行在内核模式,如使它们将修改过的页面写到磁盘中、在主存与磁盘间交换相关进程等。当用户执行系统调用时,用户线程阻塞自己并将控制权转交给能做特定事情的内核线程去完成,而不是让用户线程运行在内核模式。多数系统在后台中还启动了相关监听进程去负责系统类的活动处理。

2．机制与策略分离

要保持系统结构的一致性使其考虑的事情少且结构又好,基本原理是将实现的机制与策略分离。通过在操作系统中放进机制而把策略留给用户进程制定,当需要改变策略时,操作系统本身将无须修改。即使策略模块要保留在内核中,也要尽可能将它与机制分离,以便修改策略模块而不影响机制模块。

3．正交性

一个好的系统设计是由一系列能够被独立地组合的不同的概念组成。这种具有独立地组合不同概念的能力称为正交性。它直接影响着系统功能的简明性和完备性。如 Linux 创建一个新线程的系统调用 clone(),该系统调用有一个位视图参数,它允许地址空间、工作目录、文件描述符和信号单独地被共享或复制。若每件事都复制,它和 UNIX 的 fork() 系统调用是一样的;否则它就可以创建 UNIX 不可能创建的一个形式的线程。通过分开各种特征并使它们正交化,就可能实现更细程度的控制。进程与线程的概念分开也是正交性的体现,让进程作为资源拥有者,而线程作为可调度实体。一个总体规则是,采用少量的以各种方式组合正交的元素可以形成一个小而简洁的系统。

4．命名

对于操作系统长期使用的数据结构,有一个好的名字或标识符来定义是重要的,如登录名、文件名、设备名、进程标识符等。在系统的设计与实现中,考虑怎样来构造这些名字是很重要的。方便人们使用的名字应该是 ASCII 码或 Unicode 的字符串名字,同时是一个层次结构式的名字,以方便向前或从后面开始依次进行查询。命名通常考虑外部名和内部名两方面,外部名是给人使用的,而内部名是给系统使用的。内部名常以一个无符号的整数来表达,但需要考虑外部名到内部名的映射,它可精确为指向一个内核表服务。内部名仅供系统和运行的进程使用。总之,当系统重启时,若暂时的名字已丢失,使用表索引确实是一个好主意。操作系统通常需要支持多个命名空间,但一个好的设计与实现方案必须要考虑需要多个命名空间、每一个命名空间中名字的语法怎样、如何区分这些名字以及是否存在相对与绝对名字等问题。

5．绑定时间

操作系统使用各种各样的名字去代表相应的对象,有时一个名字到对象的映射是固定的,而有些时候又可以变化,这就需要很好地考虑什么时候将名字绑定到对象上。总的来说,早期绑定实现简单但不灵活,而后期绑定(动态绑定)实现更复杂、更灵活。在操作系统实现中,对于大多数数据结构经常采用早期绑定方法,而为了能达到灵活性目的有时也要采取后期绑定或动态绑定方法。例如,在早期支持多道程序设计的分区内存管理中,进程的逻辑地址到存储物理地址的重定位是采用早期绑定方法,但进程所在的内存的位置不可改变。页式虚拟存储管理中,进程页的实际存储物理地址是在该页被访问时动态调入而确定的,它就是一种后期绑定方法。另外,在 GUI 实现中,窗口的位置以及在窗口中显示对象的位置均应采用后期绑定方法。

6. 静态与动态结构

操作系统设计者必须要考虑是采用静态结构还是采用动态结构更好。静态结构容易理解、实现简单、使用快速,而动态结构具有更大的灵活性。如采用静态数据结构实现进程表的管理容易理解、实现简单,但若设置足够大的进程表又耗费存储,另外,插入和删除进程表项耗时。动态进程表结构,需要考虑动态分配进程表项空间,然后链入进程表中,它可按需建立进程表空间,插入和删除进程表项易于实现。进程调度也需要去权衡到底是采用静态调度还是动态调度。对于可预知的事件的调度可采用静态调度,而通常情形下,又要采用动态调度策略。另外,内核结构也需要考虑静动态问题,若内核事先已经建立,则实现简单,但若有新的I/O 设备加入,则需要用新的 I/O 设备驱动程序重链接该内核。当今大多数操作系统都允许将代码动态地加载到内核中,但会增加实现的复杂性。

7. 底上与顶下实现法

一个系统实现理论上可采用顶下(top down)或底上(bottom up)法,在顶下法实现中,设计者利用相应机制和数据结构的支撑从此系统调用处理程序开始设计,直到设计硬件抽象层。然而,该方法只有高层的过程可用,很难进行所设计的程序测试。因此,很多开发者采用底上法去实现操作系统。该方法首先从硬件抽象层开始实现,去隐藏底层的硬件属性,包括中断处理和时钟驱动器也在早期考虑实现。然后,开始实现多道程序设计支持环境,在这一个阶段多道程序执行是否正确就可以进行测试了。若正确,就可以仔细定义整个系统所需的表格和数据结构,去实现进程和线程以及之后的内存管理程序。除了键盘读取和屏幕显示这些基本原语作为测试和调试要用的以外,I/O 和文件系统实现可以在后面实现。此外,关键的底层数据结构应由特定的访问过程进行访问,以达到保护目的。由于低层的软件层已实现,则系统的各层功能均可被测试。该方法的好处犹如建筑承包商能建好一栋高楼大厦一样。

如果有一个大的团队来实现,一个更合理的方案是:首先对整个系统做一个详细设计,然后分组去编写各种不同的软件层模块程序,各自在自己的任务内进行测试,当所有模块都正确实现了再进行集成与测试。这种方案的缺点是:若开始时系统运行就不正确,就很难辨别出是哪个模块出故障,或哪个组误解了一些模块应实现的确切功能。然而该方案适合于大团队并行编程、快速实现整个系统。

8. 一些有用的实现技术

(1)硬件隐藏:许多硬件属性是很不方便阅读和利用的,需要在操作系统实现早期就进行隐藏。非常低层的硬件细节可以在硬件抽象层中隐藏,但许多细节又不能在这一层就隐藏。最先需要注意的一件事情是中断处理。操作系统必须很好地考虑中断处理的实现。一种方案是把中断处理立即转换为其他的处理过程,如把每一个中断转换为一个弹出式线程,这样处理事件就用线程处理,而不是在中断里处理。另一方案是将中断转换为一个相应驱动程序正在互斥地等待的无加锁操作,中断的效果仅仅是引起一些线程成为就绪状态。再有就是把中断转换为给某些线程的一个消息,低层的编码就是建立一个消息,说明中断来自何处,让消息进入队列,调用调度器去执行可能已经在阻塞等待该消息的处理程序。所有这些方案都是试图将中断转换为线程同步化操作,这样的好处是比在任意上下文出现中断而执行一个处理程序更容易管理,当然这些中断处理必须要高效执行。此外,许多操作系统考虑支撑多硬件平台,这些平台的 CPU、存储管理单元(MMU)、字长、RAM 大小和其他特征都不尽相同,它们不容易被硬件抽象层标定。这就需要保持一个单一的用于生成各个版本的源文件集合,这些文件定义出各版本的不同特征,否则以后出现的每一个 bug 都必须多次在多个源程序中解决,这是很危险的。

(2)间接表示:在计算机科学中,一些事情常常通过间接表示的层面来解决。如键盘上的按键,中断处理中给出的是键号码而不是 ASCII 码值,这就使得操作系统能够使用这种间接指向一个列表得到 ASCII 码值,因此,不同国家使用不同键盘表示不同的字符就很容易处理了。输出上也采用间接表示。程序向屏幕写 ASCII 码字符,它就由指向 ASCII 码列表的字符字形来显示。此外,在设备的命名、消息传递系统中也常采用间接表示。

(3)可重用:在操作系统实现中,在略有差异的上下文中重用一些代码也是值得考虑的事情。这样做的好处是,可以减少代码的长度和减少代码的调试次数。

(4)可再入:是指代码具有多次被同时执行的能力。要保证多个进程或线程同时正确执行相同的代码,必须要用互斥或其他机制来保护临界区。

(5)暴力手段:使用暴力手段解决问题尽管名声不好,但通常是一种简明的做法。每一个操作系统都有一些过程很少被调用或操作很少的数据,优化这些过程是不值得的,可以考虑以简明的方式处理这些过程。

(6)错误前期检查:许多系统调用由于各种原因而失败,如打开的文件属于其他用户或进程而打开失败,由于进程表已满而使进程创建失败,由于目标进程不存在而使信号无法送达等。因此,操作系统必须在执行系统调用前对每一个可能的错误进行精心的检查。这就意味着在过程开始执行系统调用时加入所有条件测试。每一条件测试的形式可为:if(error_condition)return(ERROR_CODE)。如果系统调用通过了所有的测试,它就可以成功执行,过程就获得资源。

10.4 性能优化

一个快速但不可靠的系统不如一个慢一点但可靠的系统。因为复杂的优化算法经常会带来更多的 bug,要慎重考虑优化。尽管如此,在性能是一个关键问题时,还是值得去考虑优化。下面讨论一下需要考虑性能优化的地方和可用于改善性能的一些常用方法。

许多操作系统由于不断地增强和升级,其执行速度会不断变慢。因为设计者考虑用户的方便性和硬件的可扩充性需要不断地增添新的特征,系统运行时就需要对这些新特征进行检查与设置。系统设计者改善性能需要做的最重要的事情可能就是更合理地选择应加入的新特征。

什么需要优化呢?总体原则是,系统的第一个版本应该尽可能明确界定,仅当确实是出现不可避免的问题时才需要考虑优化相应的事情,如文件系统的块缓存就是一个需要优化的例子。一旦系统已实现并投入运行,必须仔细测量哪里确实是费时了,基于这些数据,去优化那些最能加快速度的地方。总体而言,性能达到合理的水平就没有必要再费尽心思去做许多复杂的工作而仅为了提高一点点性能。

要改善性能，通常的方法是需要考虑时间与空间的权衡，若一个算法要节省空间那么执行时会相对较慢，否则使用较多空间就会加快执行速度。因此，当考虑优化算法时是值得考虑以空间开销换来时间加速的。反之，可以以计算代价来换取空间节省。此外，用宏来代替过程调用是一种很有用的加速方法，因为过程调用需要栈空间的分配和值返回的额外开销，所以宏常常在系统实现中得到应用。

操作系统实现中缓存是一个众所周知的性能优化方法。只要有可能多次使用相同的结果，缓存该结果可以备后面快速获得该结果。缓存技术就是：第一次需做所有的工作，然后把结果保存在缓存中。当以后需要该结果时，首先检查缓存中的信息，如果所需结果在缓存中，就使用该结果，否则重做全部工作去获得结果。文件系统中的数据块、路径目录文件等均是缓存技术的有效性能优化应用例子。

由于进程执行具有时空局部性，因此充分利用局部性可以有效提高操作系统的服务性能。例如，LRU、工作集等页面置换算法就利用了局部性降低缺页中断率，提高了页面置换性能。又如，文件系统实现中，将每一个目录的所有文件与 inodes 分配在磁盘中接近的物理块上，加快了文件的访问速度。此外，在多处理器的线程调度中，选择线程在最近使用过的 CPU 上执行，以期内存缓存还有它的内存块，加速线程执行。

区别出系统中哪些是最通用的事情和哪些是最不常做的事情，而后分别考虑进行处理。对于最通用的事情，必须考虑性能优化，使其快速处理；而对于不常做的事情，无须过多考虑性能优化，能保证其执行正确即可。

10.5 项目管理

操作系统设计与实现是一个大型的软件项目，不是一两个人就能设计与实现的，必须组成一个团队，精心组织、详细规划、分工协作。下面简要介绍操作系统设计与实现的项目管理的主要事项。

1. 工作量估计

OS/360 的设计者之一 Fred Brooks 教授讨论了为什么创建一个操作系统很难的问题，他认为：对于一个大项目，程序员每年仅能编写出 1000 行调试好的代码。许多人对此觉得不可思议。Brooks 指出有几百个程序员的大项目的实施和小项目的实施是完全不同的，小项目实施的情况不可同比例放大到大项目中来。在大项目中，编程开始之前必须要花费大量的时间去规划整个任务的模块划分、详细规范描述模块和界面，以及设想模块之间怎样交互等。然后各模块才可以分开编程、调试，最后进行各模块集成和整个系统测试。常常会出现每一个模块自己运行、测试都正确，但所有模块集成在一起系统就崩溃。据 Brooks 测算，整个项目工作量划分为：规划占 1/3，编程占 1/6，模块测试占 1/4，系统测试占 1/4。可以看出，编程只占了一小部分工作量，大部分工作量花费在规划、模块之间交互、对接测试与系统测试上。

工作量常采用人月进行估计。但须注意并不是简单增加人员就能快速完成项目，理由有三个，其一是工作并不是能完全并行，规划在前，而后编程、测试、联调；其二是每一个模块必须与其他模块交互，模块交互的数量可能是模块的平方数；其三是调试是高度有序的，多人调试一个模块可能还不如一人调试快。Brooks 权衡了人和时间后得出结论：增加人力到一个推迟的软件项目中只会使它更加推迟。这是操作系统设计与实现在工作量估计和人力安排时需要注意的问题。

2. 团队组织

商用的操作系统是一个大的软件项目,必须要组织一个大的成员团队。人员的素质非常重要。众所周知,顶级的程序员具有一般的程序员 10 倍的产出效果,但也很难找到所有的程序员都是顶级程序员,只能以广谱的素质来衡量。

在一个大的设计项目中,合适的人员结构是很重要的。因此,团队成员组织要考虑结构的合理性。早在 20 世纪 70 年代,Harlan Mills 就提出了一个 10 人的主程序员团队模式,在该团队中,主程序员做结构设计和写程序,合作者帮助主程序员从事工作,管理员管理人员、预算、工作环境、仪器设备和报告等,编辑负责主程序员必须写的文档编辑,两位秘书作管理员和编辑的秘书,程序书记员维护代码和文档档案,工具工提供主程序员所需的各种工具,测试员测试主程序员的代码,语言指导者在程序设计语言上指导主程序员。尽管多年过去了,情况有所变化,但为了保证主程序员全身心工作,仍然需要有支持职员,只不过职员可少一点,结构化团队的思想依然是有效的。

一个大的项目需要组织一个层级式的组织。最底层是以主程序员引领的许多小团队,紧接着,多个小团队组成一个组,由一个经理来协调管理,经理也还要有上级部门经理来管理,等等。各级组织应严明规章制度,保质保量、按期有序地完成工作计划。

3. 经验的作用

对于操作系统项目来说,需要设计师具有很好的经验。Brooks 曾经指出,操作系统里大部分的错误不在编码,而在于设计。只要编程实现的规格说明明确,程序员就能正确实现该要实现的事情。大多数测试软件是无法发现不正确的规格说明的,因此,当规格说明有误时,程序员未能正确实现需要实现的事情也就不可避免了。

Brooks 认为,应放弃传统的“规划−编码=单元测试−系统测试−部署”瀑布模型的软件开发模型,而采用程序-哑元过程开发模型较合适。程序-哑元过程开发模型就是:首先写主程序,该程序仅调用顶层的哑元过程,这些过程用虚设的参数初始化。然后依次编写下一层的程序。从项目的第一天开始,就可以编译和运行系统,尽管系统不可能真正做什么事情。随着项目的进展,各种模块逐渐加入系统中。该开发模型的好处是:系统集成测试可以接连不断地进行,设计的错误可以尽早地反映出来,可形成在循环中更早地发现不好的设计决策的效果。

缺乏整体知识是一件危险的事情。Brooks 观察出了所谓第二个系统的效果。在这种开发模式中,开始时设计者害怕不能正确工作,分派一个团队设计出一个最小功能系统,然后又考虑加入许多特征,依据自己的经验,设计者再一次引入了第一次设计未考虑的各种功能部件,因此,第二个系统迅速膨胀且执行性能变差,吸取了第二个系统的失败教训后,他们又小心翼翼地开始第三个系统设计。CTSS-MULTIC 就是一个例子,CTSS 作为最小功能的分时系统获得很大成功,但它的拓展版 MULTIC 过于雄心勃勃,系统性能差而未能形成商用系统。吸取了 MULTIC 的失败教训后,第三个系统 UNIX 的设计则更加谨慎,获得了巨大成功。

4. 操作系统高效开发技术

对于高效的操作系统项目的开发,迄今为止,人们已经提出了一些好的技术和方法,如更好的高级语言、面向对象程序设计、人工智能、自动程序设计、图形程序设计、程序证明、程序设计环境。但 Brooks 认为:没有任何一项技术或方法可使软件的生产力在 10 年内提高 10 倍。随着软件工程技术的发展,在未来可能会出现一些“银弹”技术,使得操作系统实现真正意义的高效开发,但也必须逐步增量式地加以解决。

小结

本章首先介绍了操作系统设计目标，主要包括抽象定义、原语操作提供、隔离性保证、硬件管理 4 方面目标。同时介绍了界面设计需要考虑的三大问题，即界面设计的原则、界面设计的范式和系统调用界面。操作系统设计目标的确立和界面设计规划为操作系统的实现提供了总体指导。

接着，介绍了操作系统实现的系统结构，包括分层结构、微内核结构、外内核结构、可扩展结构、内核线程结构等基本形式与特征；此外介绍了操作系统所采用的相关技术，包括机制与策略分离、概念的正交性、命名、绑定时间、静态与动态结构选择、底上与顶下实现法以及硬件隐藏、间接表示、可重用、错误前期检查等一些有用的实现技术。

然后，介绍了操作系统性能优化总体原则和改善性能常用的方法。

最后，简要介绍了操作系统项目管理考虑的问题，包括工作量估计、团队组织、经验的作用和高效开发技术等问题。

习题

1. 操作系统设计目标需要关注哪些方面？这些方面的目标应达到怎样的程度？
2. 界面设计通常需要考虑哪些问题？什么样的界面更适合用户或程序员使用？
3. 实现一个操作系统时需要重点考虑哪几方面？这些方面在操作系统实现中可起到什么作用？
4. 间接表示的优点是提高了算法的灵活性，它还有缺点吗？若有，其缺点是什么？
5. 通常管理线程的软件层位于设备驱动层之下，若它们对调一下系统结构层次，对于操作系统设计来说将意味着出现什么变化？这种结构会更好还是更差呢？
6. 一个操作系统不断扩充升级，为何执行速度会变慢？
7. 操作系统性能优化的总体原则是什么？如何合理地考虑提升所实现的操作系统性能？
8. 优化系统调用能提升进程执行性能。假设一个进程每 10ms 执行一次系统调用，一个系统调用平均执行 2ms，若系统调用被加速了 2 倍，这个进程原先需要执行 10s，那么系统调用加速后该进程需要执行多长时间？
9. 操作系统设计与实现是一个大型的软件项目，你认为应采用什么样的管理手段才能高效、高质量、低成本地完成该项目？

参 考 文 献

[1] 詹永照,薛安荣,等.操作系统设计原理[M].2 版.北京:科学出版社,2021.
[2] 孙钟秀,等.操作系统教程[M].4 版.北京:高等教育出版社,2008.
[3] 张尧学,史美林.计算机操作系统教程[M].北京:清华大学出版社,2007.
[4] 费翔林,骆斌.操作系统教程[M].5 版.北京:高等教育出版社,2014.
[5] 郁红英,李春强.计算机操作系统[M].北京:清华大学出版社,2008.
[6] 曹先彬,陈香兰.操作系统原理与设计[M].北京:机械工业出版社,2009.
[7] Andress S T, Albert S W. Modern Operating Systems [M]. 4th Edition. Upper Saddle River: Pearson,2014.
[8] William S. Operating Systems:Internals and Design Principles[M]. 7th Edition. Upper Saddle River: Prentice Hall,2010.
[9] Abraham S,Peter B G,Greg G. Operating Systems Concepts[M].9th Edition. New York: Wiley,2013.
[10] Andrew S. T,现代操作系统[M].3 版.陈向群,马洪兵,译.北京:机械工业出版社,2009.
[11] 邹恒明.操作系统之哲学原理[M].北京:机械工业出版社,2009.
[12] 汤小丹,梁红兵,哲凤屏,等.计算机操作系统[M].4 版.西安:西安电子科技大学出版社,2014.
[13] 王素华.操作系统教程[M].北京:人民邮电出版社,1996.
[14] 屠立德,王丹,金雪云.操作系统基础[M].4 版.北京:清华大学出版社,2014.
[15] Daniel P B,Marco C.深入理解 Linux 内核[M].3 版.陈莉君,张琼声,张宏伟,译.北京:中国电力出版社,2007.
[16] Lions J.莱昂氏 UNIX 源代码分析[M].尤晋元,译.北京:机械工业出版社,2000.
[17] Ramez E,Carrick A G,David L.操作系统实用教程:螺旋方法(英文版)[M].北京:机械工业出版社,2010.
[18] 卿斯汉,沈晴霓,刘文清,等.操作系统安全[M].2 版.北京:清华大学出版社,2011.
[19] 张晨曦,韩超,沈立,等.嵌入式系统教程[M].北京:清华大学出版社,2013.
[20] Andrew S T.分布式操作系统[M].陆丽娜,译.北京:电子工业出版社,2008.
[21] Andrew S T,Maarten v S.分布式系统:原理与范型[M].2 版.辛春生,陈宗斌,译.北京:清华大学出版社,2008.
[22] Jean D,George C,Tim K,et al.分布式系统:概念与设计(英文版)[M].5 版.北京:机械工业出版社,2012.
[23] 刘鹏.云计算[M].2 版.北京:电子工业出版社,2012.
[24] White T.Hadoop 权威指南[M].2 版.周敏奇,钱卫宁,金澈清,等译.北京:清华大学出版社,2011.
[25] 夏德旺,谢立,樊乐,等.HarmonyOS 应用开发:快速入门与项目实战[M].北京:机械工业出版社,2021.
[26] 梁开祝.沉浸式剖析 OpenHarmony 源代码:基于 LTS 3.0 版本[M].北京:人民邮电出版社,2024.

图书资源支持

感谢您一直以来对清华版图书的支持和爱护。为了配合本书的使用,本书提供配套的资源,有需求的读者请扫描下方的"书圈"微信公众号二维码,在图书专区下载,也可以拨打电话或发送电子邮件咨询。

如果您在使用本书的过程中遇到了什么问题,或者有相关图书出版计划,也请您发邮件告诉我们,以便我们更好地为您服务。

我们的联系方式:

清华大学出版社计算机与信息分社网站:https://www.shuimushuhui.com/

地　　址:北京市海淀区双清路学研大厦 A 座 714

邮　　编:100084

电　　话:010-83470236　010-83470237

客服邮箱:2301891038@qq.com

QQ:2301891038(请写明您的单位和姓名)

资源下载:关注公众号"书圈"下载配套资源。

资源下载、样书申请

图书案例

书圈

清华计算机学堂

观看课程直播